国家自然科学基金项目（41172215）
山东省水利厅、山东省财政厅水生态文明试点科技支撑计划 资助
北京岩溶水资源勘查评价工程项目（BJYRS-ZT-07）
中国科学院页岩气与地质工程重点实验室

"十二五"国家重点图书出版规划项目

海河流域水循环演变机理与水资源高效利用丛书

海河流域地下水年龄测定与水文地质过程分析

秦大军 著

科学出版社

北京

内 容 简 介

本书内容包括海河流域社会经济、森林植被、地表水演变与气候变化，以及固态水调控机制、地表水与地下水关系、地下水可更新能力、水资源可持续利用等内容。通过应用地下水年代学揭示地下水的补径排条件，确定降水–地表水–地下水转换关系、第四系水与岩溶水关系，开展泉域边界圈定，岩溶水系统划分，以及更新能力分析和判别，进而合理认识水资源形成和演变。本书以笔者近几年内完成的北京地下水、济南岩溶水同位素水文地质资料成果为基础，结合海河流域水资源利用和环境变化撰写而成，力图揭示海河流域水资源短缺、自然环境退化等问题的控制机理。

本书可供水资源与环境行业管理、设计、科研、教学等部门读者阅读和参考。

图书在版编目(CIP)数据

海河流域地下水年龄与水文地质过程分析／秦大军著．—北京：科学出版社，2015.8

（海河流域水循环演变机理与水资源高效利用丛书）

"十二五"国家重点图书出版规划项目

ISBN 978-7-03-045571-0

Ⅰ．海… Ⅱ．秦… Ⅲ．同位素年代学–应用–海河–流域–地下水–水文地质调查–研究 Ⅳ．P641.7

中国版本图书馆 CIP 数据核字（2015）第 207511 号

责任编辑：李 敏 吕彩霞／责任校对：钟 洋
责任印制：肖 兴／封面设计：王 浩

科学出版社 出版
北京东黄城根北街16号
邮政编码：100717
http://www.sciencep.com

中国科学院印刷厂 印刷
科学出版社发行 各地新华书店经销

*

2016年1月第 一 版 开本：787×1092 1/16
2016年1月第一次印刷 印张：19 插页：2
字数：800 000

定价：160.00 元
（如有印装质量问题，我社负责调换）

总　　序

　　流域水循环是水资源形成、演化的客观基础，也是水环境与生态系统演化的主导驱动因子。水资源问题不论其表现形式如何，都可以归结为流域水循环分项过程或其伴生过程演变导致的失衡问题；为解决水资源问题开展的各类水事活动，本质上均是针对流域"自然-社会"二元水循环分项或其伴生过程实施的基于目标导向的人工调控行为。现代环境下，受人类活动和气候变化的综合作用与影响，流域水循环朝着更加剧烈和复杂的方向演变，致使许多国家和地区面临着更加突出的水短缺、水污染和生态退化问题。揭示变化环境下的流域水循环演变机理并发现演变规律，寻找以水资源高效利用为核心的水循环多维均衡调控路径，是解决复杂水资源问题的科学基础，也是当前水文、水资源领域重大的前沿基础科学命题。

　　受人口规模、经济社会发展压力和水资源本底条件的影响，中国是世界上水循环演变最剧烈、水资源问题最突出的国家之一，其中又以海河流域最为严重和典型。海河流域人均径流性水资源居全国十大一级流域之末，流域内人口稠密、生产发达，经济社会需水模数居全国前列，流域水资源衰减问题十分突出，不同行业用水竞争激烈，环境容量与排污量矛盾尖锐，水资源短缺、水环境污染和水生态退化问题极其严重。为建立人类活动干扰下的流域水循环演化基础认知模式，揭示流域水循环及其伴生过程演变机理与规律，从而为流域治水和生态环境保护实践提供基础科技支撑，2006年科学技术部批准设立了国家重点基础研究发展计划（973计划）项目"海河流域水循环演变机理与水资源高效利用"（编号：2006CB403400）。项目下设8个课题，力图建立起人类活动密集缺水区流域二元水循环演化的基础理论，认知流域水循环及其伴生的水化学、水生态过程演化的机理，构建流域水循环及其伴生过程的综合模型系统，揭示流域水资源、水生态与水环境演变的客观规律，继而在科学评价流域资源利用效率的基础上，提出城市和农业水资源高效利用与流域水循环整体调控的标准与模式，为强人类活动严重缺水流域的水循环演变认知与调控奠定科学基础，增强中国缺水地区水安全保障的基础科学支持能力。

　　通过5年的联合攻关，项目取得了6方面的主要成果：一是揭示了强人类活动影响下的流域水循环与水资源演变机理；二是辨析了与水循环伴生的流域水化学与生态过程演化的原理和驱动机制；三是创新形成了流域"自然-社会"二元水循环及其伴生过程的综合模拟与预测技术；四是发现了变化环境下的海河流域水资源与生态环境演化规律；五是明晰了海河流域多尺度城市与农业高效用水的机理与路径；六是构建了海河流域水循环多维临界整体调控理论、阈值与模式。项目在 2010 年顺利通过科学技术部的验收，且在同批验收的资源环境领域 973 计划项目中位居前列。目前该项目的部分成果已获得了多项省部级科技进步一等奖。总体来看，在项目实施过程中和项目完成后的近一年时间内，许多成果已经在国家和地方重大治水实践中得到了很好的应用，为流域水资源管理与生态环境治理提供了基础支撑，所蕴藏的生态环境和经济社会效益开始逐步显露；同时项目的实施在促进中国水循环模拟与调控基础研究的发展以及提升中国水科学研究的国际地位等方面也发挥了重要的作用和积极的影响。

  本项目部分研究成果已通过科技论文的形式进行了一定程度的传播，为将项目研究成果进行全面、系统和集中展示，项目专家组决定以各个课题为单元，将取得的主要成果集结成为丛书，陆续出版，以更好地实现研究成果和科学知识的社会共享，同时也期望能够得到来自各方的指正和交流。

  最后特别要说的是，本项目从设立到实施，得到了科学技术部、水利部等有关部门以及众多不同领域专家的悉心关怀和大力支持，项目所取得的每一点进展、每一项成果与之都是密不可分的，借此机会向给予我们诸多帮助的部门和专家表达最诚挚的感谢。

  是为序。

海河 973 计划项目首席科学家
流域水循环模拟与调控国家重点实验室主任
中国工程院院士

2011 年 10 月 10 日

序

  海河流域是世界上人类活动对自然环境改造强度最大的地区之一，面临干旱、土壤沙化、生态水文环境退化、供水安全等问题。区域性大范围地下水降落漏斗，面积达数千，甚至上万平方公里，表明过量开采区地下水自然恢复难度之大。近几十年来，过量开采地下水，使流域水资源量明显下降，水质和生态水文退化问题更加显著，其影响程度或已超出了自然因素引起的气候和环境变化范围。剖析海河流域水资源演化过程对揭示和理解流域水循环规律，以及其与全球气候环境变化的关系具有重要意义。

  陆地水循环研究常将水汽由海向陆地输入过程作为水循环起点，并主导陆地水文过程。气候变化、人类活动、生态环境、水文过程等因素之间相互作用、相互联系，或者相互扰动的分析，多数是从气候因子（温度/湿度）演变为主线。重建温度/湿度变化过程，反演古气候变化模式，推演水资源量、生态环境变化时，需要考虑其他多种因素的影响，尤其是陆地水文环境对大气温度/湿度变化的作用。该项研究对在全球气候变化背景下的水资源演化进行了深入探索，利用海河流域人口数量、森林植被、河系、湖泊演化作为分析变量，结合末次冰期以来全球气候变化研究成果，分析了变化气候环境下水循环及其时空演变，首次提出了物候水文学概念、末次冰期以来陆地水资源耗散结构体系、固态水与降水耦合调控气候水文过程机理，并重新厘定了自然环境演化和人类活动对区域环境和水资源的影响和作用。这项工作强化了气候变化与陆地水文过程的密切关联，有助于提高变化气候条件下水资源量演变模式和预测的可靠性。

  地下水已成为全球多数地区的主要供水水源，一方面储藏量大，易开发和利用；另一方面，却面临因连续过量开采储藏量下降的问题。20世纪70年代，国际上提出了地下水资源可持续利用概念，由于缺乏定量刻画手段，地下水可持续利用概念的描述多数是定性的。该书基于地下水年龄测试结果，重新划分了地下水可更新能力类型，并给出了新的影响地下水可持续利用的控因素。作者建立和采用了国际上新的地下水测年方法，提出了地下水年代学理论架构，这对促进水文地质学和地下水动力学的发展有重要意义，为地下水资源评价和可持续利用管理提供了新的思路和方法。

  基于上述核心内容，作者首先分析了海河流域自然环境变化，以及在人类活动影响下水资源环境的响应；分析了海河流域平原区地下水年龄及水文地质过程；给出了北京地下水和济南岩溶水地下水年龄测定和分析结果，并对这两个研究区内长期未解决的一些科学问题进行专门研究和讨论，给出了一些新的资料和认识；针对地下水过量开采引发的水循环路径和水流场变化，分析了地下水资源可持续利用问题。该书的突出特点是系统地利用了 CFCs、^{3}H、^{14}C 三种测年方法确定地下水年龄，避免了过去单一方法的不确定性，利用地下水 CFCs 测年方法能够更可靠地刻画和揭示出地下水补给、径流、排泄等水文地质过程及其变化。

书中重点介绍了地下水年代学的理论和方法，尤其是地下水 CFCs 示踪和定年技术和理论，着重论述了孔隙和裂隙岩溶含水层结构、地下水年龄，地下水系统补给，地下水资源可持续性利用概念和控制因素，丰富了陆地水循环规律的研究内容。

该书的出版发行，有益于推动水文地质学、地下水动力学的发展，加强气候与水资源和生态水文过程领域的研究，为应对变化气候条件下的水资源和环境变化将起到积极作用。

是为序。

中国科学院院士
大陆动力学国家重点实验室主任

2015 年 3 月 20 日

前　　言

　　海河流域地下水资源保证了该区经济、社会近几十年持续、高速发展。然而地下水超量开采，加速了环境和生态的退变。这种环境退变表明该区水资源量已不足维持以大规模自然资源消耗为代价的经济、社会发展模式。在自然条件下，地下水为水循环过程的末稍，也可成为水循环过程的起点。地表水与地下水多次转换过程延长了水在陆地上的滞留时间，相对增加了可利用水资源量，高效发挥了其生态水文作用。因此，在4000年前，海河流域的森林覆盖率可达60%以上，河流、湖泊、湿地广布，自成体系。人类活动沿河流向周边扩散，砍伐森林、开垦土地、兴修水利工程等活动改变着原始自然风貌和相互依赖的自然生态环境体系。回溯海河流域的森林植被、水系变迁，气温、降水、流量等变化，可以看出人类活动加速了自然体系的退变。从水文过程而言，在人类活动的影响下，地下水则成为水循环过程的末稍，难以发挥起点的作用。地下水转换为地表水过程的中断，导致水向下游的运移路径变短，水在陆地滞留时间变短，水资源重复次数下降，其有效利用量成倍减少。我们新获得的研究资料和结果表明，即使是可更新的地下水系统，如果没有足够的补给源，或者因补给源消失，补给条件改变，而难以实现补给。在补给量有限，或者补给源减少消失时，可更新的地下水系统与不可更新的地下水系统的可持续利用能力差别变小，地下水的过量开采都会导致地下水资源减少，甚至枯竭。

　　水（土地）资源是当前备受瞩目的全球性热点问题（Mehta et al.，2012；Edelman et al.，2013；Franco et al.，2013；Bridge，2014；Joy et al.，2014）。在全球淡水资源中，冰盖和冰川占世界淡水总量的86%，地下水占13.5%，湖水、土壤水、河水、水库水和大气水占0.5%（Jones，1997）。地下水资源量是地表水资源量的25倍，但是地下水补给量仅占河水总流量的10%（Oki and Kanae，2006）。地下水占陆地水资源量的68%。世界上数以百万计的城乡居民以地下水为生，地下水利用带给人们许多福利，同时由于过量开采地下水，也造成许多负面问题，如地下水水位下降、地表水系消失、生态环境退化等。地下水是不可见的水文循环的地下部分，维持着湿地和河水基流（Kløve et al.，2011）。地下水中长期过量开采带来的问题比过量利用地表水更严重。遇丰水年时，地表水可一次性得到回补，而地下水亏损后需要很长时间（数年至几十年）才有可能恢复，有的甚至无法恢复（Gleeson et al.，2010；Aeschbach-Hertig and Gleeson，

2012）。由于地下水资源的复杂性、不可或缺性，常规管理和限制措施难以取得理想效果。

水资源短缺是全球性的问题，而地下水是许多地区唯一水源。近几十年来，大规模地下水灌溉已在全世界范围内普及，如在南亚、中东、地中海周边、中国、北美洲、撒哈拉以南非洲和南美洲（Scott and Shah，2004；Aeschbach-Hertig and Gleeson，2012），超过75%的灌溉用水为地下水（Nolan，1997；Bouchard，1992）。在沙特阿拉伯等干旱区，生活、工业、农业及其他用水全部为地下水（Kobus，2000）。在非洲北部、中亚和南亚、中国、美国和澳大利亚等地地下水开发利用程度很高（Konikow and Kendy，2005）。在全球许多地区，地下水是主要饮用水源，比如在荷兰占66%（牛健南，1995），在德国占72%，在法国占65%，在瑞士占84%，在澳大利亚占90%以上（Abduirahman，1997）。在美国50%的城市人口和90%的农村人口饮用地下水。随着城市化、城市规模的扩大、超大城市地下水利用量占比快速增加，如墨西哥城、曼谷、洛杉矶等城市的地下水利用导致地下水水位下降，城市、工业与农业之间用水冲突和矛盾（Molle and Berkoff，2009）。一个新的情况是，城市用水与农业用水量占比正在发生转换，在一些地区的大（特大）型城市供水量正在赶超农业用水量。城市用水往往具有经费优势和优先权，但却忽视对含水层的回补和其他用户的补偿。

我国不仅面临水资源量的不足，而且还有因水质变差造成的可利用水资源量下降。2013年我国水资源总量为$2.8\times10^{12}m^3$，人均水资源占有量为2065m^3，为世界人均水资源占有量的1/4，是全世界人均水资源占比最低的13个国家之一。据中国地质调查局《中国地下水资源与环境调查成果报告》，我国地下淡水资源天然补给量每年约8840亿m^3，为全国水资源总量的1/3。地下淡水可开采量为3530亿m^3/a，目前我国地下淡水开采量超过1000亿m^3/a，并以25亿m^3/a递增。全国有400个城市开采地下水，北方地区地下水开采率为52%，华北和西北分别为72%和66%。地下水是内蒙古呼和浩特市唯一供水水源（孙彭力和王慧君，1995）。在我国超过7亿人口饮用地下水（孙景云，1996）。国家环境保护部《2010年中国环境状况公报》表明，2010年全国182个城市地下水水质监测点4110个，水质在较好级以上的监测点共1759个，占总数的43%，水质劣于较差级的监测点有2351个，占总数的57%。东北、华北与西北地区的城市地下水水质问题突出。中国地质环境监测院在195个城市的地下水监测结果表明，97%的城市地下水受到不同程度污染，40%的城市地下水污染趋势加重。北方17个省会城市中有16个地下水污染趋势加重。南方14个省会城市中有3个地下水污染趋势加重。我国地下水污染由城市到农村、由浅层到深层、由点到面的扩展，并呈加重趋势。另外，需要引起重视的问题是，我国华北、东北、长江中下游等地区，土地和水资源过量利用，还导致环境衰退，出现干旱化、沙化趋势。经济扩张范围逐渐由下游地区向中游、上游地区延伸，形成全流域和跨流域的水土资源利用。中上游地区水资源利用程度与下游地区相比，还处于相对较低水平，水资源利用引起的生态环境问题，还未受到应有的重视。

地下水资源可持续利用受到广泛关注。自 20 世纪 90 年代以来，在全球范围内设立了许多针对盆地地下水系统研究的重大项目。不同的大型盆地地下水补给方式不同，既有现代水补给的强循环地下水系统，也有早期补给的弱循环地下水系统。地下水补给一方面取决于水文地质条件，另一方面与降水量、地表水丰富程度有关。地下水系统环境条件变化，也可引起地下水更新速率的变化。例如，排泄量增加时，会改变地下水系统的径流方向和速度。为合理地获取和利用地下水资源，当前建立了如下原则，对可更新地下水系统，则可适当超量开采，因为其可快速恢复；对不可更新的地下水系统，则应限制开采。然而，在为满足需要的情况下，不同类型地下水系统都不同程度地被过量开采。地下水可更新能力概念的提出，并没有改变地下水资源过量利用的状况。相反，为了多开采地下水，却成为一个不易反驳的理由，因为地下水可更新与不可更新是一个定性的概念，是相对的。地下水储存量的变化，导致地下水补径排条件的转变。传统的地下水资源评价方法未能准确地揭示和刻画地下水补径排过程，以给出合理评价结果。

当今人类发展面临全球环境变化和地下水资源可持续利用两大难题。二者之间又有密切的相互联系，全球环境变化影响地下水资源的可持续利用，反之，地下水资源量的变化，对全球环境又有直接影响。在现阶段及以后的时期内，社会发展仍将依赖地下水资源，生态水文环境恢复，河道生态系统重建等都需考虑地下水的作用。这就需要深刻认识地下水资源的属性，地下水在整个水循环过程中的作用以及不同类型和形式水之间转换和滞留时间（水的年龄）。地下水运动规律研究不仅有益地下水资源合理利用和管理，而且对全球环境变化机理的研究具有重要意义。环境同位素水文学及地下水年代学是地下水运动规律研究的重要理论和基础。利用环境同位素方法已获取 3 万年以来地下水中的气候变化信息（Fontes et al., 1993），同位素示踪剂可用于地下水测年和水资源管理（Loosli et al., 1998）。深入地理解地下水年代学方法和理论，并密切结合研究区水文地质条件进行综合分析，才可能获得合理的解释。地下水年代学的研究推动其在水文地质学领域中更广泛的应用和发展。

本书重点针对海河流域地下水过量开采引发的地下水运移路径和水流场变化，对地下水可持续利用问题进行深入研究。应用水文地质学、环境同位素水文学和地下水年代学的理论和方法，尤其是地下水 CFCs 示踪和定年技术和理论，研究海河流域地下水年龄，地下水循环和更新过程等相关问题，着重论述了孔隙和裂隙岩溶含水层结构、地下水演化，地下水系统的补给能力，分析地下水可持续性，以及对气候变化的响应。

书中内容包括了作者十多年来的部分研究工作，其中涉及的科研项目包括：陕西关中盆地浅层地下水化学和 CFCs 年龄研究（40372115, 2006.1—2008.12）；0～50 年尺度地下水 CFCs 测年方法及应用研究（40572148）；地下水溶解气特征与循环条件变化的响应研究（41172215，2012.1—2016.12）；海河流域典型区地下水循环规律研究（2006CB403401）；济南市长孝、西郊水源地地下水和趵突泉的水力联系研究（济南市水利局2011.1—2012.5）；北京岩溶水资源勘查评价工程项目：同位素测试专题（BJYRS－ZT-07，2012—2013）。参加野外工作的有滕朝霞、邬亮、李宇、辛宝东、王晓红、赵占锋、欧璐、李宝学等，郭艺协助绘制了部分图件。

秦大军

2015年3月10日于北京

目 录

总序
序
前言

第 1 章　海河流域气候和水文变化 ·· 1

1.1　研究背景 ·· 1
1.2　自然地理概况 ·· 1
　1.2.1　地理位置 ·· 1
　1.2.2　气象条件 ·· 2
　1.2.3　地形地貌 ·· 3
1.3　海河流域水资源量和调控方式 ·· 4
　1.3.1　地表水资源状况 ·· 4
　1.3.2　地下水资源状况 ·· 5
　1.3.3　水资源调控方式 ·· 7
1.4　海河流域水文环境变化：物候水文学分析方法 ·· 11
　1.4.1　人口和环境变化 ·· 11
　1.4.2　森林面积变化 ··· 13
　1.4.3　海河流域河流水系及河水流量变化 ··· 16
　1.4.4　海河流域湖泊湿地及变化 ··· 19
　1.4.5　新生代以来气候变化 ··· 22
　1.4.6　极地冰冻圈环境变化 ··· 27
　1.4.7　海河流域 5000 年以来的气候变化 ·· 34
1.5　流域水资源调控机制及其阶段性 ·· 41
　1.5.1　冰川融水调控区域水和生态 ··· 42
　1.5.2　源区基流产出类型 ··· 43
1.6　流域水资源耗散结构体系 ··· 44
　1.6.1　冰冻圈消退与陆地水储集量下降 ·· 45
　1.6.2　气候变暖促源区水排泄 ·· 45
　1.6.3　垦殖水利促水排泄 ··· 46

1.7 固态水和降水耦合调控气候及水文过程机理 ………………………………… 48
   1.7.1 我国季风气候特征 …………………………………………………… 48
   1.7.2 气候变化的双重控制机理 …………………………………………… 49
1.8 本章小结 ………………………………………………………………………… 51

第 2 章 地下水测年原理和方法 ………………………………………………………… 53
2.1 地下水年龄定义 ………………………………………………………………… 53
2.2 地下水测年方法分类 …………………………………………………………… 55
   2.2.1 "事件"标记方法 …………………………………………………… 55
   2.2.2 人工示踪方法 ………………………………………………………… 55
   2.2.3 浓度型示踪剂——CFCs 和 SF_6 …………………………………… 56
   2.2.4 放射性同位素测年方法 ……………………………………………… 56
2.3 地下水 CFCs、^3H 和 ^{14}C 测年方法和原理 ………………………………… 61
   2.3.1 CFCs 示踪和测年方法 ……………………………………………… 61
   2.3.2 ^3H 测年方法 ………………………………………………………… 71
   2.3.3 ^{14}C 测年方法 ………………………………………………………… 71
2.4 环境示踪剂（CFCs 等）的应用 ……………………………………………… 73
   2.4.1 确定降水入渗速率 …………………………………………………… 73
   2.4.2 地下水流速估算 ……………………………………………………… 73
   2.4.3 含水层之间发生越流的识别 ………………………………………… 74
   2.4.4 农灌水入渗范围识别 ………………………………………………… 74
   2.4.5 河水与地下水关系识别 ……………………………………………… 75
   2.4.6 水库坝基渗漏、地下水流场变化识别 ……………………………… 75
   2.4.7 地下水脆弱性评价 …………………………………………………… 75
2.5 本章小结 ………………………………………………………………………… 76

第 3 章 海河流域平原区地下水年龄及水文地质过程 ………………………………… 77
3.1 海河流域地下水补给条件 ……………………………………………………… 77
   3.1.1 降雨、地形-地貌特征 ……………………………………………… 77
   3.1.2 区域地质 ……………………………………………………………… 79
   3.1.3 含水层特征 …………………………………………………………… 80
   3.1.4 海河流域地下水水位及变化 ………………………………………… 83
3.2 海河流域平原区第四系地下水年龄 …………………………………………… 85
   3.2.1 地下水年龄及其分带性 ……………………………………………… 85
   3.2.2 冲洪积扇区地下水年龄 ……………………………………………… 86

	3.2.3 中部平原区地下水年龄	87
	3.2.4 滨河平原区地下水年龄	90
3.3	海河流域地下水年龄结构和补给方式	91
	3.3.1 海河流域地下水年龄结构	91
	3.3.2 开采影响地下水年龄结构	91
	3.3.3 地下水补给源调整	93
3.4	海河流域平原区第四系地下水形成和演化	94
	3.4.1 海河流域第四纪地质特征	94
	3.4.2 海河流域平原区第四系地下水来源	95
	3.4.3 海河流域平原区地下水可更新属性	96
3.5	海河流域平原区地下水咸化机理	98
	3.5.1 中部平原区含水层咸化	98
	3.5.2 滨海地带淡水咸化	99
3.6	本章小结	103

第4章 北京地下水年龄与补径排条件

4.1	研究背景	105
4.2	气候和水文条件	105
	4.2.1 气候条件	105
	4.2.2 地表径流	106
4.3	地下水资源量及开发利用状况	106
	4.3.1 地下水资源量变化	106
	4.3.2 超采区	107
	4.3.3 地下水位变化	108
	4.3.4 地面沉降	109
4.4	第四系含水层特征	110
	4.4.1 含水层分组	111
	4.4.2 含水层结构	112
4.5	第四系孔隙水年龄	113
	4.5.1 浅层地下水年龄	113
	4.5.2 深层地下水年龄	114
	4.5.3 北京平原区第四系地下水年龄结构	115
	4.5.4 第四系地下水可更新属性	116
4.6	北京岩溶水年龄及补径排条件	117
	4.6.1 研究背景	117

4.6.2 北京岩溶区地质背景	117
4.6.3 西山岩溶水补径排条件和循环规律	119
4.6.4 顺义-平谷岩溶水补径排条件和循环规律	128
4.6.5 大兴-通州岩溶水补径排条件和循环规律	133
4.7 北京永定河河水与西山岩溶水关系	136
4.7.1 河水流量变化	136
4.7.2 永定河水渗漏段	137
4.7.3 河水在岩溶水中的分布	138
4.7.4 永定河对西山岩溶水补给的影响	138
4.8 岩溶水水文地质单元圈定	140
4.8.1 岩溶水水文地质单元和边界	140
4.8.2 北京岩溶水水文地质单元划分	142
4.8.3 北京岩溶水水文地质单元的特点	146
4.9 本章小结	148

第5章 济南岩溶水年龄与城区泉群泉域圈定 150

5.1 研究背景	150
5.1.1 主要问题	150
5.1.2 济南泉群及断流情况	151
5.1.3 保泉措施和效果	152
5.1.4 已有泉域划分方案	153
5.1.5 工作方法和内容	155
5.2 自然地理和气象条件	155
5.2.1 自然地理	155
5.2.2 气象和水文	157
5.3 地质条件	159
5.3.1 地层	160
5.3.2 构造	162
5.3.3 岩浆岩	164
5.4 水文地质条件	165
5.4.1 含水层类型	165
5.4.2 泉的类型和分布	167
5.5 水化学特征	169
5.5.1 岩溶水化学特征	169
5.5.2 四大泉的水化学特征	170

| 5.5.3 水岩作用 ·· 171
| 5.6 岩溶水 CFCs 组成和分布 ··· 177
| 5.6.1 地下水 CFCs 测试结果 ··· 177
| 5.6.2 岩溶水 CFCs 组分的分布特征与水流场识别 ··· 179
| 5.7 岩溶发育的水文地质条件 ·· 184
| 5.7.1 构造及导水性 ·· 185
| 5.7.2 寒武系—奥陶系灰岩岩溶作用 ··· 194
| 5.7.3 溶洞展布特征对地下水水流通道形成和水流方向的控制 ······················· 196
| 5.8 降水量、岩溶水位和泉流量之间的关系 ··· 202
| 5.8.1 降水量 ·· 202
| 5.8.2 河水与泉群流量 ·· 203
| 5.8.3 城区供水量分配 ·· 204
| 5.8.4 泉水位和流量对降水的响应时间 ··· 206
| 5.8.5 降水量和泉群涌水量之间的关系 ··· 206
| 5.8.6 城区岩溶水位与泉群流量的关系 ··· 208
| 5.8.7 岩溶水开采量与泉群流量的关系 ··· 209
| 5.8.8 地下水循环条件的变化 ·· 211
| 5.8.9 泉群涌水量动态变化及影响因素 ··· 212
| 5.9 泉域边界和岩溶水水文地质单元划分 ··· 213
| 5.9.1 边界类型和划分原则 ·· 213
| 5.9.2 泉域边界 ·· 213
| 5.9.3 岩溶水文地质单元划分 ·· 216
| 5.9.4 泉域边界圈定的若干问题 ··· 217
| 5.9.5 典型水源地和城区泉群的水力联系 ·· 219
| 5.10 岩溶水资源量综合评估 ·· 219
| 5.10.1 岩溶水补给量估算 ·· 220
| 5.10.2 岩溶水可利用量估算 ·· 227
| 5.10.3 泉水断流和恢复机理 ·· 230
| 5.11 本章小结 ·· 231

第6章 地下水补给和资源可持续利用 ··· 233

| 6.1 地下水补给源和补给过程 ·· 233
| 6.1.1 补给源和补给方式 ·· 233
| 6.1.2 地下水补给过程 ·· 234
| 6.2 地下水补给速率估算方法 ·· 235

	6.2.1 物理方法 236
	6.2.2 环境示踪方法 238
	6.2.3 人工示踪方法 238
	6.2.4 不饱和带补给速率 239
	6.2.5 变化的补给条件识别 241
	6.2.6 抽水扰动含水层地下水年龄及补给速率 241
	6.2.7 补给量控制因素 242
6.3	地下水可更新能力分类 248
	6.3.1 可更新能力概念 248
	6.3.2 可更新能力类型 249
6.4	地下水资源可持续利用的制约因素 251
	6.4.1 地下水资源可持续利用概念 252
	6.4.2 气候变化与流域水资源 253
	6.4.3 人口数量与资源环境容量 254
	6.4.4 人类行为方式与水资源供需矛盾 255
	6.4.5 人类活动加速水排泄 256
	6.4.6 暴雨洪水条件下的地下水补给和可更新属性 257
	6.4.7 跨流域干旱 258
6.5	本章小结 263

第 7 章 结论 265

参考文献 268

索引 288

第 1 章　海河流域气候和水文变化

1.1 研究背景

海河流域总面积为 31.8 万 km², 包括北京市、天津市、河北省全部, 以及河南省、山东省、山西省、内蒙古自治区和辽宁省部分地区, 共 30 个地 (市、盟), 232 个县 (旗、市、区)。自 20 世纪 50 年代以来, 海河流域人口增长了 1 倍, GDP 增长了 33 倍, 经济总量为全国的 13%。人均水资源量从 750m³ 降至 300m³ 以下, 是全国平均水平的 1/7。20 世纪 80 年代以来, 海河流域的水资源量进一步减少。海河流域地表水主要来自北部、西部山区, 滦河与北三河水系的多个大型水库。这些水库已无法完全满足用水需求。在枯水年份, 需要进行跨流域调水。1972~2004 年 9 次引黄济津, 从黄河累计引水 53 亿 m³ (到达天津市九宣闸引黄水量约 33 亿 m³)。在 1993~2009 年, 14 次引黄入冀, 累计引水 35.7 亿 m³。

海河流域径流水资源变化受气候条件和人类活动的双重影响。降雨、气温等气候要素的变化直接影响降水量、水赋存环境、不同水体之间的转换关系, 以及水的循环过程。人类活动消耗水资源量的增加和地表环境的改变直接影响自然水循环过程。地下水是水文循环过程中的一个重要环节, 其获得现代水补给的潜力是判定地下水可持续开发能力的重要依据。研究自然水循环, 在强人为开采条件下, 地下水循环路径和水流场二元演化机理, 对水资源评价和管理具有十分重要的意义。

在这一章中, 通过对海河流域自然环境, 以及与之相关的森林植被、地表水系、人口变迁等变化的分析, 研究自然演化过程与人类活动对海河流域水资源的作用。

1.2 自然地理概况

1.2.1 地理位置

海河流域位于 112°E~120°E、35°N~43°N, 西部为太行山, 北部为内蒙古高原, 南界为黄河, 东临渤海。海河流域位于渤海以西, 分为海河南系、海河北系、滦河及冀东沿海三个子流域 (图 1-1)。

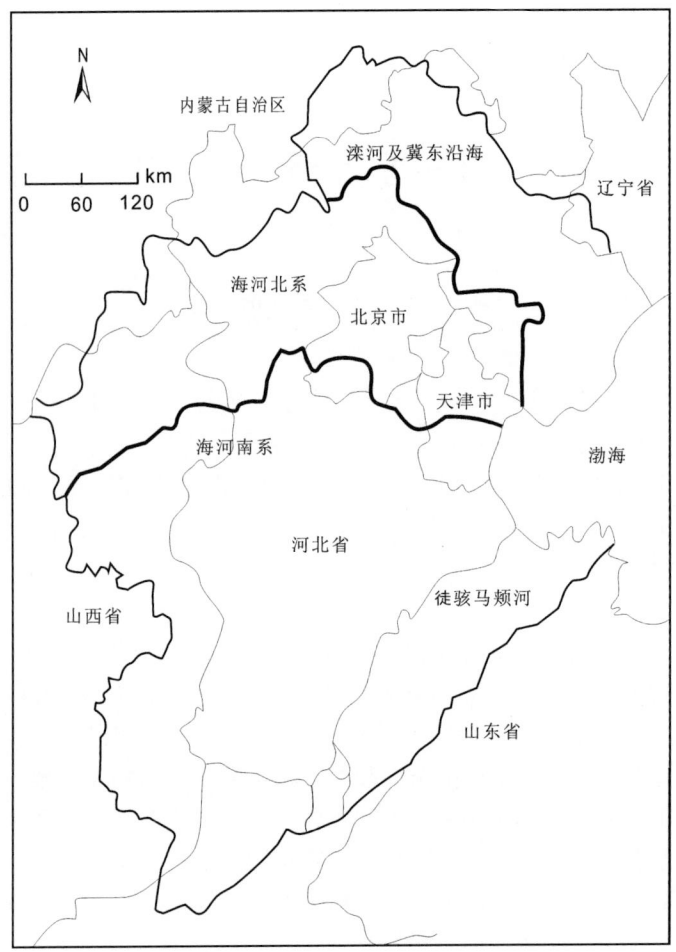

图 1-1 海河流域范围和分布

1.2.2 气象条件

海河流域地处温带半干旱、半湿润季风气候区。冬季干冷，夏季湿热。在流域南部多年平均气温为14℃，北部为1.5℃，西部比东部气温低2~5℃。全年以1月气温最低，7月最高。

多年平均年降水量为548mm。全年降水量主要形成于夏季，7、8月降水量占全年的一半以上，其次为秋季，9~11月降水量占全年的13%~23%。冬季（12~翌年2月）降水量仅占全年的2%。春季降水量占全年的8%~16%，易发生春旱。降水量分布有分带性。在燕山、太行山脉多年平均年降水量为600~700mm，内陆地区降水量为400~500mm，东部滨海平原降水量为600~650mm。河北平原中部降水量偏少，在晋州、新乐、深州、衡水、赵县、南宫一带不足500mm。流域年平均降水量最大值为798mm，最小值为358mm。降水量年际变化大，存在连丰或连枯变化。表1-1为海河流域不同水系年均降水量统计,其中以徒骇马颊河流域年均降水量最大,其次为海河南系、滦河水系,以海河北系降水量最小。流域年平均陆面蒸发量为529mm,水面蒸发量为1100mm,蒸发量随气温上升而增加,随纬度增加而递减。

表1-1 海河流域年降水量分布(1961~2010年)

流域名称	流域面积/万 km²	年均降水量/mm	降水变化率/(mm/a)
滦河及冀东沿海	5.4	523.4	-1.48
海河北系	8.3	463.2	-1.26
海河南系	14.9	534.9	-2.08
徒骇马颊河	3.2	608.2	-1.52
海河流域	31.8	521.2	-1.7

资料来源:严登华等,2013

1.2.3 地形地貌

海河流域由内蒙古高原、华北山地和海河平原组成。内蒙古高原区位于大同、阳高、张家口、崇礼、四岔口、御道口以北,海拔1000m以上,大部分为裸露基岩,局部为第四系覆盖。地势西北高,东南低,为山地和平原地貌,其中山地面积为18.9万 km²,平原面积为12.9万 km²。平原区的北、西、南三面为山地、高地,南面为黄河,东南方向朝向渤海。西部为太行山,平均海拔1000m,五台山最高峰海拔3058m;北部为燕山、军都山。自北、西、南西三个方向向渤海湾地势由高变低,在保定、霸州、天津以北地区,由西北向东南或由北向南地势变低,以南地区由西南向东北地势变低。在山前地带,坡降为1‰~2‰,在中部平原区坡降为0.1‰~0.3‰。

山区植被不发育,蓄水能力弱,水土易流失。河流多沙,形成山前冲、洪积扇平原。因河流迁徙,形成复合冲积扇。从西部太行山山麓至东部渤海海岸,平原区可划分为山前冲积洪积倾斜平原、中部冲积湖积平原、东部冲积海积滨海平原三个地貌单元。

山前冲积洪积倾斜平原位于燕山、太行山山前地带,呈带状分布,宽30~60km,海拔为50~100m。中部冲积湖积平原海拔低于40m,一些洼地(如文安洼)海拔低于3m。东部冲积海积滨海平原环渤海湾海岸展布,由三角洲、滨海洼地、海积砂堤构成,海拔低于10m。

海河流域土壤分区为内蒙古高原栗钙土绵土区、华北山地棕壤褐土区、海河平原黄沪土、潮土、盐土区。山麓平原区以东、滨海平原以西是中部冲积平原区,海拔低于50m,多为第四纪洪积冲积物,土层深,土质良好。

植被分区为内蒙古高原温带草原区、华北山地暖温带落叶阔叶林区、海滦河平原暖温带落叶阔叶林栽培作物区。海河流域开发历史长,明清时期天然植被已消失,现主要为栽培植被,部分为次生植物。

1.3 海河流域水资源量和调控方式

1.3.1 地表水资源状况

流域内地表水资源量是指河流、湖泊等地表水体动态水量，用天然河川径流量表示。依据2001年海河流域水资源公报数据，海河流域水资源量及分布情况如下。2001年海河流域降水量为416mm，折合降水量为1322.9亿 m³，比多年平均降水量少24%，是继1997年严重干旱后的第五个干旱年。2001年海河流域天然河川径流量为89.7亿 m³，折合径流深为28mm，比多年平均值偏少66%，比上一年减少28%。各子流域年径流深为北三河山区67mm、黑龙港运东2mm。北京市、天津市、河北省的面平均径流深分别为46mm、31mm、27mm。全流域地表水资源量为89.7亿 m³，地下水资源量为174.6亿 m³，水资源总量为200.1亿 m³（扣除重复计算量），占降水量的15%，比多年平均水资源量少52%（表1-2）。全流域137座大、中型水库年末蓄水总量为63.4亿 m³，比上年末减少7.3亿 m³。2001年全流域入海水量0.82亿 m³，比上年减少80%，其中滦河0.22亿 m³，徒骇马颊河0.6亿 m³。图1-2为海河流域各行政区地表水资源量分布，其中以河北省地表水资源占主导地位。

表1-2 2001年海河流域各分区水资源量

分区	计算面积/km²	年降水量/mm	地表水资源量/亿 m³	地下水资源量/亿 m³	重复计算量/亿 m³	水资源总量/亿 m³
滦河	54 530	260.7	26.4	25.7	15.2	36.9
北三河山区	21 708	110.6	14.5	15.2	7.7	22
永定河山区	45 179	132.9	7.9	16.1	6.2	17.8
北四河平原	16 232	73	2.1	11.2	1.5	11.8
大清河	45 131	168.3	6.7	20.7	4.7	22.6
子牙河	46 328	172.1	13	29.1	11	31.2
漳卫河	34 766	176.8	14.9	28.7	11.4	32.2
黑龙港运东	22 444	98.8	0.4	7.6	0	8
徒骇马颊河	31 843	131.1	3.8	20.3	6.5	17.6
流域总计	318 161	1 324.8	89.7	174.6	64.2	200.1
北京市	16 800	76.6	7.8	15.7	4.3	19.2
天津市	11 305	52.6	3.5	2.4	0.3	5.7
河北省	171 624	738	45.8	89.6	29.5	106
山西省	59 133	222.6	18.4	27.5	16.2	29.7
山东省	29 713	123.7	3.2	17.9	5.7	15.4
河南省	15 300	74.1	7.8	19.3	6	21
内蒙古	12 576	25.9	1.8	1.7	1.7	1.8
辽宁省	1 710	11.1	1.4	0.5	0.5	1.4

资料来源：中国水资源公报. 2001. http://www.mwr.gov.cn/zwzc/hygb/szygb/

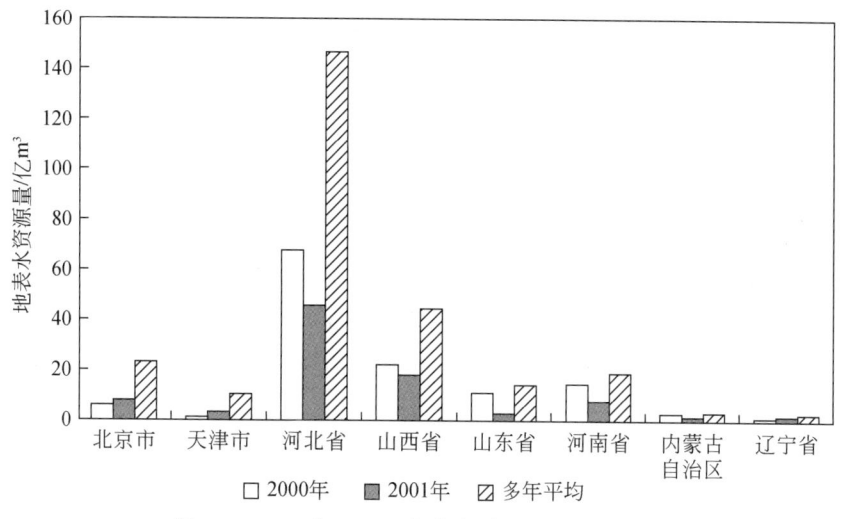

图 1-2 2000 年、2001 年各行政区地表水资源量

1.3.2 地下水资源状况

1.3.2.1 地下水资源量

海河流域平原区面积 12.9 万 km^2，其中山前倾斜平原区面积为 4.3 万 km^2，无承压含水层；在中、东部平原地区面积为 8.6 万 km^2，分布有深层承压水。海河流域地下水类型分为山前平原区和山间盆地两种类型。第四系地下水总储量 10 000 亿 m^3，其中在河北平原区有 5625 亿 m^3（陈望和等，1999），海河流域地下水资源主要位于河北省境内（图1-3）。浅层地下水储量为 2390 亿 m^3。深层地下水（包括咸水和微咸水）储量为 7600 亿 m^3，其淡水储量为 3000 亿～4000 亿 m^3。深层承压含水层年补给量在空间上有差

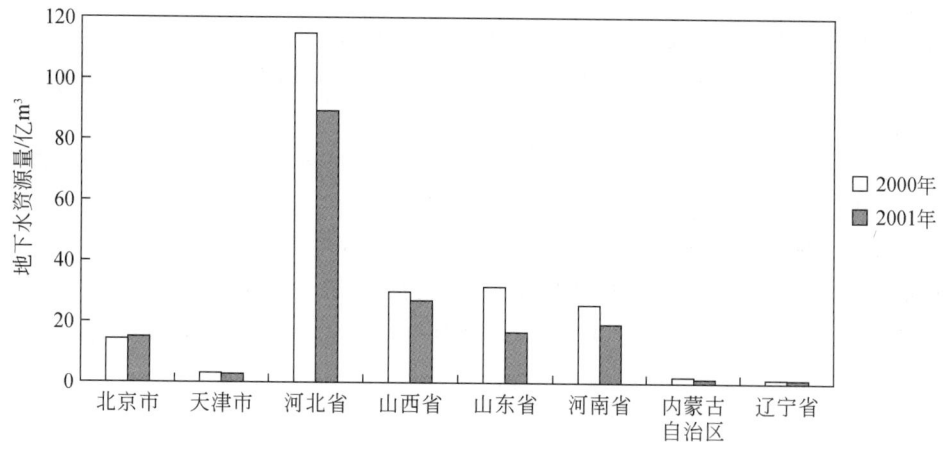

图 1-3 2000 年、2001 年各行政区地下水资源量

异性，在天津一带为1.9亿 m^3/a，廊坊2.1亿 m^3/a，沧州3.2亿 m^3/a，衡水2.7亿 m^3/a，而在北京、石家庄、保定、邯郸、邢台和安阳等山前平原区，深层地下水补给量则为0.8亿~1.3亿 m^3/a（张光辉等，2002a）。在西部和北部山前冲洪积平原区地带浅层地下水丰富；而在细土平原区深层地下水（淡水）资源较丰富。

1.3.2.2 地下水利用情况

1998年全流域地下水计算面积为28.4万 km^2，地下水资源总量为253亿 m^3，其中山区为122亿 m^3，平原区为159亿 m^3，平原与山区地下水重复计算量为28亿 m^3。流域全年供水量为438亿 m^3，其中开采地下水262亿 m^3（超采38亿 m^3），占60%；地表水113亿 m^3（含28亿 m^3 未处理污水），占26%；引黄水51亿 m^3，占12%；其他水源（污水处理后回用、海水淡化、微咸水等）12亿 m^3，占3%。地表、地下水资源（不包括引黄、污水及其他水源）总利用率达96%，其中地表水利用率达78%，地下水利用率达102%。

1958~1998年平原区（不包括徒骇马颊河流域）地下水累计消耗储量896亿 m^3，其中浅层地下水超采471亿 m^3，深层地下水超采425亿 m^3。至1998年，累计超采地下水900亿 m^3（其中浅层地下水470亿 m^3，深层地下水430亿 m^3），形成9万 km^2 超采区，10多个大面积地下水下降漏斗。与1958年相比，1998年海河流域浅层地下水水位普遍下降，水位降幅为4.8~22.2m。

2000年，海河流域地下水超采量达77亿 m^3，其中浅层地下水超采39亿 m^3，深层地下水开采38亿 m^3，形成了6万 km^2 的浅层和5.6万 km^2 的深层水超采区。2001年海河流域地下水资源总量为175亿 m^3，其中山丘区99亿 m^3，平原区106亿 m^3，平原与山丘区地下水重复计算量为31亿 m^3。2001年全流域地下水资源量与多年平均值相比少37%，与上一年相比少21%。在2005年，全流域总供水量为380亿 m^3，其中地表水占22.6%，地下水占66.5%，引黄水占9.8%，其他水源占1.1%。农业用水占69.5%，工业用水占14.9%，生活用水占14.6%，生态环境用水占1.0%。1999~2006年地下水年均供水量332亿 m^3/a，开采地下水42亿 m^3/a。

海河流域浅层地下水资源超采区多年平均超采28亿 m^3/a，超采总面积为 $4.4×10^4 km^2$，占全流域平原区总面积的34.2%。超采区分布于太行山山前冲洪积平原，严重超采区分布在石家庄、永年、邢台，以及肥乡地区。

浅层地下水位下降区，北起北京，沿京广铁路两侧向南，经保定、石家庄、邯郸、邢台至安阳、濮阳一带，大部分地区的地下水位埋深已从大量开采前的2~3m下降到8~10m及其以下，城市附近地区的地下水水位已降至20~30m及其以下。浅层地下水位降落漏斗面积达1.4万 km^2，第一含水层组疏干面积为1.0万 km^2。在山前平原大部分地区，地下水位埋深已由20世纪60年代的2~4m降至20m以下，局部超过40m（表1-3）。

表 1-3　海河流域平原区浅层地下水位变化

漏斗分布区名	漏斗面积/km²	漏斗区平均初始水位埋深/m	初始水位埋深的年份	漏斗中心最大水位埋深/m
唐山漏斗	479	1.5	1958	42.7
北京朝阳漏斗	1 685	14.6	1958	31.4
保定漏斗	1 586	2.2	1958	32.7
宁柏隆漏斗	2 470	1.7	1958	56.8
石家庄漏斗	325	2.6	1958	37.9
邯郸漏斗	1 033	2.5	1961	37.2
安阳-鹤壁-濮阳漏斗	6 598	2.5	1958	22.4

资料来源：海河水利委员会.2001.海河流域地下水资源现状评价与环境地质效应分析，转引自张光辉等，2002b

深层地下水超采区多年平均超采 $23\times10^8\text{m}^3/\text{a}$，范围已超过 5.1 万 km²，东部平原深层地下水已形成下降漏斗，漏斗中心区水位每年以 3~5m 的速度下降，其中北京东部、天津、冀（县）枣（强）衡（水）沧（州）、德州的漏斗已连成一片，天津、沧州的中心水位埋深已超过 100m，天津市塘沽、汉沽一些地方已降到海平面以下。海河流域平原区地下水位以大于 2m/a 的速度下降的区域有 10 500km²。

20 世纪 50 年代以来的 50 年间，总用水量从 91 亿 m³/a 增加到 403 亿 m³/a，地下水年超采 77 亿 m³，每年引用黄河水 40 亿 m³。近 50 年来海河流域累计超采地下水高达 1900 亿 m³（2010 年中国水资源公报，http：//www.mwr.gov.cn/zwzc/hygb/szygb/）。20 世纪 60 年代陆地内循环通量为 412 亿 m³/a，占总降水的 23%。20 世纪 90 年代后，陆地内循环通量增加到 1328 亿 m³/a，占总降水量的 83%。

1.3.3　水资源调控方式

全新世以来海河流域的演变，除了自然因素外，人类活动的影响亦十分突出，集中体现在对本流域和相邻流域水资源环境的持续开发和利用，改变了原有的自然风貌和生态水文系统。以资源和环境利用方式为指标，近 5000 年来有如下 7 种水资源调控方式。

1.3.3.1　毁林垦殖

森林植被是天然的生态储蓄水库，具有滞水和形成储水空间的功能，影响气温、大气环流、水汽的产生和转换，甚至降水区带的分布。毁林开荒破坏了植被生态系统，以及蓄水、排泄、固土环境。毁林垦殖是释水过程，不仅森林自身水分消失，而且依托于森林植被的各类不同水分、水系，也随着林地的消失而消失，影响气候环境，并使旱涝灾害增加。森林植被生态环境的消失，破坏了表层水源涵蓄滞水功能，改变了基于森林植被环境的水文过程。

1.3.3.2 引水灌湖

以改变河水自然输水通道为主,将水引到低洼湖淀中增加地表水水面面积。在低洼湖淀中,水在地表滞留时间延长,水面蒸发量大为增加。水面面积的变化取决于入湖水量和离开湖淀的水量。无持续性入湖水量,湖泊水面则萎缩,直至干涸。北宋时期,为抵御辽金入侵,引水灌湖(相当于军事水利工程),由此在白洋淀一带形成了海河流域最大水面。

1.3.3.3 水库拦蓄

近现代以前,主要以"引用"地表水为主。1950年以后,是大规模水利建期,在河道上修建水库,直接"截流拦蓄"地表径流。1950年以来,在海河流域共建有大、中、小型水库1900余座,总库容294亿m^3,其中山区大型水库30座,总库容251亿m^3。流域水利工程供水能力609亿m^3,超过水资源总量419亿m^3的24%。建成京密引水、引滦入津、引滦入唐、引青济秦、引黄入卫济冀等跨地区或跨流域调水工程。海河流域出山口河流基本上被上游水库拦蓄和控制。海河流域中下游5787km河道多数无水,常年有水河段仅占总长的16%,常年断流河段占总长的45%。流域湿地面积由20世纪50年代的10000km^2,减少到目前的1000km^2。

水利工程改变了水资源的时空分布和功能。地表水库是修建于河道之上的人工湖淀,通过在河道中建设拦水坝形成一定库容,蓄积水坝上游河水。河水蓄于水库中,增加了河水在地表的滞留时间,同时也增加了水面蒸发量。自然河道流量减少,甚至干枯,这又进一步导致水库蓄水量的下降。

1.3.3.4 跨流域调水

跨流域调水是解决流域水资源短缺的重要手段,在支流和次级河流水量减少后,黄河和长江主干河流成为主要的跨流域调水水源。

图1-4为1994~2006年海河流域引黄河水量情况。"引黄济淀"为生态补水工程,引水渠长399km,从黄河位山闸到省界刘口闸长105km,从刘口闸到白洋淀长294km(图1-5)。2006年以来,已实施了四次"引黄济淀"补水。

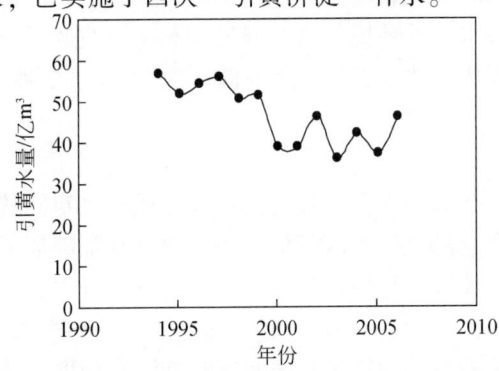

图1-4　1994~2006年海河流域引黄水量

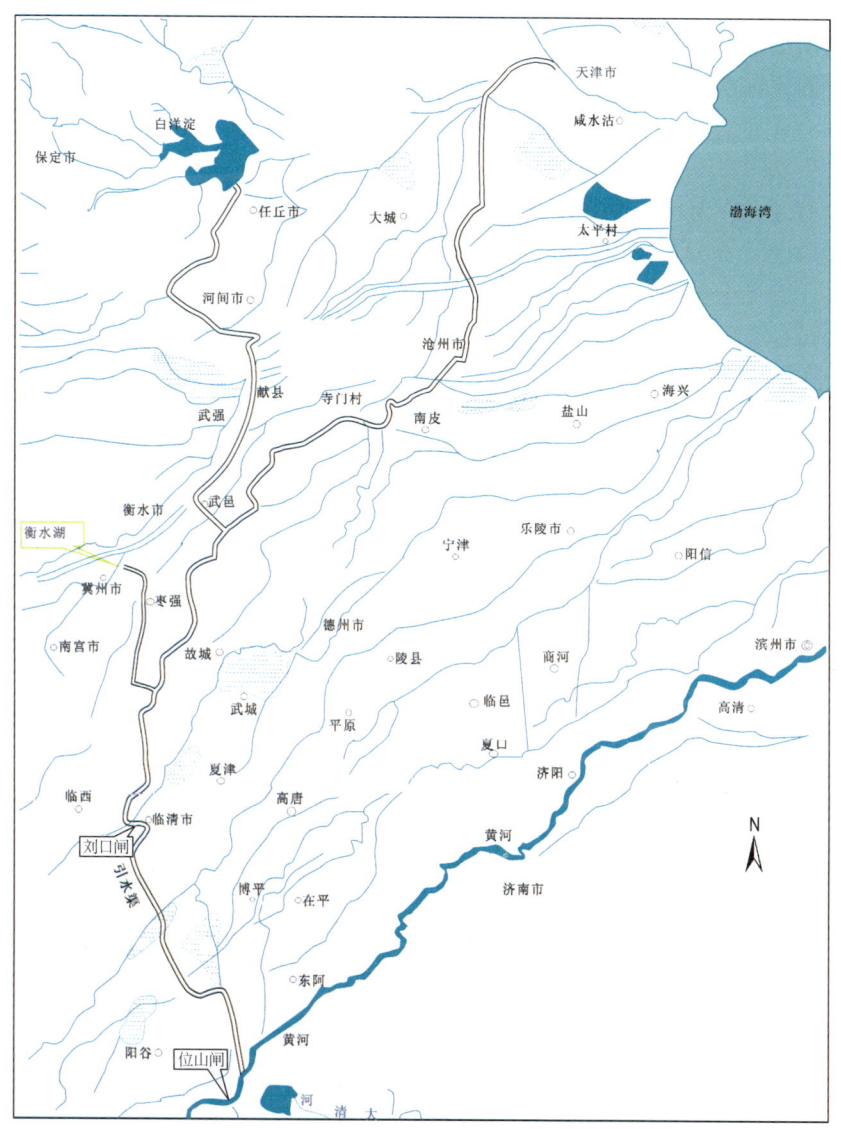

图 1-5 海河流域水系与引黄济淀、济津路线

第一次：2006 年 11 月 24 日首次"引黄济淀"。

第二次：2008 年 3 月 1 日起，入白洋淀净水量 1.5 亿 m^3，白洋淀水位升至大沽高程 7.3m，水域面积为 130km^2。

第三次：2009 年 10 月 22 日，第三次补水。

第四次：2011 年 4 月，第四次补水后，白洋淀水域面积由补水前的 82km^2 扩大到 134km^2。

自 2006 年以来，四次补水总量在 4 亿 m^3 以上，但是水面面积只能维持在有限范围（几十至 150km^2），湖水位（7m）与干淀水位 6.5m 相近。除降水以外，如无河水补给，湖淀水面面积则减少，直至干淀。年降水量和入库河水量决定湖水面积。

南水北调工程设计东线、中线和西线三条调水线路，使长江水跨越黄河、淮河和海河，沟通不同流域水系。

1.3.3.5　荒漠绿洲农业

干旱荒漠区具有山地、绿洲和荒漠景观。绿洲为荒漠包围，随水而迁。我国荒漠绿洲主要分布在西北干旱区，绿洲面积为 69 646km^2，占总土地面积的 4.3%，聚集着本地 95% 的人口。近几十年来，荒漠绿洲区水土资源开发利用规模不断扩展，如 1950 年新疆耕地面积为 0.64 万 hm^2，到 1999 年则为 33.84 万 hm^2（吕新等，2005）。当前的高强度的经济活动改造了自然河系和绿洲的分布。

荒漠绿洲的脆弱性是由于其高度依赖入境河流，或者人工灌溉。灌溉是荒漠绿洲农业存在的根本，西北绿洲农业用水占总用水量的 90% 以上。干旱缺水区竞争用水使绿洲溯源上迁，下游旧绿洲因水源枯竭退变为沙漠，如河西走廊黑河流域骆驼城古绿洲的消失；或上游河水被拦截，下游绿洲脱河而沙化，如黑河下游持续时间上千年的古居延绿洲沦为沙漠。水系变迁、河道断/截流、湖泊干涸、地下水位下降等，使绿洲迁移或消失。在干旱、半干旱区，人工生态-湖泊-水系和绿洲的建立会带来其他地方生态环境退化，相当于生态环境搬迁。

1.3.3.6　虚拟水贸易

虚拟水概念由英国学者 Tony Allan 在 20 世纪 90 年代初提出，是指凝结在产品和服务中的虚拟水量。通过贸易，实现水资源在国家或地区间的交换，是解决粮食安全和水安全问题的一条重要途径。南方是我国传统的农产品主产区，自古就形成了南粮北运格局。然而，至 20 世纪 80 年代末 90 年代初，这一格局发生反向变化，自此至今为北粮南运（马静等，2006）。据估算，在 1999 年，北方向南方运粮食 1700 万 t，相当于调出虚拟水量 187 亿 m^3。黄淮海和东北地区的有限水资源除承载本地经济外，还支持南方的经济发展。过度的开发和利用自然资源，促使北方生态环境加速退化。

1.3.3.7　地下水开采

抽取地下水影响地表水系和生态环境，是调控水资源的一种重要方式。1970 年以后，在海河流域大量提取地下水补充地表水供水量的不足。经过 40 多年的高强度开采，地下水水位由几米下降为十几米至几十米，一些含水层甚至已被疏干。地下水水位下降，加速了地表水系和湖泊面积的削减。地表水库的修建截止了域外来水，含水层失去地表水补源。地下水开采首先袭夺了基于地下水转化的地表水量，以及相伴生的生态环境基础水量。在地下水开采的初期是袭夺河水基流量，而在后期则是袭夺地表径流，发源于山前冲洪积扇区的河流大部分断流。

1.4 海河流域水文环境变化：物候水文学分析方法

为理解和认识海河流域气候和水资源变化，有必要探查历史时期以来区域自然水文过程与人类活动之间的相互作用。

古气候及环境变化的现代研究方法有多种，如冰芯记录、沉积岩芯、花粉研究、树木年轮、考古等，这些方法为实现科学量化研究提供了必要的手段。

物候学是借助生物季节性变化、时/空迁移规律来了解历史时期的气象、气候演变（竺可桢，1972）。在下面的分析中，利用了重建历史数据、现代观测的分析数据和结果，以及物候学的原理。在这里，通过分析人口数量和分布，以及历史时期海河流域的森林、植被、河、湖水系和更新世以来极地冰川的演变，并基于气候条件的变化来认识流域水文水资源变化过程，称为"物候水文学"，其基本原理是全流域范围内的气候、冰川冻土、河湖水系、地表植被等是相互联系的统一体系，一定自然条件下形成的植被–水系具有长期的相对稳定性；这种稳定体系的演变，取决于环境条件的变化，而自然事件、人类活动等外力高强度持续扰动则加速了自然生态–水文体系的转变。数千年来，人类活动使生态–水文系统退变范围由点扩展到面。

1.4.1 人口和环境变化

人口数量和活动方式是自然环境改变的重要驱动因子。人口数量直接决定着所需自然资源量，以及对自然环境的影响程度。人口增长和社会经济发展增加了水资源和耕地的等需求量，更加明显地改变自然生态环境和水文过程。

在两汉时期，华北平原为渔阳、广阳、上谷、渤海、涿等郡，辖区包括现在的山西、内蒙古和辽宁。华北平原人口密度较高，仅次于关中平原。从汉唐时代到清朝前期，海河流域人口数量为几百万人至1000万人。

300~500年和900~1200年，即魏晋南北朝和五代十国至北宋，华北平原北部和西北是移民戍边区，唐代以后人口数量下降，至北宋金元时降至最低，耕地变为牧场，水域面积大。辽金后，北方和东北移民迁移至今河北境内，海河流域人口数量开始回升。

明清时海河流域移民人口增加。明万历时期，京畿地区（今河北及京津地区）人口420万，顺天府（今北京）人口70万。清末，北京人口340万，天津190万，人口密度大于300人/km²。清代滨海、燕山、太行山人烟稀少地带，后来逐渐有移民垦殖定居。

南方用于炊火，北方冬天取暖，北方薪炭消耗木材量高于南方。历史上，华北平原薪炭消耗（不包括大量营建工程、战争毁林），使林地消失15万亩/a，清嘉庆时期人口增加，消失林地面积超过40万亩/a，20世纪30年代增至70万亩/a（表1-4）。元明清时期（11~19世纪），海河流域人口增加，耕地、木材、水资源的需求量递增。明清时期，依靠京杭运河南粮北运供应京畿地区粮食。京杭运河漕运年运粮400万石（古代粮食重量单位，1石=125kg），持续了500余年。每年漕运粮食，相当于虚拟调水8.1亿~9.7亿 m³，为海河流域多年平均年径流量的3.7%~4.4%。

表 1-4 近 2000 年海河流域人口数量和林地消失面积

朝代	公元（年）	高峰人口数量/万人	木柴消耗量/(m³/a)	年毁林面积/万亩①	消失林地面积/(万亩/a)
西汉元始二年	2	767.2	773.6	160.3	16.03
东汉永和五年	140	720.5	726.6	151.3	15.13
唐天宝元年	742	856.9	864.1	180.5	18.15
北宋崇宁元年	1102	562.5	566.8	117.9	11.79
明万历二十年	1592	481.3	485.3	100.8	10.08
清嘉庆二十五年	1820	2028.8	2045.8	425.5	42.35
民国二十二年	1933	3449.3	3478.3	725.1	72.51

注：①1 亩 ≈ 666.67m²；②古代粮食重量单位，250 市斤为 1 石，即 1 石 = 125kg。
资料来源：陈茂山，2005。

在 20 世纪 70 年代后，靠当地农业种植和生产，海河流域实现了粮食自足。2000 年全流域总人口为 12 641 万人，其中农村人口 8128 万人，占全流域总人口的 64%；城镇人口 4513 万人，占全流域总人口的 36%。2000 年全流域耕地面积 16 618 万亩，其中实际灌溉面积 10 164 万亩，占全流域耕地面积的 61%；当年全流域工业总产值 16 683 亿元，流域内生产总值 11633 亿元（表 1-5）。

表 1-5 海河流域 2000 年经济社会发展指标

行政区	总人口/万人	城镇人口/万人	GDP/亿元	人均 GDP/万元	农业总产值/亿元	工业总产值/亿元	有效灌溉面积/万亩	农田实灌面积/万亩
北京	1 144.8	852	2 478.8	2.1651	195.2	2 774.2	484	450.1
天津	935.7	692.4	1 639.4	1.7519	156.3	3 080.7	529.7	432.7
河北	6 655.2	1 709.8	5 055.8	0.7597	1 530.1	7 789.5	6 560.7	6 075
山西	1 134.6	396.5	585.5	0.5161	110.6	599.4	651.3	536.7
河南	1 188.7	468.5	790.1	0.6647	229.3	1 096.7	898.1	830.6
山东	1 490.3	373.5	1 054.0	0.7075	417.5	1 317.3	1 904.7	1 791.4
内蒙古	69.5	18.1	22.9	0.329	13	21.5	57.8	38.7
辽宁	22.4	2.2	5.8	0.2592	2.7	3.2	16.3	8.3
流域合计	12 641.2	4 513	11 632.7	7.1532	2 654.7	16 682.5	11 102.6	10 163.5

资料来源：海河水利委员会. 海河流域水资源及其开发利用情况调查评价.2004. 转引自陈茂山，2005.

以 1950 年作为海河流域人类活动变强的界线时，可以看出 1950 年以后人口数量、灌溉面积、粮食产量和 GDP 产值都呈现明显增加的趋势（图 1-6）。2000 年时海河流域的人口数量是 1952 年的 2 倍，与之相随的是灌溉面积的 5.8 倍、粮食产量的 3.6 倍、GPD 的 77 倍。GDP 的快速增长始于 1980 年，2000 年海河流域的 GDP 为 1980 年的 7.3 倍。

在 2000 年，海河流域面积为全国的 3.3%，人口占全国的 9.7%，国民生产总值和粮食产量均占全国的 12%，是我国三大粮食生产基地之一，为我国政治文化中心和经济发达地区。海河流域经济社会的发展，促使这一区域生态水文环境的加速退化，表现为地表水

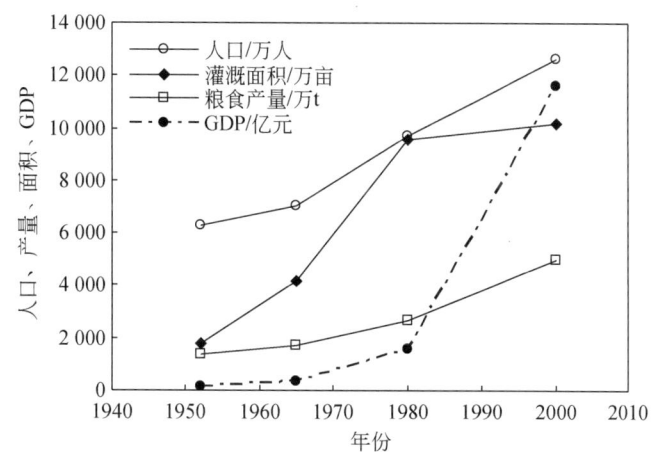

图 1-6 1952~2000 年海河流域人口、粮食产量、灌溉面积和 GDP 变化

系减少,甚至消失,地下水水位下降,土壤沙化,干旱少雨频次和持续时间增加,自然植被覆盖面积减少。特别是近几十年生态环境的退化速度超过以往历史时期。

1.4.2 森林面积变化

森林植被是自然产出的生态系统的重要组成部分,在水-生态-环境体系中起调节作用,也是河流水系源区。森林植被分布范围,发育状况取决于气候条件,同时又反作用于气候变化,是环境变化缓冲区。森林植被面积变化是环境变化的重要指标。自然形成的植被森林体系演变过程缓慢,而近代人类活动,则加速了林地植被和环境变化。由于森林面积减少,环境变化的缓冲区消失,导致发生洪、旱事件的频次增加。

1.4.2.1 全新世以来我国森林植被产出状况

在全新世中期,北部有亚热带植物种属的暖温带落叶阔叶林,中南部分布北亚热带落叶阔叶与常绿阔叶混交林。在全新世晚期,即西周以来的近 3000 年中,全球气候较干冷,发育暖温带落叶阔叶林。在历史上,中国森林茂盛,4000 年前森林覆盖率达 60% 以上,但是随后森林资源呈下降趋势,到 2200 年前的战国末期为 46%,1100 年前的唐代为 33%,600 年前的明初为 26%,1840 年为 17%,1949 年为 12.5%。从 1700 年到 1949 年 200 多年间,森林资源减少的数量超过去 5000 年的变化。海河流域河北平原区森林面积下降情况比全国平均水平更为严重。

1.4.2.2 海河流域森林植被变化

全新世初期,河北平原及其周围山区大部分为森林覆盖,局部低洼地发育有湿地和沼泽植被,海河流域草深林茂。自春秋时期开始,海河流域原生林受到破坏,首先是黄河流域下游黄河两岸原生林植被的破坏。山东地区的自然森林体系受到破坏,在秦汉时原始林消失,逐渐演变为光山裸岩;河北平原发展农业。在汉代,平原区南部和中部的原生林消失，林地植被面积由 60% 降至 30%。平原区林地减少，但是在山麓地带原生林尚未受到明显影响。

垦殖替代牧业改变黄河中游生态环境。秦和西汉时期黄河中游长城沿线以农业垦殖为主，水土流失加剧，下游泥沙含量激增，河床垫高，导致黄河频繁决口改道。从东汉战乱直至唐安史之乱之前，黄河中游地区恢复为牧业为主，植被发育，保持水土，中游植被发挥滞水作用、调蓄作用，（在五代以前）黄河下游湖泊发育。唐朝时期（630～800 年）为湿润多雨期，但是黄河仍有数百年稳定。唐安史之乱之后，又以垦殖为主，北宋时期在黄土高原大规模军垦，加重了水土流失，河床抬升。五代以后湖泊减少，调蓄洪流能力下降，黄河泛滥加剧。虽然北宋时期降水量低于唐朝，然而黄河洪泛却较频繁和严重。

在汉魏时期，永定河曾被称为"清泉河"（刘洪升，2005），永定河中、上游流域的森林还很茂密。在辽、金、元时期，永定河受到人为影响。明代中期以来，引种玉米、甘薯、马铃薯等成功，这些作物比稻、麦、黍、稷耐旱耐瘠且高产。耐旱作物的普及，开垦山地加速，太行山区的天然植被退化快。同时，明中叶以后，北京城的营建、烧炭、冶炼、战争、寺庙塔观建设等需要大量林木，森林资源的下降导致水土流失严重，永定河、子牙河的泥含沙量上升，淤塞大清河水道（尹钧科，2003）。

到明末清初（1700 年）河北省森林覆盖率仅为 22.7%。清代以后，甘薯和玉米等农作物在山区种植成功，使残存零星分布天然林和次生林被破坏。在清康熙时，在冀北山区、太行山区有少量温带落叶林分布。但是至 18～19 世纪海河流域原生林地基本消失，以次生草地和灌木丛为主。因此，在人类活动的影响下，经过 3000 年左右的时间，海河流域原始森林植被消失。

海河流域是我国洪旱灾害最突出的地区之一。洪旱灾害发生的原因除了有气候、地形、水文等因素外，森林植被变化也是重要的控制因素。东汉末年至魏晋时代为丰水时期，但河流并未泛滥成灾。唐宋以前太行山区森林茂密，平原区淀泊广布，海河流域发生水灾次数少；唐宋以后，尤其是明清以来太行山区森林整体破坏，平原淀泊萎缩，水灾次数增加（刘洪升，2002）。自西晋至元的 1103 年间，河北发生旱灾 71 次，每百年平均 6.4 次，明代时则平均 25 次，清朝 41 次，民国时期达 51.4 次（刘洪升，2005）。

植被覆盖率下降，除了增加发生洪旱灾害频次和规模外，还可引起区域大气环流强度和路径变化、降水量下降、干旱化、气温上升等多种环境负效应。4000 年以来森林资源的破坏是气候干旱化的重要原因之一，在 20 世纪 70～90 年代，罗布泊干涸、黄河断流、沙漠化等与这一过程有关。已有文献报道，在全新世已形成了我国季风气候环境。自然植被覆盖率影响着季风发生的强度、路径、深入内陆的范围、持续时间等，相应地对降水发生时间、降水量和降水范围有着重要影响。东南季风是我国水气环流运动的主要驱动力，我国森林发育状况，直接影响着这一驱动机制的作用效果。我国南方森林影响全国尤其是北方气候变化（樊宝敏和李智勇，2010），南方植被覆盖率下降，不仅会造成南方的气候向干旱化方向转化，而且会进一步加重我国北方和西北部地区的干旱化趋势。

1973 年我国森林面积为 1.2 亿 hm^2，森林覆盖率为 12.7%，到 2011 年上升到了 1.95 亿 hm^2，森林覆盖率上升为 20%（黄守坤和夏甜甜，2012）。海河流域 1998～2011 年的

SPOTVegetation NDVI 数据表明，在这 14 年期间农田、建设用地植被有改善，植被覆盖变化受气候因子驱动的面积比例为 31.7%，非气候因子驱动的面积比例为 68.3%（王永财等，2014）。海河流域植被变化机制，由早期原始社会时期以气候因子驱动机制为主，转变为近现代以人工驱动机制为主。人工植被与生态水文过程关系需要进一步加强。

1.4.2.3 夏代以来森林面积变化的原因及驱动力

在我国 4000 年以来的历史时期内，森林植被坏具有区域性和阶段性。前 2000 年，森林植被破坏分布在秦岭和淮河以北的北方地区，主要集中在黄河流域，导致森林资源量下降、消失，出现干旱化（毛乌素、科尔沁等地沙漠化），北方生存条件恶化，形成多次人口南迁事件；后 2000 年森林植被破坏逐渐扩展到长江流域，再到华南、东北和西南诸偏远地区，以及遍布全国的林区。280～1230 年，南方森林资源明显减少，森林覆盖率由 40% 下降到 27%。西晋时期，北方游牧民族迁徙进入中原、北方大批汉族人口南移，南宋初年（1126～1145 年）北方人口再次大规模南迁。五代十国时期，经济文化重心从黄河流域转移到长江流域，在淮河、秦岭以南的南方人口超过北方，宋徽宗大观年间，人口已超过 1 亿（王育民，1995）。宋代时期，在南方大量开垦农田，兴修水利，长江流域、珠江流域和西南地区的天然林被大量采伐。2 世纪末，长江流域森林覆盖率接近 70%，14 世纪时，天然森林覆盖率不足 40%（周宏伟，1999）。1957 年，长江流域森林覆盖率下降至 22%，水土流失面积 36.4 万 km^2，占流域总面积的 20.2%。1986 年，森林覆盖率锐减至 10%，水土流失面积为 73.9 万 km^2。清代中后期，太白湖淤塞，在江汉平原上形成新的大湖——洪湖。洞庭湖水域逐渐淤塞萎缩，水面面积由 0.6 万 km^2，缩减到不足 0.3 万 km^2。长江流域水土流失总量已超过黄河（夏汉平，1999）。人口数量与森林覆盖率呈反相关关系（图 1-7）。人口数量的增加是森林覆盖率下降的主要原因，其中大规模人口迁徙是主要驱动力。

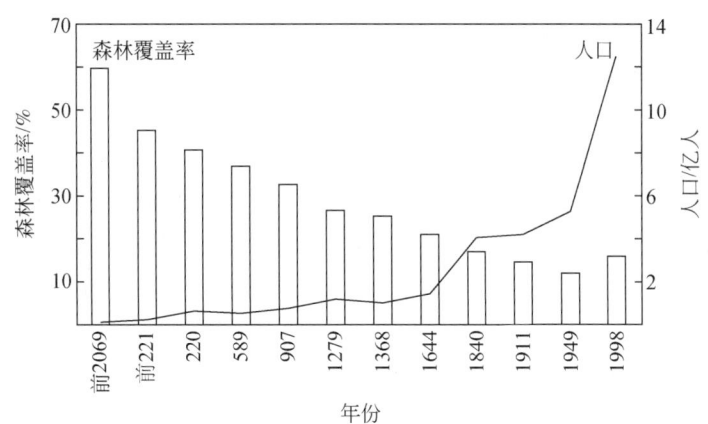

图 1-7 4000 年以来中国森林覆盖率和人口变化（樊宝敏和董源，2001）

1.4.2.4 森林覆盖率下降和土地沙漠化

我国土地沙漠化空间变化趋势有自西向东，自北向南的趋势。土地沙漠化范围扩大，与当时的地理位置、气候条件，以及农垦造地造成的森林面积不断下降有关。西北地区的塔克拉玛干沙漠、阿拉善和河西走廊地区的沙漠化是早期沙化区域。公元前 2 世纪汉武帝时期，塔克拉玛干沙漠南缘的楼兰、且末、精绝、若羌等地为人口兴旺的绿洲，古楼兰城废弃于 376 年，而在 8、9 世纪时，东端的米兰古城还很繁盛（朱俊凤，1999）。在汉代时，河西走廊是通往西域的"丝绸之路"，盛唐后，河西走廊安西东南的锁阳城、敦煌西部南湖附近的寿昌城、高台南部的骆驼城等地沙漠化，随后罗布泊干枯，楼兰等西域古国逐渐消亡。在战国时期，毛乌素沙漠区为草地和森林区。在唐代后发生沙化，宋代时成为沙漠。在辽代早期，科尔沁沙漠区为草原和林区，是辽国国都，金代时已有发生沙漠化。元明清时期，政治中心南移，沙漠化有所抑制，但是在清代中期以后，农垦和毁林使漠化进一步加剧沙（樊宝敏等，2003）。目前，全国荒漠化土地面积 262 万 km²，占国土面积的 27.3 %。其中沙漠、戈壁及沙化土地面积有 169 万 km²，占国土总面积的 17.6 %，涉及全国 29 个省（区）的 841 个县（旗），主要集中在我国"三北"地区的 13 个省（区）。全国沙漠化面积有逐年增加的趋势，在 20 世纪 50 年代到 70 年代沙化面积每年增加 0.16 万 km²，80 年代平均每年增加 0.21 万 km²，90 年代时，每年增加 0.25 万 km²（国家林业局，2000）。

1.4.3 海河流域河流水系及河水流量变化

1.4.3.1 河流水系分布

海河水系是我国七大江河水系之一，流域面积为 31.8 万 km²，地跨北京、天津、河北大部、山西东北部，以及山东和河南两省北部。

海河水系发源于太行山，全长 1000km，海河流域由潮白蓟运河、北运河、永定河、大清河、子牙、漳卫南运河 6 个水系构成，各水系汇集于天津入渤海。海河干流长 73km。海河支流众多，20km 长支流有 300 多条。河流源区有内蒙古高原北部和西部山区。潮白、永定河、滹沱河、漳河等发源于山区，规模较大。北运河、蓟运河、大清河、溢阳河、卫河等发源于燕山、太行山山前，规模较小。

海河南系现有大清河、子牙河、南运河三大河流。大清河位于永定河系以南、子牙河系以北，中下游为白洋淀-文安洼湖淀群，发源于恒山南麓、太行山东麓，分为南、北、中三系（图 1-8）：白沟河与南拒马河及其上游归为北系；潴龙河及其上游归为南系；南、北二系之间的唐河、漕河、萍河、瀑河、府河、清水河、孝义河等以白洋淀为归宿的短小河流为中系。大清河也简分为南、北两系，将汇入东淀的支流归为北系，汇入西淀的支流归为南系（以雄县张青口为界，以东为东淀，以西为西淀），即将三系的中系归为南系。明清以前，大清河、御河上游植被良好，一直是清水河流，明清以后含沙量逐渐增加。

海河北系今有永定河和北运河两大水系。直到唐末永定河一直是清水河，从北京西北经天津东北入海。11 世纪以后由于上游森林植被破坏，逐渐变成多沙河流，明清演变成善淤善徙的悬河。清康熙三十一年（1692 年）有永定河堤防系统约束河道。

滦河及冀东沿海水系位于海河流域的东北部，下游有支流汇入，直接入海。

海河流域河流可分为两类：一是较大河流，发源于北部内蒙古高原和西部黄土高原，河长，多泥沙，类似河流包括滦河、潮白河、永定河、滹沱河（子牙河水系）、漳河（漳

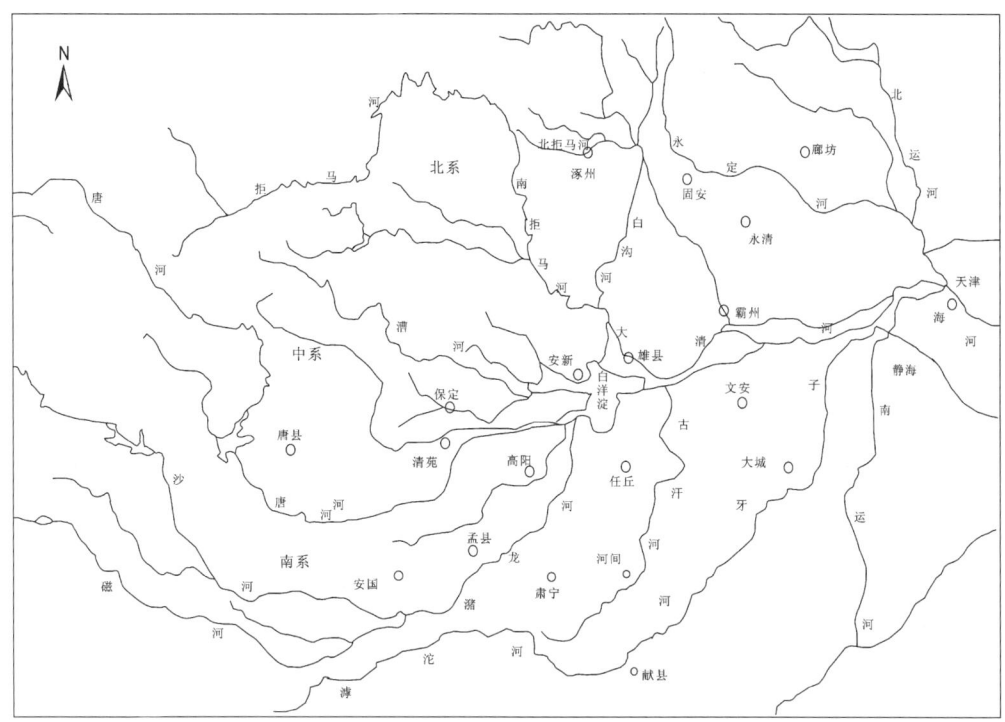

图 1-8 大清河水系
资料来源：石超艺，2012

卫南水系）属这类河流。二是较小河流，多发源于燕山、太行山山前地带，包括蓟运河、北运河、大清河、滏阳河（子牙河水系）、卫河（漳卫南水系）。较大河流主要受降水和径流影响，而发源于山前的较小河流，主要为地下水、泉水转换为地表水成因，河水流量受地下水水位制约。

1.4.3.2 河水流量

海河流域多年平均年河川径流量为 216 亿 m^3（1956~2000 年），折合流域多年平均年径流深 67.5mm，其中山区径流量占流域的 73.3%。

20 世纪 50 年代，河流水量逐渐减少，长年河流发生了断流，而且断流时间、河道干涸长度越来越长。在 60 年代，海河流域 20 条主要河流中有 15 条河发生断流，年均断流 84 天，断流河长 683km。至 70 年代，19 条河流发生断流，年平均断流时间为 186 天，干涸河道长度 1335km。80~90 年代，干涸河道长 1811km，年断流时间为 230 天。

1956~1979 年系列多年平均地表水资源量为 256.5 亿 m^3，1980~2000 年系列平均地表水资源量衰减为 170.5 亿 m^3，减少 33.5%，2001~2007 年系列平均地表水资源量进一步衰减到 105.9 亿 m^3，相比 1956~1979 年系列减少了 58.7%。

1950~2000 年海河流域河北省境内地表水径流量变化如图 1-9 所示，多年平均地表径流量为 67.0 亿 m^3，其中山区为 53.6 亿 m^3，平原区为 13.4 亿 m^3。在 20 世纪 50 年代最大年平均径流量为 105.3 亿 m³；80 年代最小，为 46.6 亿 m³；90 年代为 54.7 亿 m³，比 50 年代少 50.6 亿 m³，平均每年减少 1.27 亿 m³（邵爱军等，2010）。地表水资源量下降与年降水量正相关，与气温反相关（图 1-10）。

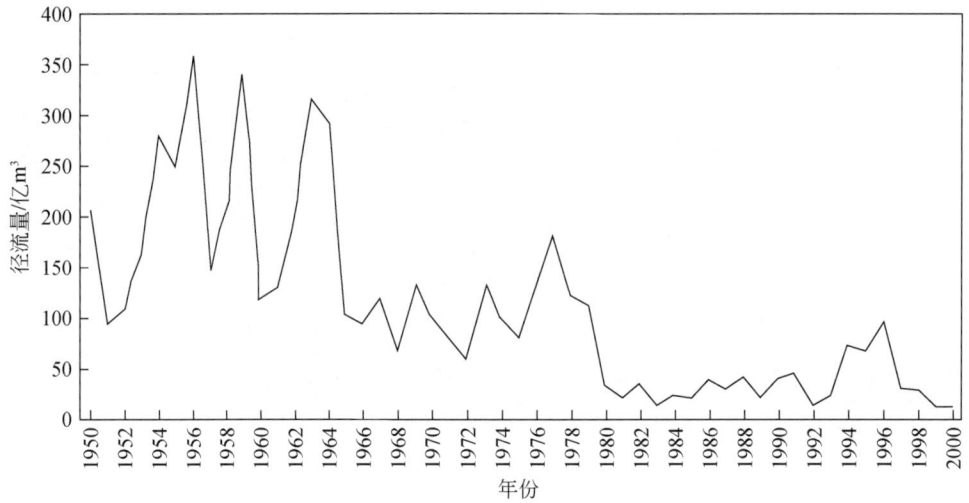

图 1-9　海河 1950～2000 年流域河北省境内地表水径流量（邵爱军等，2010）

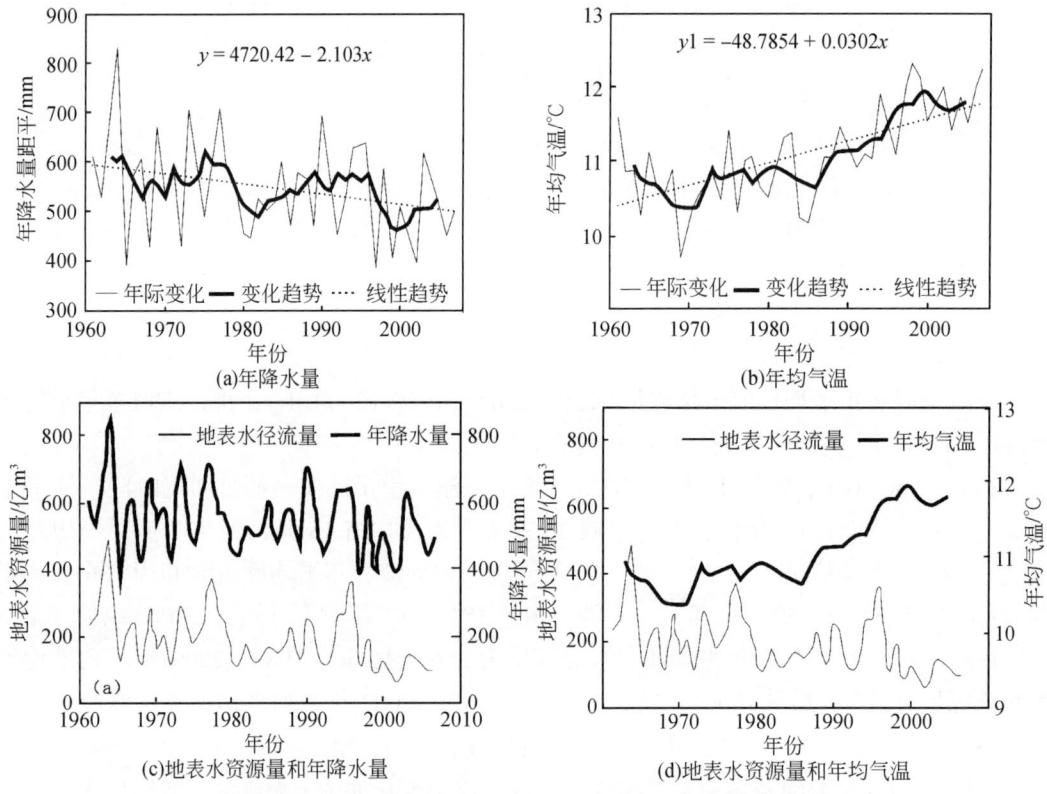

图 1-10　海河流域气温、降水量、地表径流量变化和平均气温

资料来源：郝立生等，2009

1.4.3.3 海河流域入海河水流量及变化

河流水量减少，河道干涸断流，各河入海水量下降。20 世纪 50 年代，海河流域平均入海水量达 241 亿 m³，到 60 年代、70 年代分别下降至 161 亿 m³ 和 115.6 亿 m³，到 80 年代下降到 22.2 亿 m³。90 年代全流域降雨偏丰，1990～1998 年年均入海水量达到 67 亿 m³，但年际变化很大。例如，1996 年本流域局部发生大水，入海水量达 159 亿 m³，其中 8 月洪水入海水量达 84 亿 m³。1992 年入海水量只有 13 亿 m³。1998～2007 年年均入海地表水量仅 18.3 亿 m³。滦河、北四河和徒骇马颊河入海水量占全流域总入海水量的 96%。具体情况见表 1-6 和图 1-11。

表 1-6　海河流域各水系和主要河口各年代年均入海水量　　（单位：亿 m³）

年代	滦冀沿海	海河北系	海河南系	徒骇马颊河	全流域合计	滦河	海河干流	漳卫新河
50	76.3	54.8	108.6	1.7	241.4	69.1	73	8.7
60	42.7	24.3	77.5	16.5	160.9	35.2	43.7	12.6
70	44.6	26.7	32.4	11.8	115.6	37.2	10.1	6.2
80	9.8	7.8	2.9	1.7	22.2	8	1.7	0.4
90	23	14.2	10.1	12.4	59.7	19.9	2.84	1.7

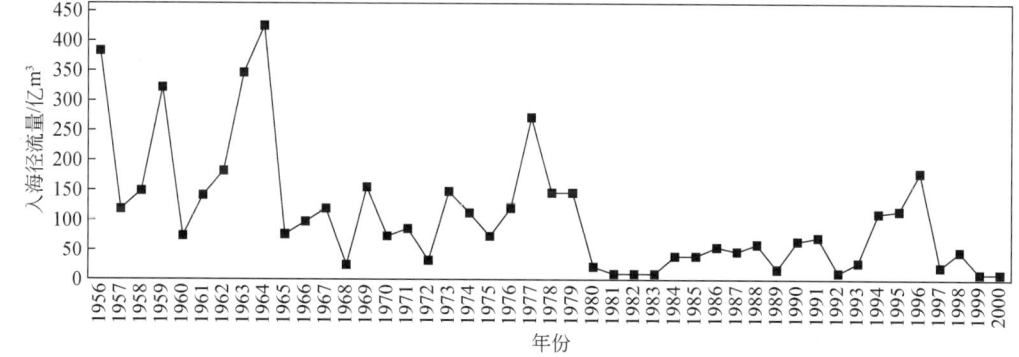

图 1-11　1956～2000 年海河流域入海河水流量

1.4.4　海河流域湖泊湿地及变化

海河流域是从黄河流域分化、独立出来的。海河流域湖泊洼淀受黄河，还有发源于西北部和北部山区河流、上游植被、水土流失状况，以及平原区河道变化等因素影响。海河流域平原区湖泊洼淀，表明早期上游地区植被破坏，水土流失加剧。湖泊洼淀是环境演变的一个重要阶段，代表着由"清水"河转为多泥沙河后，在出山口形成冲洪积扇区，因河床抬升，频繁改道，在低洼处滞留的河水。一旦与上游河流联系中断，湖泊洼淀则缩小，直至消失。

1.4.4.1 历史时期湖泊湿地面积

全新世以后（12000 年 BP[①]），海河平原开始出现湖泊洼淀，主要分布于冀中凹陷和

---
① BP 指 2000 年以前的年数。

渤海凹陷西北部，即燕山以南，太行山以东的保定、邯郸、德州、天津、唐山、渤海沿岸。全新世中期（5000年BP）形成众多湖泊。在先秦时期有较为完整的大湖，水域辽阔。在东汉至北魏时期（25~534年），黄河下游多数支流与湖泊洼淀相通，湖泊洼淀稳定。随着滹沱河与永定河冲击扇扩展，分化出三个独立湖群，它们分别是大陆泽-宁晋泊湖群、白洋淀-文安洼湖群、七里海-黄庄洼湖群。晚全新世，气候变冷、变干，河流动力不足，搬运能力下降，河流携带的泥沙淤积，形成山前平原，并迫使河流改道，黄河南迁，与海河水系分离。到全新世晚期（约3000~5000年BP）湖泊洼淀开始萎缩。

海河流域是在河流自然变迁和人类活动共同作用下形成的。它以南系干流卫河-南运河的形成为标志。卫河和南运河的形成与黄河下游河道变迁和开凿永济渠运河有关。隋大业四年（608年）沿三国白沟河旧迹开永济渠（宋元明称御河，今称卫河）。隋永济渠以沁河和淇水为水源，北至涿州与永定河水系相通。从唐宋时期开始，海河流域湖泊洼淀由稳定大湖朝多个小湖方向转变。在宋代黄河多次向北决口，泥砂充填湖泊洼淀，御河与黄河北泛河汇合。

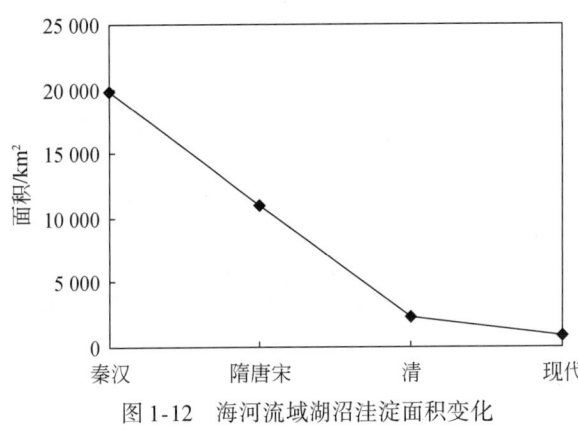

图1-12 海河流域湖沼洼淀面积变化

滹沱河流域的大陆泽（宁晋泊洼淀群）汉代时范围最大，唐宋时期仅略有缩小，明清时期滹沱河水含沙量高，湖区迅速淤高，至清末消失。白洋淀是河北平原中部，大清河中游淀泊的总称，地处永定河与滹沱河冲积扇间的低洼地带。由遥感资料推测，唐宋时白洋淀古洼地范围达11 000 km²。北宋初年（1000年）开始将界河（拒马河下游白沟河）以南水引入白洋淀-文安洼一带湖群，连通平原大小淀泊，形成白洋淀连片水域（塘泺防线），防御辽骑兵南下，人为扩大了湖淀水面面积。北宋时白洋淀水面面积25 000 km²以上，总容量近210亿m³。在这一时期，白洋淀水域范围（在人为影响下）为历史时期的最大值，其北至容城晾马台，西至保定东安村，南抵蠡县灵山，东至千里堤。北宋末年塘泺解体，水利工程维护的水域减少。金元时期永定河南徙和滹沱河北泛，这一带淀泊逐渐被泥沙淤填，阳城淀、清梁淀、西塘泊、沈苑等消失。元开会通河，在山东临清与御河相接，北至天津直沽与潞水通，临清以北御河又称南运河。御河是南运河的主要水源，为保证漕运，通过工程措施（河道疏浚和堤防建设）确保河道畅通，御河没有成为悬河。由于黄河主流南移，唐宋御河成为海河南系干流河道，海河成为独立流域。辽金以后，海河各河多沙，在下游形成悬河。明清时期，各洼淀水面缩小，在清光绪十七年（1881年）时，水域面积较宋代缩小了7/10。自公元前221年至清代，海河流域湖泊面积由19 735 km²缩减至2367 km²（图1-12），即在2132年间，湖泊面积减少了17 369 km²，相当于每年减少8 km²。

1.4.4.2 近代湖泊湿地面积

与20世纪50年代相比,海河流域平原-滨海地区包括湖泊洼淀在内的湿地面积已由3801 km² 减到2000年的486.9 km²(表1-7),减少了87%。海河流域湖沼洼淀有白洋淀、七里海、千顷洼、东淀、大港、大黄铺洼、黄庄洼、大陆泽、宁晋泊、永年洼等,除白洋淀外,大部分湖泊已消失。

过去天津市667hm²以上面积洼淀有15个,总面积超过3000km²,水面覆盖率达27%,如今湿地面积约800km²,水面覆盖率仅为7%。河北20多个湖泊洼淀大多数已经干涸,辟为农田。

20世纪50年代,白洋淀入淀水量为19.3亿 m³,水位达7.5m时,水面面积达300km²。60年代入淀水量为19.0亿 m³,70年代为10.3亿 m³。在80年代水位达7.5m时,水面面积为100km²,比50年代缩小2/3,蓄水量减少。在1980~1987年,白洋淀连续7年干淀。在1988年,重新蓄水后曾几次面临干淀。2000年海河流域水面面积只有487km²。

在20世纪50年代,七里海的总面积为108km²。在60年代,淀区围垦,修建潮白新河工程,在淀区占地,前后七里海的沼泽面积下降到45km²。

近10多年来,四次引黄济淀调水工程,避免白洋淀干淀,维持水面面积约100km²。

表1-7 海河流域主要湿地水面面积变化　　　　　　　　　(单位:km²)

序号	洼淀名称	轮廓面积	20世纪50年代	20世纪60年代	20世纪70年代	20世纪80年代	20世纪90年代	2000年
1	白洋淀	362	360	206	109	68	170	100
2	衡水湖	75	75	75	40.1	41.8	41.5	42.2
3	大浪淀	75	74.9	38.6	38.6	0	0	16.6
4	南大港	98	210	105	61.8	55.3	55.3	55.3
5	七里海	215	138	78	54	54	56.8	56.8
6	青淀洼	150	200	40	0	0	0	0
7	大黄铺洼	277	277	277	200	97	43	43
8	黄庄洼	339	290	290	130	130	0	0
9	团泊洼	755	660	660	50.8	50.8	50.8	0
10	北大港	1 114	360	360	182	182	182	173
11	永年洼	16	16	16	0	0	0	0
12	恩县洼	325	33	32	0	0	0	0
	合计	3801	2693.9	2177.6	866.3	678.9	599.4	486.9

资料来源:海河水利委员会.2004.海河流域水资源及其开发利用情况调查评价(修改稿).转引自陈茂山(2005)

1.4.5 新生代以来气候变化

从较大时间尺度，或者在全球气候环境演变格局中，观察海河流域气候变化和水文过程，是寻找合理答案的重要途径。下面利用新生代以来，尤其是全新世以来各类气候环境方面的研究资料，结合海河流域的自然背景分析这一区域水文过程和环境演变。第四纪以来的气候环境与人类活动的关系最为密切，恢复这一时期自然环境演变，对于认识人类生存环境变化，以及人类活动对环境的影响具有重要意义。

1.4.5.1 古近纪至新近纪气候变化

未来气候变化趋势成为当前重要的课题，而古气候资料为预测未来气候变化提供依据，例如，6600 万年 BP 以来新生代中的暖期可为 21 世纪以后气候变暖过程提供参考。图1-13 为 6600 万年 BP 以来大气 CO_2 浓度、深海温度、海水表面温度、海平面高度等参数随时间变化记录。自始新世以来，深海温度下降，极地冰盖增长和海平面下降。早始新世时，海平面比现代高出 60m，深海温度为 8~12℃。渐新世 CO_2 浓度比始新世有明显下降，为其1/2~1/3，热带海水温度下降。在 1500~3400 万年 BP 期间，高纬度深海温度下降了 4~7℃，南极冰盖增长，北极变冷。极冰增长使海平面下降。在 3400 万年 BP 时，海平面下降了 50 m。中新世中期以来，深海水温度和海平面则进一步下降。现代深海温度为 1~3℃。

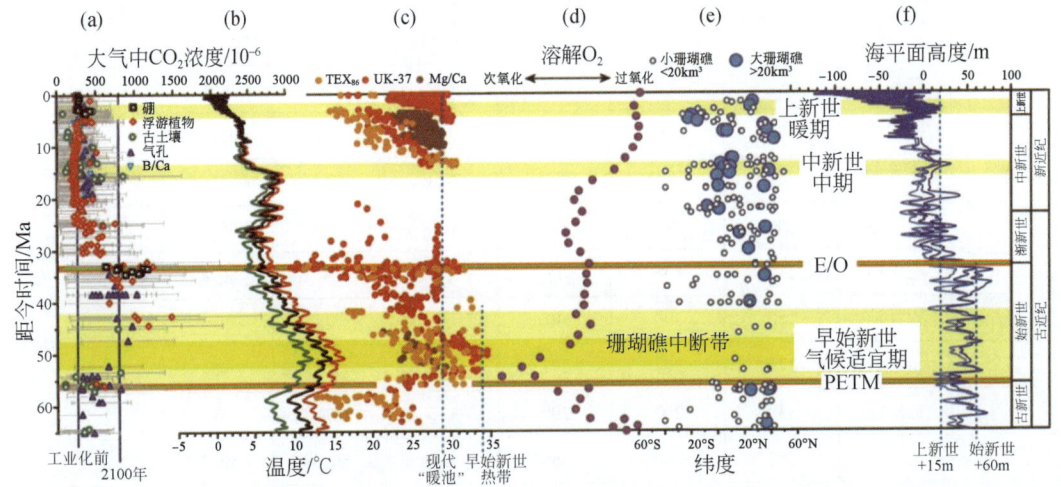

图 1-13 新生代生态系统主要驱动因子和响应记录（Norris et al., 2013，转引自王绍武等，2013）
图中阴影为暖期，(a) 大气 CO_2，(b) 深海温度，(c) 海面温度，(d) 溶解 O_2，(e) 珊瑚礁，(f) 海平面高度

历史时期大气 CO_2 浓度具有波动性，考虑早期大气 CO_2 浓度与气温关系，有助于认识当前大气环境中 CO_2 浓度变化，以及对气候环境的影响。由 CO_2 和深海温度，新生代可划分为温室世界（greenhouse world）和冰室世界（icehouse world）（Norris et al., 2013）。

3400~6600万年BP为温室世界，CO_2浓度达800 ppm①以上，高值超过1000 ppm，温度比现在高12℃，尚无南极冰盖。古新世至始新世热力极大（PETM）出现于5500万年BP，那时在1万年的时间内温度上升了5℃。自3400万年BP起为冰室世界，CO_2浓度下降至400~600 ppm，热带海水温度下降，南极冰盖增长，而北极变冷，海平面下降50m，进入冰期旋回。在中新世中期（1500~1800万年BP）及上新世中晚期（260~360万年BP）冷期，已形成南极冰盖，北极尚没有形成稳定的冰盖，大气CO_2浓度为350~450 ppm，与21世纪初期CO_2相当，温度比现代高3~7℃。在1000万年BP，因为大气CO_2浓度下降，C_4植物（草和莎草）逐渐取代C_3植物（树木和灌木），C_4植物比例由1%增加到现在的50%，在600~800万年BP非洲变干，形成草原（Choi, 2013；Cerling et al., 2013）。

目前大气CO_2的浓度为更新世（260万年）以来的高值。现代CO_2浓度为280 ppm（Beerling and Royer, 2011）。从20世纪50年代以后，大规模使用化石燃料，大气中CO_2含量增加，1958年为285 ppm，1985年为340 ppm。近百年温度变化速度也超过了中世纪暖期（MWP）及小冰期（LIA）。现在全球变暖速率达6500万年BP以来的最高值。21世纪末，全球平均温度要比工业化前上升2℃以上。

自然气候环境演变具有自然修复和调节功能，通过植被种类和发育程度调节大气CO_2和温度的关系。比较5600万年BP时的暖期，那时大气CO_2达1000ppm，天然植被发育。在600~800万年BP时，非洲干旱化，大气CO_2下降，植被种类表现为C_4植物替代C_3植物。在自然环境中，应对大气CO_2浓度变化方式，可以通过C_3/C_4植被的更替来调节。

然而，近代人类高强度活动可使这一自然调节机制失效，尤其是农业种植、工业活动、旅游业占用了大量土地、水资源，并导致自然生态系统消失，即森林植被的自然选择机制被灭失，可导致温度上升和干旱化的长期单向趋势。

1.4.5.2 全新世气候变化

南半球中高纬（30°~90°S）从7000~11000年BP温度下降0.4℃，早全新世冰盖消融延缓了变暖的发生时间。从全新世开始到7000年BP，温度上升0.6℃，北半球中高纬（30°N~90°N）温度变化与全球趋势一致（图1-14），是控制全球平均温度变化的主要因素。低纬地区（30°N~30°S）从11000年BP到5000年BP温度上升0.5℃，随后温度下降，在1500年BP后温度上升。

全新世大暖期是世界范围内的气温上升阶段。5000~10000年BP期间的温度比其后高约0.7℃（Marcott et al., 2013），距今6ka比全球平均温度高1~2℃（施雅风等，1992；IPCC，2007）。中国全新世始于10500年BP。我国全新世暖期形成时间为3000~8000年BP，那时长江三角洲年平均气温比现在高2℃，华北和黄土高原比现在高3℃，在黄土高原地区，森林草原和草原带的界线向西迁移3~5个经度（施雅风等，1992）。春秋时期（公元前770~公元前481年），山东南部的气候与现在上海相似，说明当时气候带（气温带）比现在北移约4个纬度（竺可桢，1972）。黄土高原和西北地区的年降水量

---
① 1ppm = 10^{-6}。

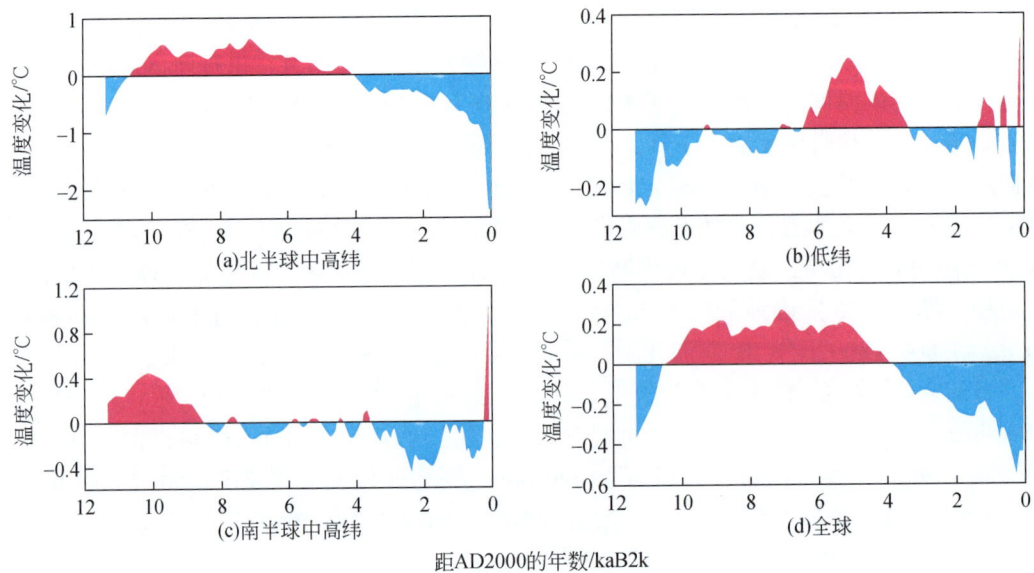

图 1-14　全新世全球温度时间序列距平变化（王绍武等，2013）
红色表示升温；蓝色表示降温

比现在多数十毫米至数百毫米，如内蒙古鄂尔多斯地区，大暖期年降水量比现在高出 50~200 mm。温暖湿润的气候条件有利于农作物生长，干旱和半干旱地区农业获得发展。古埃及和巴比伦等古代文明形成于这一变暖时期。

在 8000~9000 年 BP 为降温期；4000~7000 年 BP 为温暖期；3000 年 BP 开始降温，至近代升温。在 1300~1850 年为小冰期，1850 年至今为升温期（徐海，2001）。小冰期季风环流，复杂多变，气候变化频次增加，气温和年降水量变化较大。这一时期天气系统不稳定，环极涡旋从西北朝东南方向扩展。中原地区冷湿气候出现的时间早于我国东南地区，同时夏季风萎缩，退向东南方向。目前夏季风在 7~9 月的锋面线在内蒙古河套一带，在 19 世纪下半叶以后其锋线可能退至中原地区黄河中下游一带，甚至更南。在 19 世纪后期我国长江下游为寒冷湿润气候。

晚全新世以来的季风环境效应，可分为夏季风环境效应和冬季风环境效应。气候温暖时，夏季风强盛，降水丰富。唐（9~10 世纪）处于温湿期，得到发展。在气候寒冷时期，夏季风萎缩，冬季风变强，冷气团和寒潮入侵，降水偏少，气候干旱。明崇祯时期气候寒冷干旱，发生过大范围的旱灾和虫灾，以及北方沙漠化和尘暴堆积。

在 20 世纪，温度再次上升，据估算，到 2100 年全球平均温度会上升 1.8~4.2℃，超过全新世最暖时期的升温幅度。

我国近 5000 年中，最初两千年，即从仰韶文化时代到河南安阳时代，年平均温度比现在高 2℃。汉唐两代气候温暖。寒冷时期出现在公元前 1000 年（殷末周初）、公元前 400 年（六朝）、1200 年（南宋）、1700 年（明末清初）（竺可桢，1972）。

关中地区的考古研究（朱士光等，1998），表明全新世早期（8000~10000 年 BP）气温较现今低 5~6℃。中期仰韶文化期（5000~7000 年 BP）气温高于现今 2℃。后期龙山文化期（4000~5000 年 BP）气温有下降，但仍较现今温暖。西周初期，即约 3000 年 BP 气温开始变冷，晚全新世气温平均比现今低 1~2℃。春秋、战国、秦与西汉早期（24~770 年 BP）气候温暖湿润。西汉晚期气候变冷，至隋唐（581~907 年）气温高于现今 1℃。北宋、金、元（960~1368 年）时期气候以温凉为主，明清以后（1368 年~）进入小冰期，尤以 17 世纪及 19 世纪后半叶为最寒冷期。

渭河上游考古遗址发掘和研究证明新石器时期（3500~8500 年 BP），渭河上游广大地区（秦安、天水、武山、甘谷、陇西、渭源等地）气候温暖湿润，与今长江流域北部相似，属亚热带北缘。山地有茂密的针叶树森林，较低山地分布着落叶阔叶林，丘陵上则有漆树等亚热带森林，河谷平原为高草平原，水源充足。

1.4.5.3 全新世气候环境变化对人类活动的影响

全新世暖期的温暖湿润气候促进了农作物的生长，在世界干旱和半干旱地区出现了古老农业文明，如埃及、巴比伦等古代文明。我国甘肃秦安大地湾农业起源于 8000 年 BP，以种植粟（小米）等旱地作物为主；浙江余姚河姆渡农业则以种植水稻为主，有 7000 年历史。

在肃秦安农业区形成了伏羲、黄帝等强大部落，建立了夏、商、周等中央政权，至秦、汉建立了统一强国。春秋后期（2600 年 BP）铁器的使用促进了华北和西北社会经济发展，为秦、汉帝国的建立奠定了基础。以河姆渡和宜兴为代表的长江三角洲地区，至春秋后期（约 2500 年 BP）才出现以吴王夫差为代表的诸侯国家。秦安和余姚两地的农业起始时间相近，但是后者的社会经济发展史滞后北方 2000~3000 年 BP。

全新世大暖期结束后，华北和西北地区出现多次较长寒冷期和干旱期，农业歉收，社会动荡。中原和关中的汉族大举向长江中下游迁移，形成 3 次移民高潮。

魏晋南北朝时期（220~570 年）。气候变冷变干，蒙古草原水草枯萎。东晋末年（400 年左右）北方牧民第一次大规模向黄土高原和华北平原迁移。中原和关中汉族向长江中、下游迁移。

隋唐时期（570~770 年），气候转暖。温暖的气候使关中和中原农业丰收。安史之乱（755~763 年）后为寒冷期（780~920 年），关中和中原汉族南迁。

北宋时期（960~1127 年）气候较温暖。北宋末年气候开始变冷变干，1110~1190 年为寒冷期。北宋末年金兵南下，占据中原，宋室南迁，中原汉族大批南迁。

上述三次人口迁移主要受气候变干变冷影响。由于北方气候变冷变干，蒙古族南迁，并建立元朝（1271~1368 年）。历史上诸多王朝崩溃与冷干气候事件相关（Yancheva et al., 2007；Zhang et al., 2008；刘禹等，2009）。

早期农业活动中心是现代文明起源地。西亚、东亚和中美洲为早期农业活动中心，以种植小麦、大麦及豆类植物为主，孕育了两河文明（Bellwood, 2005），黄河中游旱作农业（Zhao, 1998；Lu, 2009b）和长江中、下游的稻作农业（Crawford, 2006；Jiang and Liu, 2006；Fuller et al., 2009）孕育了东方文明。

早期农业改变了原始植被种类和覆盖方式（Kirch, 2005），对原生植被和生态环境有长期持续影响。具体实例有：由于 7000 年 BP 到达撒哈拉的人类过度使用土地而使植被迅速消失，5500 年 BP，撒哈拉发生气候突袭，降水量急剧减少，草地退变为沙漠。西亚 Levant 地区早全新世农业活动使原生植被减少（Rollefson and Kohler-Rollefson, 1992）。5000 年 BP 以来，两河流域和中东地区农田开垦使森林面积减少（Miller, 1997）。5000~6000 年 BP，罗布泊最大水域面积增超过 5000km^2，初期是淡水湖，后来逐渐演变为微咸水湖、咸水湖、盐湖。在 20 世纪 60 年代，塔里木河下游断流，罗布泊变干，1972 年底干涸（张园，2001）。4600 年 BP 以后天水盆地砍伐和利用云杉等乔木，长生长周期针阔叶混交林更替为短生长期竹亚科植物次生林（Zhou and Li, 2011; Li et al., 2013）。4000 年 BP 以来我国黄土高原及周边地区云杉林明显减少，2000 年 BP 以后云杉林基本消失（Zhou and Li, 2011）。3500 年 BP（青铜时代末期）河西走廊干旱区农业活动破坏了土壤和植被（Zhou et al., 2012）。伊洛河流域 5000 年前后的农业活动方式已与现代基本相似（Yu et al., 2012）。

在早期低生产力水平社会条件下，半干旱-干旱环境更便于社会生产和生活活动，是人类文明起源和中心区产生的自然因素之一。干旱-半干旱区的毁林垦殖破坏了历史时期生态-水文平衡，遇寒冷、持续干旱气候时农业常低产和歉收，导致社会不稳定和易发生冲突。黄河流域，以及后来的海河流域生态-水文退变发生的起始时间可初步确定为全新世中期，黄河流域中游农业活动和植被覆盖率下降是主要的影响因素。这一时期气候波动较明显，反映地表环境改变，以及自然缓冲功能下降。

早期社会应对干旱的措施为向湿润区（自然/战争方式）迁移。人口大量向湿润区迁移造成湿润区原始森林大面积减少，干旱区面积和范围不断扩大。因此全新世以来的生态-水文环境变迁是人类（农业）活动由干旱区不断向湿润区扩张导致森林植被覆盖率下降引发的气候、生态和水文退变。

1.4.5.4 全球变暖的形成机制

全球变暖与气候变化是当今热点问题。冰盖和冰川融化、海平面上升、气温升高等现象都预示着全球在变暖，虽然也有少数意见认为当前变暖仅是局部事件。造成全球变暖的因素有太阳辐照及变化、火山喷发、人类活动、温室气体释放、人口的增加等。全球变暖原因，或由人类活动所致，或与自然事件有关，更可能是受二者的期作用。

人类活动造成全球变暖的代表性观点：从 20 世纪起，人类活动增加了温室气体释放，造成气温上升，影响气候变化。IPCC 提出自 1970 年以来因温室气体释放量增加导致气温上升，在 1906~2005 年，气温上升速率为 0.74℃，海平面上升 0.17m（57% 为热膨胀，28% 为冰川/冰盖融化，15% 为格陵兰和南极冰川融化）。IPCC 报告预测 21 世纪（2090~2099 年）比 1980~1999 年温度升高 1.8~4.0℃（IPCC，2007）。也有观点提出全球人口数量的增加也是气候变暖的因素，1750 年世界人口为 7.91 亿，至 2011 年 10 月，呈指数增加至 70 亿人。人类活动对气候环境影响发生的起始时间也有不同观点：发生在工业革命以后（Crutzen，2002）；或者在 8000 年 BP 的早期农业活动已影响着全球环境。

其他因素导致全球变暖的观点：火山活动是始新世（5500 万年 BP）全球变暖的重要

因素（Svensen et al.，2004），当时大气 CO_2 浓度可高达 1000 ppm。但是火山活动也可以使气候变冷，Agung，El Chaiten 和 Pinotubo 火山喷发使香港气温变冷（Yim and Ollier，2009）。土壤微生物与碳作用生成 CO_2 释放到大气，土壤微生物的数量随温度上升呈指数增加，土壤 CO_2 是大气 CO_2 的两倍（Karhu et al.，2014）。大气 CO_2 增加与温度上升之间并不相关，1909～1941 年温度上升，而当时大气 CO_2 并无明显变化（Rundt，2008）。人类活动使 CO_2 为代表的大气温室气体增加，还不能完全用于解释现代大气升温现象。另外，在气候变暖期间，由于极地与赤道之间温差变小，几乎不发生强风暴，近 50 年以来加勒比飓风每十年次数不足 1700～1850 年间的一半（Elsner et al.，2000），气候变暖可能主要由于太阳和海洋之间交换能量变化（El Nino and La Nina effects）所致，而非人类活动影响。

全球范围内极端天气气候事件及其导致的灾害出现了频率增加的趋势。据统计资料，20 世纪 90 年代，全世界发生的重大气象灾害比 50 年代多 5 倍，造成的损失也更大。最新的模拟研究结果表明，全球变暖导致强降水和高温气候，在当前基础上升温 2℃时人类活动或将影响全球 40% 的极端降水的发生（Fischer and Knutti，2015）。极端气候事件的表现有多种形式，如持续性干旱、局部特大降水、降水分布不均、高/低温事件等。极端事件的发生具有一定的阶段性，受控于多种因素的叠合激发，一定阶段和条件下发生频次的变化，还不能用于解释全时段的变化。

通过观察全球环境的改变可以发现环境自然调节、缓冲条件在衰减，比如因植被消失地表裸露面积增加，地表水体面积下降和消失，城镇发展形成大面积硬化地面增加吸热量。陆表大气环流，水汽循环的原有生成条件和过程发生改变。在全球缓冲条件衰减和有效调节机制失效的条件下，会增加极端事件发生频次，更可能使未来气候变得干旱，干旱区范围扩大。不仅是在中国，在美国也出现了类似现象。比如，在过去 50 年时间里，相对于 1960～1980 年，在 1990～2010 年美国（尤其是南部、中西部）同时出现热浪和干旱的频次增加，对人类健康、空气质量、植被和粮食生产都有明显破坏作用（Mazdiyasni and AghaKouchak，2015）。全球气候变暖属有近代人类活动参与下的自然演变过程。

1.4.6 极地冰冻圈环境变化

极地冰冻圈是气候系统的重要组成部分和调节中枢，控制区域水循环过程和生态环境（Kaser et al.，2003；Singh and Bengtsson，2004；Chevallier et al.，2011）。最后冰期（LGM）发生于 19000～26500 年 BP，全球冰体积最大，广泛分布在北美、欧亚、格陵兰和南极，海平面比现在低 120～135 m（Lambeck et al.，1998；Clark and Mix，2002；Milne et al.，2001；Austerman et al.，2013；Clark et al.，2009）。

在末次冰期结束后的间冰期，气温上升，冰雪消融，冰川退后，北美和欧亚冰盖消融，南极和格陵兰冰盖正在减少。地球上三个冷极，南极、北极（格陵兰冰盖）、帕米尔-印度-喜马拉雅-青藏高原上固态水由以前的累加转变为消融减少。北半球的气温上升速率，要快于南半球。中国地域内的温度上升，与全球变暖趋势相一致。三个极圈，因升温速率和升温阶段的不同，融冰、融雪过程有差异，其中以北极和青藏高原融雪、融冰速率快，南极相对较缓慢。全新世时，阿尔卑斯、喜马拉雅及喀喇昆仑冰川进退时间相近（Rothlisberger），近500年以来消退明显。

全球多年冻土面积约占全球陆地总面积的1/4。多年冻土埋藏在地面以下一定深度内，地下冰赋存在岩土介质中，具隐性特征。在多年冻结层中，含有大量地下冰，尤其是在土质层中，含冰量超过其饱和含水量。在全球气候变暖的背景下，冻土变化成为影响水文过程的重要因素。

1.4.6.1 极地气温变化

南极、北极主要是两极冷源，影响大气环流的形成和演化。冷极温度变化，与全球气候变化具有对应关系。由于北极升温更为显著，分析北极/北半球温度变化，有助于揭示全球变暖机制。

在过去的2000年里，全球气温变化平均在±0.4℃，北半球的变化幅度达到±0.6℃（图1-15）。北半球高纬度地区温度升高幅度大（IPCC，2007）。在0～2000年以来，北极气候变化明显（Mckay and Kaufman，2009；Peros and Gajewski，2009；Thomas and Briner，2009），前1000年北极平均气温高于后1000年。在1875～2008年北极高纬度地区增温速率为1.36℃/100a，约是北半球变暖速率（0.79℃/100a）的两倍（Bekryaev et al.，2010）。

冰芯资料表明，在16～19世纪末期斯瓦尔巴群岛处于寒冷气候条件，在1760～1900年气温最低（Isaksson，2003），与过去2000年，北半球温度变化一致（Mann and Jones，2003）。从15世纪至20世纪中期，气温下降，为小冰期（Overpeck et al.，1997），在1450年前温度相对较高，18～19世纪是小冰期中的最冷时期（Ogilvie and Jonsson，2001；Mckinzey et al.，2005）。北极高纬度地区与中国等中纬度地区的气候变化趋势一致，即经历了"暖期—冷期—暖期"，为"中世纪暖期"、"小冰期"和20世纪后气候变暖。

北半球高纬度区1682～1968年温度曲线（D'Arrigo and Jacoby，1993）表明17世纪、18世纪、19世纪为寒冷期，20世纪为温暖期。历史时期北极千年尺度气温变化率为-0.2±0.06℃/1000a，近几十年逆转为升温趋势（Kaufman et al.，2009）。从20世纪初北极地区开始升温0.6℃，在1945年温度最高，比20世纪初的10年平均温度增加1.2℃（Chapman and Walsh，1993），变暖幅度超过了北半球已有记录。目前处于近2000年来的最高温度时期。

极地温度，尤其是北极温度快速上升，对全球变暖有重要影响。近几十年来，极地变暖速度是全球平均温度变化的2倍。1979～1996年，北极海上冰盖面积下降速率为3.0%/10a；1997～2006年，北极冰盖消融速度变快，海上冰盖面积下降速率为10.7%/10a（Comiso et al.，2008）。格陵兰冰盖边缘持续减薄，每年向北大西洋输送融水42±2 Gt（1992～2002年）（Zwally et al.，2005），斯瓦尔巴群岛冰川也在消融（Hagen et al.，2003）。20世纪末期以来，海冰面积减少200万km²。在近30年以来，融冰时间增加了20天。北极土壤融化日期提前，冻结时间后延，沿海1500km以内的多年冻土融化。融冰时间变长，也造成海冰厚度变薄。温度上升使海洋冰盖和极地冰融化，全球地表温度上升。在西格陵兰植物生长季节和变绿时间与海冰有关，海冰少时，植被提前变绿。

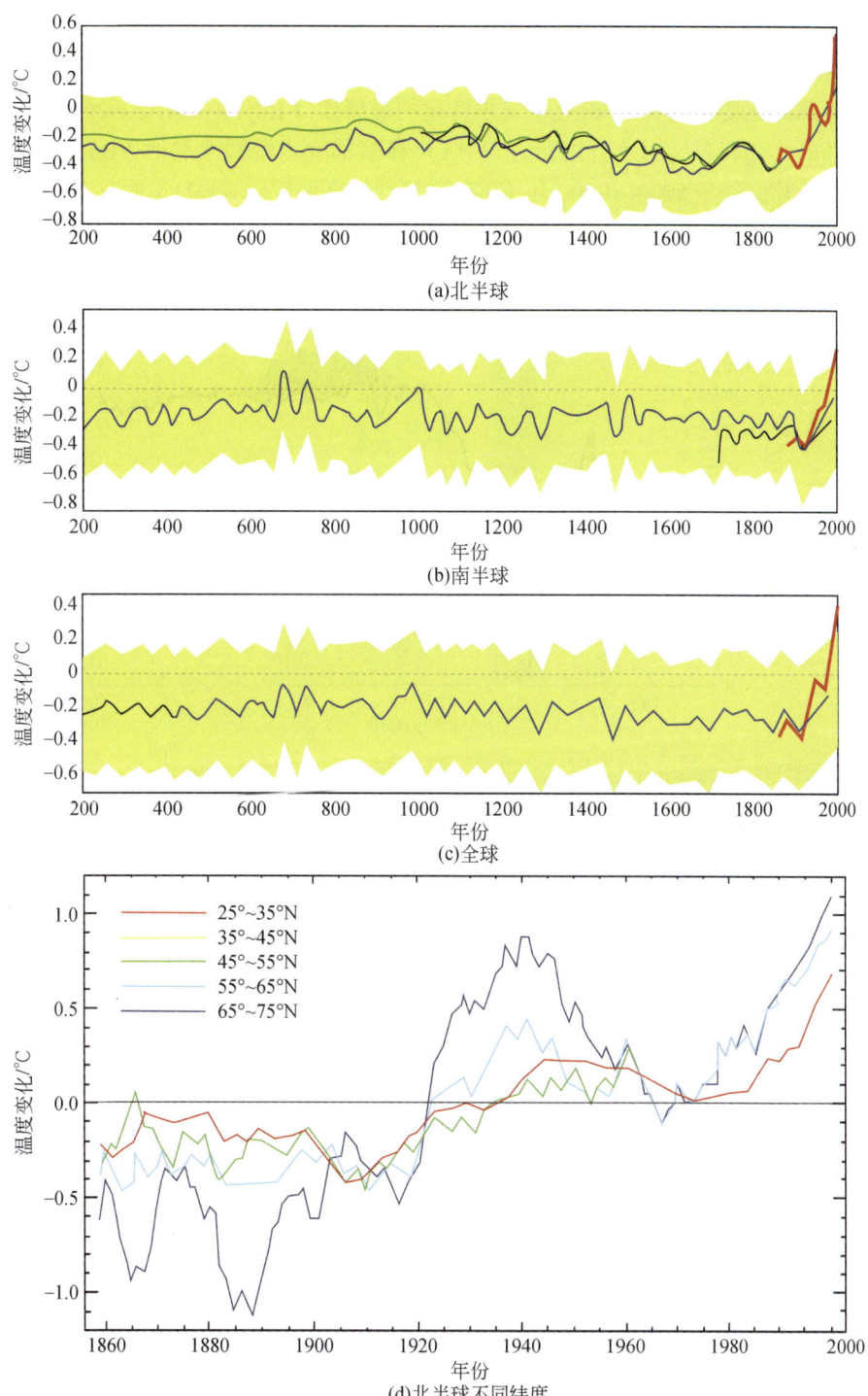

图 1-15　近 2000 年来全球温度及北半球不同纬度表层温度变化
资料来源：Mann and Jones，2003；Bekryaev et al.，2010
阴影指温度波动范围

格陵兰冰芯剖面 $\delta^{18}O$ 重建历史温度曲线（Dansgaard et al., 1993），是全球气候变化的重要依据。该曲线利用 $\delta^{18}O$ 与温度的转换系数（Cuffey, 2000），并进行了纬度和高度校正，但是没有考虑高程变化与 $\delta^{18}O$ 相对于气候变化的敏感度（Huybrechts, 2002）。晚更新世为寒冷期，其中发育有表层海水升温事件（BA）和新仙女木降温事件（YD），进入全新世后全球温度上升，并于 5000～9000 年 BP 有全新世最高温度（HTM）（图1-16）。

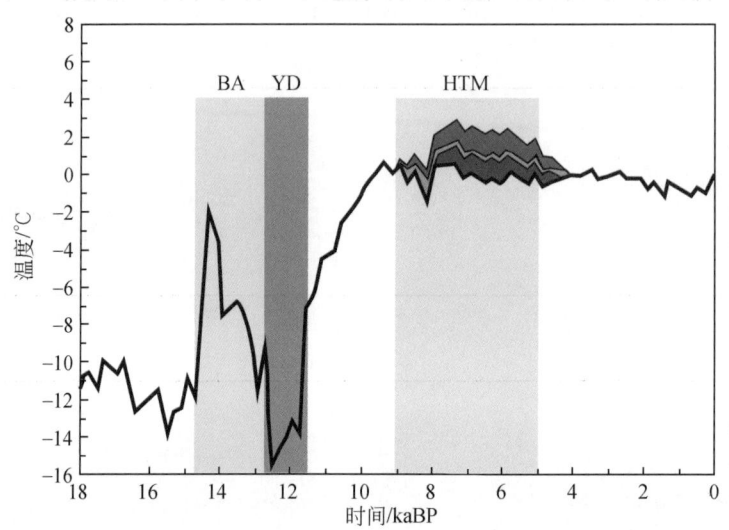

图1-16　GRIP 全球温度变化记录（Benoit et al., 2014）
BA 为表层海水升温事件；YD 为新仙女木降温事件；HTM 为全新世最高温度

1.4.6.2　北极圈冰川变化

北极升温趋势与北半球和全球温度变化趋势一致。到目前为止，北极/北半球升温是全球温度变化起主要控制因素。南极和北半球的气候变化趋势和持续时间有差异。近几十年来，南极有升温趋势，相对北极而言，除南极半岛升温较快外，南极气温和海冰变化较稳定。北极为北极圈北部区域，包括北冰洋、亚欧、北美大陆北部苔原带和部分泰加林带，以及格陵兰、斯瓦尔巴等群岛，面积 2100 万 km^2，其中北冰洋面积 1400 万 km^2，常年为冰覆盖。在格陵兰、斯瓦尔巴等岛有冰盖。

北美西部冰川数量正在下降，加拿大洛基山脉有 17000 多条冰川，与喜马拉雅山相当。最新研究表明，加拿大西部大部分冰川将在本世纪内融化，到 2100 年，加拿大西部不列颠哥伦比亚省 70% 冰川消失，位于内陆落基山脉 90% 冰川消融，相邻的艾伯塔省境内冰川会大量消融，2020～2040 年消融速度最快（Clarke, 2015）。数十年后，与科罗拉多和加利福尼亚山脉一样，上述冰川会消失，从而改变整个生态系统。

1.4.6.3　南极圈冰川变化

南极圈属寒带气候，为极地气候，包括冰原气候和苔原气候。南极圈内为冰原气候，全年严寒，少雨，常有暴风雪。南极冰盖覆盖面积达 1398 万 km²，平均厚度 2000~2500 m，最厚达 4800 m，总体积 2450 万 km³。在自身重力作用下，以 1~30m/a 的速度向海洋滑移，形成数千条冰川。在冰川入海处形成面积广阔的海上冰架。冰架为与大陆冰相连的海上大面积的固定浮冰。相对于北极圈气候变暖，南极圈气候表现的相对稳定，是稳定冷源，对维持全球大气环流起重要作用。

即使如此，最近的观测结果揭示出南极圈也开始发生升温，南极冰架正在崩解消融。在南极半岛南部，冰盖延伸到海洋中，在海冰暖流的作用下容易发生自下而上的融化，冰层变薄后开始崩塌。自 2005 年以来，人们已观察到南极半岛南部边缘的冰川脱离冰盖，滑向海洋。

南极大陆最北端的拉森冰架由 3 个冰川组成，分别为拉森 A、B 和 C 冰架，其中 A 和 B 两个冰架快速消融。拉森 A 冰架面积最小，已于 1995 年崩解消失。拉森 B 冰架曾稳定存在近 1.2 万年，在 2002 年发生崩解，冰架面积减少 2/3。如今拉森 B 冰架残余面积仅为 1600 km²，航拍与雷达数据显示，其最厚处为 500 m，大裂缝，破碎部分持续增加，在数年后可能消失，而拉森 C 是南极最大的冰架之一，这一冰架也正在变薄，面临崩塌（Khazendar et al.，2015）。

在南极，冰层下发生的消融具有很强的隐蔽性，在初期不易被观察到，尤其是发生的规模，影响范围，控制因素等都需要投入更多深入研究。由于在冰层下的消融不易观察，南极圈冰盖和冰川融化量有可能被低估。南极冰盖演化以及对全球气候的影响应引起更广泛、深入的关注。

1.4.6.4 第三极区内陆冰川变化

中国是中低纬度山地冰川面积最多的国家，是在北极和南极冰盖之外，冰川的主要分布区。冰川主要位于青海、甘肃、四川和西藏等省份，有全球第三极之称。在青藏高原东南部，横断山、喜马拉雅山东段和南坡，以及念青唐古拉山东段和中段冰川发育。青藏高原有大面积积雪覆盖，海拔平均在 4000~4500m，雪线最高海拔为 6000m。冰盖、冰舌、冰帽、冰蚀主要分布在山谷、沟谷出口和山脊两侧低洼处，为积雪融化—冻结—融化等过程形成，发育有冰川侵蚀和冰川堆积两类冰川构造。

20 世纪 90 年代至今，我国冰川积累消融量大，呈现快速退缩状态（He et al.，2003a，2003b；Li et al.，2010）。自 1979 年以来丽江-玉龙雪山地区气温升高，降水-冰雪融水型河流的径流量增加。中国科学院寒区旱区环境与工程研究所 2014 年 12 月 13 日在北京发布《中国第二次冰川编目》（郭万钦等，2014）。研究显示，中国西部冰川总体呈现萎缩态势，2010 年与 20 世纪 50 年代相比，冰川面积减少了 18%，冰川面积年均减少 244km²。20 世纪 50~80 年代中国西部有 46 377 条冰川，总面积为 59 425km²，冰储量为 5600km³。2006~2010 年的遥感影像资料表明中国西部冰川有 48 571 条，总面积为 51 840km²，冰川储量为 4494km³。中国阿尔泰山和冈底斯山的冰川退缩最显著，冰川面积分别减少了 37% 和 33%；喜马拉雅山、唐古拉山、天山、帕米尔高原、横断山、念青唐古拉山和祁连山的冰川变化幅度中等，冰川面积减少了 21%~27%；喀喇昆仑山、阿尔金山、羌塘高原和昆仑山则减少了 8.4%~11.3%。青藏高原南部冈底斯山东段以及南喜马拉雅山区、喜马拉雅山西段印度河河源区等是中国西部冰川面积萎缩速度最快的地区，年均减少 2.2%。羌塘高原冰川面积减少最小，冰川面积年均减少 0.2%。冰川加速融化，短期内湖泊面积扩大，湖泊数量增多，地表径流量增加。

在青藏高原多年冻土分布比冰川广泛，多年冻土层含有大量地下冰，其含水量超过岩土层自身的饱和含水量，尤其是细粒沉积物堆积较厚的冻土区地下冰更为富集。整个高原多年冻土层中总水量是冰川的 2~3 倍（南卓铜，2003）。青藏高原多年冻土南、北界范围为：北部边界在昆仑山北麓西大滩地区，年平均气温为 -3.0~-2.0℃，海拔为 4150~4200m，年平均气温为 -4.0℃；南部边界年平均气温为 -2.0~2.5℃，分布在念青唐古拉山以北，海拔 4600m，年平均气温为 -3.5~4.0℃（王家澄等，1979）。气候变暖使青藏高原多年冻土退化。1945~1950 年温度上升，超出平均值 0.6℃。1910~1960 年，由于气温升高，天山雪线后退 40~50m，西部冰川舌后退 500~1000m，东部天山冰川舌后退 200~400m。自 20 世纪 70 年代以后，多年冻土活动层以 1.5~5.5 cm/a 的速度增厚，多年冻土上部地下冰融化，多年冻土层向深部迁移（Wu et al.，2003）。

1.4.6.5 青藏高原湖泊、湿地与水系

青藏高原冰川、积雪、冻土发育，由此形成全球海拔最高、数量最多、面积最大的高原湖群，盐湖和咸水湖集中。青藏高原湖泊总面积占全国湖泊总面积的一半（王苏民和窦鸿身，1998）。青藏高原也是我国主要河流水系的源区，对我国水资源分布和水资源量有重要影响。当前，冰川、积雪量与湖泊面积和水量之间呈消长关系，表现为冰川、积雪量下降，而湖泊面积增加。在冰川、积雪消失的地区，湖泊面积和地表径流产率则下降。显然，冰川、积雪直接影响着湖泊和水系演变。

青藏高原冰雪融水汇集成湖泊，湖泊总面积为 41 184km^2，其中青海湖、色林错和纳木错湖面积大于 1000km^2，71 个湖泊的面积大于 100km^2，1128 个湖泊面积大于 1km^2。在 13 个大湖中（面积大于 500km^2），有 7 个湖面积有显著增加。西藏那曲的色林错、纳木错和赤布张错湖增加的面积分别为 500km^2、79km^2、39km^2，色林错湖面积增加了 31%，其面积已超过纳木错，成为西藏第一大湖（边多等，2010）。藏北唐古拉、各拉丹冬山脉等冰川，冰川融水沿扎加藏布河注入冈底斯山北麓色林错湖。各拉丹冬冰川面积萎缩使色林错湖北部面积扩展（万玮等，2010），2010 年 10 月时，色林错湖面积达 2324km^2。至今大多数湖泊仍为自然原始状态，其形成、消失、扩张和收缩与区域气候和环境的变化直接相关。

青藏高原河流水系分布密集，内流河有格尔木河、柴达木河、党河等；外流河有狮泉河、雅鲁藏布江、怒江，也是长江、黄河、澜沧江的发源地。在河西走廊，有发源于祁连山的疏勒河、石羊河、黑河三大水系，为冰川融水和雨水补给。

雅鲁藏布江是世界海拔最高的河流，平均海拔为 4500m，源头位于喜马拉雅山北麓（仲巴县）的杰马央宗冰川。雅鲁藏布江经墨脱县流入印度，境内长 2057km，流经面积 2.4×10^{5}km^2。狮泉河经阿里地区西部宁达列县流入克什米尔，属印度河上游。怒江由藏东

大峡谷流入云南怒江傈僳族自治州，经保山南部流入缅甸。澜沧江发源于青海省玉树藏族自治州杂多县，上游为扎曲水系，昌都下游为澜沧江。长江源头位于青海省海西蒙古族藏族自治州，唐古拉山主峰与各拉丹冬主峰之间。曲尔尕河为上游，当曲下游称为通天河，玉树县下游称为金沙江。

黄河源头位于青海省玉树藏族自治州曲麻莱县城以北，发源于青藏高原巴颜喀拉山北麓的约古宗列盆地，是我国第二大河流。湟水和大通河是黄河的重要支流，卡日曲河为上游，黄河总水量的一半产生于黄河源区。在近几十年来，黄河源区年平均气温明显上升，是青藏高原升温幅度最大的地区之一（杨建平等，2004）。从20世纪80年代以来，黄河源区出现了冰川退缩、湖泊萎缩、沼泽地退化、多年冻土消融、草地沙化、生物多样性减少等一系列环境问题（王根绪等，2004；张镱锂等，2006；郊妍飞等，2008）。黄河源区位于青藏高原东北部，区湖泊面积小、数量多，扎陵湖和鄂陵湖面积较大。黄河源区的湖泊萎缩率为1%～40%，在降水量增加时，一些湖泊面积也有增加。源区水源涵养功能下降，影响黄河中下游水流量。

高原湖泊的形成和变化受气候影响，并影响着区域水文过程、流域水量平衡、区域生态环境。冰川可直接观测，具有显性特征，在气候响应过程中，冰川形态改变明显、遗留形迹清晰、时滞性弱。据气候和遥感资料，近40年来青藏高原气候呈暖湿化，温度升高、冰川融化、冻土消融、雪线退缩显著，影响湖泊面积，整体上表现为湖泊面积呈加速扩张趋势，尤其以近20多年扩张最快（董斯扬等，2014）。湖泊扩张情况存在区域上的差异性，表现为那曲地区和可可西里地区的湖泊面积呈扩张趋势，而黄河源区的湖泊则总体呈萎缩状态。

因此，青藏高原的冰川-湖泊演化分为两个阶段，一是冰川消融，总质量下降，而湖泊（面积和数量）增加，如长江源区则处于第一阶段；二是冰川消失，湖泊萎缩，消失阶段，环境转向干旱化，如当前黄河源区处于第二阶段。青藏高原冰川-湖泊-干化演变趋势，严重制约着源区产汇径流量、气候和生态环境，并对中下游地区水资源量和环境产生直接的负面影响。

1.4.6.6 青藏高原气候和水汽来源

青藏高原海拔高，气候干燥寒冷，昼夜温差大。月平均气温最低为-15～-10℃。7月份的月均气温为10～18℃，较同纬度区域低15～20℃。在藏东南谷地年平均降水量高，为5000mm，在西部较低，仅为50mm。在5～9月份降水量占全年的80～90%。年平均蒸发量大于2000mm，相对湿度小于50%。

青藏高原两大环流系统影响该区气候，一是北半球的西风环流，携带水汽较少；二是南亚季风系统，包括来自孟加拉湾和印度洋的西南季风和来自西太平洋的东南季风，处于东西部气候的交界带，东亚季风弱（图1-17）。每年6～9月，为印度洋季风期，降水充沛，降水量占全年降水量的80%。10月到次年5月，为西风期，降水少。青藏高原中部唐古拉山一带为夏季印度洋季风到达的北部界限（Tian et al., 2001）。印度洋季风对青藏高原影响最为深远，甚至在季风季后期，仍可影响青藏高原气候。只有在西藏东南峡谷和喜马拉雅山系南坡小范围内为海洋性气候。

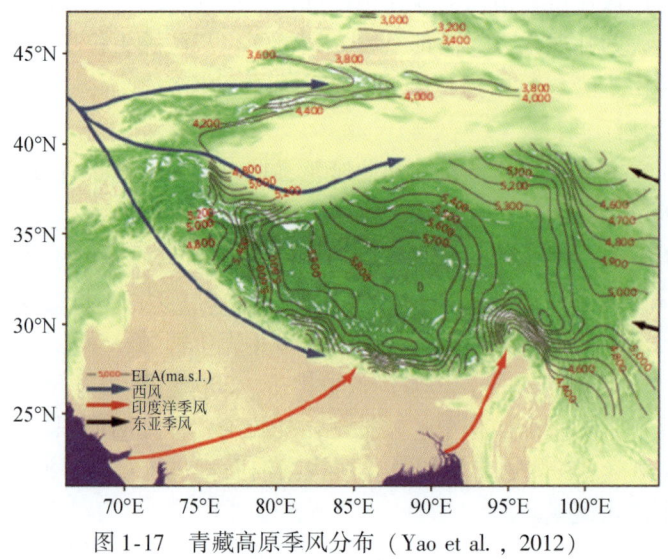

图 1-17　青藏高原季风分布（Yao et al., 2012）

在冰芯研究中，稳定同位素反映在长时间尺度上，青藏高原东部的丽江-玉龙雪山地区干湿季分明，在干季西风南支携带印度半岛北部大陆干暖空气，形成干旱少雨气候环境；在雨季湿热的南亚季风携带水汽形成降水，降水量占年降水总量的 80% 以上（李吉均和苏珍，1996）。东南和西南方向的海洋暖湿气流受横断山系阻挡，大气环流路径发生改变，从东南方到达玉龙雪山，其东坡迎风面降水较多。在海拔 2400~4800m，降水量有分带富集现象：在海拔 2800~3200m 森林植被带和海拔 4800~5000m 冰川带降水量最大（辛惠娟等，2012）。显然，植被和冰川低温环境影响降水的形成和数量，也影响着这一地区的冰川的存留状况。

1.4.7　海河流域 5000 年以来的气候变化

1.4.7.1　气温变化

物候分析原理为理解海河流域的气候和环境变迁提供了历史记录资料和物候证据。《中国近五千年来气候变迁的初步研究》（竺可桢，1972），利用史籍资料事例得出如下结论：在我国，近 5000 年以来的最初 2000 年，年平均温度高于现在 2℃，温度波动范围为 1~2℃；在每一个 400~800 年的期间里，可以分出 50~100 年为周期的小循环，温度波动范围为 0.5~1℃；最冷时期从东亚太平洋海岸开始，向西传播到大西洋海岸。

西安附近的半坡村遗址（属仰韶文化，^{14}C 年龄为 5600~6080 年 BP）和安阳殷墟（1400~1100 年 BP）发掘表明，当时猎获的野兽中有竹鼠、麈和水牛等热带和亚热带的动物，现在在西安和安阳一带这些动物已消失。殷代甲骨文记录表明当时安阳人种稻比现在早一个月。在山东历城县发掘的龙山文化遗迹中找到一块炭化竹节，说明在新石器时代晚期，在黄河流域，直到东部沿海生长着竹类。现今竹类分布北限已向南后退了 1°~3°（纬度）。

由此推测,仰韶期至殷墟是中国东部气候温暖期。基于上述物候记录,在 3000 年前,温度比现在高,那时在黄河流域发育有竹类,表明当时海河流域具有温暖潮湿的气候特点。

清代北京、南京、杭州和苏州有气象记录(雨日)(1644~1910 年),根据秋季初次降雪到春节末次降雪平均日期,表明 1801~1850 年相对温暖,而 1751~1800 年和 1851~1900 年相对寒冷。5000 年来气温变化可分为四个温暖期和四个寒冷期(表 1-8)。

表 1-8　五千年以来气温变化综合分析表

冷/暖期次	冷/暖阶段	时间	时(朝)代	冷/暖特征标志
第一个	温暖期	1100~3000 年 BP	仰韶文化时期到殷商时代	安阳种水稻早现在一个月;北京发育阔叶林
	寒冷期	850~1000 年 BP		西周长江、汉水冻结
第二个	温暖期	0~770 年	东周到秦汉	
	寒冷期	100~600 年	东汉南北朝寒冷期	年平均气温比现在低 2~4℃;渤海湾结冰
第三个	温暖期	600~1000 年	隋唐	
	寒冷期	1000~1200 年	两宋	太湖结冰
第四个	温暖期	1200~1300 年	宋末元代	
	寒冷期	1300~1900 年	明清	太湖、洞庭湖结冰

工业化时期(1750 年)以来,全球平均温度上升了 0.8℃,一些地方升温幅度超过了 1.2℃(王绍武等,2013)。陆上升温幅度是海洋的 2 倍。据资料,自 1860 年以来全球平均气温升高 0.6℃,中国气温上升了 0.4~0.5℃。全球气候呈变暖趋势,在中国东北、华北、西北增温趋势最为明显。

自 1956~2000 年近 50 年的气象数据表明,河北省境内年均气温逐渐上升,每 10 年升高约 0.27℃。另外,在燕山丘陵区和太行山前平原的局部地区增温幅度比平原区更大(刘学锋等,2005;李元华和车少静,2005)。山区 50 年代平均气温为 8.2℃,90 年代为 9.6℃,相比升高 1.4℃,平原区 90 年代平均气温比 50 年代升高 0.9℃。由山区温度上升趋势高于平原区来分析,山区变干旱的速率要快于平原区,这与山区植被覆盖率低,主要为裸露基岩有关。

气温升高,作物生长蒸散量和农业灌溉量增加。在一些地区,气温每上升 1℃,农作物需水量或增加 6%~10%(刘春蓁,2000)。当年降水量减少 20% 时,年灌溉量增加 66%~84%(张翼,1993)。

在温暖期社会相对稳定、繁荣。在寒冷期,人口数量显著减少、社会动荡频繁、人口大量南迁(葛全胜等,2013)。气候变化影响粮食生产和供给,社会系统应对能力关系社会政治和经济稳定。历史时期的传统农业社会应对气候变化能力脆弱,多年连续冷干气候造成粮食短缺和引起社会不稳定。

1.4.7.2 海河流域降水量与气候的关系

降水量时间系列数据分析可揭示不同时期降水量的变化。历史时期降水量恢复为了解较长时间系列降水量变化提供资料,是认识流域水资源量变化和主要控制因素的基础。

基于《二十四史》和地方志中有关气候资料,王邨和王松梅(1987)恢复了近5000年的降水量变化曲线(图1-18)。2000~3000年以来降水量多依据历史资料记载,并结合现代降水量发生洪涝、旱灾害事件进行重建,如利用史料气候记载确定对应时期的降水量(王邨和王松梅,1987),或利用降水变化率反映降水量变化(施少华等,1992)。

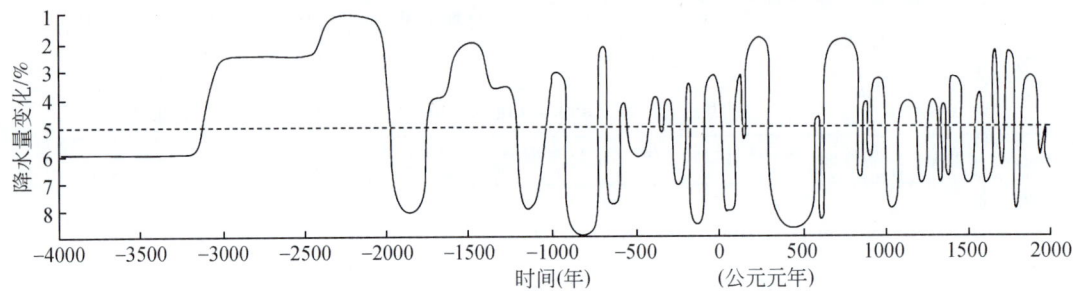

图1-18 中原地区近5000年降水量变化曲线图(王邨和王松梅,1987)
纵轴数字越小,降水量值越大,虚线表示均值

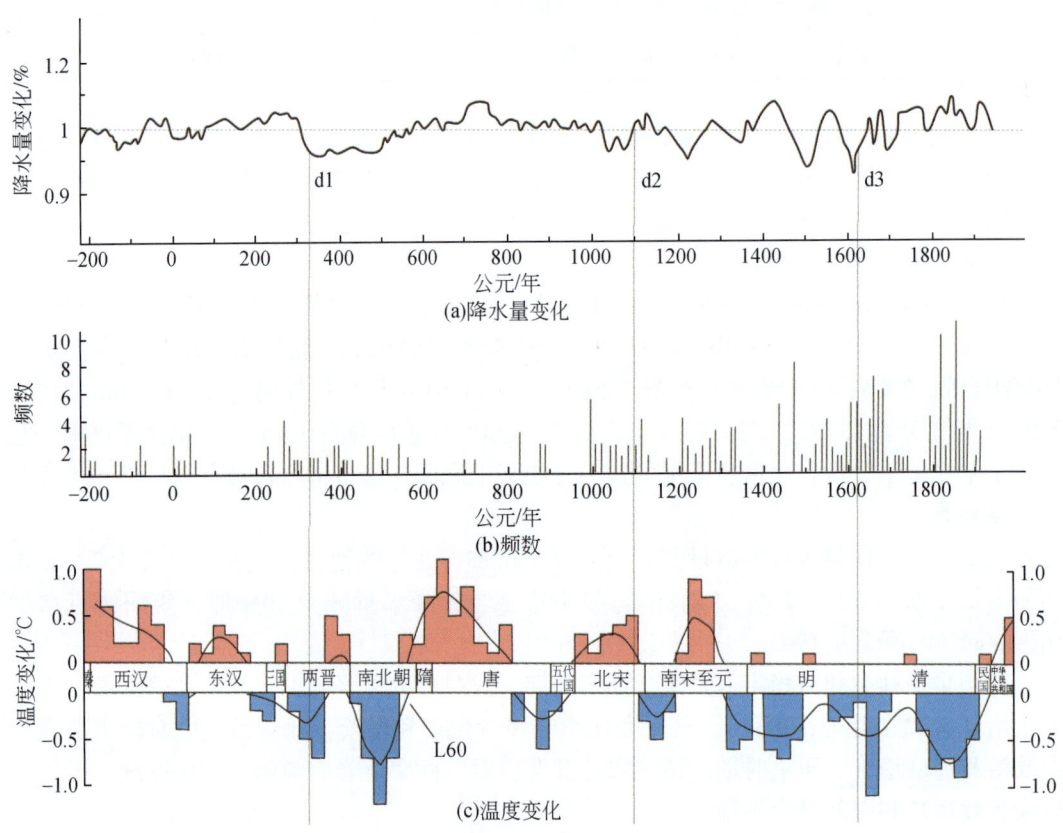

(a)降水量变化

(b)频数

(c)温度变化

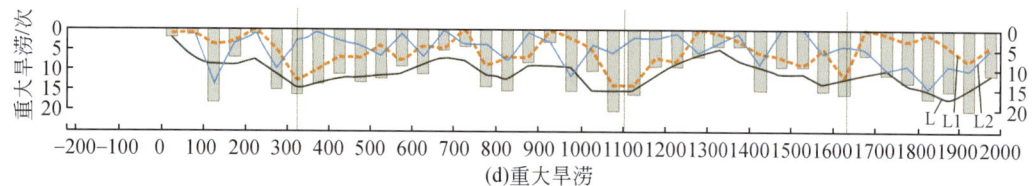

图 1-19 中原地区晚全新世以来气候变化

(a)(b) 来自：施少华等，1992

(a) 降水变化率 60 年滑动平均和均线（虚线）；(b) 晚全新世以来 10 年严寒大雪年频数；(c)(d) 来自：葛全胜等，2014，(c) 秦汉以来东中部地区（105E 以东，25°N～40°N）冬半年温度变化（柱图为相对 1951～1980 年冬温均值的正、负距平值，L60 线为 60 年滤波结果；(d) 东汉以来东中部地区每 50 年重大旱涝事件年数。

L 旱涝灾害、L1 重大旱灾、L2 重大涝灾，百年滑动平均

文献记载表明，年际降水量有显著变化，但是在千年尺度上，这一地区的降水量并未呈下降趋势，它是围绕一均值波动 [图 1-18 和图 1-19（a）]。图 1-18 表明 1000 年 BP 以前丰水、枯水持续时间长，气候以缓慢持续性变化为主。1000 年 BP 至 1000 年丰枯变化的持续时间变短，气候变化波动频率增加。近 1000 年以来，丰枯变化的频率最高，气候呈现即时变化，气候响应的缓冲过程逐渐缺失。

由此可以看出，近 5000 年以来，降水量（相当于干/湿气候转变）变化频次呈增加趋势，尤其是近 3000 年以来降水量变化的频次最高。1000 年 BP 以前气候受当时下垫面环境的影响，下垫面可发挥气候调节作用。近 3000 年来，下垫面自然环境发生变化，其气候调节、缓冲作用变弱，使气候变化频次变快。

东亚季风气候一般为温暖期多雨湿润，寒冷期干燥少雨，降水量受夏季风强度影响。夏季风强时，为温湿期；冬季风强时，为寒冷期，如果夏季季风弱，则易干旱。将 2000 年以来降水量变化率与同期严寒发生频次进行对比发现，中原地区前 1000 年平均气温高于后 1000 年。近 1000 年以来寒冷期次数多，干湿期变化周期短于前 1000 年（图 1-19（b）），以冷期为主，被称为全新世"小冰期"，然而降水量没有明显下降。在这一期间，旱涝灾害发生频率高于其他时期，黄河决口次数达 253 次，年均 5 次（施少华等，1992）。旱涝灾害的发生，除了气候因素外，还有地表环境变化的影响，如植被条件、水土流失情况等。

汤仲鑫等（1990）采用海河流域 1038 年间旱涝等级资料作 50 年滑动平均曲线，得出海河流域旱涝阶段划分曲线。研究结果表明：①雨涝阶段平均 76 年，干旱阶段平均 105 年，一般旱期比涝期时间长；②最长涝期在 13 世纪后期至 17 世纪前期，约 150 年，最长旱期是 16 世纪后期至 18 世纪中期，约 160 年。

由历史资料分析气候（冷/暖）变化与降水量（干/湿）之间的关系。夏、商时期正处于全新世大暖期的晚期。商代（先周时期）有水牛、兕象等喜暖动物，气候比现今温暖湿润（胡厚宣，1944）。周朝最初温暖，但不久变冷（竺可桢，1972）。周朝前期与殷商时代气候同为暖湿气候，周代中叶后半期（公元前 1000 年～前 700 年）气温比现在低 0.5

~1℃，进入第一个小冰河期，至西周末年中原为冷干气候（刘昭民，1994）。西周时期的寒冷气候终结了全新世中期的温暖气候。

晚全新世以来，中原地区的气候变化，呈冷暖交替，但是降水量和降雪量与温度关系不明显（图 1-19（c）和图 1-19（d））。两晋时期较寒冷干旱，在明清时期则相对寒冷湿润；西汉暖期时降水量偏低，隋唐暖期时，降水量偏丰。比较大的旱灾期有三次，持续时间较长（d1，d2，d3），相对的，涝灾次数较多，但持续时间远低旱灾期。旱灾多发生于变冷时间，变暖期也有发生。因此，公元年以来的两千年时间里，虽然有明清的冷湿气候，但主要以冷干和暖干气候为主。

在千年时间尺度上，降水量变化相对稳定，没有出现趋势性的升降，只是在一个区域内波动。近两千年来统计出的旱/涝灾害发生时期，以干期长，与冷/暖、干/湿气候条件变化亦未呈现明显的相关关系。这与海河流域森林面积、河流湖泊水系退化、水土流失、土壤沙化形成强烈对照。降水量和历史储集水资源赋存状态和数量的变化是海河流域生态环境体系形成和演化的关键因素。

从百年时间尺度来看，海河流域降水量变化呈现丰、枯变化，枯水期时间比丰水期时间长一倍多（图 1-20）。20 世纪 70 年代以来，海河流域进入枯季，相对于 50~60 年代丰水期，至今已有 50~60 年的相对枯水时间。这也是区域水资源量下降的重要原因。

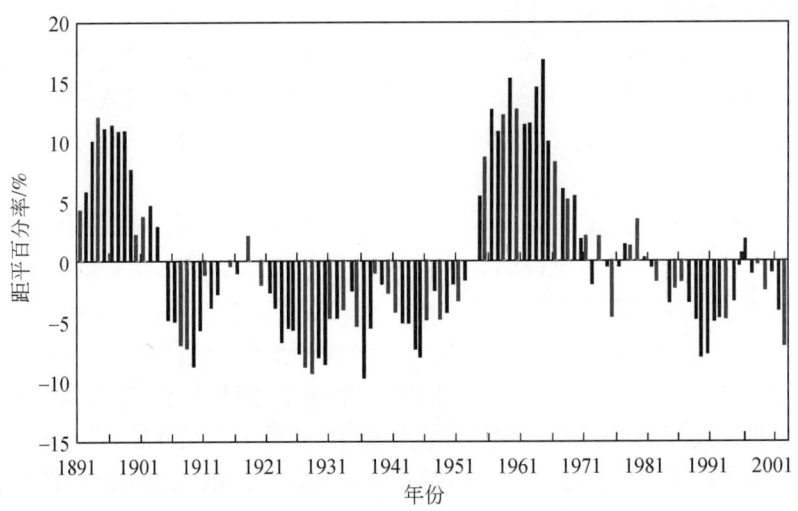

图 1-20　海河流域 1881~2002 年降水距平百分率（李想，2005）

20 世纪 50 年代平均降水量为 573mm，90 年代为 491mm，年平均减少 2.1mm。海河流域多年（1961~2007 年）平均年降水量为 548mm。海河流域 1961~2010 年年均降水量为 529mm，20 世纪 60 年代平均降水量为 575mm，至近 10 年平均降水量不足 500mm。20 世纪 20~50 年代为少雨期，50~70 年代为多雨期。1978 年以来为持续 30 多年的少雨期。降水量有减少趋势。

依据 2004~2013 年水资源公报，海河流域近 10 年来水资源量和供水量情况表明，自 2004 年以来，除了 2009 年和 2012 年水资源总量超过供水总量外，其他年份水资源总量都低于供水总量（图1-21）。2009年为丰水年，水资源量为其他年份的两倍。2012年的水资源量高出其他年份30%。2009年和2012年地表水和地下水供水量相差较小，而其他来源水量呈上升趋势（图1-22）。海河流域内短期来水量（降水量）增加，不足以改变当前供水形势，以及对域外水的依赖。

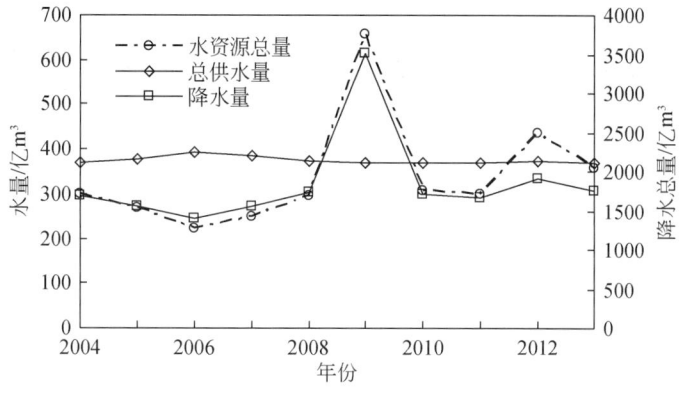

图1-21 海河流域水资源量及供水量关系

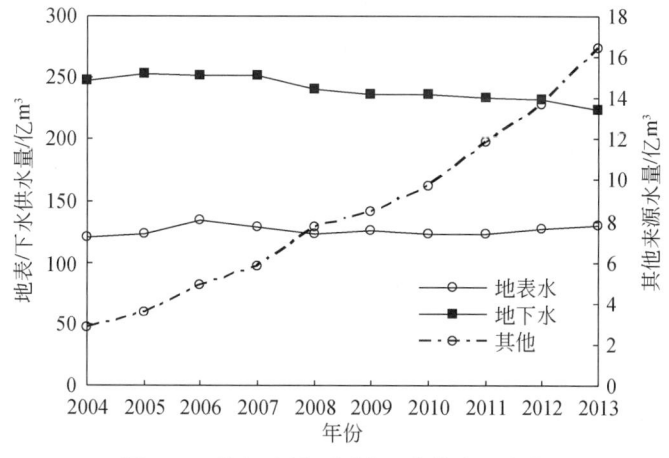

图1-22 海河流域不同来源水供水量变化

1.4.7.3 海河流域蒸发量及变化

在海河流域，利用20 cm蒸发皿测定的水面蒸发量有逐年下降趋势（图1-23）。在山区，20世纪60年代年平均水面蒸发量为1881mm，90年代为1728mm，相比下降153mm；在平原区，90年代平均水面蒸发量为1775mm，比60年代下降224mm。气候变暖陆地水面蒸发量没有上升，而是下降，可能与风速减小有关（安月改和李元华，2005）。水面蒸发量大于陆面蒸发量，海河流域地表水面积持续减少，尤其是近几十年来，不仅地表水大面积减少，地下水水位也明显下降，参与蒸发的总水量、总水面面积减少，导致地表水面蒸发量减少。向大气释放气溶胶、大气污染物增加导致雾霾、太阳辐射强度下降、水汽向外扩散速度变慢，也可引起蒸发量下降。

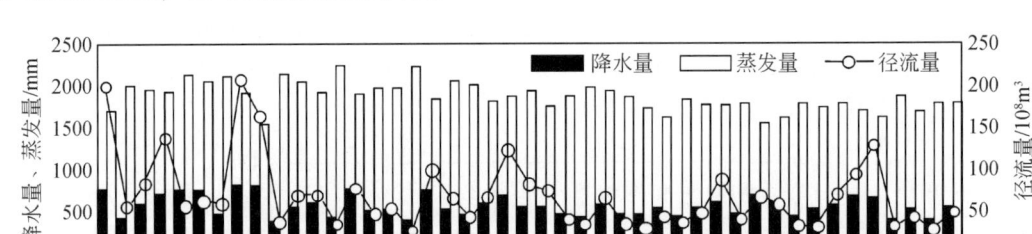

图 1-23　海河流域径流量、降水量与蒸发量（安月改和李元华，2005）

1.4.7.4　热岛效应驱动下的大气环流和水汽运移

从 20 世纪 70 年代末期开始，城市规模扩大，形成城市中心高温区（带）。大中城市上空增温明显，它比周围气温高 6℃ 以上，形成热岛。城乡年均气温差值约 1℃，如北京为 0.7 ~ 1.0℃，上海为 0.5 ~ 1.4℃，洛杉矶为 0.5 ~ 1.5℃。热岛强度有明显的日变化和季节变化。日变化表现为夜晚强、白天弱，最大值出现在晴朗无风的夜晚。近 40 年来，北京地区气温呈持续上升趋势，1980 年以后，增温趋势显著。北京城区平均升温幅度为 0.43℃/10a，郊区升温幅度为 0.21℃/10a，城区升温度高于郊区，北京市区有升温中心，海淀区升温幅值最大（宋艳玲等，2003）。2011 年的遥感资料表明，北京城市中心区温度升温加快，中心城区高温区分布于大钟寺-十八里店、南苑机场和首都机场、前门-大栅栏三个区域。

城市中心区温度升高，形成气流热柱，城市暖空气上升，到一定高度后由垂向上升变为向外水平扩散，相邻郊区的气流下沉，然后沿地面流向城市，形成热岛环流闭环。在夜间这种因热岛形成的局部气流场更为明显。城市热岛在一定程度上影响城市空气湿度、云量和降水量。自 1961 年以来，除怀柔、佛爷顶降水量微升外，北京地区其余地区呈现降水量下降趋势。天津市 1956 ~ 2005 年夏季降水量变化趋势为：在市区西北部为降水中心区，并从北到南逐渐减少；在南部地区从海滨到内陆递减。城市热岛效应对区域气候和降水量的影响有地区差异。在一些地区有降水量下降情况；在另外一些地区则相反，或未见明显影响。

局部热岛效应对区域大气环流的影响有限，然而随着城市规模不断扩大，城市数量不断增加，当在每个城市上空都形成不同规模和尺度的上升热流—热柱时，则形成"热岛柱群（林）"，热岛效应更加显现，影响区域大气环流的形成和运移路径，同样地，会影响到水汽形成、运移通道、分散—冷凝过程，以及降水的形成和分布。

热带西太平洋是全球海洋温度最高的海域（黄荣辉，2005），驱动对流运动，维持热带纬圈环流，北半球夏季大气环流。它是控制东南亚和北半球夏季环流、东亚夏季降水的重要因素。夏季大气环流影响我国降雨的时空分布。陆地热岛效应与季风相互作用，加强或减弱季风向内陆迁移距离和方向，改变水汽状态，以及水汽与陆地之间的环流过程，会导致环境和气候朝干旱少雨方向演变。

城市热岛的形成，一方面与城市人口集中，放热量大有关；另一方面也与城市建筑密度、建筑高度、建筑成群分布，以及建筑材料覆盖地面的范围有关。建筑群阻滞气流，同时也阻滞了城中心区热量的扩散。城市热岛效应的进一步发展，不仅热量不易散发，城市中心区释放的颗粒物、化学组分也不易扩散，形成与城市快速发展相关的另外一种气候现象"雾霾"。

1.4.7.5 末次冰期以来海平面变化与地下水系统的形成

气候变化为气温变暖和气温变冷交替，以及伴随的降水量变化、海平面升降等过程。末次冰期是第四纪更新世发生的最近一次冰河时期，曾出现多次冰川进退。末次冰期（12800~26900 年 BP）的盛冰期（19000~23000 年 BP）气温低于现在 8~13℃，冰雪覆盖面积占陆地面积 32%（现仅占 10%），全球雪线比现在低，海平面比现在低 130m（Bard et al., 1990），中国季风区降水量和蒸发量更低（刘晓东等, 1995）。15000~14000 年 BP 时北半球冰盖融化，海平面开始上升，在 14000~11500 年 BP 进入全新世，但是至 7000 年 BP 时气温仍较低（Dansgaard, 1971）。在末次冰期盛期（22 000~15 000 年 BP），我国东部秦岭—淮河以北为寒温带，年平均气温比现在低 7~10℃；长江中下游地区为温带（现为亚热带北部），比现在低 5~7℃（黄镇国和张伟强, 2000）。

末次冰期时，欧洲冰盖扩展到 48°N；亚洲冰盖到达贝加尔湖附近。黄河中游的晋、陕地区堆积马兰黄土气候冷干，降水量不足 200mm，低于现代；西北高山地区山岳冰川发育，河流径流量减少。晚更新世末次冰期时（22000~15000 年 BP）黄河水注入内陆湖泊和沙漠；更新世末至全新世早期，西北高原构造抬升，全球气候转暖，华北地区雨量增加，黄河水量（河水、湖水和冰川融水）增加，冲出三门峡，漫流在华北平原至渤海地区（夏东兴等, 1993）。

末次盛冰期以来，海平面呈上升趋势（图 1-24），河北平原第四系地下水流系统大体经历 3 个演变阶段（张人权等, 2013）：①距今 1.5~1.8 万年，干冷环境，海平面下降，形成第Ⅳ及以下含水层；②距今 1.2~1.5 万年，海平面上升期，形成第Ⅲ含水层；③1.2 万年以来，干旱条件下的沼泽湿地环境，距今 2500 年至今，形成第Ⅰ和Ⅱ含水层。

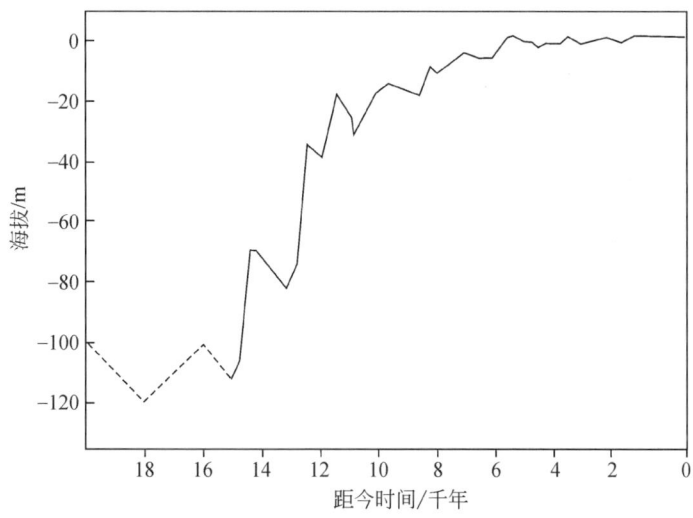

图 1-24 中国东部 2 万年 BP 以来海平面绝对变化曲线（杨怀仁和谢志成, 1984）

随着海平面抬升，地下水系统规模和范围逐渐向内陆退缩，由区域地下水系统演变为局部地下水系统。在垂向上，地下水年龄呈下部含水层地下水年龄老，上部含水层地下水年龄新；而在水平方向上，地下水年龄呈带状分布。

1.5　流域水资源调控机制及其阶段性

我国生态和水文过程是在固态水和气候双重作用下的产物，固态水与气候作用关系具有阶段性，并可相互转化。自末次冰期以来，首先是以固态水融化机制为主导，全新世以来固态水存量明显下降，气候逐渐主导生态和水文过程。固态水（融化后的地表水系）和森林植被（由此构建出生态水文体系）是气候变化的缓冲器。有人类活动以来，主要作用对象为地表水系和森林植被。通过毁林占地，引水灌溉，农业种植，改变着原始自然生态水文环境，抑制、消除地表水和森林植被缓冲器功能，促使气候变化的发生。流域水资源均衡机制和阶段性是指自然产出的调节气候因子（固态水、地表水、地下水、森林植被）其影响气候变化的生命期，所展现出的持续时间长短和过程的阶段性。

1.5.1　冰川融水调控区域水和生态

1.5.1.1　自然调控的多水区与少水区

在湿润气候区，年降水量大于蒸散发量，水资源较丰富，为多水区；在干旱-半干旱区年降水量低于蒸散发量，水资源量不足，为少水区。在完全由气候主导的环境下，降水量决定着流域水资源量。然而，在许多少水区，因有冰雪融水，在少水区的局部区段多水，而当冰雪融水消失，或地下水排泄停止时，少水区内的多水地段恢复为少水区，这一现象称为自然调控多水区。由此发现，水资源演变过程实际上是在有或无冰雪融水参与下少水区内的多水区段的生成、迁徙和消失过程，每一多水区段的生命周期不同。在有自然调控的条件下，气候、生态和水文三者之间响应时间则延长，从而气候变化对生态和水文的影响变得相对间接。气候与生态水文之间的调节缓冲机制是保持生态水文环境稳定的关键。

进入末次间冰期以来，地球表面气温回升，陆地固态水大量融化。由冰川融化量和残余冰川质量，从早至晚，冰川融化可分为青壮年期（融化量上升期）、中年期（融化量峰值期）和老年期（融化量下降期）。目前，青藏高原冰川融化量进入中年末期（长江源区，源区冰川退缩），局部地段为老年期（黄河源区，源区冰川基本消失）。

1.5.1.2　自然调控水源与阶段性

从地理、气候与生态水文环境关系来看，按其持续时间和稳定程度，可将气候、生态水文关系分为三种类型，分别为短期（西北干旱区）、中期（黄河流域，华北、东北平原）和长期（长江流域）。流域水均衡调控水源与气候变化有关，但又独立于气候变化，是调控气候、生态水文关系的均衡器。受均衡调控水源数量及变化的制约，这一机制具有阶段性，可动用的调控水源数量越多，可持续性越长则对流域气候、生态水文环境稳定关系保持时间越长。一旦流域调控水源减少，原来的水均衡机制消失，气候主导下的降水调控机制占主导地位，其特点为有较大的波动性和不确定性，使生态水文之间的关系变得不稳定，承载力低，生态水文环境易退变。

历史时期形成的固态水、地表水和地下水是流域气候、生态水文关系的均衡器，其中以固态水和地下水在陆地滞留时间最长（数年至万年），地表水滞留时间最短（数周至数年）。在初期，固态水总质量数最大，固态水融化产出基流量多，有增加水量和稳定气候的双重功能，稳定调节作用贡献大，持续时间长。按照功能作用阶段，三种均衡器的作用顺序为固态水-地表水-地下水。固态水首先展现均衡器的作用，然后为地表水，前两者功效下降后，地下水则成为唯一均衡器，分配水资源。

1.5.1.3　干旱-半干旱区绿洲基础水源

在干旱-半干旱区，绿洲依存于以冰雪融水为主要基流的河系。冰雪融水产流的持续时间也就是依附绿洲的生命期。低海拔山地冰雪存留量少，融化速度快，首先消失，高海拔冰雪存留量大，融化速度慢，持续时间长。由冰雪存留量和融化量可以推测下游绿洲的存留期。我国西北地区文明起源于绿洲，同样也随绿洲的退化消失而消亡。人类活动是促使这一转变的因素之一，而自然环境条件的变化是决定因素。

1.5.2　源区基流产出类型

流域水资源常以主要河流汇水区至排泄区所圈定的范围而定。区域性的河流拥有源区，为河流提供稳定的基流。当年降水在河流基流上叠加有季节性流量增加。由此可见，源区稳定产出基流是一个区域、流域水资源量稳定的根本原因。源区基流有两种类型，冰雪融水和降水产汇流。冰雪融化产流，除温度变化影响融化量外，不受其他气候因素和降水季节变化影响，产流量稳定，是主干江河、湖泊的源头水源。降水产汇流量与气候直接相关，丰水年与枯水年交替出现，或者连续枯水年的形成决定着流域水量的盈亏。

1.5.2.1　降水产汇流调控江河基流

气候变化具有易变性、不稳定性，使水资源量波动，受地理位置和环境影响气候还具有区域性和空间变异性。以年为周期的降水事件，同时具有季节变化，也就是每年重现的降水强度、频次、时间等都有不确定性和变化性。降水产汇流基流受气候、降水量、汇流面积、地表径流系数、地表径流截流量、地下水水位、植被覆盖率、土地利用类型、水利工程拦蓄等多个因素影响。在气候—水—生态三者的关系中，气候是第一位的，在温暖和寒冷区水的作用功效有巨大差别，对应的生态类型和数量也不同。在温暖气候时期，可细分为温湿和温干两种。在有充足水源供给时，温干环境则可演变为温湿环境，如沙漠绿洲的形成；当水源不足，或者消失时，温干环境则演变为荒漠、沙漠、戈壁，绿洲退缩、迁移、或者消失。在寒冷气候阶段，可细分为寒湿和寒干两种类型。寒湿气候有利用陆地水资源累积和储蓄（冰雪堆积）；而寒干气候，则易造成风沙、干旱，我国黄土高原的形成就是以寒干气候为主导。

1.5.2.2 固态水融化调控江河基流

以末次冰期为起点，在末次冰期期间寒湿环境下，陆表水资源输入量大于输出量，储集水资源量呈增加趋势。这一时期陆地水或者随地质作用赋存于大型盆沉积盆地形成地下水储集库，或以大型河流、湖泊形成地表储集库，或者在高寒地区形成固态水固定在陆地表层。从地球储集水资源量统计来看，地球表层固态水储集量最大，其次为地下水，而地表水在地球水资源总量中所占份额远于低于固态水和地下水。可以认为，固态水和地下水是陆地最重要储蓄水源，地表水为固态水与地下水之间的过渡。相对于地表水，固态水和地下水资源量受气候环境直接影响程度低，固态水和地下水是最为稳定的供水水源。积雪冰川所处位置为多数大型河流、湿地、湖泊的水源区，冰雪融化量的变化，则调节着源区和下游水量及分布，长年性河的基流。气候产流量也是基流的重要补给源，是多数季节性河流的直接来源。

地表水（湿地、湖泊、河流）形成于冰雪和冻土层融化、低洼地汇流（地表径流、河流汇集，地下水排泄），有多种补给源。高寒冰川冻土区，湿地、湖泊主要来源于冰雪融化，其他地区主要为地表径流、河流和地下水排泄区。湖泊、湿地即是地表水的汇水区，又是许多河流的源区。湖泊-水系之间为相互消长关系。固态水储存量大的地区，温度是影响融化量的直接因素，随着温度的变化，固态水的融化量在一定范围内波动。冰雪源区融化量直接响应温度的变化，源区温度上升冰雪融水量增加，反之则减少。冰雪融水首先进入源区湿地、湖泊、水系，观察湖泊、湿地水量变化，则可揭示冰雪融水量，以及温度和气候变化。观察源区河流基流量及变化也可获得源区固态水存留量和气候变化信息。固态水赋存区（高寒区）产流量控制着下游地区水系分布、发育程度，以及维持生态种类和规模，形成源于固态水的生态水文体系。

在一定温度条件下，通过维持动态融冰质量数（冰雪总质量数低时，增加单位冰雪融化量），可实现融水基流量的稳定，有时甚至可短期增加。固态水融化是以冰雪质量减少实现融水基流的耗散过程。固态水融化产生吸热环境，气温偏低。从华北平原区深层地下水补给温度低于浅层地下水补给温度，可以看出，第四系下部沉积层孔隙含水层补给源是低温的，或当时气候寒冷，或补给源以冰川融水为主。华北平原浅层地下水补给温度高，与现代年平均气温相近，是现代降水补给，无冰川融水。

固态水质量数下降后，冰雪融化吸热量下降，气温易回升，导致源区干旱，生态环境退化，影响源区中下游河流、绿洲的发育。

1.6 流域水资源耗散结构体系

水资源的耗散结构主要是指水资源系统在与外界环境物质和能量交换过程中向稳定、

平衡状态转化的机理、条件和规律。对于水资源利用和管理来讲，最基本的过程就是补给—排泄，一方面是流域水资源的汇流，水量的持续输入；另一方面是水资源的流出、利用和消耗。无论是水资源的补给还是利用排泄，一旦发生变化，水资源系统内部秩序或结构都将发生变化，通过系统内部的自我调整建立新的平衡体系，地下水及其储层是一个典型的耗散结构系统。水补给、储集、汇流过程是正熵过程；水排泄是负熵过程。水资源利用是负熵过程，而水资源保护则是正熵过程。

海河流域水资源演化过程起始于黄河，海河流域是从宋代以后形成独立水系。陆地冰冻圈消退使得黄河、海河流域水资演化是负熵过程，人类活动对这一过程起到了加速的作用。

1.6.1 冰冻圈消退与陆地水储集量下降

末次冰期，全球陆地上储集了大量固态水，代表陆地储水量的高峰值期。固态水量可占全球淡水资源量的75%。进入末次间冰期，全球开始升温，固态水融化。南极地区冰量相对稳定；北极地区冰盖大规模消减，北纬中高纬地区，大部分冰消失；青藏高原雪线不断后退。固态水融化标志着陆地水资源由早期储集阶段进入削减阶段。

固态水融化成为湖泊和水系的水源，调节地表水量和气温，使早期气候波动频次和范围较小，气候环境变化相对缓慢，一般呈渐变过程，水资源量和环境能够支撑形成大面积的原始森林和植被。

随着固态水不断融化，陆地表层固态水资源量减少，地表水系、湖泊萎缩。气候对固态水融化有直接影响，气温升高融化量增加；气温下降，则融化量减少。在固态水融化为主导的水量调节周期，温度上升时，易发生洪涝灾害；气温下降期间，则多干旱。

间冰期气候变化，河湖水系和森林植被的发育程度，首先受固态冰融化影响。固态水融化速度，以及残留冰位置、空间分布、数量和可融化量等是当时气候、温度、环境调节阀。陆地固态冰大量消失后，气候变化，尤其是降水量则成为环境条件的主导因素。

1.6.2 气候变暖促源区水排泄

全新世以来，海河流域进入固态水消退后期。在这一阶段河流水系、湖泊源区因冰冻圈固态水储存量持续融化消耗而下降。固态水融水量减少，使河湖水系源区产水量呈下降趋势，地表水系和湖泊萎缩，森林植被退化，土壤沙化，荒漠化。地球表层固态水存储量减少导致的地表水系萎缩是影响气候、生态环境退变的根本因素。地表水文过程是受控于间冰期冰盖消融制约的水资源耗散结构体系，海河流域水湖泊—河流水系—环境变化受控于源区水可释放水资源不断减少呈现出的流域水资源量下降。流域水资源演化可分为如下几个阶段。

1.6.2.1 冰雪融化期

末次冰期陆地储集了大面积的固态水，陆地水资源量达到了一个历史高峰值期。整个末次冰期阶段是陆地水资源量的储集期,输入陆地水资源量大于输出。末次冰期结束后,进入间冰期,气温开始回升,表层冰雪开始融化,由此陆地水资源进入耗散期,陆地输入水资源量小于输出水资源量。地表冰盖、积雪覆盖面积减小,产生融水,充盈河、湖、湿地。冰盖融化,产水量大,易于汇集和下泄,多形成大规模河流水系。

1.6.2.2 土壤冰融化期

气温上升使冰盖和积雪消融,雪线、冰舌退向更高海拔的低温带。冰盖积雪下覆土壤,因冰冻条件而呈现低温状态。渗入土壤带中的水,因低温而固化,形成土壤冰。土壤冰资源量较大,一些地区的土壤冰含水量高,如在青藏高原的冻土区,土壤冰体积大。

土壤冰融化与下泄过程与冰盖,积雪下泄过程不同。土壤冰融化,首先始于土壤表层,融水受土壤层阻滞,相对分散,不易汇集成大的水流,下泄速度较慢,多形成湿地、湖泊,小水系汇集成为主干河流的基流。

1.6.2.3 高海拔湖泊湿地泄水期

以冰川融水为源头的湖泊和湿地的形成和演化可分为三个阶段,一是初期冰川积雪质量数巨大,融化冰雪质量占整体冰川质量数低,湖泊湿地发育状况取决于气候,以及冰川融水量,这一阶段是湖泊的青壮年期;二是中晚期阶段,受气温上升和持续融化影响,冰川质量数明显下降,冰川融化量占冰川总质量的主要部分,湖泊湿地进入中年期,具有最大湖泊面积;三是冰川消融阶段,冰川总质量数下降,融水量减少,湖泊进入老年期,湖泊面积减少,大湖分化为多个小湖,与补给源隔离的小湖泊则萎缩,甚至干枯,源区向下游泄水量明显下降。

冰盖、积雪融化及冻土解冻,融水汇流进入低洼处,并与水系相连通,流向下游低海拔区。因冰盖、积雪量减少,以及冻土区范围下降,融水量开始下降,成片湖泊、湿地面积变小,由统一大湖、湿地转变为多个相连通或隔离的中小湖区,以维持向主干河流、湖泊补水。这一阶段进入固态水消融后期,源区环境因升温,水量减少,一些河流开始不稳定,或基流量明显减少。

1.6.3 垦殖水利促水排泄

全新世以来人类活动强度和范围不断增加和扩大。早期农业种植业的发展形成以农业为经济基础的社会和文化中心。人与自然的作用过程中,不断改造原有的自然生态和水文体系。由此带来陆地水储集、滞留条件的变化,导致水滞留时间缩短,水排泄加速,促进了陆地水资源量下降。

1.6.3.1 毁林垦殖与自然生态水文体系破坏

森林植被为独立的生态水文循环系统,不仅调蓄流域水资源量,而且调节气候环境,有利于形成降水。农业种植所需要的土地来自于森林为代表的自然植被,以及低地、湖泊、湿地等陆表滞水区域的围垦。农业种植面积与森林植被覆盖面积成反比。因此农业种植面积越大，森林植被覆盖率越小。湿地、湖泊补给源和存留空间萎缩消失。

森林植被、湿地、湖泊是维持陆表生态、气候条件的关键因素，森林植被覆盖率下降，使得生态水文循环系统功能弱化，甚至消失，缩短了陆表水滞留时间，提高了水循环速率，导致气候朝干旱化方向演化。

1.6.3.2 防洪工程水文体系

我国是水害水患多发的国家，历来重视防洪排涝。近现代更是加强了防洪工程的建设。在洪水期，防洪工程具有拦蓄、快速排泄水功能，以河道线型排泄为主，向低洼地面型排泄为辅（因被生产、生活占用，一般为不得已而为之）。线型排泄（以主河道为通道）的特点是流量集中、流速大、排泄快、排泄水效果明显。其不足之处为，未能有效地滞留储蓄洪水，增加陆表水资源量。

防洪工程排水与自然河-湖水系自然调蓄过程不同。在自然条件下的洪泛过程，往往是线性泄洪和面型调蓄相结合的二元体系，通过面型调蓄将主河道洪流分洪，在低洼地、湖泊充水滞洪，其特点是洪流被面型分散，洪水进入洼和湖泊后流速下降，在陆表的滞留储蓄时间长，使陆地水资源量增加。人类大量占用湖泊、低洼泄滞洪区，只能允许洪水沿主河道快速排泄，这是陆地水资源量下降的重要原因之一。

1.6.3.3 农业生态水文体系

干旱和半干旱区总面积为全球陆地面积的 1/3 以上。在我国，干旱区面积为 298 万 km^2，国土总面积的 38%。干旱-半干旱区生态水文环境非常值得重视和关注。塔里木盆地、准噶尔盆地、河西走廊、柴达木盆地，以及阿拉善高原等地的干旱少雨，零星分布少量绿洲，生态水文脆弱。以河水系水网为主的水文环境控制着生态发育和存留。

旱和涝都会造成农业减产和歉收，因此历代都重视农田灌溉系统和排涝系统的建设，由此带来农业的发展，维持人类社会经济的扩张。在干旱-半干旱区，旱地农业种植是纯耗水过程。农作物必需依靠灌溉才能正常生长，获得预期收成。灌溉促进了农业生产。遇涝同样会造成农作物减产。因此，在种植区，遇旱需要灌溉，遇涝则需要排水。农田排水工程系统的高效疏水能力促使陆表水消失，这进一步增加了农业对人工灌溉体系的依赖。旱区农业不仅消耗本流域内的水资源，而且还消耗相邻流域的水资源，是区域水资源量下降的关键因素。

在湿润环境下，如长江中下游地区，农业对水文的影响首先体现在毁林占地，使森林覆盖率下降，引起气候和水文环境退变。生态水文系统破坏导致局部干旱化，向面型干旱化扩展，由此会造成大范围生态-水文环境退化。

1.6.3.4 人工生态水文环境构建

农业、工业、城市建设、生活环境构建都以水资源和自然环境为基础，人类活动改变水资源的时空分布，改造和占用自然生态空间，形成了基于人类活动的改造生态水文环境。

由于人口数量的持续增加，以及每个各体对生活质量要求的不断提高，需要越来越多的自然资源供给量。有限的自然资源量与不断增长的需求量之间的矛盾，使自然环境被过量开发利用。人工生态水文与自然生态水文之间需要保持最低限度平衡。

为了维护局部生态水文环境，往往需要调用其他地区水资源。在实现局部有限平衡时，有可能使流域范围内的生态环境失衡，以牺牲域外环境为代价。在干旱-半干旱区人工生态水文环境构建，易造成生态环境搬迁。在湿润地区，长期大范围的改造则会对森林植被和环境造成负面影响。生态水文环境的保护不仅是在干旱-半干旱区需要考虑的问题，而且也是湿润区水资源管理中需要特别重视的问题。在水资源总量不变，甚至下降的情况下，长期大量占用自然资源，生态水文环境则呈退化趋势。这种退化过程，是自然环境退化的直接表现，人类活动则影响这一过程的演化速度。

社会经济发展到一定阶段，人们文明程度明显提高，则需要反思过去的行为，从而更加重视和维护自然。然而在保护、恢复、修复、重建破坏的自然环境过程中，也需要避免大量地制造人工强力维护的生态水文环境，造成新的破坏和伤害。生态水文环境恢复，以达到或具备最大程度的自然属性为标准。

1.6.3.5 地下水资源利用

在地表水资源量不足时，地下水成为稳定供水水源。地下水大量开采利用，是陆地水资源量减少的质变过程。在没有新的替代水源出现之前，地下水是保障当前社会经济运行方式不可或缺的水资源。海河流域地下水是历史时期存留下来的储集水资源。地下水的开采与固态水的消融一样，都是通过消耗储集水资源满足各方面的需求。

1.7 固态水和降水耦合调控气候及水文过程机理

1.7.1 我国季风气候特征

在全新世高温期，除有了东南季风外，还有西南季风带来北方降水（Yang，1991）。晚全新世（2000年BP）以来降水量变化对气候环境变化的影响超过气温变化。季风气候，受西太平洋暖流影响，同时也受北半球中高纬区升温，冰盖消融的影响。季风气候环境的特点是其易变性，不稳定性，波动大，降水时空分布差异性明显。我国气候受季风控制，季风影响降水和气温，而降水的变化比气温更为复杂。

(1) 青藏高原季风

青藏高原夏季为热低压，冬季为冷高压，形成高原季风，高原季风与东亚季风的影响范围、气候特征和驱动因子等不同（鹿化煜等，2001）。喜马拉雅山积雪厚度与印度洋季风形成时间有反相关关系（Blanford，1884；Walker，1910），并影响高原及周边地区降水。青藏高原环流变化影响其他地区气候。极地温度影响季风形成、路径、携带水汽数量和环流范围，由此带来降水分布、气温变化和洪旱的发生。

(2) 亚洲季风

亚洲季风可细分为印度季风和东亚季风两个子系统（陈隆勋，1984；陶诗言等，1988）。中国华北地处东亚季风气候区北缘，夏季降水既受到中高纬度环流的影响，又受季风的影响。中原地区气、候湿润程度受夏季风强度控制，夏季降水量占全年一半以上，有些地区甚至达 3/4。印度夏季风对中国夏季降水有贡献，一些研究表明印度与中国华北的雨量正相关（郭其蕴等，1988，1992；张人禾，1999；Ding et al.，2005；Kripalani et al.，1997a，1997b，2001），天津降水与印度夏季风降水正相关（梁平德，1988）。印度季风还影响中国东部特别是江淮流域等地的降水（戴新刚等，2002）。

1.7.2 气候变化的双重控制机理

1.7.2.1 全新世以来气候干/湿变化与降水量的关系

末次冰期结束，气温升高，干/湿带位置向北迁移，末次间冰期结束（约3000年BP）后进入冷期时，以冷干气候为主，干/湿气候带南移，北方干旱化。近代，自20世纪50年代以后，全球气候变暖，季风带控制下的干/湿带变迁则备受关注。

降水量是区域气候及干/湿变化的一项重要指标，但是历史时期的区域干旱/变湿变化并不完全取决于降水量。如果存在域外来水，干旱区亦可变得比较湿润。同样地，如果流域（外）来水量下降，或者消失，那么干旱区演化为荒漠，沙漠；而湿润区会发生局部干旱，并随着来水量下降，干旱区范围扩大。冰雪融水（生成的河湖水系）对湿润气候带有直接影响，尤其是在干旱-半干旱区，即使降水量低，有充足冰雪融水输入时，气候可变得湿润。现代陆地冰雪储存量和分布范围都有下降，低海拔冰雪基本消失，如今存留的冰雪对气候的调节能力，比末次冰期结束后的间冰期弱许多。

人们更关心未来气候变化趋势。在黄土高原区的研究表明，末次冰盛期时，黄土高原东南部的 C_4 植物生物量 10%~20% 带，在全新世温暖期向北推移300km，出现在黄土高原西北部；C_4 植被生物量等值线和现代降水量等值线一致，可用于指示古季风雨带位置；全球变暖导致东亚夏季风雨带向西北方向推进；推断如果全球增温持续下去，季风雨带目前南撤的趋势将会逆转，长时间尺度上一定会向北推进，使我国北方降水显著增加（Yang et al.，2015）。这项工作揭示出，末次冰期结束气温变暖期间黄土高原湿润带北迁（300km）的一项新证据，提出末次间冰期黄土高原北移的原因为东亚季风雨带向北扩张作用。

从3000年BP至1900年近5000年的时间内，至少有过4次持续时间以百年计的冷/暖变化。在1000~3000年BP期间，持续时间为两千年，降水量持续偏丰，尤其是在夏、商和周早中期，这一时期相当于末次间冰期的中晚期，显然长期持续丰水期的形成不能完全归因于（东亚）季风气候（暖湿主导），更应该归因于这一时期内冰雪融化产生的过量水量，以及陆内水汽循环转化形成的湿润环境。1000年BP以后（周以后），降水量丰/枯变化频率明显变快，变化周期由以前的以百年计，缩短为几十年，或十几年计，越是靠近现代，降水丰/枯年变化的频次越高。其间，虽然出现过短时丰水期，但是总体上为干旱气候条件控制（冷干/暖干）。

按照全球温度变化记录，晚更新世寒冷，全新世早期温暖，在5000~9000年BP间温度最高（HTM）。全新世最高温度持续时间长达4000年。这次全球变暖与我国晚更新世末次冰期结束一致。在全新世温暖气候条件下，冰雪大量融化，地表水丰富，形成大范围湖泊和河系，黄河干河汇集了充足水源，为冲破三门峡谷地，进入东部平原区创造了条件。由此有理由确定，黄河形成于全新世暖期。

黄河由内陆河进入华北平原，转变为入海河流产生如下几个效果：①陆内，尤其是在黄河流域中游（三门峡）以上河段，水资源量因向下游泄水而下降，支流河系-湖泊萎缩、消失，水汽内循环减弱，逐渐转为干旱；②黄土高原干/湿带随之南移；③与此同时，因黄河水大量下泄至华北平原，海河流域，导致平原区水系河流纵横，湖泊广布，平原区内陆水汽循环得到加强，此时华北平原区气候较湿润。所以，末次冰期，以及间冰期不仅改变了中国西部和东部水资源赋存和分布（分配），而且改变了区域气候环境。在全新世暖期，数千年的融化过程，以固态水消耗，调节水、汽分布和运动，驱动气温变化。

在全新世晚期，气候转为寒冷，其中一个原因与末次间冰期大量冰雪融化吸热，使地表气温下降有关。由于冰雪融水量减少，气候变得冷干。在这一时期，黄河水量波动（下降），河水动能下降，携砂和冲刷能力不足，在华北平原区，黄河演变进入洪泛阶段。由于入境水量下降，华北平原、海河流域内的气候波动频次增加。冰雪融化调控机制的衰退导致自3000年BP以来干/湿带南移，中国北方干朝旱化（冷干/暖干）方向演变。

我国北方干/湿带南移有两个阶段，分别为，在全新世早期，首先是西北、黄土高原地区转变干旱，其标志为低海拔冰雪融化消失，以及黄河进入华北平原，干/湿带东移；在全新世晚期，黄河源区冰雪融化量下降，华北平原区、海河流域气候变干，干/湿带南移。

冰雪融化水量受控制于储集冰雪数量和气温，气候变冷融化量下降，气候变暖融化量增加。湿暖气候条件下，冰雪储集量会因长期过量融化逐渐下降，冰雪融水量会因储集量下降而减少，因此冰雪调控气候具有阶段性。基于本书资料分析，在末次间冰期暖期，全新世早期的干/湿带北迁是在冰雪融化自然调控机制作用下的结果，而非单纯气候因素，如（东亚）季风向北迁携带雨量增加所致。气候变化不仅受控于降水量变化，而且受控于降水丰/枯期的持续时间。多年连续丰水期，带来陆地储集水资源量的增加，气候显得湿润；多年连续枯水期使陆地储集水资源量下降，气候显得干旱。季风气候主导作用，不仅受其自身形成演化制约，而且陆地环境对强化/弱化季风也起关键作用。在利用陆地环境指标重建气候模式，预测未来气候变化时，需要考虑气候因素受多种机制制约带来的不确定性。

1.7.2.2 未来气候干旱化趋势的主要推动因素

通过本书资料，尚未展现出未来我国（北方）气候变湿的依据。与之相反，许多证据表明未来（至下一次冰河期）干旱化趋势仍将维持较长时期。

1）在全球升温过程中，以北极圈升温速率最快，北极温度变化控制着北半球温度变化趋势。北极升温，导致北极与赤道之间温差变小，季风径向势差减弱，季风向北和西方向推进的动能下降。

2）末次冰期结束后的湿润带北移，其原因主要是因为冰雪融水充裕，冰雪融水径流向内陆输送大量水源，改变了干旱区的气候和环境。现代冰雪质量数，无法与末次冰期结束时冰雪质量数相比，产生的冰雪融水基流，无论在数量上，还是分布范围上都极大萎缩。冰雪融水自然调控气候能力下降，季风气候带北移的助推力明显被削弱。

3）从历史资料重建降水量变化来看，降水量呈丰/枯波动变化，虽然各阶段持续时间不同，在千年尺度上，降水量丰/枯变化频次有增加的趋势。但降水量本身还未呈现趋势性增减变化，长时间系列降水量围绕一均值上下波动。降水量波动频次增加导致水在陆地存留时间下降，相对地减少了有效水资源量。

4）陆地总储集水资源量（静/动态）是影响气候和环境变化的特别关键因素。在现实中，植被、河系、湖泊、地下水资源量具有下降趋势，这种下降与冰雪总质量数下降具有正相关关系，而与降水量变化关系不大。20世纪50年代以来的温度上升，在陆冰雪质总质量下降的情况下，可引导气候进一步朝暖干方向转变，造成水资源短缺。

5）流域气候环境，尤其是在干旱区-半干旱区，除受降水量影响外，更重要的是受域（内）外（冰雪融化）基流向内陆输入数量和范围变化的影响。

6）北半球是全球人口、农业、工业的集中区，人类活动释放的热量、地表环境的改变都可对季风运动产生扰动。

在气候变化研究中，往往忽视陆地储集水资源量变化对气候的调控作用，如地表水量和分布对调控气温、水汽循环的作用。单纯从气温、降水量（干/湿）等气候要素的波动来推演气候变迁（尤其是在我国北方干旱-半干旱区）有明显不足之处。全球气候变化的研究与陆地水文过程相结合有助于更好地理解自然气候和环境演变过程，更为客观地认识气候环境变化，以及人类活动在气候环境演变中的角色和作用。

1.7.2.3 区域气候环境变化及调控机理

区域环境变化机理为构建在陆地储集水资源（静储量）和（季风）气候雨带（动态储量）双重机制下的形成和演化系统。

1.8 本章小结

在末次冰期，陆地储集水量达到高峰，主要为固态水。进入末次间冰期后，固态水逐渐融化，陆地水资源由早期储集阶段进入削减阶段。南极地区的表观冰量相对稳定，可能存在大量底部融化；北极地区冰盖大规模消减，北半球中高纬地区大部分冰川消失；青藏高原雪线不断后退，冰雪量下降。在末次间冰期，固态水融化充盈湖泊-江河水系，其中一部分通过蒸腾作用消耗、一部分以地表径流排泄，剩余部分随水文地质过程转化为地下水储集，陆地水文过程是受控冰雪消融制约的耗散结构体系。

地球接收太阳辐射量下降时气候变冷；而接受太阳辐射量增加时则气候转暖。地球接受太阳辐射量的变化，引起地表储集水量变化。地表固态水消融，储集量下降，促使气温回升，是全球气候变暖的重要因素之一。在全球增温过程中，极区和高纬度区增温幅度最大，使夏季风和冬季寒潮势力减弱。全球环境变化可导致中纬度地带变得干旱。受中纬度地区干旱趋势影响，我国有朝干旱方向演化趋势。

我国气候和流域水资源演化受固态水融化和降水双重机制控制。固态水融化主导湖泊-水系展布和规模，调节地表水量和气温，使全新世早中期气候波动频次和范围较小，气候环境变化相对缓慢，呈渐变过程，水资源量和环境能够支撑形成大面积原始森林和植被。固态水融化速度，以及残留冰雪位置、空间分布、数量、可融化量等为气候、生态水文环境的调节阀和缓冲器。全新世晚期固态水（冰雪）大量消融后，固态水资源量减少，地表水系和湖泊萎缩，森林植被退化，土壤沙化，荒漠化，在气候波动频次增加，易发生洪旱灾害，气候，尤其是降水量成为当前气候环境条件的主导因素。

海河流域水现代湖泊-河流水系-环境变化受控于源区水可释放水资源量不断减少和流域水资源量下降。人类活动，如毁林垦殖、排洪排涝、围湖造田等，使湖泊-水系萎缩消失，加速了陆地水资源排泄。按照这一控制机理分析，在下一次冰期到来前海河流域环境总体变化趋势为升温、变干。这一原理同样适用于其他地区（东北、西北，以及南方等地区）气候环境演变趋势分析。

第 2 章 地下水测年原理和方法

在历史时期，人们主要利用地表水，地下水用量所占比例较小。近几十年来，干旱-半干旱区地表水量不足以满足需求，使得地下水成为弥补地表水短缺的重要供水水源。相对于地表水，人们对地下水的认知程度更低。例如，对地表水与地下水之间的相互关系、地下水形成过程、地下水可持续利用等存在诸多疑问和争议。

水是地球化学过程的关键控制因素，是地球化学组分传输、运移和转化的参与者和媒介。水循环是水量、能量和元素地球化学相互作用过程，成为水文地质学、水文地球化学、同位素水文学、地下水年代学等学科的重要研究内容。

地下水年龄是水文地质研究的核心（Kazemi et al., 2006），是水流参数计算、水流路径确定，以及地下水可持续开发、水资源保护方案制订的重要参数，对提升地下水补径排条件的认识具有重要作用，是水文地质学的核心研究内容。目前，对地下水年龄概念和含义，尚有不同认识和理解。这是由于水为流体，具有动态特性，其与获得国际广泛认可的岩石、矿物年龄不同，后者因为具有岩石固结，矿物结晶等封闭条件，岩矿定年有确定的年龄起始点，具有如人的年龄一样的具体含义。对地下水而言，含水层按年（或者按季）有多次补给，使得其起始时间有多个。另外，岩石、矿物固结以后，相邻岩石和矿物之间的位置是固定的，即使受到地质构造事件的改变，通过一定的地质学、岩石学、构造地质学等分析方法，可以恢复其初始位置，而采集的地下水测年样品，难以确定样品中每一个水质点的起始时间，运移路径。因此，地下水测年研究更为复杂，更需要采用多种方法综合研究。

近20多年来，出现了多种不同于20世纪90年代以前的新的测年方法，通过不断地在实践中应用，积累了越来越丰富的数据和成功经验，也为构建地下水年代学打下了坚实基础。本文所指地下水年代学，是指基于地下水中携带的具有时间信息的标记物、事件的识别、观测，确定地下水系统中自补给区至取样点处之间时间的原理、方法和应用体系。地下水年代学为解决水文地质问题提供了新的思路和方法。

2.1 地下水年龄定义

地下水年龄是指水在含水层的滞留时间，计时起点为补给水进入地下或含水层的时刻，终点为采集地下水的时刻。地下水年龄不是取样点处单个水质点的年龄，而是多个水质点年龄的平均值。在地下水系统中，水质点的运动过程和组成是变化的，实际上，难以获得水的真实年龄。一般情况下，假定补给水进入含水层后，未发生明显混合和扩散作用，可利用活塞模型来估算地下水年龄。当发生混合作用和扩散作用时，会导致低估或高估地下水平均年龄，这时需要进行校正计算。地下水年龄有表观年龄和模式年龄等称谓，习惯上简称为地下水年龄。

地下水测年方法主要有 ^3H、$^3H/^3He$、CFCs、SF_6、^{14}C 和 ^{36}Cl。CFCs 和 ^3H 方法的定年尺度为 0~60 年。在理想条件下，CFCs 测年精度可达年。^3H 测年方法用于定性分析。^{14}C 用于确定大于 1000 年地下水的年龄，^{14}C 定年方法的测试精度可达几十年，而地下水年龄精度一般为百年至千年。随着惰性气体放射性核素（如 ^{39}Ar、^{81}Kr 和 ^{85}Kr）分析技术的进步，惰性气体同位素地下水定年研究不断取得进展，在水文地质学中发挥重要作用。地下水年龄有较大的变化范围，从数天至千年，甚至以万年计。图 2-1 给出了不同地下水定年方法的定年范围。按测试方法和对应的时间尺度可将地下水划分为三类：年轻地下水、老水和非常老的地下水。

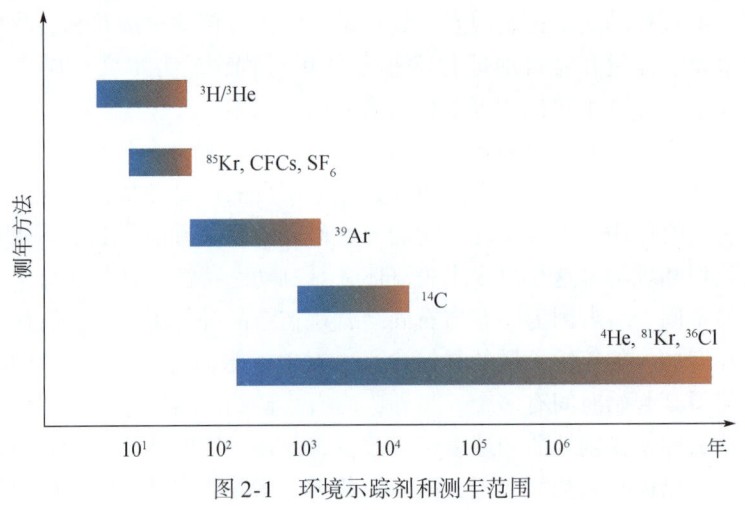

图 2-1 环境示踪剂和测年范围

年轻地下水是指 1950 年以来补给，易受人为影响的地下水系统。近二十多年来，引入了几种新的环境示踪剂（CFCs、SF_6 和 ^{85}Kr）用于年轻地下水定年（Manning et al.，2005）。

老水地下水系统是指 1950 年以前补给，未受到明显人类影响的地下水系统（Plummer et al.，1993；Hinsby et al.，2001a），采用 ^{14}C 确定地下水的年龄。

不含 ^{14}C 的地下水称为非常老的地下水（Fröhlich et al.，1991）。^{36}Cl、^{39}Ar、^4He 和 ^{81}Kr 用于确定工业化之前至上百万年前补给的地下水年龄（Hinsby et al.，2001b；Lehmann and Purtschert，1997）。老水和非常老的地下水在深井和一些大型沉积盆地中常见。在世界上有一些大型的沉积盆地，如在加拿大、澳大利亚（Fröhlich et al.，1991；Lehmann and Purtschert，1997；Sturchio et al.，2004）及法国（Marty et al.，1993），地下水年龄达百万年以上。

不同测年方法的时间尺度不同，也导致由单一定年方法确定出的地下水"新"、"老"含意不同。在多种定年方法同时使用时，有时可给出一个或多个年龄值。这些年龄值有时一致，有时有差别，这为认识地下水系统的复杂性提供丰富的有价值信息。在一些研究区内，地下水普遍存在^{3}H和CFCs，但是含有不同的^{14}C，表明地下水系统经历了多种作用过程。比如不同年龄的水发生混合时，地下水年龄受不同混合端元年龄以及混合比例的影响。或者当采用不同定年方法时，也会给出不同的地下水年龄。例如，采用半衰期短的放射性同位素定年为认定年轻地下水系统提供依据；而半衰期长的同位素定年为认定老水地下水系统提供依据。在选择方法和概化模型时，应紧密结合研究区实际情况合理应用。

测试仪器能够提供基于方法和仪器性能的一定精度的测试结果。不同定年方法，尤其是不同定年尺度的方法的年龄精度相差较大。由于定年原理不同，以及取样测试方法方面的差异，在进行不同定年方法比对时，应充分考虑各方法的异同和局限性。不同定年方法有互补性，多种定年方法综合应用，可充分发挥各种方法的优势。

2.2 地下水测年方法分类

通常有如下三种方式确定地下水测年：①环境示踪方法；②地下水模型法；③应用环境示踪剂和地下水模型的综合方法。环境示踪测年方法最为常用，其年龄计时模式有如下几种：①源于大气放射性核素进入含水层后的衰变时间；②含水层中放射性衰变产物累积量；③溶解组分与时间的相关性；④古气候标志与气候变化的时间相关性；⑤由确定时间的事件出现或消失作为时间标记。如下4种记时模式最为常用。

2.2.1 "事件"标记方法

环境中示踪剂浓度的变化与一定的事件或活相关，如在1950~1960年，核爆试验释放放射性核素（^{36}Cl、^{3}H、^{14}C）到大气，形成高异常值。这一时期补给的地下水中放射性核素含量高，放射性核素的峰值指示地下水的补给时间为大气出现核爆峰的时间，用于确定水的运移速率和补给速率。利用特征事件定年，需要在地下水中找到代表特征事件的（如氚）浓度峰值。事件记年法测年精度取决于在地下水中早期形成峰值的存留和识别的难易程度。由于难确定输入函数，并经过几十年的衰变，地下水系统中已较难识别核爆时形成的氚峰，制约了这一方法的应用。

2.2.2 人工示踪方法

人工示踪剂用于确定地下水运动过程和分布，对于确定地下水流场、污染物来源，以及保护环境等方向发挥重要作用，同时也是水利工程的重要测试方法，如检测坝基渗漏通道。在强径流带，或者通道中，水力梯度大，水流速度快。投放满足要求的人工示踪剂标记设入起始点水体（上游、陷坑、渗漏段、水库坝体内），然后在下游出水口（井、泉、岩溶管道出口、渗漏水点）检测示踪剂，记录出现时间，从而可以直接确定水流通道、水流方向（垂向流和水平流）和速度。

人工示踪法基本条件和要求是投放的人工示踪剂与标记流体尽可能同步运动,不易被周围介质吸附和吸收,不易形成沉淀,不易受生物活动(降解、转化)影响,不易发生化学反应,不危害水质和环境,易寻找,自然背景值低,易检测。

人工示踪剂种类分为直接的和间接的两种,直接示踪剂是与被研究流体组成完全相同的元素或化合物;间接示踪剂物理化学性质与被标记流体成分不同。

人工示踪剂的种类较多,如染料、荧光物质、盐类(食盐、钼酸铵)、同位素、特征化合物(CFCs,SF_6)、微珠。常见示踪剂有盐类、^{131}I、荧光剂、染料等。例如,向水体投入食盐(溶液),在观测点测试水体电导率,或者Na、Cl含量,需要注意的是投放量大时,可能产生密度流,影响测试结果;向水体投入^{131}I,用盖革探测器或NaI晶体闪烁探测器观测放射性碘,在深井中用自然伽马测井仪,可较精确测定和记录伽马射线值;投入荧光剂,用荧光测定仪测定水体荧光示踪剂分布。

2.2.3　浓度型示踪剂——CFCs 和 SF_6

2.2.3.1　CFCs 测年方法

地下水 CFCs 测年技术是近30多年来发展起来的确定0~60年尺度地下水年龄较一种新方法,由于有确定的输入函数,该方法可以确定1950~2000年补给的地下水年龄。在国外少数发达国家研究应用的较早。2002年,中国科学院地质与地球物理研究所建立起国内首家地下水 CFCs 定年实验室。该研究方法已在我国不同地区开展了实际应用,获得了许多有价值的数据和成果。

2.2.3.2　SF_6 测年方法

SF_6 是一种惰性气体,用于电器开关的绝缘物。在大气中的含量低,从1970开始大气中 SF_6 增加。相对 CFCs,SF_6 的使用未受限制,大气中 SF_6 的浓度一直呈单调增加的趋势。不足之处是在火山和火山岩地区 SF_6 的自然背景值较高(Busenberg and Plummer, 1992),在砂质含水层中也发现有 SF_6 富集的现象(von Rohden et al., 2010),SF_6 定年有时受地域条件的制约。

2.2.4　放射性同位素测年方法

利用放射性元素的衰变周期导致的放射元素质量周期减半规律,通过测试放射性元素浓度,在已知初始浓度时,可以利用元素的衰变规律计算出放射性元素由初始浓度至观测时所经历的衰变时间,并将其作为地下水的滞留时间,即地下水年龄。

2.2.4.1　^3H 测年方法

^3H 是不稳定核素,半衰期为 4500±8 天(相当于 12.32±0.02 年)(Lucas and

Unterweger, 2000), 适合确定年轻地下水的年龄 (Egboka et al., 1983; Knott and Olimpio, 1986)。自 1953 年以来，氚用于水文示踪研究 (Libby, 1953; Bergmann and Libby, 1957)。利用含水层中的核爆峰 (Carlston, 1960; Allison and Holmes, 1973) 确定不饱和带内水运移速率 (Schmalz and Polzer, 1969; Vogel et al., 1974; Lin and Wei, 2006)。1980 年后，在衰变和扩散双重影响下，地下水中 ^{3}H 峰下降，导致难以识别核爆时补给的地下水。

2.2.4.2 ^{3}H/^{3}He 测年方法

^{3}H 释放 β 粒子衰变为 ^{3}He，可用于确定地下水年龄。^{3}H/^{3}He 定年范围为数月至 30 年，地下水年龄计算公式为

$$\text{年龄（年）} = -17.8\ln(1 + {}^3\text{He}_{trit}/{}^3\text{H})$$

式中，$^3\text{He}_{trit}$ 为经过校正的 ^{3}H 衰变生成 ^{3}He；^{3}H 单位为 TU。

^{3}H/^{3}He 测年方法是假定在封闭条件下，地下水中的 ^{3}He 是由 ^{3}H 衰变而来。地幔中存在 ^{3}He，大气中 ^{3}He/^{4}He 比值过量时，常指示有幔源 ^{3}He。陆源 He 的加入会使测试结果发生变化。地下水中 ^{3}He 主要来源有空气和水中过量溶解气。由于存在铀裂变和围岩的放射性影响，必须对 ^{3}He 进行校正 (Andrews and Kay, 1982a; 1982b)，从测出的总 ^{3}He 中去除其他来源 ^{3}He。大气 He 同位素用大气惰性气体模型参数计算获得 (Aeschbach-Hertig et al., 2008)。测量获得的是 ^{3}He 和 ^{4}He 总浓度，与模拟大气 ^{3}He 和 ^{4}He 浓度之差为非大气源 He，剩余 ^{3}He 和 ^{4}He 浓度为放射性成因和氚衰变成因。无氚地下水 ^{3}He/^{4}He 比值为放射性成因，如在华北为 6.1×10^{-8} (Kreuzer et al., 2009)，由此确定出含氚水中衰变形成的 ^{3}He 与 ^{3}H，利用年龄计算公式计算 ^{3}H/^{3}He 表观年龄。

^{3}H/^{3}He 方法的引入弥补了环境中因氚活度下降，测试难度增加的不足。质谱测试方法具有高灵敏度。样品处理和测试过程为将样品去气，放置数月至一年，使 ^{3}He 累积，然后用质谱测量 ^{3}He。初始 ^{3}H 含量和衰变时间可以计算出来，从而可以重建地下水滞留时间 (Solomon et al., 1993)。^{3}H/^{3}He 方法用于估算浅层地下水绝对年龄。

2.2.4.3 ^{85}Kr 定年方法

^{85}Kr 为放射性同位素，半衰期为 10.76 年。^{85}Kr 有宇宙源和人工源。铀和钍裂变产生 ^{85}Kr。在核电厂燃料棒后处理过程中，向大气释放 ^{85}Kr。人工源 ^{85}Kr 释放量远高于自然形成的量，前者高出后者约 6 个量级 (Weiss et al., 1992)。1950～1960 年大气核爆试验向大气中释放了大量的 ^{85}Kr。大气中 ^{85}Kr 活度呈缓慢增加趋势。自 1950 年以后大气中 ^{85}Kr 活度稳定增加。^{85}Kr 主要分布于北半球，而在南半球大气中的活度低，仅为北半球的 80%。

大气中 ^{85}Kr 的浓度稳定，为 1.14ppm (STP)。地下水中 ^{85}Kr 浓度非常低，与大气平衡的水 ^{85}Kr 活度只有 8.6mBq/L。^{85}Kr 定年方法在取样和测试分析方面有一定难度，除此之外，其他方面的限制条件相对较少。^{85}Kr/Kr 比值与补给温度、高度、Kr 的溶解度、过量空气、生物退变和地球化学过程无关，而且在取样和分析过程中气体损失对分析结果影响不明显。当地下水未发生明显混合作用时，可用 ^{85}Kr 的活度直接定年，定年范围小于 40 年。

从水中分离 Kr 气方法和 ^{85}Kr 计数测量可参见 Smethie 和 mathieu (1986)。从 120～

160L 水中提取测试样品，提取系数为 50%~80%，计数测量时间为一周。利用激光技术，从 2~5L 水中提取到的测试样品可满足测度要求（Thonnard et al.，1997）。

2.2.4.4 ^{14}C 测年方法

放射性碳测量始于 1940 年（Libby，1946），1950 年以后引入水文学领域（Münnich，1957），^{14}C 定年方法是最早应用的地下水定年方法，用于确定小于 5 万年的地下水年龄。

^{14}C 由低能宇宙射线中子与 N_2 反应产生。^{14}C 衰变为 ^{14}N 的半衰期为 5730 年。^{14}C/C 为 1×10^{-12}。^{14}C 产率为 2×10^4 原子/（$m^2 \cdot s$），是所有宇宙成因核素中产率最高的核素。大气中放射性碳活度为陆、海和大气相互交换的综合结果。受宇宙射线强度和碳交换的影响，大气 ^{14}C 活度变化范围较大，是 3×10^4 年前的两倍（Bard，1998）。当前 ^{14}C 活度为 0.23 Bq/（g C）。宇宙射线产生的 ^{14}C 在大气中结合成 CO_2。CO_2 溶解于降水和根带水分中，源于大气的放射性核素随补给水进入地下水系统，形成溶解无机碳（DIC），放射性核素逐渐衰变至浓度为零。

2.2.4.5 ^{32}Si 测年方法

^{32}Si 是宇宙射线轰击 ^{40}Ar 的产物，衰变成 ^{32}P，半衰期为 140±6 年。在降水中，形成硅酸。水中活度为 $2\sim20\text{mBq/m}^3$（Morgenstern，2000）。在通过土壤时，^{32}Si 与硅酸盐矿物反应，发生交换，导致 ^{32}Si 浓度明显下降（Morgenstern et al.，1995）。^{32}Si 优点是其半衰期弥补了 ^{3}H（12.32 年）和 ^{14}C（5730 年）定年的空当，而且在围岩内生 ^{32}Si 很少（Florkowski et al.，1988）。不足之处为，水通过土壤时 ^{32}Si 的损失量难以估算，取样和测试分析难度大，制约了分析样品的数量（Lal et al.，1970）。取样和测试方法为：从 1m^3 水中提取 Si，放置数月后衰变生成 ^{32}P，然后将样品与稳定磷混合，用液闪仪测量。

2.2.4.6 ^{39}Ar 测年方法

自然界中 ^{39}Ar 是放射性同位素，半衰期为 269 年。^{39}Ar 定年范围为数百年，弥补 ^{85}Kr 和 ^{3}H/^{3}He（偏短）与 ^{14}C 定年（偏长）时间尺度的空白。

大气中 ^{39}Ar 分布均一，同位素丰度为 8×10^{-16}。现代大气 ^{39}Ar 的活度为 16.7mBq/m^3 空气。1000 年以来，这一比值变化范围为 7%。^{39}Ar 随补给水进入地下水系统，围岩 ^{39}Ar 的量低，可忽略。地下水 ^{39}Ar 定年方法的定年范围为 50~1000 年。常与 ^{14}C 定年一起使用估算沉积盆地地下水年龄（Purtschert，1997），但是沉积盆地内岩石铀钍含量高时会产生 ^{39}Ar，对定年有影响（Lehmann et al.，1993）。

低本底计数法（LLC）测 ^{39}Ar 需要 0.3~1L 氩气，需要从 1000~3000L 水中提取，耗时 8~60 天（Loosli and Purtschert，2005）。LLC 检测限为 ^{39}Ar/Ar~4×10^{-17}。加速质谱方法比 LLC 方法测试速度快，效率高。利用 AMS 方法，只需要 2mL（STP）氩气，测试时间为 8 小时。但是利用 AMS 测试受机时和仪器的制约。原子阱痕量分析（ATTA）技术逐渐应用于 ^{39}Ar 测试。

2.2.4.7 ^{36}Cl 测年方法

^{36}Cl 的定年研究始于 1950 年（Davis and Schaeffer，1955）。大气沉降物中氯活度低于计数法检测限，直到 1979 年后，AMS 方法得以应用，^{36}Cl 的测试方法才得以应用。^{36}Cl 半衰期长，适合于非老沉积盆地内地下水的定年，国外有较多的应用，国内应用比较少。

^{36}Cl 是宇宙射线轰击 ^{40}Ar 的产物，衰变为 ^{36}Ar 的半衰期为 301 000±4 000 年。适合测试非常老的地下水年龄。大气中少量 ^{36}Cl 溶解于降水中，进入地下水系统后，发生衰变。在已知补给时的初始值时，可以测定地下水年龄，年龄的计算公式为

$$\tau_s = \frac{1}{\lambda}\ln\left(\frac{C}{C_0}\right)$$

式中，C 为样品浓度；C_0 为补给时，样品的初始浓度；λ 为核素衰变常数，$\lambda = \ln2/t_{1/2}$，$t_{1/2}$ 为半衰期；τ_s 样品自补时的年龄（年）。

地下水中 ^{36}Cl 来源于降水。补给区 ^{36}Cl 浓度可由 ^{36}Cl 沉降率 F_{Cl}，年降雨 P（mm）和蒸发量 E（%）计算获得 [atoms/(m$^2 \cdot$ s)]（Bentley et al.，1986），即

$$[^{36}Cl]_{Nat} = \frac{F_{Cl} \cdot 31536}{P} \cdot \left(\frac{100}{100-E}\right)$$

^{36}Cl 沉降率受宇宙射线产率和分布影响。核爆 ^{36}Cl 产率是由冰芯分析建立，高值达 10^4 atoms/(m$^2 \cdot$ s)（Bentley et al.，1986）。^{36}Cl 全球平均产率是 20～30 atoms/(m$^2 \cdot$ s)（Phillips，2000），^{36}Cl 与大气中稳定氯混合被稀释。在海岸线附近稀释程度最高，而内陆相对较低。

^{36}Cl 定年复杂性在于地下存在氯和 ^{36}Cl，^{36}Cl/Cl 比值高，即使有少量 Cl 的混入，也会引起地下水中 ^{36}Cl/Cl 比值的变化。岩石风化产生 ^{36}Cl，在北纬 40°，风化产率为 25 atoms/(m$^2 \cdot$ s)，与自然大气沉降速率接近。含水层内生 ^{36}Cl 是由 ^{35}Cl 捕获中子反应生成，受岩石中铀钍浓度以及产生的中子流控制。在多数岩石中，计算和测量的平衡 ^{36}Cl/Cl 比值为 $(5～30) \times 10^{-15}$（Bentley et al.，1986），盐岩中低于 1×10^{-15}（Fabryka-Martin et al.，1987）。海水平衡 ^{36}Cl/Cl 比值为 4×10^{-15}。

原生（同生）水中氯浓度高，在沉积盆地和深层结晶岩中普遍发育蒸发盐溶解和水-岩相互作用。通过向上扩散、对流和越流，氯可进入含水层。在地下水中，^{35}Cl 吸收铀钍放射性衰变和铀裂变生成的热中子，使深部 Cl 中生成 ^{36}Cl。放射性衰变效应与低 ^{36}Cl 比的氯混合，影响定年的可靠性。利用混合模型可近似计算地下水年龄（Bentley et al.，1986）。

除了宇宙成因的 ^{36}Cl 外，1952～1958 年热核试验产生一个明显的 ^{36}Cl 峰。已有的研究表明，^{36}Cl 对于示踪水在不饱和带中运移效果较好，因为氯不挥发，不会向气相中扩散。

2.2.4.8 ^{81}Kr 测年方法

^{81}Kr 由宇宙射线产生。宇宙射线轰击稳定的 Kr 核素（如 ^{84}Kr）可以使部分稳定的核素转变为 ^{81}Kr，主要产生于大气层上部。在大气中 ^{81}Kr 分布均匀，不随经度和纬度变化。

人类控制的核反应对^{81}Kr的同位素含量影响很小。^{81}Kr半衰期为（2.29±0.11）×10^5年，是^{14}C半衰期的40倍，是确定古水年龄的方法。

大气中^{81}Kr/Kr为（5.20±0.4）×10^{-13}，在过去百年至千年时间内保持恒定。与大气平衡的地表水中溶解气的Kr气，^{81}Kr/Kr为（5.20±0.4）×10^{-13}。在空气中Kr气的体积比为百万分之一，^{81}Kr同位素含量约为10^{-12}。在水中的浓度低，约61 000atoms/L。岩石^{81}Kr产率低。^{81}Kr数据解释相对简单，不需要特别假定条件。^{81}Kr通过地表水入渗进入地下水系统后，由于衰变其浓度不断减少。当已知补给时的初始值时，利用^{81}Kr/Kr可直接确定地下水年龄，定年范围达$5×10^4 \sim 1×10^6$年。

辐射剂量衰变法（low level counting，LLC）最早用于发现大气中的^{81}Kr，并测量其同位素含量（Loosli et al.，1986）。LLC是通过探测核衰变来测定同位素含量的一种方法。为了降低背景噪声，通常需要在专门的地下实验室中进行，以便屏蔽宇宙射线，降低建筑材料中微量放射性元素的影响。LLC在短寿命核素（如^{85}Kr）测量中有优势，但在测量长寿命核素（如^{81}Kr）时，效率低。^{85}Kr核衰变产生的背景噪声掩盖了^{81}Kr的核衰变信号，这种情况下，LLC无法用于^{81}Kr同位素含量的测量。加速器质谱（accelerator mass spectrometry，AMS）可直接测量原子数，但是常规AMS系统并不能测定^{81}Kr。改进的系统探测效率低，需要的样品量大。从16 000L水中才能提取到满足^{81}Kr年龄测量要求的Kr气的量（Collon et al.，2000）。全萃取技术解决了^{81}Kr和^{81}Br分离的问题（Collon et al.，1997）。

原子阱痕量分析（atom trap trace analysis，ATTA）是1999年后出现的直接原子计数的新方法。利用磁光阱（magneto-optical trap，MOT）有选择地捕陷特定核素的原子。MOT由三对相互垂直，逆向传送的圆偏振激光束和一个四极磁场构成。不同种元素或者同一种元素的不同种核素具有不同的共振频率。当激光的频率略低于特定核素的共振频率时，该核素的原子与激光发生相互作用而被MOT捕陷，而其他元素或核素的原子或者在到达MOT之前被反射，或者通过MOT而不被捕陷。MOT中的原子被束缚在小于1mm的空间范围内，时间达几秒。调控激光频率束缚不同核素原子，从而实现选择性分离，观察其荧光而进行探测。

2.2.4.9 ^{4}He测年方法

在地下由长半衰期核素衰变形成的稳定同位素核，如^{4}He，沿水流方向累积。这个衰变过程非常缓慢，母核丰度和子核产率近似为常数，随时间变化的累积量呈线性关系，可以用来确定非常老的地下水的年龄。

^{4}He是形成于含水层放射性物质的α衰变，其产率与沉积物中铀和钍的含量有关。^{235}U、^{238}U和^{232}Th放射性衰变使^{4}He的浓度不断累积。在衰变过程中铀钍系元素产生α粒子（2p，2n），每个粒子快速捕获2个中子，转换成稳定的^{4}He（2p，2n，2e$^-$）。^{4}He的产率与轻元素原子核和中子数无关，地壳中放射成因的^{4}He产率比核反应形成的^{3}He更大，更均一。岩石中铀钍放射性衰变产生^{4}He，沿水流路径地下水中^{4}He浓度增加。

在老水含水层，衰变产生的^{4}He能较快地进入地下水中，产率达到稳定状态

(Torgersen and Clarke，1985）。水中溶解的^{4}He 不发生反应和不易被吸收。地下水中的^{4}He 不仅来源于含水层，还可源于细粒隔水层。当隔水层厚度超过含水层时，或其中铀和钍含量高时为地下水^{4}He 主要来源。

在岩石中，放射性元素均匀分布的情况下，放射成因的^{4}He 产率可由下式计算：

$$P(^4He) = 5.39 \times 10^{-18} [U] + 1.28 \times 10^{-18} [Th] \text{ mol}/(g_{rock} \cdot a)$$

式中，[U] 和 [Th] 是岩石中 U 和 Th 的浓度（ppm）。

大气中（^{3}He/^{4}He）/Ra = 1.384×10^{-6}。典型地壳岩石^{3}He/^{4}He 比为 1×10^{-8}。地幔源^{3}He/^{4}He 为 1.2×10^{-5}（Craig and Lupton，1981）。在一些地方，如夏威夷，地幔源^{3}He/^{4}He 为 1.2×10^{-5}是正常大洋中脊玄武岩（MORB）的 5 倍（Allègre et al.，1983）。地下水中^{3}He/^{4}He/(R)可以揭示 He 的来源，以及地壳和地幔源的比例。

在地下水中，^{4}He 相对于空气饱和浓度过量，尤其是在老水中过量程度更高。利用氦同位素测试地下水年龄，需要区分非大气来源的氦同位素。^{3}He 和 ^{4}He 主要来源于大气和过量空气溶解，地壳源的^{3}He 和 ^{4}He，以及地幔源的^{3}He 和氚生^{3}He，具体判别方法参见 Stute 等（1992）。

^{4}He 浓度易受含水层中物理化学过程影响，数据解释比较复杂。地下水中^{4}He 浓度随滞留时间增加而增加，但是在不同含水层中的累积率不同，或未知。含水层中混入少量古水（^{4}He 高），会明显改变水流路径上的^{4}He 浓度。^{4}He 不带电荷，在水中比水分子更易运移，因为水分子中的氢与其他溶质分子容易键合，^{4}He 在水中具有较高的扩散系数，有可能扩散进入隔水层，甚至向上运移到达地表。围岩中铀钍含量和分布对水中^{4}He 含量有显著影响。

地壳内部生成的^{4}He 向上运移，地下水中有源于深部的^{4}He（Torgersen and Clarke，1985；Bethke et al.，1999）。地下水中^{4}He 有多来源，而且不易区分。含水层^{4}He 总产率均匀分布时，^{4}He 累积量呈线性分布。地下水^{4}He 年龄可用下式计算：

$$\tau_\alpha = \frac{\varphi(C - C_0)}{R_\alpha}$$

式中，C 为地下水中^{4}He 浓度（mol/m^3）；C_0 为补给时大气中^{4}He 浓度；R_α 为源产率 [mol/(m$^3 \cdot$a)]；φ 为含水层孔隙度。

2.3 地下水 CFCs、^{3}H 和^{14}C 测年方法和原理

本项研究采用的主要测年方法为 CFCs、^{3}H 和^{14}C 三种方法，下面给出相关的测年原理。

2.3.1 CFCs 示踪和测年方法

2.3.1.1 方法简介

Thompson 和 Hayes（1979）最早将 CFCs 方法引入水文学领域，20 世纪 90 年代以后，

国外科学家进行了较系统研究（Busenberg and Plummer, 1992; Dunkle et al., 1993; Plummer et al., 2000）。早期仅测定地下水中的 CFC-11 和 CFC-12（Busenberg and Plummer, 1992; Dunkle et al., 1993），确定地下水表观年龄。近些年开始测定地下水的 CFC-113（Plummer et al., 2000）。测定三个 CFCs 的优点是可以识别地下水的混合以及计算新老水的混合比（Han et al., 2001）。

地下水 CFCs 测年技术是近 20 年来发展的一种新方法，少数发达国家研究较早，20 世纪 90 年代以后，有较多的应用研究。2004 年，中国科学院地质与地球物理研究所建立起国内首家地下水 CFCs 定年实验室，已在我国不同地区进行了实际应用，获得了大量有价值的数据和成果。

2.3.1.2 CFCs 组成和分布

氯氟烃（chlorofluorocarbons, CFCs）为人工合成的有机分子结构中含有氯、氟、碳，化学性质稳定、无毒以及挥发性强的一类有化合物的总称。CFCs 的主要物理和化学性质列于表 2-1，并具有如下主要特点：

1）人工合成的有机化合物，无自然形成物（Lovelock, 1971）。
2）化学性质稳定，毒性低，不易燃和非腐蚀性。
3）CFCs 在平流层催化链式反应导致臭氧层空洞（Molina and Rawland, 1974）。
4）CFCs 的红外线吸收特性可能引起温室效应（Ramanathan, 1975, Hansen et al., 1989）。

表 2-1 CFCs 物理和化学性质表

名称	CFC-12	CFC-11	CFC-113
化学式	CCl_2F_2	CCl_3F	$C_2Cl_3F_3$
相对分子质量	120.91	137.37	187.38
沸点/℃	−29.79	23.82	47.7
凝固点/℃	−158	−111	−36.4

在自然界中，未发现有天然的 CFCs，即 CFCs 系人类活动产物。在 1928 年人们合成了 CFCs 用于代替氯甲烷、SO_2 和有毒氨冷剂。于 20 世纪 30 年代开始生产 CFCs，用作制冷剂、发泡剂、清洁剂，以及生产橡胶塑料等。早期市场上以 CFC-11 和 CFC-12 为主，20 世纪 70 年代以后 CFC-113 用量逐渐增加。至 80 年代年生产量超过百万吨，用于冰箱制冷剂、清洁剂、溶剂和发泡剂等。表 2-2 为 20 世纪 80 年代末和 2001 年北半球大气 CFCs 浓度，以及大气中 CFCs 保留时间。

表 2-2 20世纪80年代末和2001年CFCs大气浓度和CFCs保留时间

指标	CFC-12	CFC-11	CFC-113
80年代末累计产量/Mt	10.2	7.7	2.4
80年代末北半球大气中CFCs浓度/pptv	470	260	70
2001年北半球大气中CFCs浓度/pptv	540	263.7	81.9
10℃、1atm下与2001年大气平衡的水CFCs/(pg/kg)	354	756	99
CFCs在大气圈中的保留时间/年	87±17	45±7	100±32

CFCs挥发性强，世界上生产的90%以上的CFCs进入大气层中。随着产量和消费量的增长，大气中的CFCs含量快速增加。在20世纪70年代后期，人们发现CFCs破坏大气臭氧层，国际上开始限制CFCs的生产和使用，至1992年产量仅为80年代最高产量的一半（AFEAS，1997）。大气中CFC-11、CFC-12和CFC-113浓度从1940年至1991年稳定增加，1992年后增长趋势变缓（图2-2）。

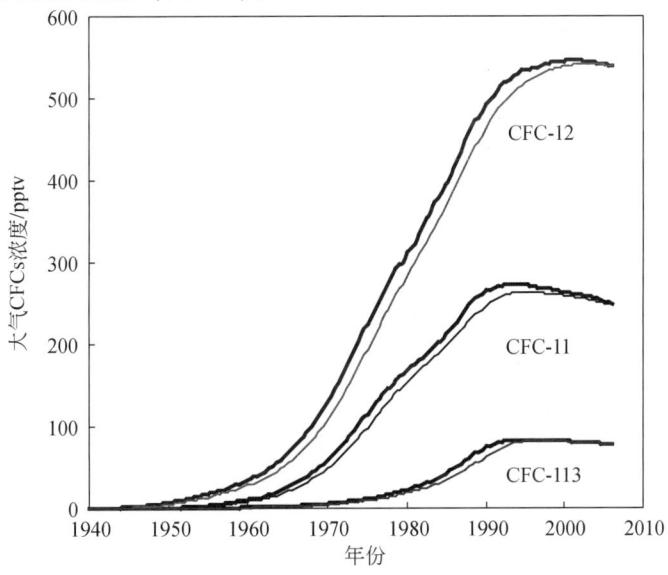

图 2-2 大气中CFC-12、CFC-11和CFC-113含量随时间变化

1940~1976年的大气CFCs浓度是通过估算世界上CFCs产量，以及向大气中的释放速率恢复而来（McCarthy et al.，1977）。在20世纪70年代中期，世界各地开始建立观测站，测量大气CFCs浓度（Prinn et al.，1983；Rassmussen and Khalil，1986；Cunnold et al.，1994）。在空间上大气CFCs浓度变化较小，局部地区存在10%的波动范围（Busenberg and Plummer，1992；Cunnold et al.，1994）。1940~1991年大气中CFC-11、CFC-12和CFC-113浓度呈增加趋势，但是在1992年以后，增长趋势变缓，甚至有所下降。

2.3.1.3 北京城市大气 CFCs 观测结果

已有在大气 CFCs 输入函数为在远离城市的"干净"偏远地区完成的,实际上,在多个大城区,都观测到存在较高的 CFCs 浓度,但是城区大气 CFCs 浓度和分布观测工作较少,缺乏相应的数据积累。观测城市大气 CFCs 浓度及变化可追踪当前向大气中的释放量。按照国际协议,发达国家于 2001 年停止生产和使用 CFCs,发展中国家则有 10 年的宽限期,即到 2011 年全部停止生产和使用 CFCs。中国是最大的发展中国家,按照 Montreal Protocol,在 2005 年时应在 1995~1997 年生产和使用量的基础上减半,至 2010 年,全部停止生产和使用 CFCs,由此 CFC-11、CFC-12 应于 2010 年停止生产和使用,而 CFC-113 我国则在 2006 年就已经停止生产和使用了。

尽管按照相关国际协议减少、停止了 CFCs 使用,但是因缺乏相应的观测数据和结果,国际上对协议的执行情况存在置疑。所以观测城市大气 CFCs 浓度不仅为了解城区大气 CFCs 分布提供基础数据,校正地下水 CFCs 定年结果,而且为我国执行国际协议的力度提供直接证据。

由于 CFCs 易挥发,城市大气可存在局部 CFCs 浓度异常。北京城市规模大,相对于其他城市,早期集中使用过以 FREON 为制冷剂的制冷设备、医用喷雾剂、发泡剂和相关产品。北京市大气 CFCs 浓度的观测,不仅有助于了解北京及其周边地区大气 CFCs 背景值,而且还有助于评估其他地区,尤其是一些缺乏大气 CFCs 观测数据的地区的背景值。

北京城区大气 CFCs 浓度监测为分析城区大气 CFCs 浓度变化提供了依据,为开展地下水 CFCs 测定提供了基础数据和依据。自 2005 年起监测北京市及周边地质大气 CFCs 组成,获得了大量基础数据,是国内较系统的基础数据之一。2009 年 9 月完成了大气 CFCs 样品自动取样测试系统的改造,增加了样品测试数据的数量和仪器的使用效率。在系统改造以前,主要由人工测试,每天只能测试几个样品,加上仪器调试时间,过去每个月一般只能测试几十个样品。经过改造后,样品测试间隔最短缩减到半小时,并且可 24h 连续测量,系统稳定,可进行大气 CFCs 浓度日、周和月变化分析。

相关观测结果表明,2005 年大气 CFC-11、CFC-12 浓度变化大,数据分散,而在 2006~2007 年相对集中和稳定,均值下降(表 2-3)。CFC-11 比 CFC-12 和 CFC-113 变化大,而且 CFC-11 下降趋势比 CFC-12 和 CFC-113 缓慢。这是因为 CFC-11 用途更为广泛,用量较大,在 2010 年前,还允许一定数量的使用,另外,制成品持续性释放。CFCs 浓度有季节性变化,一般是在 1~4 月时大气中 CFCs 浓度最低,且具有夏季高、冬季低的特点。

表 2-3　北京大气 CFCs 加权平均值　　　　　　　　　（单位:pptv)

日期 (年/月)	样品数	CFC-11 平均值	偏差 SD	CFC-12 平均值	偏差 SD	CFC-113 平均值	偏差 SD
2005/01	7	361	66	598	37	98	34.3
2005/02	1	280		562		82	
2005/03	16	342	69	664	117	83	4

续表

日期 (年/月)	样品数	CFC-11 平均值	偏差 SD	CFC-12 平均值	偏差 SD	CFC-113 平均值	偏差 SD
2005/04	10	283	76	577	132	86	4
2005/05	66	313	56	661	552	86	9.5
2005/06	10	275	76	633	132	83	4
2005/08	4	406	1.5	692	84	82	0.2
2005/09	24	360	64	645	88	82	2.2
2005/10	18	319	66	610	32	85	23
2005/11	41	305	97	596	64	84	6.3
2005/12	13	289	35	584	16	88	7.9
2006/01	4	270	3.8	588	8.7	86	4.5
2006/02	18	281	15	577	33	81	5.5
2006/03	5	275	12	573	7.2	83	5.1
2006/04	5	378	69	681	65	83	12.7
2006/07	13	304	33	634	46	82	4
2006/08	28	317	33	661	57	87	55
2006/10	4	327	31	579	26	86	15
2006/11	24	365	52	634	49	85	3.5
2006/12	5	286	116	579	29	83	7
2007/01	7	291	22	614	45	83	2
2007/02	3	272	12	587	22	87	3
2007/03	26	269	11	569	10	79	1.7
2001[a]	北京	300[c]		681			
2001[a]	中国	284		564		90	
2001[a]	北半球背景值	259		535		79	
2001[b]		260.8		546.1		81.3	
2004[b]		253.5		541.2		79.1	
2005[b]	北半球背景值	252.4		540.3		78.8	
2006[b]		249.6		538.7		78.1	

注：SD 为 1σ 标准偏差；a 据 Barletta 等，2006；b 据 IAEA，2006；c 据 Barletta 等，2006

CFC-11 从 2007 年 2 月，CFC-12 从 2005 年 9 月开始下降，CFC-11 下降时间晚于

CFC-12。CFC-113 是从 2005 年 2 月开始下降。北京城区大气 CFC 浓度高于郊区以及偏远地区，比北半球大气平均值高 15%~20%（Qin, 2007）。CFC-11、CFC-12 和 CFC-113 下降速率分别为 -1.39pptv/月、-1.04pptv/月、-0.16pptv/月（图 2-3）。观测数据揭示出 CFC-11 和 CFC-12 下降速率为 CFC-113 的 8.7 倍和 6.5 倍。因为 CFC-113 已接近甚至低于北半球大气背景值，CFC-11 和 CFC-12 的消减效果十分明显。

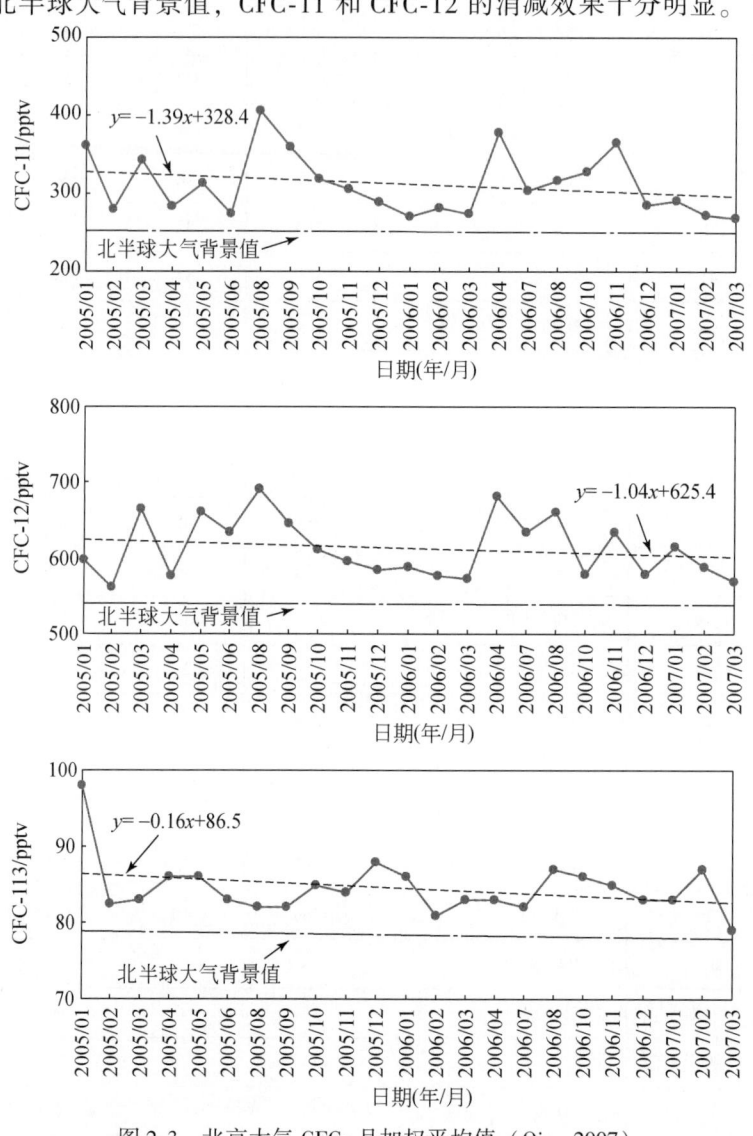

图 2-3　北京大气 CFCs 月加权平均值（Qin, 2007）

CFCs 浓度变化与工作时间有一定关系，周五空气中 CFCs 有一定的波动（图 2-4），说明有一定的释放，而周六、周日大气中 CFCs 浓度相当稳定，基本没有出现显著的 CFCs 峰值（图 2-5），说明在周末人们生产和生活活动量减少，向大气中释放的 CFCs 量有减少。通过增加样品数量揭示出当前北京市大气 CFCs 浓度与人们的工作和生活方式有关。

工业生产过程大量减少了 CFCs 使用量和释放量，这与我国有关协议内容及公布的执行情况有较好的一致性。由于工业活动释放量减少，与人们生活相关的一些影响才能得到反映。北京市 CFCs 使用和排放总体受到严格控制。每天工作时间产生的一些释放可能与如下因素有关，如汽车的使用，制冷设备的使用等。气候因素对北京大气 CFCs 浓度的影响程度低，如温度变化对 CFCs 浓度变化影响不大，未发现昼夜间 CFCs 浓度有规律性的变化。北京大气 CFCs 日变化数据为了解大气 CFCs 浓度变化提供了重要的依据。

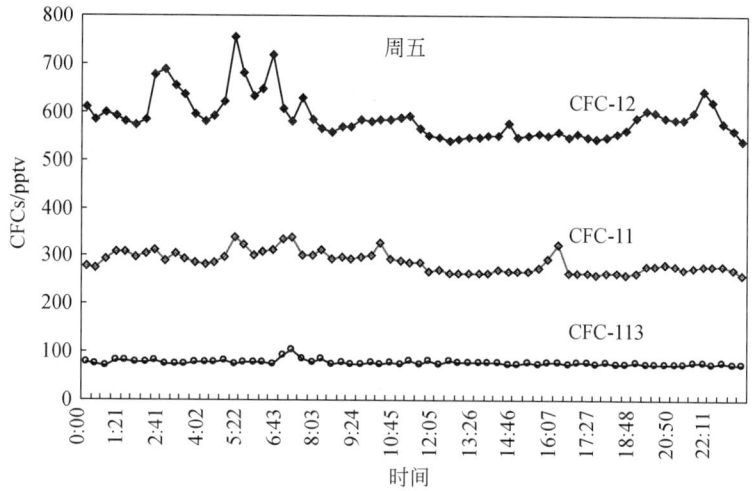

图 2-4 北京大气 CFCs 浓度日变化（2009-10-02）

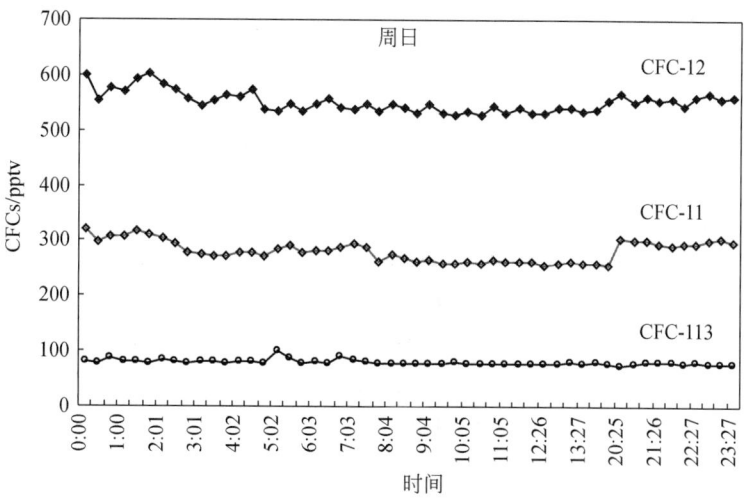

图 2-5 北京大气 CFCs 浓度日变化（2009-10-04）

除了固定点观测外，还开展了自城中心至郊区县不同区域的大气 CFCs 测试。北京城中心区 CFCs 高浓度区主要分布在五环以内，尤其是四环以内的区域内。在郊区县，大气 CFCs 浓度虽然在个别地点有高值，总体上与偏远地区背景值接近。

大气 CFCs 监测的主要成果：

1) 2005~2007 年北京市大气 CFCs 呈下降趋势，城区大气 CFC-11 和 CFC-12 值高于全球背景，CFC-113 与全球背景值相近。

2) 北京市城区大气 CFCs 浓度高于郊区县以及远郊区。远郊区大气 CFCs 浓度与北半球大气 CFCs 浓度接近。大气 CFCs 主要源于城市的释放。

3) 除城中心区处，郊区、偏远地区大气 CFCs 浓度与全球背景值相比接近。利用全球大气 CFCs 浓度输入函数，计算地下水 CFCs 年龄不会产生明显偏差。在实际利用时，可考虑采集当地大气 CFCs 样品，以确定当地大气 CFCs 背景值，用于地下水 CFCs 定年质量控制。

2.3.1.4 地下水 CFCs 年龄计算

现代大气降水中都溶解有一定数量的 CFCs，有现代补给的地下水中也存在可检测的 CFCs。测试地下水中 CFCs 浓度，将其与历史时期大气 CFCs 浓度对比可获得地下水表观年龄。

地下水年龄的测定是建立在一定的地下水流动模型的基础上，假设地下水体中 CFCs 与补给水进入含水层并随之与大气隔绝时大气圈中 CFCs 压力是平衡的，进入含水层后的地下水未受到局部 CFCs 源的污染，在含水层中的 CFCs 未受到后来的地球化学、生物或水文过程的改变，水样中所含的 CFCs 浓度代表了取样时含水层地下水的含量。

地下水 CFCs 年龄计算前提条件：①已知其大气输入函数；②补给时气-水达到平衡；③补给温度已知；④地下水中的 CFCs 浓度未受到明显的弥散和污染影响；⑤地下水流呈活塞式模型，假定水在地下水系统运移过程中未发生混合、扩散或吸附等过程，水质点中溶质浓度不随地下水流动而发生变化。

CFCs 在水中溶解度低，在理想气-水平衡体系中，溶解的 CFCs 遵循气体溶解的亨利定律：

$$C_i = K_H P_i$$

式中，C_i 为 CFCs 在水中的溶解度；P_i 为大气-水平衡时大气中 CFCs 的分压；K_H 为亨利定律常数，与温度及水的盐度有关。亨利定律常数是通过 CFC-11、CFC-12 和 CFC-113 溶解度常数计算获得的。

补给温度是指不饱和带底部温度，或补给水与大气隔离时的温度，用于计算亨利定律常数。确定补给温度有如下几种方法。

1) 惰性气体方法。在水-气平衡过程中，氮气和氩气溶解进入地下水。由地下水中氮气和氩气浓度可以计算补给温度（Heaton and Vogel，1981）。

2) 同位素方法。稳定同位素成分，可以揭示水的来源和补给水同位素组成特征。气候信息可以通过温度与稳定同位素的相关关系来确定。

3) 经验数据方法。取年平均或季节平均温度。在不饱和带较厚的地区，补给温度与年平均温度或土壤温度相似（Heaton and Vogel，1981）。在不饱和带比较浅的情况下，雨季的平均气温和浅水温度并不总与补给水的温度相近。不饱和带薄，且位于零带（年平均温度带）以上时，水位线上部的温度随空气季节温度变化。

2.3.1.5 地下水 CFCs 比值年龄

大气 CFCs 浓度随时间变化,测出地下水中 CFCs 浓度,利用亨利定律可计算出与地下水平衡时大气 CFCs 浓度,获得地下水(表观)年龄。同样地,大气中 CFCs 比值也是某段时期内时间的函数,利用 CFCs 比值也可以计算出比值年龄。图 2-6 给出了 1940 年以来北美大气中 CFC-11/CFC-12、CFC-113/CFC-12 和 CFC-113/CFC-11 比值变化。CFC-11/CFC-12 比值的定年范围为 1947~1976 年,在 1976 年以后,大气中 CFC-11/CFC-12 的比值近于恒定,而近几年来有下降。CFC-113/CFC-12 或 CFC-113/CFC-11 比值的定年范围为 1975~1992 年。

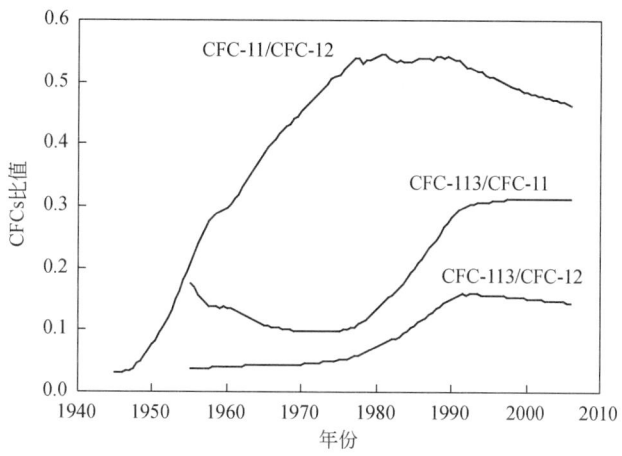

图 2-6 北美大气 CFCs 比值(Plummer et al.,2000)

2.3.1.6 地下水混合比估算

当地下水中存在新老水混合时,可考虑将其简化为由两个端元所主导的一个系统。地下水组分的变化取决于两个组成端元的混合比。设老水所占的比例为 (x),新水所占的比例则为 ($1-x$),介于两者之间的混合水组成可根据质量守恒定律求解。以地下水中是否含有 CFCs 作为划分新水和老水的依据时,将不含 CFCs 的地下水定义为老水,含有 CFCs 的地下水定义为新水。根据二元混合的假设,混合水中 CFCs 浓度表示为

$$[\text{CFC-113}]_{\text{mix}} = (1-x)[\text{CFC-113}]_Y \tag{2-1}$$

$$[\text{CFC-12}]_{\text{mix}} = (1-x)[\text{CFC-12}]_Y \tag{2-2}$$

式中,$[\text{CFC-113}]_{\text{mix}}$ 和 $[\text{CFC-12}]_{\text{mix}}$ 为混合水中 CFCs 的浓度;$[\text{CFC-113}]_Y$ 和 $[\text{CFC-12}]_Y$ 为混合水中年轻水(端元)中 CFCs 的浓度;x 为不含 CFCs 的老水比例。式(2-1)除以式(2-2)得

$$[\text{CFC-113}]_{\text{mix}} / [\text{CFC-12}]_{\text{mix}} = [\text{CFC-113}]_Y / [\text{CFC-12}]_Y \tag{2-3}$$

式中,$[\text{CFC-113}]_{\text{mix}} / [\text{CFC-12}]_{\text{mix}}$ 是样品浓度比值。根据浓度比值,参照 1940 年以来大气中 CFC-113 和 CFC-12 浓度比值随时间的变化曲线可确定混合水中年轻水的年龄。由式(2-3)推导出下式:

$$[\text{CFC-113}]_{\text{mix}} / [\text{CFC-113}]_Y = [\text{CFC-12}]_{\text{mix}} / [\text{CFC-12}]_Y \tag{2-4}$$

地下水中 CFC 浓度比值反映的是新水端元年龄。由新水端元的年龄可估算出其对应的 CFCs 浓度，[CFC-11]$_Y$ 和 [CFC-12]$_Y$，根据式（2-4）就可以计算出 x，确定出其混合比。

2.3.1.7 CFCs 的主要影响因素

大气 CFCs 浓度变化已有较详细分析，如按南北半球地理位置，按日、周、季、周期变化（Elkins et al., 1993; Prinn et al., 2000; Ho et al., 1998; Hurst et al., 1997; Walker et al., 2000）。地下水 CFCs 受多种因素影响，如补给温度（Warner and Weiss, 1985; Bu and Warner, 1995）、过量空气（Heaton and Vogel, 1981）、不饱和带的厚度（Cook and Solomon, 1995）、土壤吸附、生物降解和污染（Busenberg and Plummer, 1992）等。

（1）温度

补给温度是进行地下水 CFCs 定年的重要计算参数，是 CFCs 表观年龄的影响因素之一。地下水中的 CFCs 受补给温度的影响。CFC-11、CFC-12、CFC-113 的溶解度随补给温度的升高而下降。

地下水补给温度对计算地下水 CFCs 年龄有重要影响，高估补给温度会使年龄变新，低估则使年龄变老。补给温度有 2℃ 误差时，对 20 世纪 70 年代以前补给的地下水有 1 年误差，而对 20 世纪 70~90 年代补给的地下水会有 3 年误差，而对于 90 年代以后补给的地下水误差会更大一些（Busenberg and Plummer, 1992）。N_2-Ar 和惰性气体方法可较准确地确定地下水的补给温度（Aeschbach-Hertig, 1999）。

（2）不饱和带厚度

CFCs 通过不饱带时，受不饱和带的阻滞，并随不饱和带深度增加 CFCs 浓度降低。不饱和带埋深 10m 对地下水年龄影响小于 1~2 年。不饱和带埋深增加引起的年龄偏老 10 年以上（Cook and Soloman, 1995）。在不饱和带埋深很厚的地区（>50m），补给水中的 CFC 难以到达含水层，也表明在干旱半干旱地区，不饱和带很厚的地方地下水几乎没有补给（Busenberg and Plummer, 1992）。

（3）土壤吸附

含有较高有机质的土壤可以吸附 CFCs。CFC-11 和 CFC-12，尤其是 CFC-11 能被干的有机质吸附（Russell and Thompson, 1983）。土壤吸附性与土壤有机质含量正相关，与土壤湿度反相关。土壤颗粒较粗的情况下，吸附性可以忽略（Jackson et al., 1992）。

（4）生物降解

在缺氧环境下，CFC-11 和 CFC-12 会生发降解，CFC-11 降解速度快于 CFC-12（Lovley and Woodward, 1992），在有甲烷的土壤中，CFC-11 和 CFC-12 可降解。在有氧环境下未发现有 CFCs 降解现象发生，甚至在加热消毒或氧化加热消毒沉积物中 CFCs 也是稳定的。

（5）污染

地下水中 CFCs 受污染的程度取决于污染源 CFCs 种类和含量，以及作用和发生的时间。CFCs 的可能污染源为 PVC 材料、橡胶、塑料、农药和工业、生活排放污染物、废物填埋场等。污染的河水入渗到地下水系统中，使靠近河水的地下水受到污染（Schultz et al.，1976；Busenberg and Plummer，1992）。

2.3.2 ^{3}H 测年方法

^{3}H 是不稳定核素，半衰期为 4500±8 天（相当于 12.32±0.02 年）（Lucas and Unterweger，2000），适合确定年轻地下水的年龄（Egboka et al.，1983；Knott and Olimpio，1986）。^{3}H 有以下两种成因。

一是 ^{3}H 由宇宙射线轰击 N_2 产生（Lal and Peters，1967），大气成因的 ^{3}H 快速反应，形成氚水（^{3}HHO），并随降水进入地下水。全球平均产率为 2500atoms/(m^2·s)（Solomon and Cook，2000）。^{3}H 沉降率随纬度变化，但是与来源于海洋的降水（^{3}H 非常低）混合。降水中 ^{3}H 平均浓度与年降水量反相关。自然条件下，降水中的 ^{3}H 为 1～10TU。大气中 ^{3}H 的浓度变化很大，相差几个量级，而且与时间和空间位置有关。在海洋高降水区为 1TU，而在干旱半干旱区为 10 TU。^{3}H 有陆地效应，在海岸线一带浓度比内陆低。

二是人工核爆活动向大气中释放的 ^{3}H。核爆试验和其他人工源释放的 ^{3}H 远高于自环境中的 ^{3}H 浓度（Gat，1980）。1950～1960 年裂变和热核装置试验释放了大量的 ^{3}H。1963 年大气中氚达到最大值，在北半球中纬度地区，^{3}H 高达 5000 TU。

^{3}H 为放射性同位素。不考虑其他因素影响，降水入渗进入含水层后，只发生衰变减少过程，地下水放射性氚含量则呈指数减少，其减少的量利用下式来计算：

$$A = A_0 2^{-t/T}$$

式中，A 为样品活度（单位是 TU，相当于一个 H_2O 分子中有 $1/10^{18}$ ^{3}HHO 分子，0.1181 Bq/kg 水）；A_0 为补给时的初始活度；t 为地下水滞留时间；T 为半衰期（12.32 年）。

氚被用于水文示踪研究（Bergmann and Libby，1957），利用含水层中的核爆 ^{3}H 峰（Carlston et al.，1960）确定不饱和带内水运移速率（Schmalz and Polzer，1969；Vogel et al.，1974；Lin and Wei，2006）。20 世纪 80 年代以后，在衰变和扩散双重影响下，地下水中氚峰值下降。虽然 1960～1970 年补给的地下水仍可有较高的氚，但是与核爆峰衰变后的值接近。自然宇宙成因的 ^{3}H 在降水中为几个 TU。地下水中存在 ^{3}H，是地下水有现代补给的证据。^{3}H 数据适合定性分析，定量分析误差大。

2.3.3 ^{14}C 测年方法

在 20 世纪 50 年代，德国海德堡大学学者最早开展地下水 ^{14}C 测年研究（Münnich，1957；Vogel and Ehhalt，1963），用于确定地下水年龄、地下水流速和水流方向、含水层补给速率和建立水文地质模型（Verhagen et al.，1974），还可用于古水文和古气候分析。

^{14}C 是放射性（不稳定）同位素，其半衰期为 5730 年。自然形成的 ^{14}C 是由宇宙射线撞击大气层中的氮而发生反应形成。当宇宙射线进入大气层，它们经过数重转化，形成中子，这些中子会与 ^{14}N 反应（n + ^{14}N ⟶ ^{14}C + ^{1}H）。在大气层中的氮含量达 78%，这个

反应较普遍。假设在一段时间内，宇宙射线通量（flux）恒定，则^{14}C的生成速率是匀速的。^{14}C产率为$2\times10^4 atoms/(m^2 \cdot s)$，是所有宇宙成因核素中产率最高的核素。大气中放射性碳活度为陆、海和大气相互交换的综合结果。大气^{14}C活度是3万年前的两倍（Bard，1998）。当前^{14}C活度为0.23 Bq/(g C)。

在大气中^{14}C分布均匀，与氧气反应而形成$^{14}CO_2$，随降水进入地下水系统中，进入含水层与大气环境隔离后，因衰变^{14}C减少。

^{14}C的测量可利用液相闪烁计数统计碳原子的放射衰变量。^{14}C定年方法的应用还获益于加速质谱仪测试技术的应用，该项技术提高了地下水中^{14}C的测试精度和灵敏度。放射性碳同位素（^{14}C）用于确定小于5万年的地下水年龄。

在封闭系统中，^{14}C浓度的变化为

$$C = C_0 e^{-\lambda \tau_s}$$

式中，C为样品浓度；C_0为补给时样品的初始浓度；λ为核素衰变常数，$\lambda = \ln2/t_{1/2}$，$t_{1/2}$为半衰期；τ_s为样品自补时的年龄（年）。利用下式，计算地下水中^{14}C年龄。

$$\tau_s = \frac{1}{\lambda}\ln\left(\frac{C}{C_0}\right)$$

现在的研究中，将^{14}C浓度表示为相对于溶解碳的总质量数。活度A每秒每克碳中检测到的光子数。年龄计算公式为

$$\tau_s = \frac{1}{\lambda}\ln\left(\frac{A}{A_0}\right)$$

式中，A_0为碳与大气平衡的自然背景活度。利用活度计算年龄不受补给水CO_2初始值C_0变化的影响（Clark and Fritz，1997）。

^{14}C的测量方法有正比计数器、液闪计数和AMS方法测量^{14}C活度。

^{14}C测年方法是假定^{14}C沿水流路径随水分子运动，只有放射性衰变使水中^{14}C减少。许多过程会影响^{14}C，如因受水-岩作用等物理-化学过程影响，^{14}C会发生非衰变成因的变化。^{14}C结合于HCO_3中，而HCO_3是非恒定元素，可参与水化学反应，尤其是与含水层中碳酸盐反应，另外，水中溶解的CO_2，以及水中溶解有机碳，都可与之反应，或组分交换。地下水中"死碳"增加，^{14}C被稀释，活度下降，地下水年龄数据偏老。水中^{14}C活度，受环境干扰程度明显，造成^{14}C定年结果误差增加。$^{13}C/^{12}C$值用于确定地下水补给区初始水文地质环境，水中生物成因和碳酸盐成因，CO_2的比例，水-岩作用程度，校正^{14}C年龄。为此在国际上，建立了许多校正方法，如经验校正法（Vogel，1970），化学质量平衡方法（Tamers，1975），^{13}C质量平衡法（Ingerson and Pearson，1964），化学平衡和^{13}C质量平衡综合法（Fontes and Garnier，1979；Mook，1980），利用地球化学质量传输和平衡模型处理溶解无机碳的影响（Kalin，2000；Zhu and Murphy，2000），试图弱化水-岩作用和化学反应的影响。但是，由于水文地质环境的复杂性，需要针对研究区具体水文地质条件，建立专门的校正方案，才可能获得更为合理的^{14}C定年结果。因分析解释方法有多种，而且在不同研究区具有差异性，尚无统一标准。

2.4 环境示踪剂（CFCs 等）的应用

地下水系统中 CFCs 主要源自于两种途径：一是降雨形成和下落过程中与大气 CFCs 相互作用，达溶解平衡，降雨到达地表，并入渗地下水系统后与外界隔离，保留当年降雨溶解的 CFCs 组成；二是由于工农业生产、生活，以及废物排放，导致地下水中 CFCs 浓度高于与现代大气平衡时的浓度。自然条件下地下水中 CFCs 浓度小于或等于与之平衡时大气 CFCs 浓度。老于 60 年的地下水，或无近 60 年现代水补给的地下水系统中无 CFCs。第四系含水层溶质垂向扩散系数较小，更容易保留年龄带，随着含水层深度增加、地下水年龄增加而变老。通过分析第四系含水层年龄分布，可有效地示踪地下水路径、水流场及变化。

2.4.1 确定降水入渗速率

不饱和带厚度较厚时（>10m），不饱和带空气 CFCs 随深度增加逐渐下降。当降雨通过不饱和带时，水中 CFCs 会与不饱和带中空气 CFCs 发生交换达到新平衡，水中 CFCs 含量降低。水达到潜水面后，停止与不饱和带空气交换，地下水保留了与不饱和带底部空气 CFCs 平衡时的浓度。由地下水 CFCs 浓度，可分析降水入渗速率。孔隙界质不饱和带中水的滞留时间与降水入渗速率可分为：①高入渗速率；②中等入渗速率；③低入渗速率（Qin and Wang，2001）。

2.4.2 地下水流速估算

利用 $^3H/^3He$ 或 CFCs 垂向剖面估算补给区补给速率方便、可靠（Böhlke and Denver，1995；Ekwurzel et al.，1994；Solomon et al.，1993）。例如，在美国东海岸的德尔马瓦半岛由侏罗纪至全新世沉积物组成，地表更新世含水层具有高渗透性，接受降水的直接补给。在这一地区开展了 $^3H/^3He$、CFCs 和 ^{85}Kr 的综合研究，^3H 和 $(^3He)_{tri}$ 浓度，$^3H/^3He$，CFC-11 和 CFC-12 表观年龄随着井深的增加而增加（Dunkle et al.，1993；Ekwurzel et al.，1994；Plummer et al.，1993；Reilly et al.，1994）。CFCs、$^3H/^3He$ 和 ^{85}Kr 表观年龄一致性好，年龄相差小于 3 年，表明这些示踪剂在砂质含水层具有良好的稳定性。数值模拟结果表明，CFCs 表观年龄未受到弥散作用的影响（Ekwurzel et al.，1994）。

地下水年龄将地下水流场物理模拟和化学分析联系在一起。一方面，物理模拟方法采用的是达西定律来计算地下水流速，并估算地下水年龄梯度及其分布；另一方面，化学分析方法是利用放射性同位素、放射成因同位素或某一特定事件的标记物来确定地下水年龄。通过计算同位素衰变或累积率，或者距某一事件的时间，获得年龄数据。这一过程不考虑达西定律或物理因素对水流的影响。不同方法应获得相似的结果（Pearson and White，1967）。物理模拟和化学分析方法获得的年龄数据有时一致，但是年龄和水流速度不一致的情况也常见（Drimmie et al., 1991; Mazor and Nativ 1992; Pinti and Marty, 1998）。这种不一致性经常归因于参数估计的不确定性。即使不同的化学分析方法也会产生不一致的结果（Glynn and Plummer, 2005）。例如，采用快衰变同位素应用于有现代水补给的地下水系统，认定该系统是新的（年轻的）；而采用慢衰变同位素定年，则认定地下水系统是老的。在实际研究过程中，在方法的选择和模型概化时，要紧密结合研究区实际情况，进行合理判别。

2.4.3 含水层之间发生越流的识别

在内布拉斯加高平原含水层，环境示踪剂揭示出存在垂向年龄分布和沿水井从浅部含水层向深部含水层的垂向水流。由于深部含水层过量开采地下水，地下水水位发生明显下降，低于浅部含水层水位超过10m。一些废弃的水井成为地下水流向下运移的通道，在大量抽取地下水时，会引发明显的向下水流。这种快速向下运移的水流可以通过环境示踪剂来揭示。在深部含水层中发现了只在浅部含水层出现的高CFC-11浓度，CFC-11浓度范围则对应着浅部含水层地下水进入深部含水层下水的通道和分布范围。

2.4.4 农灌水入渗范围识别

农业用水量占全球总用水量的60%以上。当前我国灌溉用水的利用系数只有0.3~0.4，而发达国家达0.7~0.9。在灌溉水利用率低的情况下，农灌水除了被地表植被吸收、蒸发外，还有部分水可入渗补给地下水，从而对地下水水量和水质产生影响。在过去已开展的相关研究工作中，由于缺乏有效方法识别灌溉水入渗区，以及在地下水系统中的分布，难以进行深入分析和可靠的量化研究。

Qin等（2011）采用CFCs、同位素和水化学综合方法研究了农灌水入渗过程及范围识别。在2002~2004年，在我国西北地区黑河流域的现场调查、取样和分析表明：①农灌水入渗补给区主要分布在张掖—临泽地区，在高台以北地区农灌水对地下水补给明显减少。②值得注意的是农灌水水源有地表水（河水和湖水）和地下水。其中在一些纯地下水灌区（如骆驼城），地下水中CFCs浓度低，接近检测限，表明这些地区的农灌水未对地下水形成有效补给。在张掖地区的研究表明，地表水灌溉比地下水灌溉更为节水。在有条件的地方，尤其是干旱区，应该尽量多利用地表水灌溉，减少和限制地下水灌溉量。③农灌水补给地下水会导致O-18和电导率（EC）等增高，但是蒸发作用，尤其是在干旱区，同样也可引起类似的结果，因此利用常规环境示踪剂获得的结果时常具有多解性。在自然环境下，水中CFCs来源于大气，自地下水补给区进入地下水系统。地下水中CFCs的分布与水循环过程关系密切。该研究表明利用CFCs，以及CFCs与其他环境示踪剂之间的相关性，可有效地识别出地表水与地下水相互作用程度及范围，可为揭示自然过程和人为影响地下水演化提供重要依据。

2.4.5 河水与地下水关系识别

2002~2004年，在我国西北地区黑河流域利用 CFCs、同位素和水化学方法，研究了黑河下游河水入渗补给区和入渗河水的运移路径的识别问题（Qin et al., 2012），主要研究结论为：①地下水 CFCs 年龄沿河流方向向下游增加，在狼心山以南地下水 CFCs 年龄小于 20 年，以北地下水 CFCs 年龄为 20~30 年，至河流末端的两湖（西居延河湖和东居延海湖）一带地下水 CFCs 年龄为 30~40 年，两湖以北地下水 CFCs 年龄大于 40 年。②黑河下游河水入渗补给区主要分布在鼎新—狼心山河段（CFCs 年龄小于 20 年，$\delta^{18}O$ 值与河水一致），在狼心山—两湖（西居延河湖和东居延海湖）河段入渗河水未形成地下水的有效补给，为径流区（CFCs 年龄变老，20~40 年），在两湖一带为地下水的排泄区（CFCs 年龄老，40~50 年，或大于 50 年，$\delta^{18}O$ 值相对于河水富轻同位素）。③在狼心山以北观测的河水流量减少，不能作为地下水补给量，因为狼心山以北至两湖河段入渗河水，因蒸发和植被蒸腾而被消耗。④黑河下游河水入渗补给地下水的量为河水流量的 2/3，其余部分以蒸发和植被蒸腾形式返回大气，入渗河水补给，也因地下水的开采，返回地面而消耗。该项研究的相关方法可应用于水文地质环境更复杂的地区，对城市地下水评价方面等具有重要的指导意义。

2.4.6 水库坝基渗漏、地下水流场变化识别

位于长江上游的三峡水库拥有世界上最大的水库坝。水库蓄水位 175m 时，淹没区面积达 1000km²。在库区有若干横切河道的断层，三峡水库修建完成后，在应力作用下，有可能诱发地震，改变地下水流场。地下水年龄老，河水年龄新，二者 CFCs 组成有明显差异，系统地观测断裂带、坝基附近的地下水、渗水，则可给出水库水与地下水的相互作方式和程度，给出断裂带导水、阻水性质，坝基是否有渗漏等诸多重要参数，为了解地下水流场、揭示断层活动性和地震活动的重要基础依据。研究结果表明，地下水 CFCs 测年方法是刻画坝基附近地下水和渗水受坝基、水库影响，揭示地下水流场变化的一种有效手段（Zhang et al., 2014）。

2.4.7 地下水脆弱性评价

环境示踪剂和地下水测年是水资源管理和保护的重要工具，在评价地下水脆弱性和地下水与环境相互关系等方面不可或缺。在一维水流模型中，流速与年龄梯度垂直，其值等于沿水流方向上年龄与距离之比。地下水年龄越大，水流速越慢。有现代降水补给的含水层，易恢复，而无现代水补给的含水层则不易回补。有现代水补给的含水层易受到污染物影响。

由地下水年龄可将地下水系统划分为易受污染和不易受污染的地下水系统，相对而

言，年轻地下水易受污染，而老水不易受污染。地下水环境示踪剂含量分析，为分析地下水流系统、地下水年龄分布和污染物退变，以及消减过程有重要意义（Plummer et al.，1993；Böhlke and Denver，1995）。

地下水水质和水量与地下水年龄有密切关系，含水层对污染物有一定的容纳能力（Christensen et al.，2000），随着地下水年龄增加，污染物浓度和种类沿水流路径下降。另外，老的地下水在运移过程中，从地层中溶滤各种元素和组分。

2.5 本章小结

环境示踪剂技术是水文地质学的重要方法，可提高对水流和传输过程的认识，为地下水流动力学和水流模型刻画提供重要参数和依据。

比较成熟的测年方法有 ^{3}H、^{3}H/^{3}He、CFCs、SF$_6$ 和 ^{14}C 等。在我国可开展的测年方法主要有 ^{3}H、CFCs、SF$_6$、^{14}C。自 2002 年我们将地下水 CFCs 测年方法引入我国后，这 10 多年的应用、改进和探索工作表明，这一方法是提高地下水研究工作深度、解决一些疑难问题的不可或缺的方法。除了地下水测年研究外，在其他领域和方面有许多应用，值得进一步深入研究。

惰性气体地下水测年方法正在取得新的进展。惰性气体放射性核素，如 ^{39}Ar、^{81}Kr 和 ^{85}Kr 分析技术的进步，使得它们在水文学中的应用取得了明显的进展。

虽然地下水测年方法种类较多，但由于测年原理不同，以及取样测试方法方面的差异，在进行不同测年方法比对时，应充分考虑各方法的异同。不同测年方法有互补性，因此，多种测年方法的综合应用受到重视。

第 3 章 海河流域平原区地下水年龄及水文地质过程

冲积平原地下水形成与气候和水文地质条件有关（表3-1），在湿润气候条件下，降水丰富，水循环条件好，含水层中盐分不断被稀释，排泄离开含水层，水质良好。在干旱区，降水少，水循环缓慢，含水层盐分易富集。海河流域平原区介于湿润与干旱环境，平原区第四系地下水资源丰富，既有单含水层，也有多含水层，水质有水平和垂向分带。地下水年龄与含水层类型、孔隙结构、含水层空间结构有关。

表 3-1 气候与冲积平原地下水形成条件

冲积位置	冲洪积扇区	洪积平原	滨海平原
水文地质条件	非承压含水层，单一含水层，水位埋深大，产水量大，垂向补给	多含水层，水位埋深浅，有上层滞水	承压含水层侧向补给为主，含水层厚度、有效孔隙度变小
湿润区水资源特征	河水入渗，农灌水入渗；一些河水基流的源区	农灌过程中，因排水不畅，引起土壤盐碱化；上游地下水农灌减少河水基流量	过量开采地下水，导致水力梯度反向，易发生海水入侵
干旱区水资源特征	自然植被条件下，土壤盐度高；农灌活动引起盐分迁移	河水灌区下形成咸水含水层，淡水呈透镜状分布	浅层地下水往往为咸水，而且易向深部越流

3.1 海河流域地下水补给条件

3.1.1 降雨、地形-地貌特征

海河流域属于温带大陆性半干旱季风型气候区，春季多风干燥，夏季炎热多雨，秋季晴爽，冬季干燥寒冷。区内年平均气温 10~15℃，全年中 1 月温度最低，为 -1.8~1.0℃；7 月温度最高，为 26~32℃。多年平均降水量为 500~600mm，降水多集中在 7~9 月。降水量变化较大，干旱年份降水量不足 400mm；丰水年份降水量为 800mm。年平均蒸发量为 1100~2000mm，6~9 月最高。蒸发皿测量年均蒸发 1100~2000mm。

海河流域平原区地势平坦，广阔坦荡，海拔不超过 100m，地势自北、西、南西三个

方向向渤海湾倾斜，大致以保定、霸州、天津一线为界，以北地区地势由西北向东南或由北向南倾斜；以南地区地势由西南向东北倾斜。地形坡降由山前 1‰~2‰ 变为东部滨海平原的 0.1‰~0.2‰。按成因和形态特征，华北平原从西部太行山山麓至东部渤海海岸，分为山前冲积洪积倾斜平原、中部冲积湖积平原、东部冲积海积滨海平原三个地貌单元（图 3-1）。山前平原和中部平原边界为全淡水区与咸水区的界线，或者山前平原前缘带包括部分咸水区（张人权等，2013）。

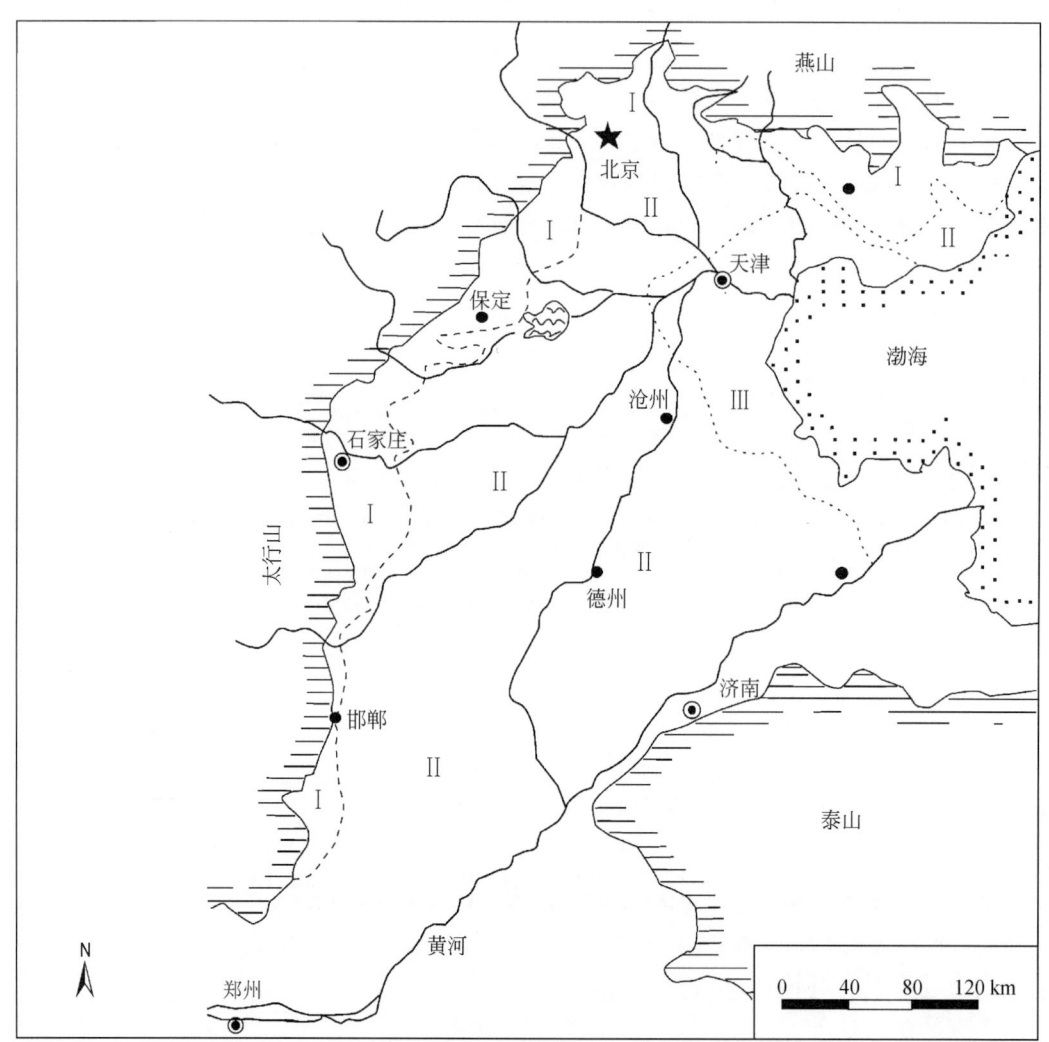

图 3-1 海河流域范围、地形及水系分布
Ⅰ为山前冲洪积扇区；Ⅱ为中部冲积-湖积细土平原区；Ⅲ为滨海平原区

山前冲积洪积倾斜平原，沿燕山、太行山山麓呈带状分布，其宽度一般为 30~60km，海拔在太行山山麓 100m 以下，在燕山山麓 50m 以下，由各河流的冲洪积扇连接而成。

中部冲积湖积平原与东部冲积海积滨海平原的界线东起唐海，向西位于宁河、北仓、静海、唐官屯、盐山、滨州一线。由海河、滦河、古黄河等水系的冲积物组成。在平原区发育冲积扇、河道-河间带、河口三角洲,以及洼地,如白洋淀、大陆泽、宁晋泊、永年洼、东淀和大浪淀等。地势自北、西、南方向向渤海湾缓倾斜,海拔3~40m,文安洼海拔低于3m。

东部冲积海积滨海平原,沿环渤海湾沿岸展布,由河流三角洲、滨海洼地、海积砂堤缀连而成,海拔为0~10m。

3.1.2 区域地质

海河平原区位于中朝准地台的华北断拗,包括冀中拗陷、沧州隆起、黄骅拗陷、埕宁隆起等次级构造单元。前震旦系为基底,震旦系、寒武系、奥陶系等浅海沉积和中晚石炭系、二叠系海陆交互沉积以及中、新生界的陆相沉积为盖层。在震旦系时是准平原,寒武、奥陶系时是稳定的陆缘海,中奥陶世后整体上升,中石炭再次下陷接受沉积。燕山运动形成了一系列北北东和北东向深大断裂,隆起和拗陷相间构造。燕山运动晚期以来,华北平原以升降为主,形成中、新生代厚层沉积。喜马拉雅运动形成平原区地下水系统空间格局。第四系新构造较发育,在东部沿海发生多次海侵。多次出现冷暖气候变化。在太行山东麓及燕山南麓有多次冰川活动。

海河平原为大型中、新生代沉积盆地,其基底为太古界和下元古界褶皱变质岩系,盖层为中-上元古界、下古生界海相碳酸盐岩和新生界陆沉积。上奥陶统至下石炭统普遍缺失。由于受不同时期的构造运动影响,该区形成了不同方向的构造线及相应的大断裂,自西向东为北京拗陷、冀中拗陷、沧县隆起、黄骅拗陷和埕宁隆起,其中,位于研究区内的主要有三个构造带,即冀中拗陷、沧县隆起和黄骅拗陷(图3-2)。冀中拗陷:北北东向拗陷,以宝坻断裂和石家庄—衡水断裂带为南北界限。沧县隆起:北北东向隆起,以沧东断裂和大城断裂为东西界限。主要由寒武系、奥陶系、石炭系、二叠系及侏罗系构成,第四系厚度为400m。黄骅拗陷:北北东向拗陷,其西界为沧东断裂,东部进入渤海湾,北与宝坻—乐亭断裂连接,南部与埕宁隆起相邻。其基底由侏罗系和白垩系构成,第四系厚度约为400~500m。

新生界厚1000~3500m,最厚处可达5000m,以古近系和新近系沉积最厚。第四系厚度可达600m,在隆起区及平原区南部厚200m。自下而上,第四系分为下更新统、中更新统、上更新统、全新统。

下更新统(Q_1):主要为一套冲积与湖积及冰水沉积,上段为红棕、棕红或黄绿色,下段为棕红、红褐混灰绿、锈黄色厚层黏土、粉质黏土夹砂层等,发育钙质层。厚度为100~200m。在埕子口—宁津隆起区为霞石质熔岩和火山集块岩。在东阿—齐河一带缺失。底界埋深350~550m,向南在山东一带底界埋深变浅为120~320m。

中更新统(Q_2):为冲洪积物,由粉质黏土夹砂、砾石层组成,砂层厚度大,粒径粗。厚度为80~180m。底界埋深为250~350m,向南变浅,在山东一带为80~180m。

上更新统(Q_3):为冲洪积—湖积物,在山前地带为粉土、粉质黏土夹砾石、卵石组

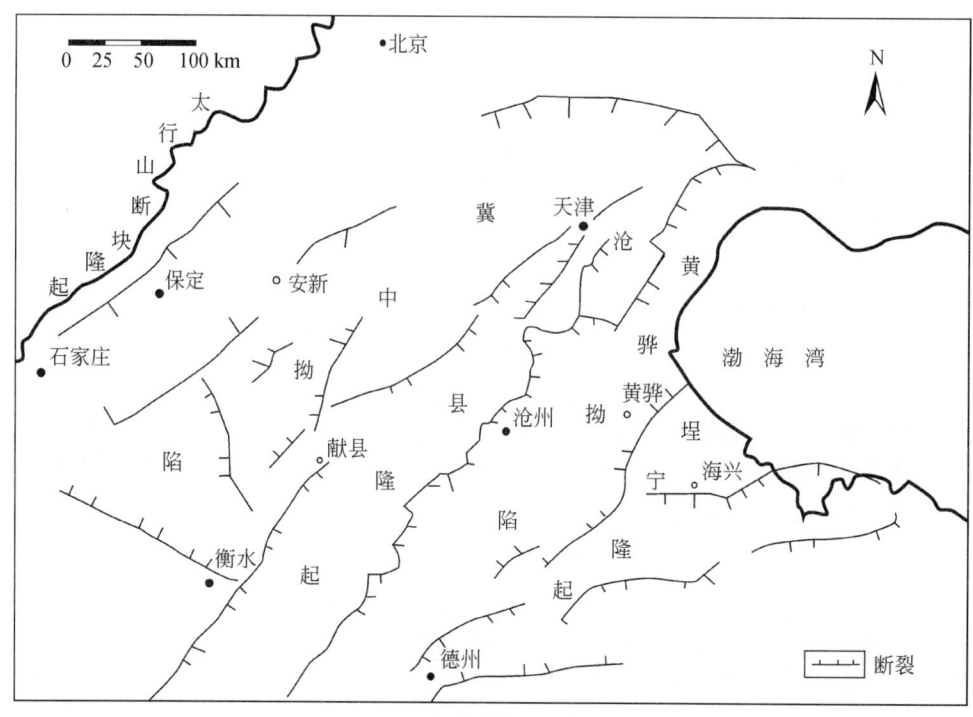

图3-2 海河流域平原区中新生代断裂盆地构造

成，至中东部为黄色、灰黄色粉土，粉质黏土夹粉细砂、中细砂。厚度为50~150m。底界埋深为120~170m，山东一带变浅为60~80m。

全新统（Q_4）：为冲积夹湖海相沉积，为淤泥质粉土、粉质黏土夹细砂粉砂。厚度为20~30m。底界埋深为15~30m，局部为60~70m。

3.1.3 含水层特征

海河流域平原区包括北京、天津、河北、河南和山东境内的海河、滦河和徒骇马颊河流域所处的范围，面积为$12.9×10^4 km^2$。在平原区内，深层地下水主要分布在海河流域平原区的中、东部地区，面积为$8.6×10^4 km^2$。

第四系孔隙含水层分布于自山前冲洪积倾斜平原至中部冲积、湖积平原（或盆地中部）和东部滨海冲积、海积平原，岩性（卵砾石、中粗砂、中细砂及粉细砂等）变化明显，从山前地带向滨海平原区由卵砾石层，过渡为中粗砂、中细砂及粉砂，含水层有效孔隙度呈变小趋势。第四系总厚度为150~600m。

海河流域河湖沉积物源展布方向既有近东西向，也有北东向。中更新世以来，海河流域平原中部以黄河及漳卫南河沉积为主，为南西河流沉积（邵时雄和王明德，1989）。不同方向沉积物叠置在一起，形成沉积厚度、物源来源、性质和展布方向各异的沉积层。由此，也表明在海河流域中部地区，含水层和地下水流场除受控于水力梯度外，还受控于交织展布的含水层及其透水性。山前平原和中部平原区第四系不同层位含水层连续性有明显差异，相似深层范围内的含水层往往连续性差。平原第四系自上而下有4个含水层(图3-3)。

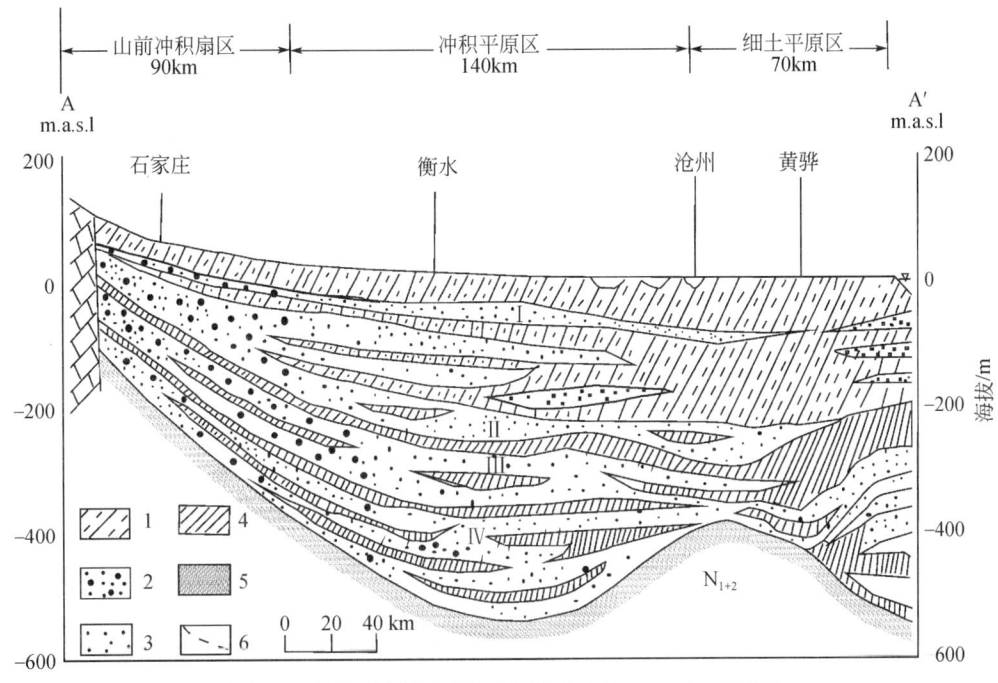

图3-3 华北平原水文地质剖面图（Chen et al., 2003）
1为粉砂；2为砂砾；3为砂；4为黏土；5为古近系；6为咸淡水界面

第Ⅰ含水层为潜水含水层，底界面埋深为10~50m，厚度为60m，为全新统地层（Q_4），从山前到滨海，由砂砾石层演变为细砂层。山前为淡水，中部平原至沿海地区为咸水。

第Ⅱ含水层为微承压、半承压地下水，为上更新统Q_3，为细砂、中砂和砂砾石组成，底面界埋深120~210m，厚90m。自中部平原到东部滨海平原为咸水，矿化度大于2g/L。该含水层地下水循环交替能力较强，是该区工农业用水的主要地下水开采层。

第Ⅲ含水层为承压水，为中更新统Q_2，为细砂、中砂和含砾中粗砂，底界埋深250~310m，厚60m，矿化度小于1 g/L。

第Ⅳ含水层为承压水，埋深在350m以下，厚度为50~60m，为下更新统Q_1。在山前平原为胶结砂砾，埋深小于300m，厚度为20~40m，矿化度小于1g/L；中部平原为中细砂、细砂，埋深大于350m，厚度为10~30m，矿化度小于1.5 g/L；滨海平原为细砂、粉砂，厚度为20m，矿化度小于2 g/L。第Ⅰ含水层为浅层地下水，第Ⅱ~Ⅳ含水层为深层地下水。在山前平原区第Ⅰ和第Ⅱ含水层已经混合开采，统称为浅层地下水。第Ⅲ~Ⅳ含水层为目前主要开采层。

3.1.3.1 冲积平原含水层特征

山前冲洪积平原位于太行山和燕山山麓地带，有邢台、邯郸、石家庄、保定、北京、唐山等地。海河平原区浅层地下水系统也称为第四系浅层地下水系统，为潜水-微承压含水层（第Ⅰ含水层组），在山前地带，第四系厚 200~300m，浅层地下水底界埋深为 40~60m，在局部地区（或受人为开采影响）浅层地下水底板埋深可达 120~150m。由西向东顶界埋深由 80m 增加到 120~150m；底界埋深 140~350m。山前平原区沉积物颗粒较，孔隙度大，易补给，水质良好，水资源丰富，为全淡水区。

3.1.3.2 中部冲积平原区含水层特征

中部冲积湖积平原位于海河流域中部，有廊坊、衡水、沧州等城市，为咸水区，水力坡度变缓，渗流微弱，埋深变浅，蒸发变强，咸、淡水并存。平原地下水划分为全淡水区和咸水区，以安次—高阳—束鹿—邯郸—魏县一线为界，其西部为淡水区，东部为咸水区。

中部冲积湖积平原第四系厚 350~500m，最厚 550~600m。这一地带的第四系有 4 个含水层组：第一含水层组为全新统及上更新统上段；第二含水层组为上更新统中下段，第三、第四含水层组为中更新统及下更新统。中部平原沉积物的粒度小于山前平原区，自下而上由湖积物变为冲积物，深部黏土层连续，浅部黏性土层为不连续透镜体。

中部平原区内第Ⅰ含水层为咸水和淡水相间出现，第Ⅱ含水层为咸水，第Ⅲ含水层为淡水。第Ⅰ和第Ⅲ含水层（及以下）为主要开采层位。第Ⅱ含水层下部和第Ⅲ含水层顶界埋深 120~160m，底界埋深 270~360m，第Ⅳ含水层组底界埋深 350~550m（陈望和等，1999）。

3.1.3.3 滨海平原区含水层特征

海河流域下游的滨海冲积、海积平原区，有天津和秦皇岛等城市。沿渤海湾北岸、西岸呈半环状分布，分为 3 个亚区：①滨海低平原，由海侵和河流冲积而成，一般宽 15~50km，地势低平，地面标高 2~5m，向海倾，为低洼盐碱地，分布有潟湖和洼地沉积。②沿海滩涂洼地，环渤海海岸线分布，为近代海退滩涂，宽 8~15km，为沼洼地、沙堤和盐田。③黄河三角洲冲积—海积平原，顶点位于山东利津南宋乡向海凸出呈扇形，自黄河向北倾，标高 2~10m，坡降 0.1‰~0.15‰，导水系数小于 $50m^2/d$。地下水埋深小、蒸发强、矿化度大。海相地层发育，潜水-微承压水为咸水，局部地段有薄层淡水透镜体，深层为淡水。

第四系以来，河北平原东部曾发生过 7 次海侵，由老到新依次为：渤海海侵、海兴海侵、黄骅海侵、青县海侵、沧县海侵（发生在距今 2 万~4 万年）、献县海侵（距今 8500~5500 年）和沧东海侵（距今 5000~3500 年）。

3.1.4 海河流域地下水水位及变化

在 20 世纪 60 年代，海河流域平原区，山前地下水埋深 2~3m，中部平原地下水位埋深为 1~2m，滨海平原小于 1m。图 3-4 为海河流域平原区深层地下水开采初期地下水位分布。当时以地表水利用为主，地下水利用量低，处于相对自然状态。

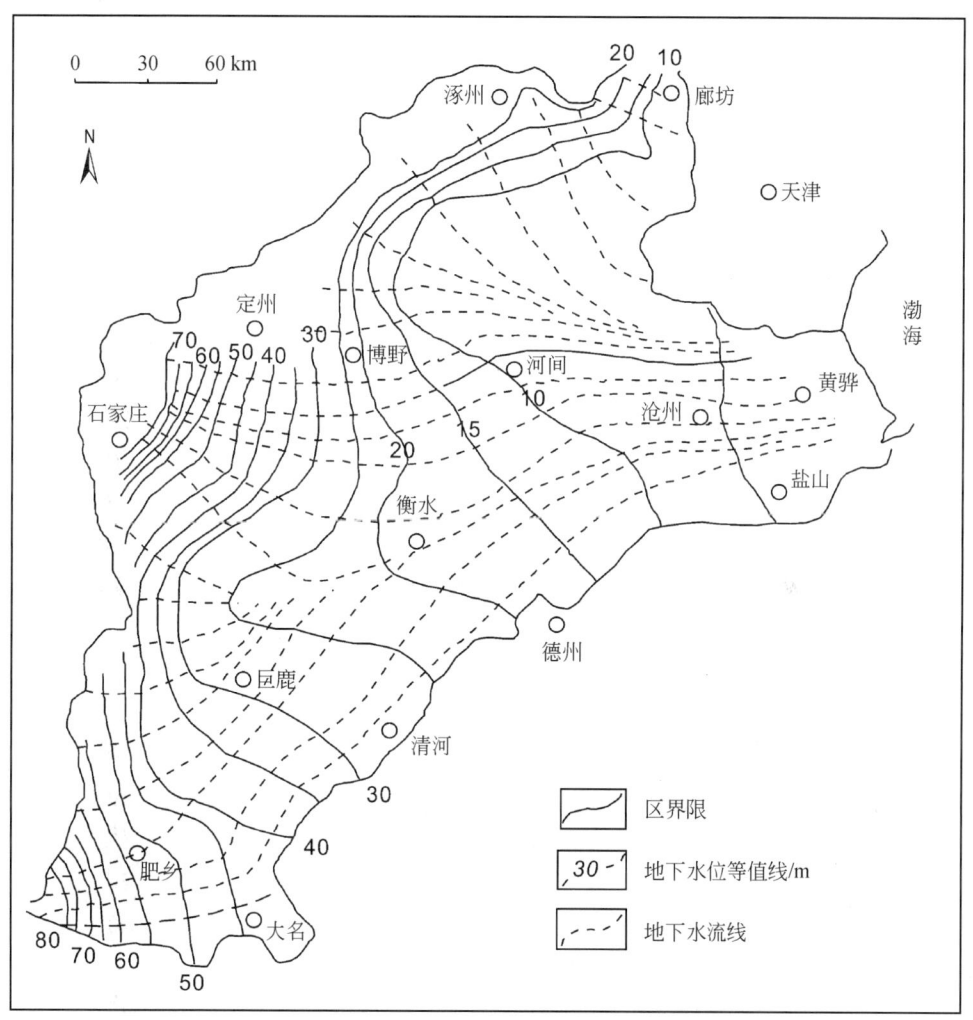

图 3-4 海河流域平原区深层地下水初水位（1959 年）（陈望和等，1999）

1970 年以后，地表水可利用量下降，海河流域地下水利用量则明显增加。20 世纪 70 年代以来，大量开采深层地下水，导致地下水位持续下降，深层地下水位低于浅层地下水水位。河北省水资源利用总量每年为 221 亿 m³，其中地下水开采量为 170 亿 m³，每年超采地下水 50 亿 m³。天津市每年超采地下水超过 2 亿 m³。由于过量开采，山东省德州市地下水位由 40 年前高于地表 2 m，下降到目前的水位埋深在地面以下 110 m，并仍以 3 m/a

的速度下降。

1980年,山前平原浅层地下水埋深下降到5~20m,中部平原埋深为3~10m,滨海平原埋深为1~2m。2000年,山前平原地下水埋深为10~30m,地下水降深中心区水位埋深为40~50m,中部平原埋深为5~15m,滨海平原埋深为0~5m。2005年,山前平原地下水埋深为15~50m,中部平原埋深5~20m,滨海平原埋深为0~5m(表3-2)。

表3-2 海河流域平原区浅层地下水水位变化

分区	1959年		1980年		2000年		2005年	
	水位/m	埋深/m	水位/m	埋深/m	水位/m	埋深/m	水位/m	埋深/m
山前平原	25~85	2~5	20~70	5~20	-10~60	10~40	-20~50	15~50
中部平原	5~25	1~2	4~20	3~10	0~10	5~15	-10~10	5~20
滨海平原	0~5	0~1	0~4	0~3	0~3	0~5	0~3	0~5

资料来源:薛丽娟等,2010

自1965年至1990年,石家庄漏斗中心水位埋深由7.57m下降到37.2m,平均每年下降1.2m,1990年漏斗面积为338km²。1994年时,石家庄漏斗中心水位埋深42.5m,年均下降速率1.2m/a,含水层趋于疏干。华北平原区地下水超采量达1200亿m³,相当于200个白洋淀的水量。京津冀已形成了5万km²的地下水降落漏斗。天津、河北沧州、山东德州的漏斗区已连成一片,主要有石家庄漏斗、冀-枣-衡漏斗和沧州漏斗等大规模漏斗区。沧州、天津、任丘、大城等地形成环渤海湾水位下降区。

冀-枣-衡漏斗形成于第Ⅲ含水层,中心位于衡水市。1968年初,衡水第Ⅲ含水层水位埋深为2.9m,至1972年时,漏斗中心水位埋深为21m,年降深为4.5m,至1990年时,漏斗中心最大水位埋深为56.4m,漏斗面积达4032km²。

沧州漏斗形成于第Ⅲ含水层,1965年时,沧州地下水水位标高为7.6m,接近地表,至1971年时,沧州漏斗中心水位埋深22.5m,水位标高-12.4m,1990年时,漏斗中心水位埋深降至82.1m,标高-74.4m,地下水位平均下降速率为3.3m/a。

图3-5为海河流域平原区深层地下水位降幅(1958~1998年),许多地区深层地下水水头明显低于浅层地下水。深层地下水开采导致周边较大范围的水动力条件变化,改变了不同含水层之间平衡。超量开采地下水,除导致水资源量减少外,还引发地面沉降。例如,德州市地表沉降速率达每年30mm。1990~2005年,15年时间里,德州市地面沉降量达380mm。大规模地下水降落斗的形成和地面沉降改变了地下水自然状态下的运移路径,并形成围绕地下水降落漏斗的局部水流场。

自山前平原至中、东部平原,深层地下水系统的水力梯度变大,理论上,深层地下水侧向流动的速率应增加;一些学者据此进行地下水资源估算。但是深层地下水流场特征、地下水流速变化及响应,除了受水力梯度影响外,还受其他一些因素的制约,否则可能会使估算结果偏大。因为深层地下水降落漏斗区形成的水头差,增加了水的势能,水势能转变为水动能则受含水层结构、上游来水量的富余程度等制约。在降落漏斗区可维持高水势，而侧向流速和流量则无明显增加。

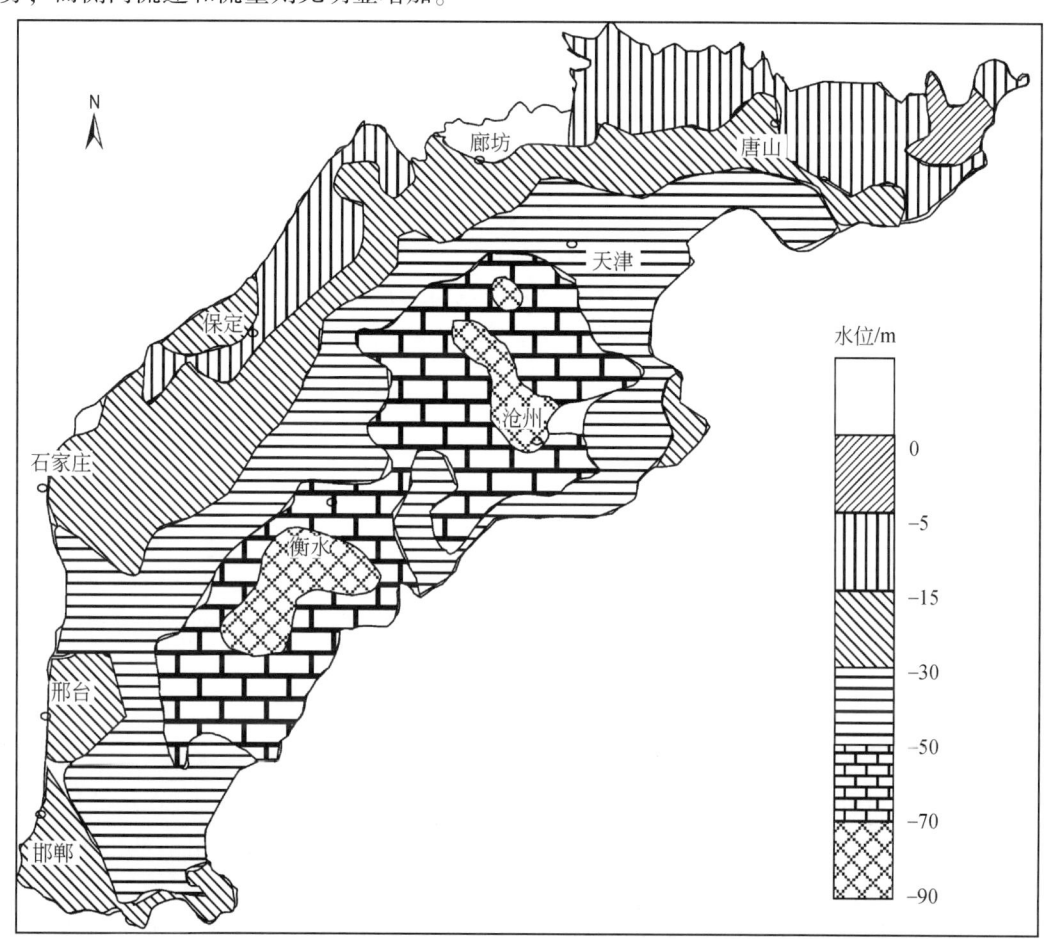

图 3-5 海河流域平原区深层地下水位降幅（1958～1998 年）分布图（张光辉等，2002a）

3.2 海河流域平原区第四系地下水年龄

3.2.1 地下水年龄及其分带性

河北平原地下水年龄以[14]C 数据为主（张之淦等，1987；张宗祜等，1997；陈宗宇等，2006，2009），平原区深层地下水[14]C 年龄小于 30ka（陈望和等，1999；张人权等，2011）与[4]He 年龄相近（Sun et al.，2006），也有一些更老的年龄数据，如[36]Cl 年龄为 100～300 ka（Zhou et al.，1999；Dong et al.，2001），最大为 770ka（Dong et al.，2002）。河北平原区第Ⅲ含水层为主要淡水层和取水目的层，大部分地下水年龄测试样品取自第Ⅲ含水层。地下水年龄及空间分析，多数是以[14]C 年龄数据为基础。虽然[14]C 年龄易受水岩作用等因素影响，但是[14]C 年龄及变化为分析平原区地下水形成过程提供了重要信息。

从山前到滨海地区，地下水年龄有分带：①山前平原区地下水年龄小于100a，为局部水系统。②中部平原及滨海平原浅部含水层地下水年龄小于200a。③深层地下水为晚更新世晚期距今约15ka，补给时的平均气温较现今约低8℃，晚更新世冰期补给，为区域水流系统。④中部平原咸水年龄1000~10 000a，晚更新世晚期全球气候变冷，海平面下降，大陆向东延伸，为大陆盐化产物（张之淦等1987；张宗祜，2005）。第Ⅲ含水层与第Ⅳ含水层年龄有不同的空间展布方向，第Ⅲ含水层地下水^{14}C年龄在空间上的变化呈由两侧向中间年龄变老，年龄分布与河流流向和自山前向滨海方向不一致；而第Ⅳ含水层地下水年龄则呈自山前向滨海变老趋势，表明河北平原不同含水层地下水形成过程和机制不同。

3.2.2 冲洪积扇区地下水年龄

北京、石家庄位于太行山山前冲洪积扇区，都处于降水-地表水-地下水交替活跃地带。石家庄位于滹沱河冲积扇区，是地下水降漏斗形成最早的城市。北京平原区降漏斗形成时间比石家庄晚10多年。本小节由两个地区山前地下水年龄，分析平原区山前地带补给条件，以及下游地下水补给条件的变化。

3.2.2.1 北京平原区地下水年龄

北京平原区第四系浅层（<150m）和深层（>150m）地下水年龄小于30年的范围一致，分布于山前地带，地下水无明显的年龄分层，是强补给带。在远离山前地带平原区，尤其是北京东南郊，即大兴和通州南部，深层地下水CFCs年龄相对于浅层地下水年龄老10年。深层地下水有年龄分层，比浅层地下水年龄老，反映深层地下水和浅层地下水补给条件不同。深层地下水CFCs年龄向东南方向变老的速率快于浅层地下水，在北京东南郊，深层地下水获得现代水补给能力远低于浅层地下水。

浅层孔隙水^{14}C年龄自西向东年龄变老：门头沟麻峪孔隙水^{14}C年龄（校正）为730a，芦城水务站院内水样^{14}C年龄为1110a，大兴水厂（黄村）水样^{14}C年龄为1715a，青云店粮库院内水样^{14}C年龄为2330a，安化集团2号墙外西边水样^{14}C年龄为3220a，采育北营葡萄园水样^{14}C年龄为4900a。深层孔隙水^{14}C年龄从山前向东南方向逐渐增大：青云店人民政府院内水样^{14}C年龄为13 420a，安化集团院内水样^{14}C年龄为19 080a，采育水样^{14}C年龄为15 380a，凤合营水管站水样^{14}C年龄为22 480a。

地下水^{14}C年龄具有垂向变化规律。地下水^{14}C年龄随深度增加而增大，深层孔隙水比浅层孔隙水^{14}C年龄大。例如，在青云店粮库院内20~40m的浅层水^{14}C年龄为2330a，青云店人民政府院内80~100m的深层水^{14}C年龄为13 420a。安化集团20~40m的浅层水^{14}C年龄为3220a，在80~305m深层水^{14}C年龄为19 080a。在采育，20~40m浅层水^{14}C年龄为4900a，在272~284m深时，水^{14}C年龄为15 380a。

3.2.2.2 石家庄山前冲洪积扇区地下水年龄

在石家庄山前地带 ^{3}H-^{3}He 年龄为 35 年，地下水年龄与取样井深度相关，而与取样点位置关系不大，表明在山前地带为分布式入渗补给。由地下水年龄和水位埋深计算出有效补给速率为 0.3m/a。当地降水量为 0.5m/a，而地表水几乎不存在，有农灌水回补给地下水（von Rohden et al.，2010）。在平原区年农灌水量为 0.5m/a，作物蒸腾耗水量为 0.7m/a，有 0.2m/a 的水量亏空（Kendy et al.，2004），按释水系数 0.2 计算，地下水位降深为 1m/a。不足的水量，通过地下水水位下降补充。在山前地带大量用地下水进行农灌，改变了这一带地下水的补给方式，即农灌水回补地下水的量将占有较大的比例和份额。抽取的地下水一部分蒸发消耗，另一部分回补地下水；而当年降水在地下水补给中所占的份额呈减少趋势。

山前冲洪积扇地带是平原区地下水与地表水，大气降水三水交换最活跃的地带。山前地下水获得的补给量，低于地下水开采量时，自山前地带向下游的侧向径流量更为有限，甚至消失，导致地下水系统资源量下降。在沧州，衡水地下水水位下降速率高于石家庄地下水水位降速 1~3 倍，远离山前地带的承压含水层（如第Ⅲ含水层）开采消耗静态储量。

3.2.3 中部平原区地下水年龄

3.2.3.1 天津第四系地下水年龄

天津地区地势低平，海拔标高为 2~6m。古近系和新近系松散沉积厚 1000~3000m，最厚之处大于 6000m，第四系厚 300~420m，以粉细砂为主，为冲积、湖积沉积物互层。

在 0~500m 深度范围内，从浅到深有 5 个含水层，第Ⅰ、Ⅱ、Ⅲ、Ⅳ、Ⅴ含水组底界埋深分别为 60~90m、180~210m、280~310m、380~420m、480~530m。浅部为咸水层（Ⅰ），深部为淡水（Ⅱ~Ⅳ）。自北向东南咸水层埋深增加，北部咸水层底界埋深 40m，大港区咸水体埋深 200m。咸水体下部含水层为承压淡水。天津市自 20 世纪 60 年代利用Ⅱ~Ⅴ水层地下水，在 1981 年开采量达 7.9 亿 m³，目前开采量为 4 亿~5 亿 m³/a。2003 年 12 月时，第Ⅱ、Ⅲ、Ⅳ含水层水位埋深分别为 37m、54m、67m。

第Ⅱ、Ⅲ含水层地下水开采量多于下伏含水层（Ⅳ~Ⅴ），第Ⅱ、Ⅲ含水层地下水水位却比下伏水层更易恢复。例如，自 1983 年引滦入津通水后，天津市区地下水开采量由 1986 年 9600 万 m³ 减少为 2004 年的 1000 万 m³，第Ⅱ、Ⅲ含水层漏斗中心水位埋深则从 60m 上升到小于 20m（图 3-6）。塘沽区地下水开采量由 1984 年的 8964 万 m³ 下降到 2004 年的 1660 万 m³，水位有一定回升，但是回升幅度小于天津市区。在这两个地区，第Ⅳ含水层水位没有回升，反映含水层结构性差异，以及天津市区一带第Ⅱ和第Ⅲ两个含水层可获得西部/北部侧向/越流补给。

天津市地质调查研究院 2001~2005 年完成的第Ⅱ含水组地下水的 ^{14}C 年龄为 1 万~

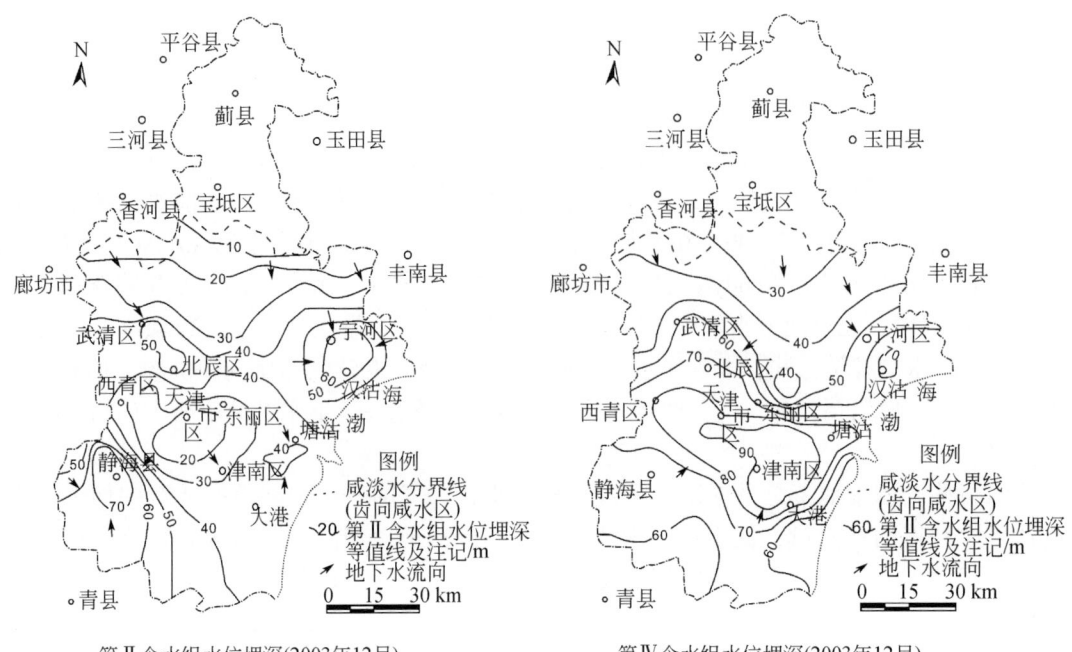

图 3-6 天津地区第Ⅱ含水层水位埋深变化（王亚斌等，2010）

2万年，$^3H<1TU$，地下水年龄老，无现代水补给。天津市区水位恢复为含水层内地下水调整，并非新增水量所致。

3.2.3.2 石家庄—衡水—沧州平原区第四系地下水年龄

华北平原地下水分为浅部咸水和深部淡水。咸水自西向东呈楔形分布，TDS 具有高—低—高变化。在西部山前地带，氚分布可深达 100m，向东部平原区递减为 30~50m，呈西高东低、浅部高于深部的特征。自西向东、由浅至深，地下水 ^{14}C 年龄由几十年增加到 20 ka（图 3-7）。浅层地下水富重同位素，TDS >1mg/L，^{14}C 年龄小于 10 ka。深层承压水富轻同位素，TDS 为 0.3~0.69mg/L，^{14}C 年龄大于 10 ka。

深层淡水大量开采，水头下降，上覆咸水体整体下移，下移速率为 0.1~0.2m/a（梁杏和孙连发，1991；明木和和沈珍瑶，1992），沧州咸淡水界面平均下移速率为 0.18m/a。最新的观测表明，在衡水、沧州地区第Ⅲ含水组 TDS、SO_4^{2-} 都有升高趋势，表明有浅层地下水向深层地下水越流。

在天津—沧州以西地区，深层地下水自西山补给区向东部渤海方向 ^{14}C 年龄较老，然而靠近渤海湾，地下水年龄则变新，总体表现为平原区深层地下水中心部位（沧州一带）^{14}C 年龄老，周边地下水年龄新（图 3-8）。在平原区，自衡水—河间—任丘一线西部地区，地下水 Cl^- 朝远离方向补给区缓慢增高（图 3-9），地下水 ^{14}C 年龄变老。沧州—黄骅一带地下水 Cl^- 呈高值，而 ^{14}C 年龄并没有呈高值。

| 第 3 章 | 海河流域平原区地下水年龄及水文地质过程

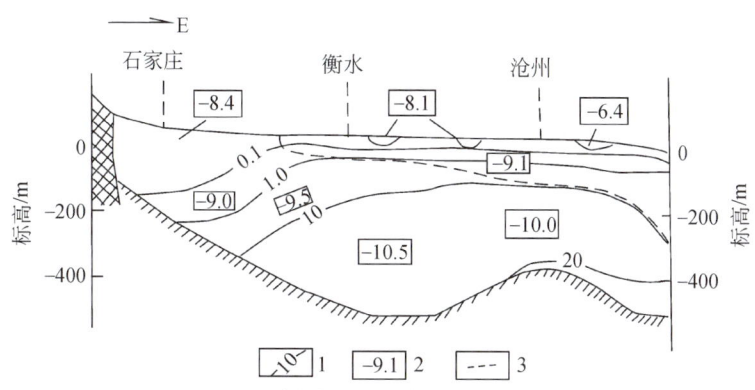

1 为地下水年龄(ka); 2 为 $\delta^{18}O$; 3 为咸淡水界面

图 3-7 华北平原地下水年龄分布（张宗祜等，1997）

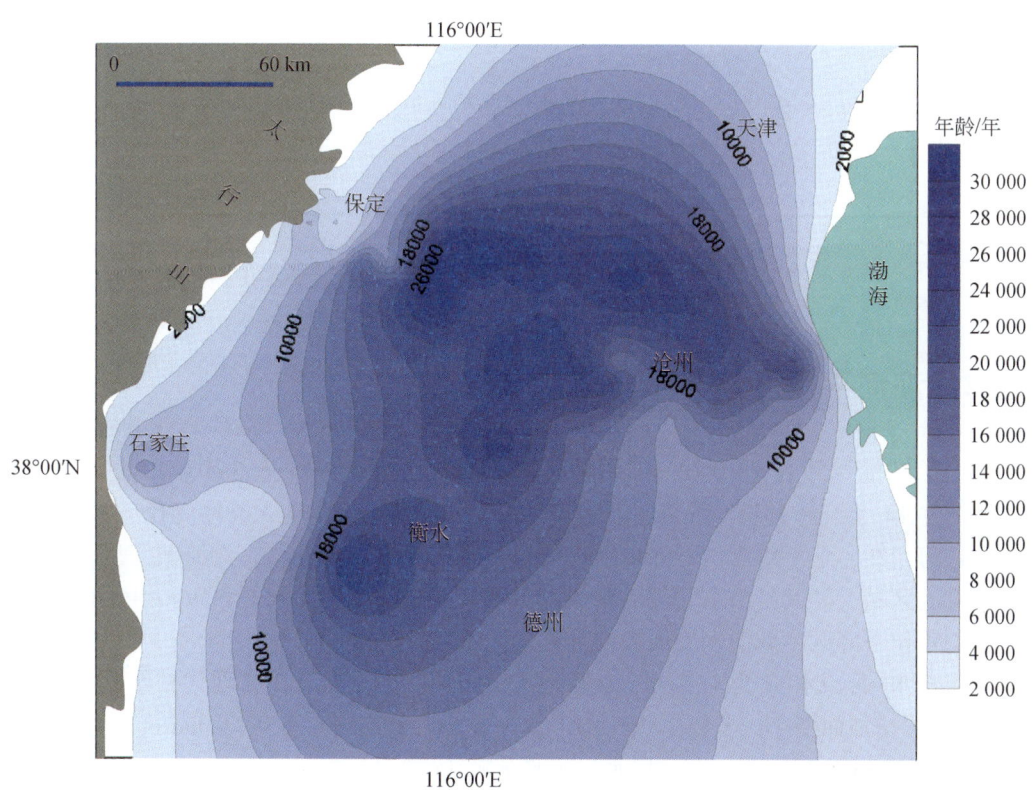

图 3-8 华北平原深层地下水 ^{14}C 年龄（毛绪美等，2010）

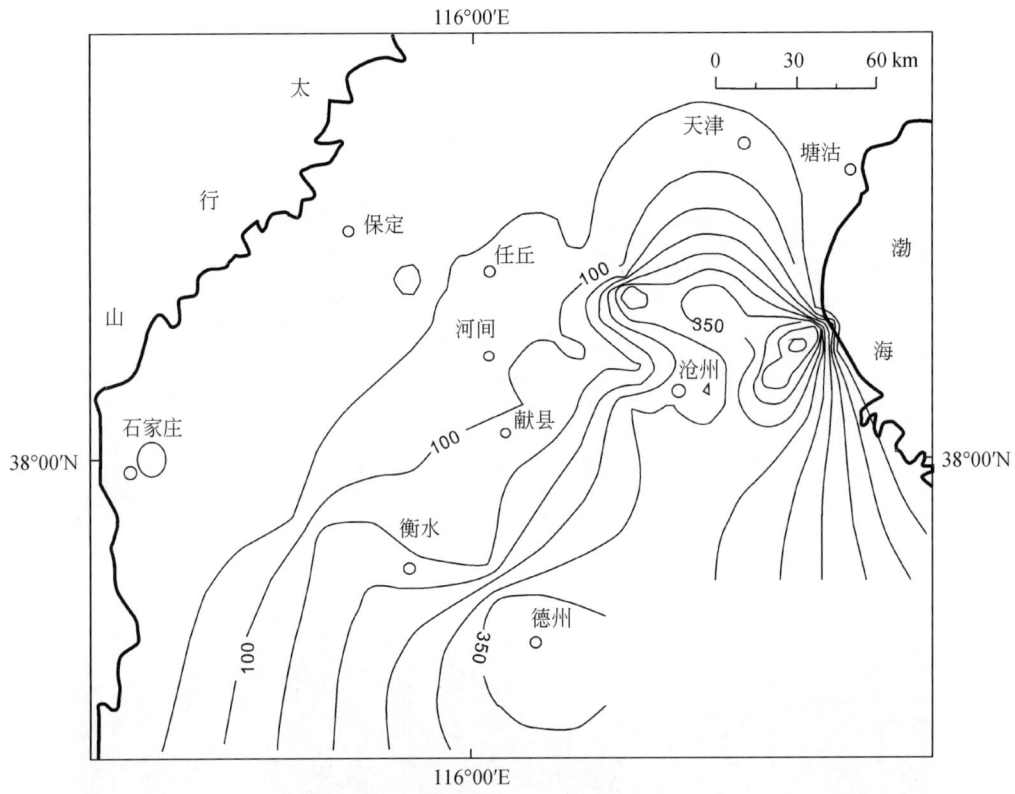

图 3-9 华北平原深层地下水 Cl⁻ 浓度（mg/L）分布（毛绪美等，2010）

3.2.4 滨河平原区地下水年龄

中国大陆海岸线长 18 000km，沿海人口密度为 580~1945 人/km²，13 亿人口中有 60% 生活在 14 个沿海省份。滨海地区地下水开采，导致该区补给条件变化，水质变化，由于靠近海岸线，地下水水位下降可引起海水入侵或深层卤水迁移，渤海滨海区是海水入侵最严重的区域，尤其是山东北部的莱州湾沿海岸一带抽取卤水制盐，1990 年后，形成沿海岸线的水位下降区，咸淡水界面向内陆移动。

浅层淡水-苦咸水 ^{3}H 为 1.8~15.3 TU，^{14}C 为 60~107 pMC[①]，为现代补给；承压含水层 ^{14}C 随井深增加而变小，多数小于 6 pMC，为古水，朝向海岸变老（Han et al.，2014）。深层地下水 ^{3}H 小于 3.5 TU，有浅层水向下越流补给。

莱州湾地下水中淡水与咸水、海水、卤水发生混合。卤水 ^{14}C<20 pMC，形成于晚更新世（Han at al.，2014）。深部含水层 ^{14}C 含量下降，为存留的古水，浅部卤水因混入现代淡水，盐度下降，水中含有 ^{3}H。

---

① pMC：现代碳百分含量（percent moden carbon）

3.3 海河流域地下水年龄结构和补给方式

海河流域平原区第四系地下水补给有两种方式：山前补给区垂向补给和山前地带侧向补给。垂向补给源有降水、地表水、农灌水等；侧向补给源为源自山区地下水水平径流。上述两种补给方式对应的地下水年龄分布不同：垂向径流过程地下水年龄自上而下变老；侧向径流过程地下水年龄远离径流输入端变老。因此利用地下水年龄可为分析平原区地下水补给源和补给过程提供数据，为制订地下水管理方案寻找可靠依据。

3.3.1 海河流域地下水年龄结构

在海河流域平原区，积累了较多地下水年龄数据，地下水测年数据的数量以 ^{14}C 为主，其次为 ^{3}H、$^{3}H/^{3}He$、CFCs、SF_6、^{4}He 和 ^{36}Cl 等。不同测年方法给出的定年结果有差异，为此，暂不考虑某个方法的测试精度，从多数测试结果的统计中找出地下水年龄空间分布，以及结构特征，分析平原区地下水补给源和补给过程。

按已有的测年结果，将地下水年龄分为三个类型：现代地下水、次现代地下水、古地下水（表3-3）。由海河流域平原区地下水年龄数据分析结果，将海河流域平原地下水在水平方向上分为三个年龄区（A、B、C）：A 区为山前冲洪积扇区，为非承压含水层，地下水年龄小于 40 年；B 区为中部平原区，自非承压含水层与承压含水层界处往东的区域，也是多含水层分布区，100~120m 深以下的地下水年龄为 60~30 000 年；C 区滨海区，地下水测年为几十年至 20 000 年，在滨海平原区受取样井深度的制约，多数样品仅涉及第 I 和第 II 含水层，深度范围为 0~150m，更深含水层的样品数据缺乏，在此不讨论。在垂直方向上，不同含水层地下水年龄有自上而下年变老趋势。地下水年龄垂向上的变化比水平方向更为明显。

表3-3 海河流域平原区地下水年龄分布特征

类型	年龄区间/年	空间分布	补给源
现代地下水	<40	山前冲洪积扇区	降水、地表水、农灌水
次现代地下水	40~1000	山前冲洪积扇区深部，中部平原区—滨海平原区浅层地下水	有现代水混合
古地下水	>1000	中部平原区—滨海平原深层地下水	古水

3.3.2 开采影响地下水年龄结构

海河流域地下水年龄具有以垂向分带为主的结构特征。过量抽取地下水，改变了自然条件下水的均衡状态和运移模式，引起不同含水层地下水发生混合，由此改变了海河流域地下水年龄分布。在垂向越流为主导的水流方式下，深层地下水年龄可变老，或变新。例如，在海河平原区，深层地下水降落漏斗区内^{14}C年龄大于15 ka，深层地下水年龄较老，表明地下水开采，疏干浅层年龄较新的地下水后，逐渐将老水剥离出来，深层地下水向上越流补给，形成老水出露窗。在衡水漏斗区^{14}C年龄较两侧年轻，表明浅层年轻地下水向下越流混入（陈宗宇等，2010）。印度尼西亚Jakarta地区多年深层地下水开采后，^{14}C年龄变新（Kagabu et al.，2013），有年轻地下水混入。深层地下水开采可诱发深层老水向上越流补给，也可引起浅层地下水向下越流补给。开采层位地下水年龄及其变化，揭示了这些越流补给过程。

海河流域平原区第Ⅰ和第Ⅱ含水层为浅层、浅层承压水（山前平原区为咸水，平原—滨海区为咸水），地下水年龄新，接受降水直接补给。第Ⅲ和第Ⅳ含水层为深层承压水，与第Ⅱ含水层之间有黏土质层作为隔水层，地下水年龄老。第Ⅲ和第Ⅳ含水层的过量抽取地下水引起第Ⅰ和第Ⅱ含水层向下越流，第Ⅰ、第Ⅱ含水层地下水进入第Ⅲ、第Ⅳ含水层后，后者地下水年龄则变新，或者第Ⅲ含水中混入第Ⅳ含水层地下水时，则地下水年龄变老。含水层之间越流，除影响水量外，还对水质产生影响。据估算，咸/淡水界面下移速度可达到0.5～2.0m/a（郭永海等，1995；费宇红等，2009a），浅层地下水向下越流使深层地下水水质承受污染风险。

北京平原区地下水CFCs年龄测试结果表明，浅层地下水年龄新，深层地下水年龄老。在顺义深降落漏斗区，中心出露无CFCs的"老水"，由中心区向外，则地下水年龄变新，含水层地下水年龄具有由浅至深变老的年龄结构。浅层地下水年龄有从山前向东南方向变老的趋势，但是总体而言山前地带地下水年龄新，小于30年，浅部含水层年龄在水平方向上的分带不明显。在山前补给区，地下水补给方式主要是垂向入渗补给，未发现明显的侧向补给。以顺义降落漏斗核心区为例，地下水垂向年龄变化远大于水平方向上的年龄变化，说明两个主要现象：一是垂向流速大（包括含水层之间的越流补给）；二是水平流速低。在山前冲洪积扇区，虽然为区域地下水补给区，但多含水层结构的深部承压含水层侧向补给能力弱，自山前单一含水层垂向入渗的降水、地表水、农灌水等现代补给，主要分布于入渗补给区，以及与入渗补给区相邻的中部平原区前缘地带。中部平原区承压含水层为年龄大于60年的地下水（无CFCs），可认为无现水补给（垂向和水平方向）。

由于地下水过量开采，海河流域平原区含水层之间发育垂向越流补给。无论开采层位地下水年龄如何变化（变老/新），含水层主要是以水资源亏损来维持高强度地下水开采量。虽然在一些开采部位深层地下水有年龄变新现象，但并不表明是获得了可更新水量。因为在深层含水层所处区域，难以获得降水直接入渗补给。在这一地区，浅层地下水年龄新，因补给源、可更新量有限，其更新能力也较弱。越流量是多含水层系统内的水量均衡，不能作为新增补给量，或至少不能全部作为可更新水量。

海河流域平区以开采深层地下水为主，浅层地下水开采量小。深层地下水过量开采降低了深部承含水层水头，当深层承水水头低于上覆隔水层时，承压含水层上覆沉积层结构上向托力下降，有向下迁移和挤出作用。在上部静压下，黏土、砂土层逐渐被压实，孔隙度下降，黏土矿物层间水、矿物颗孔孔间水等进一步向下部含水层排出。一些研究报告将黏土层收缩体积当成黏土层非弹性释水量，或者以此作为估算非弹性释水量的基础。分析黏土层密实过程时，需要开展足够的试验和分析，确定因深层地下水水位下降引起的黏土层密实，以及黏土层内水运移机理。因为黏土层的低孔隙度、层状矿物的吸水性和保水性，使其重力释水过程远比砂层、砂砾石层复杂。

一些研究表明，黏土压缩释水量能够占深层地下水开采量的20%~40%（王家兵和李平，2004；石建省等，2006），而平原区第四系地下水的侧向流入量、浅层含水层越流量、弹性和非弹性释水量分别占深层地下水开采量的16%、39%、7%和38%，其中浅层地下水向下越流、土层压缩释水占的比例较大。许多文章给出的压缩释水量数值都较大（>30%），同时给出了较大的向下越流补给量。非弹性释水是由于黏性土层被压缩体积变小，排除其中吸附水分的过程。黏性土层压缩释水后，黏土层结构更为紧密，孔隙度和导水系数变小。发生压缩释水的层位逐渐疏干水分，转变成阻（隔）水层。浅层越流补给需要通过黏性土层或特殊的连通层位，才能到达深部含水层。由此可见，非弹性释水部位与浅层地下水向下越流补给部位不能叠合在一起。也就是向下越流补给量大时，非弹性释水量小，反之，非弹性释水量大时，则向下越流补给量小。如果将向下越流补给与非弹性释水置于同一空间上考虑，则会高估可开采量。

过量开采地下水，使黏土质层非弹性压缩变形，引起地面沉降。在地表沉降中心，黏土层压缩率最大。黏土质层密实、地面沉降过程使含水层与隔水层位置发生位移，可分为两种情况：一是位置向下移动；二是含水层因黏土层密实作用厚度变小。地面沉降使得含水层内侧向流和含水层之间的垂向越流补给双重能力下降。

海河流域深层地下水水位大幅下降，形成尖状漏斗形，含水层地下水年龄分层结构表明深层地下水的开采消耗了含水层储存水量。

3.3.3 地下水补给源调整

海河流域山前冲洪积扇为砂砾石为主的单含水层，在冲积扇前缘逐渐变为多含水层，上部非承压含水层厚几十米，下部则为承压含水层。自中部平原区至滨海平原区为多含水层结构。因此海河流域平原区第四系含水层结构特征，决定了非承压含水层分布于山前洪积扇区和平原区浅部含水层，直接与降水和地表水联系。承压含水层为封闭体系，由含水层内部调整达到水动力平衡。

由海河流域气候和水文地质条件可知，平原区第四系地下水补给源有降水、地表水、侧向径流。西部山前冲洪积扇区为平原区含水层主要补给区，在中部平原区和滨海平原只有浅层非承压含水层有直接补给。Fei（1988）研究表明降水补给量可占70%~80%，其余为地表水入渗漏，而Kendy等（2004）提出农灌水渗漏补给量更大。Chen等（2005）认为承压含水层以山前地带侧向径流补给为主，但是Fei（1988）认为山前侧向补给量有限，仅占2%，应主要为降水、地表水入渗补给。因山区水库截流，地表水渗漏补给量几乎消失，只有在雨季时可有暂时雨洪水径流入渗补给。虽然对补给源和补给方式认识不统一，但是近几十年来，海河流域平原区地下水补给方式为分布式补给，补给源为降水和农灌水。

降水和农灌水用于维持农作物生长，通过蒸腾消耗。由地下水年龄数据估算出石家庄地区地下水补给量为 0.3m/a，而农灌用水量为 0.5m/a，蒸腾量达 0.7m/a（von Rohden et al.，2010）。相对于降水量 500mm/a 而言，降水补给量为 0.3m/a 偏高，降水在地下水补给量占的比例低。由于农灌水量大，它在地下水补给量中占有较大比例。由于农灌水来源于抽取的地下水，农灌活动是影响地下水水量平衡的关键因素。在山前地带，非承压含水层内，抽取地下水量大于地下水补给量，地下水水位下降。石家庄地区形成了海河流域平原区最早的地下水下降漏斗区。北京地区自 1970 年以后，开始大量抽取地下水，至今形成近千平方千米的地下水水位下降漏斗区。

山前冲洪积扇区是海河流域平原区的主要补给区。在这一区域抽取地下水的量大于补给量，除现代补给量被消耗外，还要消耗含水层之间的垂向越流，袭夺中部平原区侧向径流。

3.4 海河流域平原区第四系地下水形成和演化

海河流域平原区形成演化是在中国陆地第四纪地质背景基础上发展的。海河流域平原区第四系地下水系统具有分层独立的特征，除浅层地下水有现代降水直接入渗补给外，深层地下水接受现代降水补给只有通过补给区侧向补给。这一特性制约了海河流域地下水的补给、可更新能力和可持续利用潜力。

3.4.1 海河流域第四纪地质特征

中国陆地第四纪地质是青藏高原抬升新构造运动的组成部分，在地质上形成第四纪水系沉积、厚层黄土堆和大片沙漠区。在抬升构造机制下，产生了特征的第四纪地质、气候、环境，古近纪和新近纪湖泊被第四系沉积充填而萎缩和消亡，形成第四纪内陆和向海两类排泄水系，以及赋水岩系和特征的水循环条件。第四纪时期气候变化特点主要表现为冷干—暖湿交替，早期气候偏湿润，晚期偏干旱。在晚更新世晚期，全球气候变冷，即在第四纪末次冰期时，海平面下降百余米，使我国东部沿海陆地范围远大于现今。

第四系沉积具有多层结构，即不同沉积粒径的沉积物在空间上成层分布，形成成片连续的互层结构，黏土层与粗粒砂砾层相间分布，弱透水层（如黏土层）阻隔水渗透，隔离与深部含水层联系。

末次冰期-间冰期内的气候波动、海平面升降、海岸线进退形成的第四纪地理、环境，塑造了这一区域特征的含水层结构和地下水系统。海河流域平原区地下水具有咸淡水二元结构的特殊现象，具体分布为：自石家庄东至辛集的浅层地下水为淡水；自辛集、任丘、廊坊一线向东至渤海湾的浅层地下水多数为咸水。在早期湿润气候期，形成现今深层地下（淡）水；晚期干旱，有盐分累积，或者后期海水入侵带来过量盐分，为形成现今潜层地下水（咸水）提供盐分。

3.4.2 海河流域平原区第四系地下水来源

海河流域平原区受东亚季风影响，温度和降水量是影响降水稳定同位素组成的重要因素。石家庄降水稳定同位素 $\delta^{18}O$ 为 $-7.5‰$，δ^2H 为 $-52.5‰$；浅层地下水 δ^2H 值为 $-60‰ \sim -55‰$，$\delta^{18}O$ 值为 $-8.4‰ \sim -7.9‰$；深层地下水 δ^2H 值为 $-76‰ \sim -72‰$，$\delta^{18}O$ 值为 $-10.7‰ \sim -10.1‰$。与现代降水相比，深层地下水 $\delta^{18}O$ 值低 2.5‰ 左右，是晚更新世冰期古水补给，那时平均气温较现今低 7~8℃，地下水滞留时间距今 1 万~3 万年。地下水 $\delta^{18}O$ 值呈随地下水年龄增加而下降的趋势。现代水 $\delta^{18}O$ 大于 $-8‰$，晚全新世地下水 $\delta^{18}O$ 值为 $-8‰ \sim -10‰$，更新世地下水 $\delta^{18}O$ 小于 $-10‰$。$\delta^{18}O$ 值差异表明浅部与深部含水层形成的气候环境不同，深部含水层地下水 $\delta^{18}O$ 值低，气候偏冷；而浅部含水层地下水 $\delta^{18}O$ 值高，则气候偏暖。

山前冲洪积扇区地下水 $\delta^{18}O$ 变化，不能用陆地效应、高程效应、降水量效应来解释，因为山前地带 $\delta^{18}O$ 富集趋势是西高东低，与陆地效应作用方式相反；在山前地带，范围小，降水同位素应较均一，或仅为较小波动，含水层地下水同位素不出现趋势性变化。山前冲洪积扇区及海河流域平原区浅层地下水同位素呈现富集的特征与降水同位素组成有明显差异，入渗补给源和补给速率受人为影响大，降水难以直接快速地进入含水层。现代补给的地下水 $\delta^{18}O$ 值呈增加趋势。承压含水层地下水 $\delta^{18}O$ 值低于现代降水。

地下水灌溉面积占总灌溉面积的 70% 以上（Liu and Xia，2004），水库和黄河水灌区仅占不足 30%。灌溉方式仍以漫灌为主（蒋晓茹等，2009）。农灌水大部分为深部承压水，其 $\delta^{18}O$ 值较低，在到达地表后的再次入渗补给过程中，应有部分低 $\delta^{18}O$ 值的水补给浅部含水层。但实际观测表明，浅部非承压含水层地下水未见与深部地下水相似的 $\delta^{18}O$ 值。用深层地下水灌溉时，水发生较强蒸发富集作用，进入不饱和带过程再次发生蒸发富集。

浅层地下水 $\delta^{18}O$ 越是富集，表明补给过程中蒸发程度越高，同时表明不饱和带入渗速率越快。沧州 10~300 cm 深度土壤水 δ^2H 和 $\delta^{18}O$ 值分别为 $-60‰ \sim -53‰$ 和 $-7.2‰ \sim -6.4‰$，衡水土壤水 δ^2H 和 $\delta^{18}O$ 值分别为 $-70‰ \sim -52‰$ 和 $-8.1‰ \sim -5.3‰$，土壤水同位素受蒸发作用影响（王仕琴等，2009）。土壤水同位素浅部富集，尤其是靠近山前分带明显。农灌水再次补给地下水前，在地表和不饱和带至少发生两次蒸发。海河流域平原区，一年期间内有多次农灌，有利于不饱和带入渗。因地下水过量开采，导致地下水水位持续下降，相应地，增大不饱和带厚度，增加水到达浅水面距离，进一步增加了入渗过程中水的蒸发量和使 $\delta^{18}O$ 更为富集。

山前冲洪积扇区过量开采地下水，使地下水入渗系数下降，补给量减少，蒸发量增加，地下水 $\delta^{18}O$ 富集，地下水年龄变新，水循环周期变短。

3.4.3 海河流域平原区地下水可更新属性

海河流域平原区第四系地下水为山前冲洪积扇区单一含水层和平原区分层独立的多含

水层系统。山前单一含水层补给源为降水和出山径流补给的富区，地下水年龄新，以垂向分带为主，水化学类型相似。多含水层地下水的形成与第四系形成和演过程有关。每一个独立含水层地下水年龄和分布不同，水化学组成和类型有差异，含水层具独立水流场。含水层的分层特点，以及不同含水层地下水年龄差异，表明地下水的形成时间和过程具有阶段性和差异性。

同位素数据表明多含水层地下水来源为大气降水来源，虽然在入渗过程，以及与围岩的相互作用过程中，同位素和水化学组成有发生改变。

20世纪50年代初，平原地下水埋藏浅，水位为2~3 m，山前冲洪积扇有泉水。浅层地下水系统接受大气降水和地表水的入渗，地下水年龄新（年龄小于1000年）。浅层地下水系统为局部水循环系统，虽然浅层地下水易于获得补给，但是，浅层地下水的补给量依赖于气条件降水量和地表环境的影响。当在丰水年，降水量高时，降水入渗补量增加；而遇枯水年份，降水量小，入渗补给量亦随之下降。海河流域50多年降水量变化表明，年降水量有下降趋势，而降水量下降，直接减少了年可更新水资源量。另外，地表水系分布和径流量变化，也是影响可利用水资源量变化的重要原因。近几十年来，平原区地表水系大部分消失，浅表土壤失去维持一定湿度和水分的条件，使得浅层地下水一方面失去河水入渗补给；另一方面，浅层地下水的蒸散发量开始增加，相当于降水的有效补给量下降。

深层地下水为区域性循环系统，地下水年龄老，一般大于10 000年，形成于第四纪地质历史时期，与第四纪沉积物同步或略后形成。含水层多数为古河道和深埋古湖泊。后期沉积物覆盖后，成为独立含水层。独立含水层形成之后，可接受盆地边缘补给区侧向补给，或其他含水层的越流补给。侧向补给水源向平原区内流动的速度取决于含水层坡度、含水层渗透系数。深层地下水补给速率低于浅层地下水。海河流域平原区第Ⅱ、Ⅲ、Ⅳ含水层，为深层承压水，地下水年龄大于10 000年，其形成时间由新到老。形成顺序为Ⅳ—Ⅲ—Ⅱ，依次由先—后形成，不同含水层地下水的形成时间，不是连续的，是有间隔的，间隔时间有千年~万年（表3-4）。

表3-4　海河流域平原区地下水年龄、可更新属性（循环周期），可持续利用潜力

含水层	地下水年龄/年	补给源途径	可更新属性	可持续利用潜力
Ⅰ	<1000	降水、地表水	年~百年	取决于降水和地表水入渗量
Ⅱ	1000~10000	侧向、越流	较弱	取决于第Ⅰ层越流量、静储量
Ⅲ	10000~20000	侧向、越流	弱	取决于静储量
Ⅳ	>20000	侧向、越流	弱	取决于静储量

第Ⅰ含水层为浅层地下水，可获得降水垂直入渗补给，为咸水，大部分未开采利用。第Ⅱ含水层为淡水。深层地下水系统，只有在出露地表的位置才有可能获得降水，地表水的补给，或者在深埋的地方与其他含水层相联通，通过侧向径流方式补充。深层地下水补

给源在地下水的流速度取决于含水层的孔隙度、导水系数。海河流域平原区第四系为河湖相沉积，砂层与黏土层互层，而且互层结构在空间上，分布不均一，因此，即使是同一含水层内，同样可以存在黏土层与砂层之间的互层。由于黏土层隔水，或弱透水性，又可以将一独立含水层，细分为多个次级含水层单元。这一特性表明，海河流域平原区地下水侧向流速、流向具有不均性，或不连续性。

沧州第Ⅱ深层承压地下水矿化度自1983~2002年有升高趋势。沧试4孔深101m，属于淡水井（Ⅱ3），位于咸水与淡水过渡带，19年后淡水层中Cl^-、（Na^+、K^+）浓度增加近一倍，发生咸淡水混合，咸淡水混合例为50%。在衡水也发现有咸淡水界面下移现象，年均下移0.4 m。在滨州博兴—高青一带，咸淡水界面比20世纪70年代施工的深机井深10~100m，在20~30年间，咸水底界面平均下移20~30m，平均下移速度为1m/a。在20世纪60年代，中东部深层地下水位为0~2m，滨海平原有近5000 km^{2}自流区，水头高出地表3~5m。至80年代初，水头下降了5~20m。沧州漏斗区水头下降速率为2.8 m/a，衡水漏斗区水头下降速率为1.7m/a。深层地下水开采，形成上部咸水和下部淡水体水头差，多达几十米，高水头咸水向低水头淡水层越流补给，使深层淡水咸化（费宇红等，2009a）。

在河北平原区的石家庄、衡水、沧州区域性漏斗区，改变了地下水初始层状结构，过量开采导致深层地下水以越流量和黏性土层释水量为主，其次为砂层压密释水量和侧向补给量。越流补给和压密释水过程，都是以垂向水流运动为主，表现为含水层之间的水量调整和平衡。含水层间水量调整是地下水系统内部调整，对整体而言，无新增水量。

虽然对开采井，以及所处区域而言，可以维持一定的出水量，但是减少了整个地下水系统资源总量。第Ⅰ层与第Ⅱ层之间的咸淡水界面自1970年以后下移，下移速率与区域地下水水位下降速率相似。在沧州、衡水一带深降落漏斗区的咸淡水界面处，淡水有咸化特征，表现为Cl^-、（Na^+、K^+）浓度增加。咸淡水界面下移过程中的淡水咸化，表明第Ⅱ含水层淡水与第Ⅰ含水层咸水之间，可发生混合，也就是咸水层向淡水层的越流补给，第Ⅱ含水层有新增水量，可开采水量有增加，同时淡水的矿化度也相应增加。浅层地下水年龄数据表明，地下水中CFCs和^{3}H含量高，是有现代水补给的重要证据。浅层地下水的可更新特性，并不表明这一层地下水具有很强的供水能力，或具有无限的开采能力。海河流域的气候特点，表明这一地区为半干旱区，年降水量具有季节性、不均一性。在地下水水位下降区，不饱和带厚度增加，降水入渗系降低。地表水系消失，浅表层干旱化，气温的增加，浅层地下水获得直接补给的有利因素消失，降低了浅层地下水资源恢复能力。

在自然条件下，海河流域平原区Ⅱ、Ⅲ、Ⅳ承压含水层从西侧山前获得侧向补给。由于在山前地带地下水过量开采，如在石家庄、北京都长期大量抽取地下水，不仅袭夺了当年可更新水资源量，而且，还过量开采早期储存的水资源量。山前平原区，大范围地下水降落漏斗区，截断了向东侧平原区的侧向径流。深层承压水几乎无新增水资源量，为最不易补偿的储存资源，过量开采将导致含水层被疏干。因此，海河流域平原区Ⅱ、Ⅲ、Ⅳ承压含水层可更新性弱，其可持续开采潜力取决于含水层静储量。

河北平原区的石家庄、衡水、沧州区域性漏斗改变了地下水初始层状结构，过量开采导致深层地下水以越流量和黏性土层释水量为主，其次为砂层压密释水量和侧向补给量。越流补给和压密释水过程，都是以垂向水流运动为主，为含水层之间的局部水量调整，整体而言，无新增水量。

3.5 海河流域平原区地下水咸化机理

3.5.1 中部平原区含水层咸化

在冀东平原南丰—乐亭一线以南，以及廊坊—安平—宁晋—鸡泽—魏县一线以东的低平原地区，咸水覆盖面积约 38 472km²，约占平原区总面积的 55%，包括秦皇岛、唐山、廊坊、保定、石家庄、邢台、邯郸、衡水、沧州 9 个城市的部分区域。沧州市平原地下水利用程度最高，咸水分布面积最广。

海河流域平原区地下水矿化度大于 1 g/L 的微咸水、半咸水和咸水面积占平面区总面积的 57%，其中 1~3 g/L 微咸水占 41%，主要分布在中部平原区；3~5g/L 半咸水占 9%；大于 5g/L 咸水占 9%，主要分布在东部平原区（图 3-10）。咸水体呈向渤海湾方向倾斜的楔形体，自西向东增厚，顶界面埋深 0~70m。咸水体的厚度在平原西部变小，厚 10m，至渤海超过 50m 厚。平原山前冲积扇为全淡水分布区。在平原、滨海以至渤海湾，咸水层近百米厚，在平面上浅层咸水及浅层淡水呈条状分布，展布方向与河流流向一致，沿河道（古河道）为浅层淡水，河间洼地分布浅层咸水。

大陆盐渍化作用是在海河流域早期提出的咸水层形成机制，降水入渗对晚更新世以来的地层积盐的溶滤，以及后期水-岩作用，分异而成的上部的咸水体和下部的淡水体。大陆盐渍化作用或可因为褶皱山区前缘补给区驱动地下水向上越流盆地内部浅部，导致盐分累积。关于咸水成因现有三种认识，一是古代渤海海水入侵时遗留的海相沉积造成的；二是在湖沼、洼地沉积富集盐分；三是在晚更新世晚期，全球气候变冷，即第四纪末次冰期时，海平面下降百余米，中国大陆范围向东延伸，在干旱大陆盐渍化环境造成的。

在地表或地表以下的封闭或半封闭系统，如干旱区盐湖、沉积盆地和结晶岩区地下水、海相沉积盆地孔隙水，以及地热水等环境易形成咸水；在开放系统中，补给水稀释盐分，不易形成咸水。从补给条件分析，海河平原第四系地下水补给源为大气降水、山前侧向补给、河水渗漏补给、灌区回归补给等。山前侧向补给量为 10 亿~20 亿 m³/a（张兆吉，2009），仅补给浅层地下水（刘昌明和魏忠义，1989）。中部平原区-滨海平原区地势低洼，为排泄区，盐分不易排除。外来盐分和沉积物内易溶解组分，汇集于滞留水体中。盐分有海水入侵时的残留盐分，又有陆地湖沼环境累积的盐分。自西向东，由山前向滨海区咸水体呈楔形变厚的形态，表明咸水体受现代降水改造，靠近补给区的咸水被稀释变薄，而东部滨海地带的咸水体与现代补给环境相隔离，仍维持初期的厚大咸水体，或接受盐分累积。

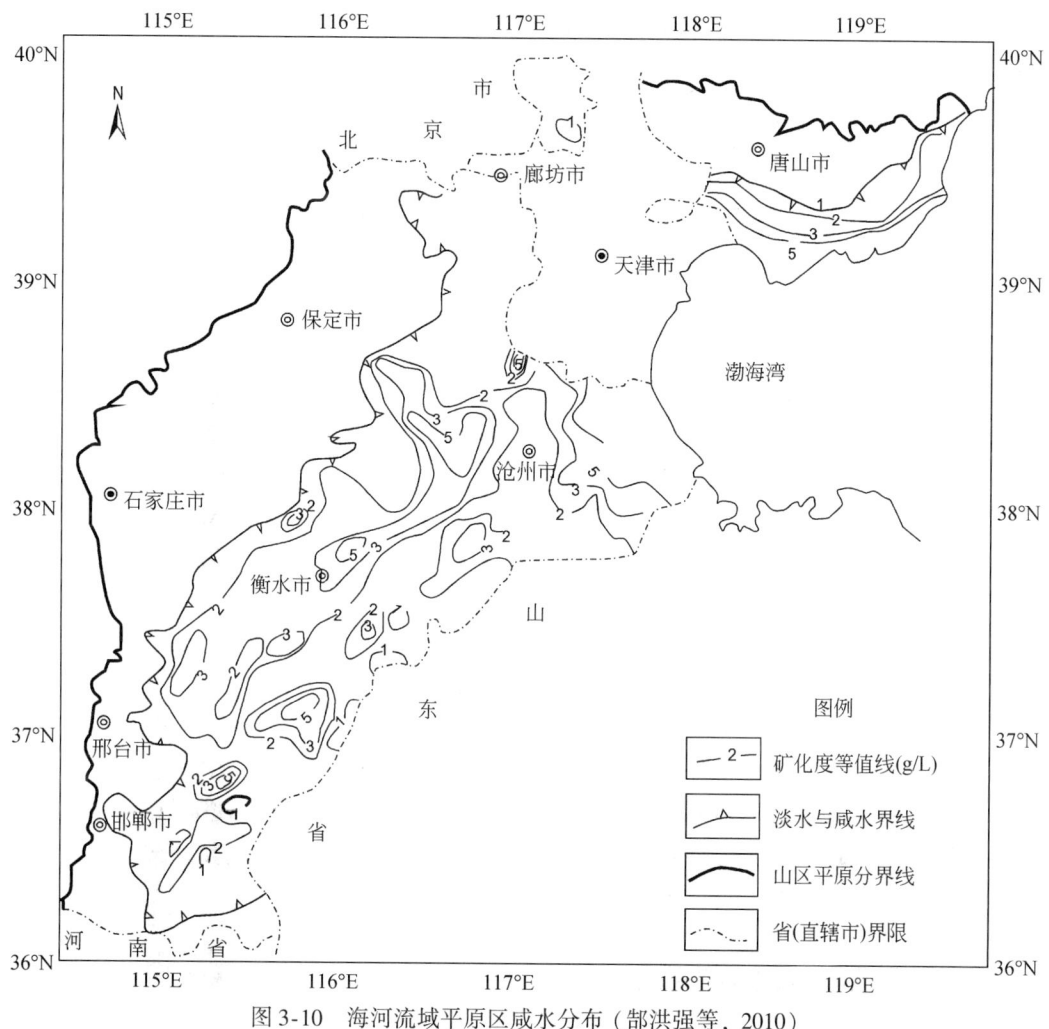

图 3-10 海河流域平原区咸水分布（郜洪强等，2010）

咸水体主要赋存于第Ⅰ和Ⅱ含水层，^{14}C 年龄小于 1 万年，是全新世高温期后的产物，反映全新世以来的海水入侵和大陆干旱作用结果，尤其是排泄不畅、水循环环境相对封闭所致。与之相对照，在早期Ⅲ、Ⅳ含水层形成时期，水文地质条件处于开放环境，地下水补径排通畅，无盐分累积，则形成淡水层。

3.5.2 滨海地带淡水咸化

3.5.2.1 莱州湾滨海地下水咸化

海水（或咸水）入侵使淡水咸化，一般发生于滨海地带；或与咸水层有水力联系的含水层，在自然或人为因素作用下，水动力条件变化改变了淡水与咸水界面平衡，海水或高盐度咸水向内陆迁移。滨海地带含水层淡水咸化，造成供水紧张和土地盐碱化。淡水咸化有两种含义：一是现有的观测都是以淡水变咸为特征；二是造成淡水变咸的原因可以为现代海水入侵（渗），也可以为含水层中的咸水、卤水越流，或侧渗。

在我国，淡水咸化现象首先于1964年在大连发现，70年代后期出现在莱州湾，80年代后淡水咸化范围扩大，在莱州、龙口、寿光、昌邑、秦皇岛、大连、宁波、北海等地较为明显。2010年，在莱州湾地区淡水变咸面积为4300km^2，是淡水咸化面积最大地区。下面以莱州湾与秦皇岛两地的淡水咸化特征分析滨海地带淡水咸化制约因素。

莱州湾地区包括龙口、招远、莱州、平度、昌邑、潍坊、寿光和广饶8个地市，其东部为胶东丘陵，南部为泰沂山区，西北部为黄河三角洲平原，北部海拔2m，南部海拔20m以上，坡度平缓，海岸线长约200km。莱州湾南岸（小清河至虎头崖）的粉砂-淤泥质海岸由鲁中山地北麓诸河冲积而成，自陆向海，地势缓慢倾斜，海拔由30m降至2m。晚更新世以来，三次海侵（沧州海侵、献县海侵、黄骅海侵）入侵至寿光—寒桥—昌邑—新河一带。莱州湾东岸（虎头崖至栾家口）的丘陵地貌和山前低缓剥蚀平原为基岩港湾与沙坝-潟湖海岸，黄骅海侵曾影响到这一区域。第四系厚度自南部向北变厚，在南部为100m，北部为300m，主要为古河道沉积。晚第四纪海侵发育有海相沉积地层，其中赋存有卤水。

莱州湾东、南沿岸地区水文地质体有三个水文地质区（全淡水区、咸-淡水区、全咸水区），在水平方向和垂直方向上，水质有明显变化（图3-11）。全淡水区有基岩裂隙和松散孔隙水；咸、淡水多含水层区为孔隙水淡-咸（咸-淡）两层结构和淡-咸-淡三层结构；全咸水区为莱州湾东岸孔隙水咸水、半咸水区。

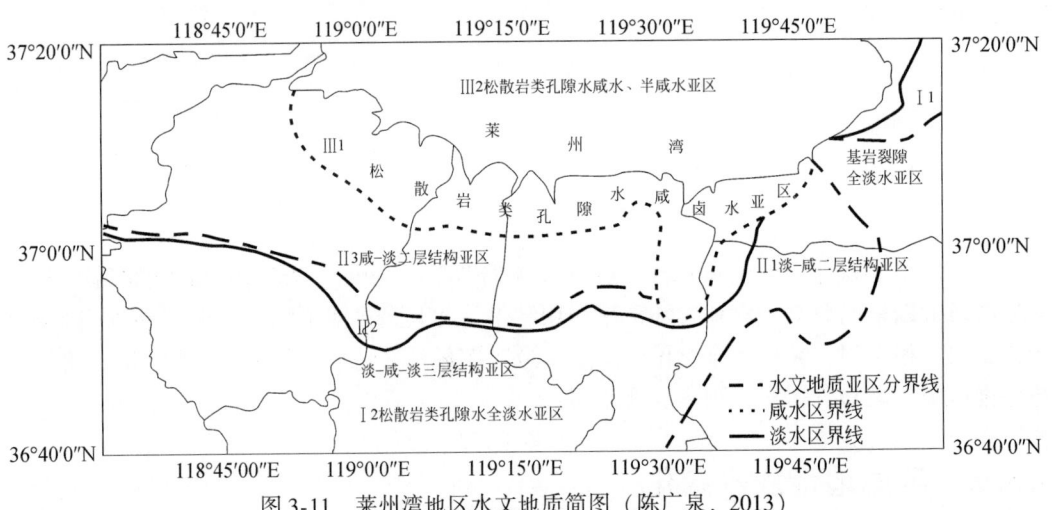

图3-11 莱州湾地区水文地质简图（陈广泉，2013）

全淡水区特征：为潜水，矿化度小于1g/L，在山前地带，单井涌水量为500m^3/d，局部地段可达1000~5000m^3/d，水化学类型为HCO$_3$-Cl型。

咸-淡水区特征：上部为咸水层，下部为淡水层（1~2g/L）。上层咸水矿化度有差异，在南部为2~50 g/L，北部大于50 g/L，水化学类型为Cl-HCO$_3$和Cl-Na型。含水层以粉砂为主，单井涌水量为500~1000m^3/d。

莱州湾第四系含水层淡水、咸水、卤水之间关系的研究，有助于理解区域地下水咸化机制。淡水咸化有自然水文地质过程和地下水过量开采诱发咸水层受淡水迁移，发生咸淡水之间混合，使淡水咸化两种不同的作用。无论哪种机制，淡水中盐分来源是确定淡水咸化的重要因素。通过分析莱州湾水文地质环境，淡水咸化过程中盐分来源有如下几种：含水层形成过程中累积的盐分（陆相蒸发沉积）、早期形成的咸水层和卤水层、现代海水。

在图3-11中，从第Ⅰ淡水层向北，发育有第Ⅱ淡-咸水混层，以及第Ⅲ咸水、卤水层，表明向北朝向海岸方向，淡水与咸水（卤水）混合程度增加。从另外一个角度而言，咸水（卤水）层因有不断更新的淡水混合，不断向北退。水化学、同位素和地下水年龄数据表明咸水、卤水是全新世甚至更新世时期形成的老水，而非现代海水。莱州湾环滨海地带咸水、卤水体分布表明，平原区地下淡水无直接海底排泄区。咸水、卤水层与淡水层相邻，含水层结构、水动学背景条件相似，在含水层受到扰动后（如开采淡水，或卤水），改变地下水动力平衡，造成咸-淡水作用界面和范围的变化，是淡水咸化的主要机制。不同水质含水层之间的混合作用范围和程度远远超过海水通过咸-淡水界面的渗透作用。

莱州湾一带浅层地下水（第Ⅰ含水层）为含氚水，属核爆后补给，$^{14}C>55$ pMC，为现代降水补给，而深层地下水（第Ⅱ含水层及以下含水层）氚含量低，甚至为无氚水，$^{14}C<30$ pMC，为少量现代水混入，或无现代水补给。在莱州湾（海河流域滨海平原区），存在独立于海河流域中部平原区的滨海地下水系统。由此可见，在海河流域平原区或者河北平原区，地下水系统为由多个相互独立的地下水系统构造成的复合地下水系统，即山前冲洪积扇区地下水系统、中部平原区地下水系统和滨海平原区地下水系统。海河流域平原区咸水、卤水形成机制是低洼地势、排水不畅、相对干旱的环境下的较强陆面蒸发共同作用的结果。

3.5.2.2 秦皇岛地下水咸化

在秦皇岛沿海地下水类型为基岩裂隙水和孔隙水。第四系孔隙水易受海水（咸水）影响。由山前至滨海，地下水水循环速度减缓，水化学类型复杂，矿化度增高。在抚宁区北部、西北部为山区，是地下水补给区，南部为平原区。平原西北部为晚更新统和全新统，地势高，地层厚10~25m，含水层厚8~15m，最厚可达60~70m，富水性较弱。西南部洪积扇透水层与弱透水层到层，富水性弱。中部和东北部为北戴河冲积平原区，含水层厚10~60m，单井单位涌水量15~45m³/(h·m)，水位埋深一般为2~4m。沿现代河道和古河道含水层厚度较大，单井涌水量达1000~3000m³/d。在山前平原的山麓地带，含水层薄，富水性较差。地下水开采量增加，地下水水位下降，使得海水入侵，咸水沿河口向陆内渗透。

地下水类型为基岩裂隙水和孔隙水。第四系孔隙水易受海水（咸水）影响。由山前至滨海，地下水水循环速度减缓，水化学类型复杂，矿化度增高。

北戴河平原经济活动以农业和旅游业为主，1949~1965年开采地下水，随后，机井数量逐年增加,到1989年时,秦皇岛全区机井数量超3万眼。在春夏季,农业灌溉地下水开采量达$1.7\times10^6\,\mathrm{m}^3$。另外,还有一些水源地供水需要开采地下水,如枣园水源地、工业自备井等。20世纪80年代以后,乡镇企业生产用水量增加,在留守营、樊各庄一带形成地下水降落漏斗区,1991年,漏斗中心最低水位为-12m。2004年降落漏斗区面积为132km²。

北戴河枣园水源地建于20世纪60年代初期,当时抽水量为125万 m³/a,70年代后期开采量为350万 m³/a,到80年代开采量超过1000万 m³/a,形成枣园水源地漏斗区,漏斗中心水位低于-3m。1986年地下水降落漏斗面积为28km²。自1985年起,枣园地区地下水开采量下降(图3-12),尤其是1992年引青济秦工程运行后,北戴河平原地下水用量明显下降。

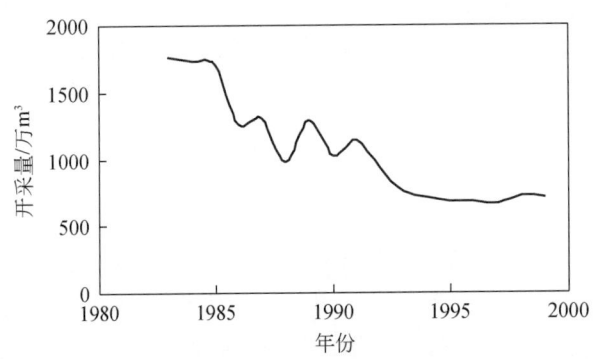

图3-12 秦皇岛枣园地区地下水开采量变化

20世纪60年代以前,枣园地区地下水水质良好,氯离子含量小于130mg/L,水化学类型为HCO_3-Na型。70年代初,枣园地区个别水井微咸化,80年代初期枣园水源地氯离子含量超过300mg/L,到2002年高达1367mg/L,水化学类型为Cl-Na型。2004年咸化面积为53km²,是1986年的一倍(图3-13)。受海水入侵影响,枣园水厂地下水中矿化度、氯化物、硫化物等浓度超过饮用水标准而不能饮用,水源地21眼供水井中的14眼井报废。在枣园水源地附近18个村庄,有370眼机井水质变坏,报废率为48.6%,造成8个村饮用水困难。咸水沿土壤进入耕作层,土壤中Na^+和Cl^-、SO_4^{2-}等含量升高,盐分向土壤表层聚积形成次生盐渍化。现代滨海地区淡水咸化过程都是伴随地下水开采利用发生的。短期抽取地下水后,就出现咸化现象,表明滨海地区地下水的开采易于扰动咸淡水界面平衡,而且在滨海地区缺乏足够的淡水将咸水向外驱动。

滨海地区咸水向内陆迁移的驱动力主要受水动力条件控制,当内陆地下水水位下降低于海水水面时,或咸水层水位高于局部淡水层时,咸水则有向低处淡水渗流的趋势。咸水向淡水层迁移过程则受含水层孔隙类型、含水层介质性质的影响。孔隙含水层和孔隙度、吸附性、渗透性等参数影响咸水渗透性。

由于海湾多数为陆地河流入河口,河流携带的泥砂形成入海口三角洲堆积物。在入海口地带形成两种沉积结构:沿河道的含砂量高的沉积层,以及河床两侧砂层与泥质层互

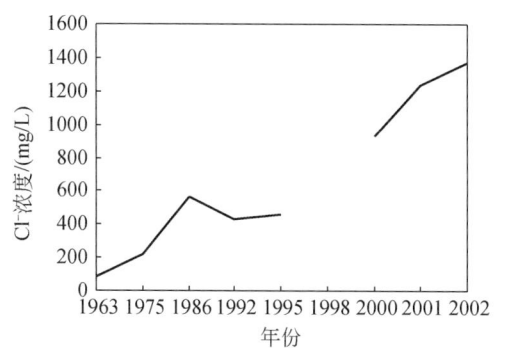 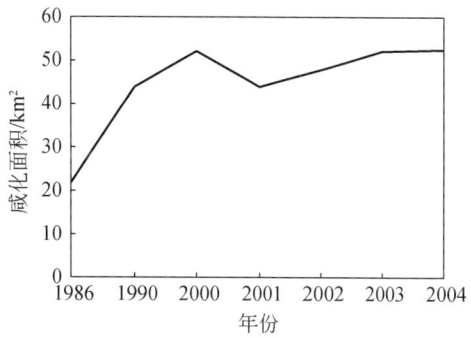

图 3-13　枣园地区地下水 Cl⁻浓度和咸化面积变化图（左文喆，2006）

层。前者易形成单含水层结构；后者则形成多含水层结构。单含水层结构与海水直通时，一旦淡水层水位低于海水，则海侵易沿河道向上扩展，形成沿河道的海侵。而多含水层结构地区海水入渗和侵入范围相对于单含水层结构更为缓慢。含水层的成层性，以及形成的水平和垂向分带，也是影响咸水、海水渗透范围的重要影响因素。这一现象在洋河河口表现较为明显，由于枣园水源地的过量开采，地下水位低于海平面 1~3m，海水沿洋河道上侵。在西南侧的抚宁造纸厂一带，地下水水位低于海平面 6m，海水渗透侵入范围小于枣园一带的渗透范围。在远离河道入海口或多含水层分布区布置水源地，相对能够减轻海水侧渗的影响。

通过分析莱州湾和秦皇岛滨海地区淡水咸化过程和现状资料，发现两个地区在含水层类型、咸化程度和范围都有较明显的差别。秦皇岛滨海地区第四系厚度薄，沿河口和河道附近淡水更易咸化，咸化范围扩展速度较快，其咸化机制为现代海水入渗和侵入。在莱州湾地带，第四系含水层厚度较大，具有多含水层，在这一地带淡水咸化机制更为复杂，因为除了现代海水外，在这一地区还发育有（现、古）卤水层。莱州湾较大范围的淡水咸化，其控制因素不仅仅是由于现代海水渗透侵入，而含水层卤水、咸水向淡水层越流引起淡水层咸化也是重要的原因。咸水、卤水越流比海水渗透侵入更易形成较大范围的淡水咸化。

3.6　本章小结

海河流域平原区地下水为历史时期储集水资源。在燕山、太行山山前地带形成巨型地下水储库，水质良好。自然状态下，山前地带地下水转换为地表水，涵养中东部平原区。海河流域平原区农业灌溉大量利用了源区和本地储集水资源，引、排水渠系与河系连通形成快速排水系统，使水资源总量下降、生态-水文环境退化。

山前冲洪积扇区地下水年龄以垂向分带为主，即从浅到深地下水年龄变老。北京，石家庄等山前深降落漏斗区地下水年龄的垂向分带特征表明，在山前补给区地下水侧向水流动力场较弱。山前地带地下水年龄新，可更新能力较强，然而由于侧向水流弱，中部细土平原区（多层）含水层获得现代水补给过程缓慢，尤其是在细土平原区的深层地下水难获得现代水补给。在这些含水层中提取地下水消耗含水层储存量。

中部细土平原区具有特征咸水含水层，为陆地封闭湖泊，排泄不畅，经蒸发盐分累积所致。西侧补给区淡水层向东部侧向运移，淋洗稀释咸水层地下水，咸水层向东面海方向楔形变厚，咸水层盐分有分散和扩散趋势。

中部细土平原区具有特征咸水含水层，为陆地封闭湖泊，排泄不畅，经蒸发盐分累积所致。咸水层向东面海方向呈楔形变厚咸水体，为西侧补给区淡水层不断向东和深部淋洗稀释的结果，咸水层由盐分累积向盐分扩散方向转化。

第4章 北京地下水年龄与补径排条件

北京位于海河流域西北部山前与平原区交界处,海河流域平原区地下水补给区内。在自然状态下,降水和山前侧向补给自此外进入中东部平原区的含水层。北京地表水源主要源自密云和官厅水库,由于水库来水量明显衰减,已不能满足城市供水需求。自20世纪70年代以来,地下水成为主要供水水源,其中以北京平原区第四系地下水为主。经过近几十年高强度开采,平原区山前补给区内的地下水水位明显下降,水循环过程和路径已发生改变。近二十多年来,岩溶水资源的利用量也逐年上升,对平原区第四系水补给下降。降水-地表水-地下水之间,由相互联系,相互转化,变为相互隔离。北京平原区地下水过量开采截流了向下游的地表和地下水径流,影响下游细土平原区地下水补给源。为此,海河流域山前补给带地下水补径排过程识别和研究,对深刻理解海河流域地下水资源具有重要意义。地下水年龄是揭示这一变化过程的重要参数,结合北京平原区第四系孔隙水和岩溶水年龄测试和分析,探讨北京地下水的形成和演化过程,为认识海河流域地下水资源提供基础资料。

4.1 研究背景

以北京市平原区孔隙水和岩溶水两种不同类型储层为重点,应用水文地质学、环境同位素水文学和地下水年代学的理论和方法,尤其是地下水 CFCs 示踪和定年技术和理论,针对海河流域地下水过量开采引发的地下水循环路径和水流场变化,以及地下水可持续利用问题进行深入研究。

4.2 气候和水文条件

4.2.1 气候条件

北京平原地处华北平原北部的山地与平原的过渡地带,三面环山,西北两侧依太行山和燕山,东南部濒临渤海。各山脊大致可连成一条平均海拔1000m左右的弧形天然屏障,形成山前山后气候的天然分界线。

北京平原属暖温带半干旱季风气候。一年四季分明,1月气温最低,平均温度为-4.6℃;7月温度最热,平均气温为25.8℃。降水发生于6月、7月、8月。年无霜冻期190～200天,≥10℃积温4200℃。山前一带为多雨区,年降水量为650～750mm;山后和平原南部地区为少雨区,年降水量为400～500mm;多年年平均降水量约为595mm(图4-1),最大降水量与最小降水量相差悬殊。1959年北京降水量为1405mm,1921年为

256mm，1891年为168mm。西南部和东北部降水相对较多，西部和东南部平原地区相对较少。受水汽条件、地理位置、地形等条件的影响，降水时空分布不均，丰枯季交替发生。

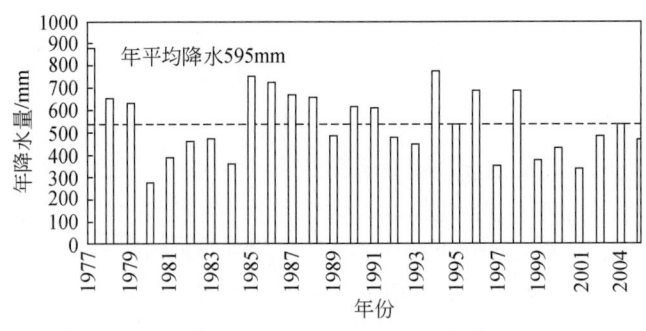

图 4-1 北京 1977~2005 年降水量

4.2.2 地表径流

北京市行政区域面积为 1.68 万 km²，自西向东有五大水系，即大清河水系、永定河水系、北运河水系、潮白河水系、蓟运河水系，汇水面积约 5 万 km²。

北京市多年平均入境水量为 16.5 亿 m³，多年平均出境水量为 11.6 亿 m³。北京市已建成大中小型水库 85 座，其中大型水库 4 座，即官厅、密云、怀柔和海子水库，中型水库有 16 座，小型 65 座，总库容 93 亿 m³，控制北京山区流域面积的 70% 以上。另建有塘坝 433 座、橡胶坝 50 座、机电排灌站 4907 处、机井 5 万眼、城镇自来水厂 23 座、大型引水渠 330km 等。这些水利工程控制了出山地表水径流量。北京地表水入境水量由 1980 年的 13 亿 m³ 锐减为 2003 年的 4.2 亿 m³，减少 68%。地表水在北京供水中所占的比例大幅下降。

4.3 地下水资源量及开发利用状况

4.3.1 地下水资源量变化

降水是流域水资源输入量，制约流域水量分布、河川径流和地下水补给。按多年平均降水量 595mm 计算，年均降水总量折合水体 100 亿 m³，其中形成地表径流量 22 亿 m³，地下水资源量 26 亿 m³，扣除地表水地下水重复计算量，天然水资源量为 40 亿 m³。

北京地下水资源主要储存在第四系松散孔隙含水层中。平原地区地下水多年平均总补给量为 29.4 亿 m³/a，地下水可采资源量为 24.6 亿 m³/a。永定河、潮白河冲洪积扇中上部的城近郊区和密-怀-顺地区地下水可采资源量约占全市平原地区可采资源量的 48%，是城市集中供水的主要水源地。图 4-2 为北京市地下水开采量变化趋势。

20 世纪 60 年代，全市地下水开采量为 10 亿~20 亿 m³/a，地下水位有升有降，无明显

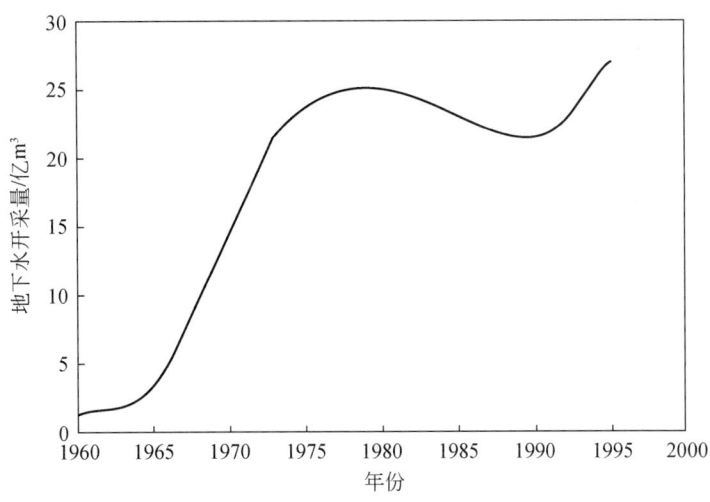

图 4-2 北京地下水年开采量变化趋势

下降趋势，山前地带泉水仍可溢出，地下水补给与排泄基本平衡。70年代以后，多年实际开采量为25亿~29亿 m^3，使区域地下水位下降，大量泉如玉泉山泉、龙山泉等断流。

20世纪70年代，北京平原区地下水亏损21.5亿 m^3，1980~1995年地下水累计超采22.7亿 m^3，1991~1995年持平，到2004年年末，地下水储量累计减少65亿 m^3。2010年北京市需水量为50亿 m^3，供水能力仅为34亿~41亿 m^3，缺水10多亿立方米。

2009年北京的GDP达到1.2万亿元，工业用水从10.5亿 m^3 减少到5亿 m^3；农业用水从16.5亿 m^3 减少到12亿 m^3。但是由于人口持续增加，生活用水由13亿 m^3 增加到14.7亿 m^3。环境用水量由0.4亿 m^3 增加到3.6亿 m^3。再生水利用量由0.4亿 m^3 增加到6.5亿 m^3。近十年来，不断提高水的利用率，北京市年供水总量从40多亿立方米降到34.5亿 m^3。但是，在75%的保证率下，北京平均每年仍缺水16亿 m^3。

4.3.2 超采区

1960~1979年全市平原区地下水水位累计下降3.83m，1980~1995年下降4.44m，截止到1995年，全市地下水漏斗面积达1963 km^2，占平原面积的30.7%。漏斗中心分布在朝阳区将台路到顺义米各庄一带，中心水位2.8m。2001年年末地下水平均埋深为16.4m，与1980年年末相比，地下水位下降了9.2m，储量累计减少47亿 m^3。2007年年末，北京地下水平均埋深22.79m，与1960年相比，地下水资源量减少了100亿 m^3，与1980年相比，储量减少80亿 m^3。平原区地下水埋深大于10m的范围由1980年的670 km^2 增加到2003年的4108 km^2，增幅513%。地下水超采区面积为3000 km^2 余，占平原区面积的50%。

1991~2003年，北京平原区地下水超采范围呈增加趋势（图4-3）。1991年、2000年和2003年超采区面积统计结果列于表4-1。1991~2003年超采区面积从1528 km^2 增加到2252 km^2，12年期超采区的面积增加47%，严重超采区面积从1058 km^2 增加到3147 km^2，严重超采面积增加了200%。到2005年年末，地下水埋深超过10m的范围超过4000m²，地下水降落漏斗面积扩大。北京市漏斗分布在城近郊区及远郊区的顺义、大兴、通州和房山区等集中开采区。朝阳和顺义漏斗基本连成一片。在第四系较薄的地方，如卢沟桥—丰台等地，含水层濒临疏干。

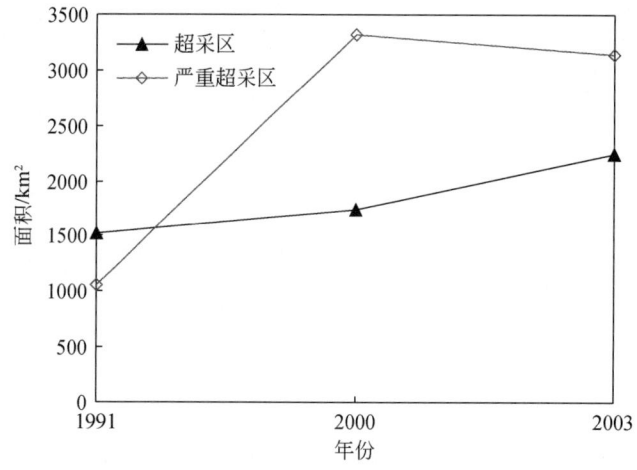

图 4-3　北京平原区地下水超采区面积变化

2007年北京地下水平均埋深22.79 m，与1960年相比，地下水储量减少了100亿m³；与1980年相比，储量减少80亿m³。北京周边地下水超采更为严重，华北地下水超采达1200亿m³，相当于200个白洋淀的水量。京津冀已形成了5万km²的地下水降落漏斗。大规模地下水降落漏斗的形成改变了地下水自然状态下的运移路径，由此引发了围绕地下水降落漏斗的局部水流场。由于潜层地下水水质不同程度地变差，深层地下水越来越多的成为生活饮用水源地。深层地下水开采量的增加必然会引起周边水动力条件变化，引起不同含水层之间平衡状态的改变，影响水源水质和水量。

表 4-1　北京平原区地下水超采面积统计表

年份	评价面积/km²	超采区面积/km²	严重超采区面积/km²	超采区面积合计/km²	超采区所占比例/%
1991	6528	1528	1058	2586	39.6
2000	6528	1743	3312	5055	77.4
2003	6032	2252	3147	5399	89.5

4.3.3　地下水位变化

山前冲积洪积平原区的地下水动态以入渗-水平径流-开采型为主；东部的浅层淡水动态类型属入渗-蒸发-开采型。大气降水控制着潜水水位的动态变化，每年1~3月地下水开采量低，无降雨，仅接受山前侧向补给，水位相对稳定；4月为春灌期，5月至7月上旬为低水位期。7月中下旬至8月进入汛期，地下水开采量减少，并接受降雨入渗补给。9月和10月为高水位期，在丰、平水年份年末，水位可以回升到或超过年初水位。在特枯年份，因开采期较长，地下水水位呈连续下降趋势。

在河水补给地下水的地段，河水动态对潜水位影响较大。沿永定河和潮白河一带，潜水主要受水库放水量和放水时间影响，水库放水后附近地下水水位迅速上升。潮白河密云段为河水补给地下水。在卢沟桥下游，永定河逐渐变为地下河补给地下水，是西郊地区第四系地下水的重要补给源。

潮白河一带地下水动态变化可分为如下三个阶段：

1）1980年以前，潮白河河道常年有水，地下水位高。

2）1980~1999年，潮白河断流，地下水尚未显著超采，地下水位下降不明显。

3）2000年至今，潮白河断流，地下水水位明显下降，下降幅度大于20m，水循环路径发生转折。

地下水开采量的变化和地下水之间下降之间可划分出如下几个阶段：初期阶段、中间期阶段和后期阶段。

第一，初期阶段的地下水水位下降，主要受地表水补给量减少所致，地下水开采量小，对地下水水位的影响小。地下水位高，易受降雨补给，地下水资源可恢复性强。地下水位波动与季节变化有明显的一致性。

第二，中间期阶段，地下水开采量持续增加，而地表水补给减少，甚至中断，然而地下水开采量则持续增加，地下水水位下降明显，不饱和带厚度增加，降水补给路径增长，降水对地下水补给滞后或减少。地下水水位波动幅度减少，随季节变化程度下降。

第三，后期阶段，无地表水补给，降雨补给因不饱和带厚度增加而减弱，甚至停滞。

北京平原区地下水利用进入第三阶段，表现为浅层地下水资源量下降，深层地下水资源消耗量增加，地下水总资源量下降。

4.3.4 地面沉降

北京地面沉降主要发生在市中心北部，地面沉降速率在20世纪60年代以前为2~5mm/a，1973~1981年的地面沉降速率为50mm/a，1981年达最大值81mm/a，1983~1987年的地面沉降量为29mm/a（图4-4）。1950~1990年，形成了来广营和大郊亭两个沉降中心。城区的东部和东北部八里庄—大郊亭一带，沉降幅度最大，最大累积幅度达850mm。

顺义是北京市主要的水源地及农业生产基地，区内有北京市水源八厂、北京市水源九厂、首都机场、天竺工业开发区以及燕京啤酒厂等大型工业企业。这些单位不仅需水量大，而且抽水速度快、持续时间长。在高丽营—天竺—李桥—仁和—南法信，以及后沙峪等地为严重超采区，地下水位平均每年下降0.5~1.5m，并形成地裂缝。在木林、北彩、顺义城区、杨家营以及塔河村等地有多处墙体、门窗以及地面发育规模不等的裂缝，这些裂缝沿NE 30°~55°方向展布，在地表出露25km（图4-5）。

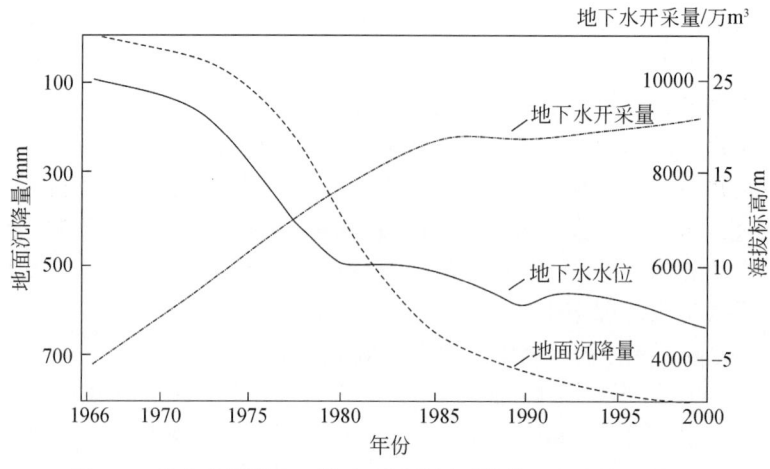

图 4-4　北京东郊顺义一带地面沉降历时曲线（赵忠海，2001）

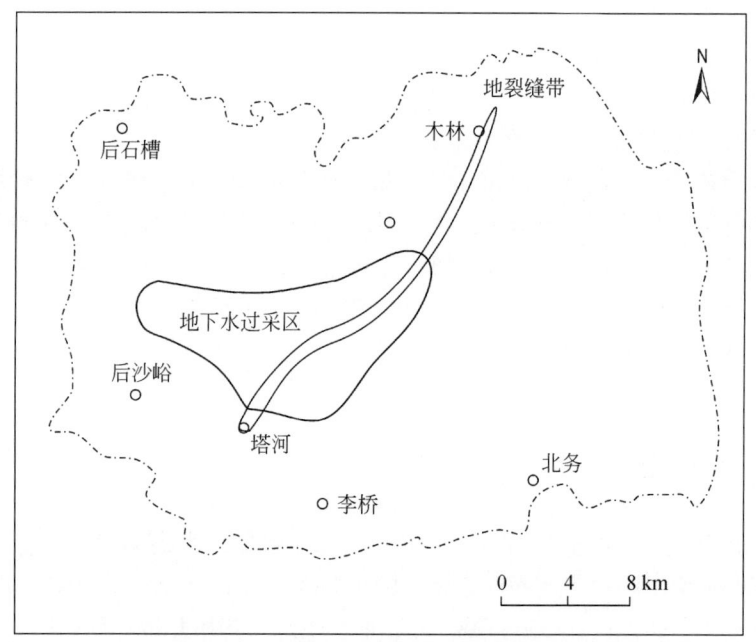

图 4-5　北京顺义木林—塔河一带地裂缝分布略图（赵忠海，2001）

4.4　第四系含水层特征

北京平原区在中更新世时湖沼广布。晚更新世是平原化的主要时期，形成了现代地貌的基本格局。晚更新世末期，全区广泛发育黄土堆积。进入全新世，本区环境变化以河流作用为主，沉积物分布在各大水系的河谷中，构成一、二级阶地和河漫滩堆积。在水平方向上，第四系含水层从山前至滨海方向，依次呈扇状、舌状、条带状分布，岩性由冲洪积砂卵石递变为粉细砂，自山麓前缘沿径流方向由薄变厚，层次由少变多，单层厚度由厚变薄，地下水赋存条件由好变坏。

北京全区可划分为三个地貌单元：山区、山前倾斜平原区、冲积平原区。山前平原区主要由潮白、永定等河流冲积而成，地势由西北向东南倾斜，地面高程100~45m，冲洪积扇顶部地形坡度为3%，至南部坡度为1%。山前冲洪积扇区地面坡降大，排水畅通，地下水资源丰富，水质良好；冲积平原区地势平坦，前缘地带分布许多洼淀，东南部有微咸水和咸水分布。由山麓到低地可分为潜水补给-径流带、潜水溢出带、潜水蒸发带，含水层由单层潜水过渡为多层承压水。

永定河、潮白河及北运河、蓟运河、大清河或其支流的冲洪积物，厚度数十米到数百米不等。按含水层的岩性、结构、富水性，可以划分为三个区。①冲洪积扇顶部地区：岩性单一，主要为卵砾石层，是地下水的重要补给区，富水性好，单井出水量大于5000m³/d。②冲洪积扇中部地区：含水层岩性主要为多层砂砾石，是地下水溢出、潜水向承压水的过渡带。富水性较好，单井出水量大于2000m³/d。③冲洪积扇下部地区，含水层岩性以砂为主，富水性较差，单井出水量一般小于2000m³/d。

永定河冲洪积扇位于西山山前，面积为1000km²，地势西北高、东南低，地面坡降在扇顶为3‰~5‰，扇缘平原区小于1‰。靠近山前地带为单一砂卵砾石层，厚度为20~140m，远离山前为多层承压含水层。河床及其以下的地层均为卵砾石层，具有极强的透水性，河水大量渗漏，是地下水的主要补给区。从洪积、冲积扇前沿到细土平原，地势降低，地形坡度变缓，地下含水层颗粒逐渐变细，黏性土体厚度增大，透水性能减弱。

4.4.1 含水层分组

本区巨厚的第四系冲洪积物构成了复杂的多个含水岩组。按第四系自上而下分为四个含水组：即Ⅰ、Ⅱ、Ⅲ、Ⅳ含水组，每个含水组由多个含水层组成。在垂直方向上，全区分为潜水-微承压水含水层组、第四系承压含水层组、深层承压水。潜水-微承压水含水层组是埋藏于第四系顶部的含水层组，底板埋深一般为20~60m，主要为永定河、潮白河等河流冲洪积作用形成的冲积扇平原。第四系承压含水层组包括Ⅱ、Ⅲ、Ⅳ三个含水组，山前冲积洪积平原承压水第Ⅱ含水组底板埋深为100~160m，以砂卵石、砾卵石、中粗砂为主，含水层厚度20~40m。由于该层的富水性强，含水层较厚，并与第Ⅰ含水层在垂直方向有密切的水力联系，补给条件较好，因此山前地区大量开采该层地下水。深层承压水受基底构造控制，其埋藏深度各地差异较大，底板埋深为100~400m，或大于400m，含水层以中粗砂、中细砂、粉细砂为主。

4.4.1.1 第四系浅部含水层

北京平原区面积达6528km²，沉积了厚度不等的第四纪松散沉积物，地下水资源丰富，是城市供水和工农业生产用水的主要水源。平原区除西北部延庆盆地主要为湖相沉积外，其他地区主要由拒马河、大石河、永定河、潮白河等冲积扇及南口冲洪积扇组成。以永定河和潮白河冲洪积扇最大，几乎控制整个平原区。第四纪沉积厚度受古地形控制，含水层岩性分布受河流的控制，明显地反映出冲洪积扇的特点。潜水流向均由山前流向平原，总的趋势是由西北向东南，在延庆和平谷两地则由东北向西南流。

山前冲洪积平原含水层颗粒较粗、厚度较大，非饱和带有利于接受大气降水入渗和河水的渗漏补给，尤其在冲积扇的顶部，含水层直接裸露，渗透性良好，地下水开采利用程度较高，人工开采是本区的主要排泄方式。在东南部冲积、湖积平原，含水层岩性以中细砂、细砂为主，地下水水力坡度仅为0.01%~0.03%，地下水径流十分缓慢，浅层淡水的补给主要为大气降水和渠灌入渗，人工开采、潜水蒸发为其主要排泄方式。

4.4.1.2 第四系深部含水层

第四系深部含水层主要分布在北京东南部，通州大兴等地。密云、怀柔、平谷地区含水层厚度大于40m，岩性为砂卵砾石层，其他地区一般都小于30m。岩性除永定河冲洪积扇中上部为砂砾石层外，其他地区主要为砂层。从开采角度来看，150m深度以下的含水层岩性结构比较密实，砂砾石层中含有黏性土，砾石有风化现象，透水性不好，富水性比150m以内的含水层差。

承压水分布于冲洪积扇中下部，以及平原区潜水含水层之下，由潜水侧向径流和垂直向补给。地下水动态受大气降水影响，年最低水位出现在6月、7月，最高水位在径流条件好、靠近补给区的地区出现在8月、9月。径流条件差、远离补给区的地区，高水位出现在1月、2月。承压水流向总体上呈现由西北向东南流。

4.4.2 含水层结构

由含水层岩性和结构等特征，浅部含水层可以划分为如下几种类型。

4.4.2.1 单一结构砂卵砾石层

单一结构砂卵砾石层主要分布在河流的冲洪积扇顶部，面积以永定河和潮白河地区最大。砂卵砾石埋藏浅，厚度不同。大气降水可直接渗入地下，是平原地下水最有利的补给地带，水量丰富。

4.4.2.2 二-三层结构的砂卵砾石层

二-三层结构的砂卵砾石层分布在冲洪积扇的中上部，砂砾层和黏土层互层。含水层顶板埋深20m，为潜水和承压水的过渡地带。

4.4.2.3 多层结构砂砾石夹砂层

多层结构砂砾石夹砂层位于冲洪积扇的中部地区，面积较大。含水层由3~6层砂砾石组成。主要分布在北京南部及东南部，岩性为中细粉砂层，渗透性差，主要含水层顶板埋深为20~50m，多含水层，累计厚度为50m。

4.5 第四系孔隙水年龄

4.5.1 浅层地下水年龄

4.5.1.1 浅层地下水 CFCs 年龄

第四系浅层地下水 CFCs 年龄在空间上的分布有较明显的规律性，浅层地下水 CFCs 年龄有从北西向南东方向变老的趋势（图 4-6）。靠近北部和西部山前冲洪积扇地带的地下水年龄新，在细土平原区地下水年龄变老，甚至为无 CFCs 老水（大于 60 年）。

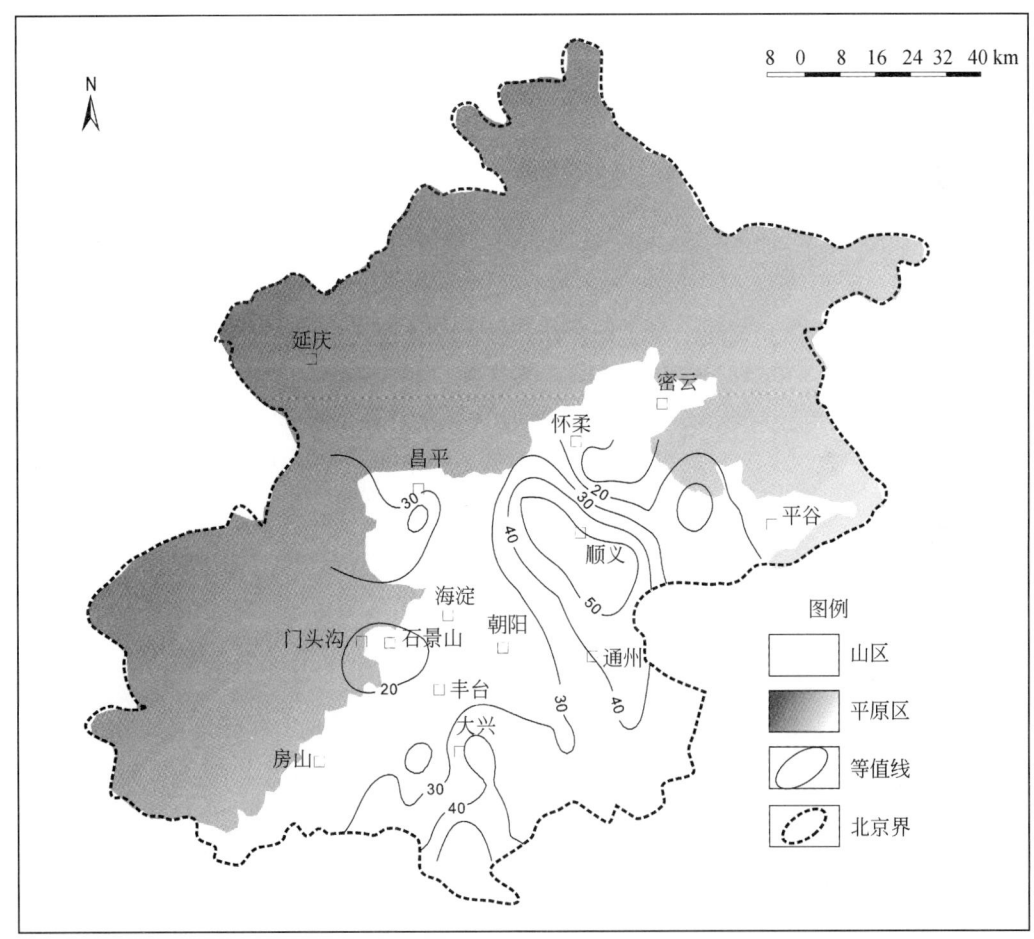

图 4-6　北京市平原区第四系浅层地下水 CFCs 年龄（年）分布图

浅层地下水 CFCs 年龄以靠近山前冲洪积扇地带地下水年龄最新，一般小于 30 年，其中以密云、平谷和怀柔区地下水年龄最新，反映有现代水补给。在门头沟和房山区，沿永定河平原区地下水年龄较新，小于 30 年。从海淀区山前地带沿南东向经朝阳区有一个明显的新水带，地下水年龄新，小于30年。在通州觅子店和永乐店两处浅层地下水CFCs年龄分别为22年和25年，与山前冲洪积扇地下水年龄相近。大兴东南端浅层地下水年龄变老，表明该区域地下水不易获得降水的直接入渗补给。

顺义—通州—朝阳—大兴及东南地区地下水的年龄为30～50年。在昌平和海淀西部地区的地下水年龄为30～50年。在顺义—朝阳—通州区，即潮白河两岸地下水CFCs年龄老，局部地段未检测到CFCs。顺义—朝阳—通州区出现的CFCs年龄老的区域呈北西—南东向分布，与顺义降落漏斗区范围一致。

4.5.1.2 浅层地下水 ^{3}H 年龄

1995年北京降水氚含量为25～38 TU（李红春等，1996），2006年实测北京西山地区的降水地表水中氚多界于15～20TU。北京第四系地下水中大于20TU的样品，尤其是远离山前补给区的样品，多数落入CFCs年龄大于30年的范围，属于20世纪60～70年代补给的地下水。例如，在大兴黄庄、青云店，采育等地的地下水中氚含量较高，一般大于12TU，最高达32TU，属60～70年代补给的地下水。在北京东南部，尤其是大兴区内的浅层地下水的年龄相对偏老，大于30年。

4.5.1.3 浅层地下水 ^{14}C 年龄

在青云店粮库院内20～40m深的浅层水 ^{14}C 年龄为2330年BP。安化集团2号墙外西20～40m深的浅层水样 ^{14}C 年龄为3220年。采育20～40m深的浅层水样的 ^{14}C 年龄为4900年。浅层地下水 ^{14}C 年龄较新，现代碳含量高，现代水特征明显。^{14}C 年龄在山前地带比较年轻，而远离山前，尤其是向北京东南郊方向，^{14}C 年龄变老。在山前地带，浅层地下水接受较多的现代水补给。

4.5.2 深层地下水年龄

4.5.2.1 深层地下水 CFCs 年龄

北京第四系深层地下水年龄空间变化趋势与浅层地下水类似，年轻地下水主要分布于怀柔、密云、昌平、海淀东部和房山。顺义和通州区北西—南东向的老水（大于40年）区连成一片。在通州东南部的永乐店一带的地下水未检测到CFCs，地下水年龄老于60年。存在一条由北东向南东方向的水龄变化通道。深层地下水主要接受侧向地下水补给。

采自潮县村深井（160m）样品的CFC-12浓度为1.79 pmol/L，但是CFC-11和CFC-13低于检测限。考虑到该点浅层地下水中CFCs含量较低，以及周围其他样品CFCs都很低的情况，较高的CFC-12浓度可能是由于污染或其他因素影响，将此样品解释为无CFCs地下水。在通州东南部样品基本上属于无CFCs地下水，地下水年龄大于60年。

4.5.2.2 深层地下水 ^{3}H 年龄

深层（150～300m）孔隙水的氚含量为0～15TU，并有随深度增加氚含量呈下降趋势。氚含量的波动受局部大气降水的强度变化，以及与浅部地下水连通性的差异影响，浅层地下水垂向交替强度由山前至平原逐渐减弱，地下水年龄大于40年。

4.5.2.3 深层地下水 ^{14}C 年龄

青云店人民政府院内 80~100m 的深层水 ^{14}C 年龄为 13 420 年，地下水的年龄较老，深层水比浅层水的年龄老 11 090 年。安化集团院内深层水 ^{14}C 年龄为 19 080 年，深层水比浅层水的年龄老 15 860 年。80~305m 深层水样 ^{14}C 年龄为 15 380 年，深层水比浅层水的年龄老上万年。

4.5.3 北京平原区第四系地下水年龄结构

第四纪地层广泛分布，受古地形和新构造运动及河流堆积作用的控制，第四纪厚度一般为 350m，地下水温度从浅层的 13.0℃ 到深层 19.6℃。浅层（<100m）地下水的水化学类型为 HCO_3-Ca·Mg 型，矿化度 500~800mg/L。中层（100~200m）地下水水化学类型为 HCO_3-Ca·Mg 型、矿化度为 400~500mg/L。深层（>200m）：水化学类型以 HCO_3-Na 为主，矿化度为 300~400mg/L。总体上地下水以重碳酸性水为主，反映第四系地下水的水动力学条件相对活跃，地下水的交替速度较快。通州一带深层水（>200m 深）稳定同位素值变化较小，不含氚，其特征表明：①地下水补给来源较单一，不受现代降水及地表水影响；②^{14}C 测定地下水龄为距今 2 万年，该层水径流滞缓，补给时间久远。中层（100~200m）地下水稳定同位素值变化幅度较大。含氚量有高有低表明：①地下水补给来源不一，既有远距离的补给，也有受当地现代降水及地表水补给；②形成时间跨度较大，由现代水到年龄 1 万年的老水。浅层地下水（<100m）稳定同位素值变化幅度大于前两者，氚含量较高，地下水补给来源为现代大气降水及地表水。

浅层地下水 CFCs 年龄从北西向南东方向变老，在靠近山前冲洪积扇区的密云—怀柔—平谷，门头沟和房山区地下水年龄新小于 20 年，顺义—通州—朝阳—大兴及东南地区，地下水的年龄变化为 30~50 年。由浅层地下水 CFCs 年龄，可将北京平原区分为四个区，即Ⅰ、Ⅱ、Ⅲ和Ⅳ，分别对应着地下水 CFCs 年龄小于 20 年、20~30 年、30~50 年和大于 50 年。年龄小于 20 年的区域为相对自然状态下的地下水系统，地下水 CFCs 年龄介于 20~30 年区域（Ⅱ区）之间与Ⅰ区联系密切，属仅次于Ⅰ区的活跃地带，易获得补给，30~50 年的区域（Ⅲ区）地下水年龄变老。地下水年龄大于 50 年的区域（Ⅳ），不易获得现代地下水补给，或现代水被疏干。

从山前向东南方向，浅层地下水年龄变老。在顺义—昌平一带，年龄等时线显著退向山前地带。顺义降落漏斗区内无 CFCs 地下水范围最大，呈椭圆形，长轴方向为北西—南东向，东南方向上宽大，而北西端窄小。地下水年龄分布与地下水流线方向一致。深层地下水 CFCs 年龄相对于浅层地下水年龄老，深层地下水 CFCs 年龄向东南方向变老。在顺义的牛栏山—北小营一带的地下水水位下降很快，形成了局部的地下水降落漏斗，浅层地下水 CFCs 年龄较新（小于 40 年），在降落漏斗中心的深层地下水 CFCs 年龄则明显变老（大于40年）。北京平原区年龄老于50年的浅层地下水的出现，表明地下水补排条件发生显著改变。

北京平原区东部和南部地下水获得降水直接入渗补给的程度要远低于山前地带。这一现象的发生可能叠加了较大程度的人为影响。这一地区截流地表水、普遍大规模开采地下水，地下水水位下降，使不饱和带厚度增加、降水入渗路径增加，阻碍了降水入渗补给。

降落漏斗区内地下水年龄变老受该区地下水过量开采所致，年龄较新的地下水（上层水）首先被开采，而目前正在开采的地下水主要为年龄较老的老水，由深层地下水向上越流补给。降落漏斗核心区地下水循环路径自出现无 CFCs 地下水开始由上向下补给变化为由下向上补给，代表水循环路径发生根本性的转变。地下水 CFCs 年龄及空间变化不仅揭示出水的自然循环过程，而且揭示出受人为干扰条件下的水循环条件的变化。

依据地下水 CFCs 年龄数据，可将北京市平原区地下水为如下两个系统：受人为开采影响弱的地区和受人为开采强的区域。自1980年以后，北京市大规模开采地下水，至今已形成近千平方千米的顺义降落漏斗，地下水水位最深处达-15m。在地下水位埋深最深处，地下水 CFCs 年龄最老，大于60年。抽取地下水将自然条件下统一的地下水流场分成多个局部流场，持续过量开采使含水层被分隔、孤立、疏干。降落漏斗中心区浅层地下水被疏干，深层地下水消耗量增加。

在深层地下水过量开采情况下，深层地下水与浅层地下水之间隔水层透水性有可能增强。在区域总体补给条件没有明显改善时，不同含水层之间的越流补给，并不能表明总体资源量发生根本性变化，目的含水层地下水获得的越流补给增量是相邻含水层地下水水位下降产生的减量。利用地下水年龄数据可识别过量开采条件下，多含水层系统内不同含水层越流补给及其补给方向。

4.5.4 第四系地下水可更新属性

北京平原区位于永定河和潮白河山前冲洪积扇区上，由地下水年龄及分布，区分出浅层地下水和深层地下水，大致以150m深为界。埋深小于150m时，含水层与大气降水、地表水之间联系密切，地下水易获得补给。含水层埋深大于150m时，出现老水（不含CFCs）（表4-2）。

在山前地带，虽然是以砂砾石堆积为主，但是在空间上仍存在不均一分布的黏土层或互层。由于黏土层的阻隔，浅层地下水与深部地下水形成时间或演化过程具有明显差异，并使深层地下水脱离现代补给，制约了其可更新性。

表4-2 北京平原区第四系地下水年龄、可更新能力和可持续利用潜力

含水层	深度/m	地下水年龄/年	补给源及途径	可更新属性	可持续利用潜力
I	<100	<40	降水，地表水	较强	取决于降水入渗量
II	100~150	40~60	侧向、越流	较弱	取决于相邻含水层越流量和静储量

续表

含水层	深度/m	地下水年龄/年	补给源及途径	可更新属性	可持续利用潜力
Ⅲ	150~300	60~1000	侧向、越流	弱	取决于静储量
Ⅳ	>300	>1000	侧向、越流	弱	取决于静储量

4.6 北京岩溶水年龄及补径排条件

北京岩溶含水层分布于周边山区和平原区。在山区为含水层出露区，为降水、地表水入渗补给区，至平原覆盖区，一部分为泉水转为地表水，并越流补给第四系地下水，另一部分以侧向径流运移。北京地区独特的岩溶构造，为山区地表水进入平原区地下水提供了快速通道，是平原区地表水和地下水的重要补充，并发挥着调蓄、储蓄功能。岩溶水地下水年龄为揭示其补径排过程的基础数据，为查明平原区第四系水与岩溶水关系提供重要依据。

4.6.1 研究背景

北京碳酸盐岩地层面积为4900km^2，占全市总面积的29%，其中在山区的分布面积为2900km^2，在平原区隐伏地层面积为2000km^2。北京地区岩溶发育、富水，据预测北京岩溶水资源量在5亿m^3/a以上，除一部分以泉的形式排泄补给平原区孔隙水外，相当一部分补给量赋存于山前和平原区碳酸盐岩含水层中。

北京地区岩溶水勘查研究还限于局部地区，尚未开展全区岩溶水资源的勘查和评价。同位素测试分析工作受岩溶水勘查程度的制约，研究区范围较小，研究程度较低。在测试分析项目上仅限于部分常规同位素的测试，如δ^2H、$\delta^{18}O$、^3H和^{14}C等。在北京岩溶区，尤其是在大气降水、地表水、地下水转换关系的研究，受各方面因素影响，一些新的环境示踪技术方法还没有应用。

北京地区岩溶水分布广，赋存条件、形成机理复杂：既有浅循环，也有深循环；既有冷水，也有热水；既有开放环境，又有半开放或封闭环境。过去侧重于第四系孔隙水研究，没有系统地开展过岩溶水调查和取样测试。

2011~2013年的北京市政府重点投资项目《北京市岩溶水资源勘查评价工程》设立同位素测试专题（项目编号：BJYRS-ZT-07）。工作范围为北京市岩溶水分布区及相关区域，面积为11 500km^2。针对北京岩溶水七个子系统开展了CFCs、δ^2H、$\delta^{18}O$、^3H和$\delta^{13}C$、^{14}C等测试和分析工作。本节给出基于岩溶水年龄数据的解释和分析。

4.6.2 北京岩溶区地质背景

4.6.2.1 地层

本区地层出露比较齐全，除普遍缺失震旦系、奥陶系上统、志留系、泥盆系、石炭系下统等地层外，从太古界的古老变质岩系到第四系都有出露。由老至新简述如下。

(1) 太古界

主要分布于东、北部山区，为一套变质片麻岩。

(2) 中元古界

长城系（Ch）：主要分布于平谷、密云、昌平，岩性以石英砂岩、白云岩为主。

蓟县系（Jx）：在延庆、昌平、房山、平谷等地出露。以白云岩为主，页岩、砂岩次之，为主要岩溶含水层。

(3) 上元古界

青白口系（Qn）：分布于西山、昌平十三陵，为一套碎屑岩-碳酸盐岩沉积，岩性为黑色页岩、石英砂岩及泥质白云岩、灰岩。

(4) 古生界

寒武系（∈）：分布于西山、大兴、通州等地。岩性为泥质白云质灰岩，常见有鲕状灰岩、竹叶状灰岩及豹皮灰岩，厚约600m，为主要岩溶含水层。

奥陶系（O）：分布于西山鲁家滩、军庄等地，在沙河、玉泉山、牛栏山及顺义也有出露。岩性以深灰色厚层灰岩及白云质灰岩为主，厚600m，为主要岩溶含水层。

石炭系（C）：出露于北京西山。岩性为页岩、炭质页岩及砂岩。

二叠系（P）：主要出露于北京西山。岩性以砂岩为主。

(5) 中生界

三叠系（T）、侏罗系（J）、白垩系（K）：除平谷外，其他地区均有出露，为一套巨厚多旋回复杂火山-沉积岩。

第三系：主要分布于北京迭断陷，为第四系覆盖，以泥岩、砾岩为主。

第四系：北京平原区为永定河、潮白河、温榆河、拒马河、大石河、泃河、错河的流冲、洪（湖）积扇区。从平原区西、北部到东、南部，沉积厚度逐渐增大，层次增多，沉积物颗粒变细。在西、北部山前地带和河流冲洪积扇的中上部，第四系厚度一般为20～40m，为单一的砂、卵砾石层或砂、卵砾石层顶部覆盖薄层黏性土。在冲洪积扇的中下部，第四系厚度逐渐增大，顺义凹陷、马池口凹陷大于600m，平谷凹陷大于500m，岩性也逐渐过渡为黏性土夹多层砂、砂砾石。

受古地形和构造控制，局部地段第四系沉积厚度变大。例如，永定河冲洪积扇西部八宝山以北杜家坟、小屯一带厚度约250m；潮白河冲洪积扇怀柔庙城一带厚度达300m；昌平马池口—辛店一带厚度超过600m；泃河、错河冲洪积扇沉积厚度达500m；永定河、潮白河冲洪积扇交汇处的顺义天竺、后沙峪一带沉积厚度超过600m。

4.6.2.2 断裂构造

本区经多期地壳运动，形成了一系列北东向隆起和凹陷构造，由北西向南东依次有京西迭隆起、北京迭断凹陷、大兴迭隆起、大厂凹陷及廊坊凹陷。

八宝山断裂：断裂南起房山区长沟，经牛口峪、丰台区磁家务、羊圈头、大灰厂至八宝山附近，然后转向北北东，经海淀镇延伸至清河一带，全长约85km。断裂带规模大、延伸长，造成其走向、倾向、倾角变化较大，对西山奥陶系岩溶地下水起主要控制作用。

黄庄-高丽营断裂：此断裂是京西迭隆起与北京迭断陷的分界线，与八宝山断裂并行展布，倾向南东，为陡倾角正断层，最大断距达千米以上。错断晚侏罗世以前的地层，控制了早白垩世至新近纪的沉积，并在局部地区切穿莫氏面，为一深大断裂。

南苑-通州断裂：本断裂是北京迭断陷与大兴迭隆起的分界线。据物探和钻探资料，断裂沿码头、南苑、通州延伸，总体走向北东，倾向北西，倾角70°~80°。

礼贤-牛堡屯断裂及夏垫-马坊断裂：这两条断裂在牛堡屯附近被北西向断裂错开，北端是夏垫-马坊断裂，走向北北东；南端是礼贤-牛堡屯断裂，走向北东。这两条断裂组成了大厂迭断陷的西北侧边缘，与大兴迭隆起相邻。

固安-昌黎断裂：该断裂为大断裂，位于北京南部，经过固安、廊坊、宝坻，近东西向走向，为大兴迭隆起和廊坊凹陷的分界线。

南口-孙河断裂：根据物探及钻探资料确定，断裂总体走向南东，断裂北东侧上升，西南侧下降，断裂面倾向南西，断距最大可达千米，一般为200~300m，为祁吕系与新华夏系复合的一条断裂。

山间盆地工作区地处燕山台褶带，跨越宣龙复式向斜和军都山岩浆岩带两个构造单元，分别为万全中断凹、下花园凹褶束、涿鹿褶皱束、后城断凹和八达岭穹褶束。

4.6.2.3 北京岩溶水系统

北京市地勘局2008年开展了北京地下水系统划分（图4-7），将北京地区作为一级地下水系统；依据含水介质划分二级地下水系统（松散孔隙介质、岩溶裂隙介质和裂隙介质）；按地貌单元、地下水的赋存条件和水力联系划分三级系统，其中松散孔隙水系统划分为6个三级系统，岩溶裂隙水系统有7个三级系统。

岩溶裂隙水主要赋存于奥陶系、寒武系灰岩及中上元古界白云岩地层中。该地层岩溶裂隙较发育，导水性能好，接受大气降水和地表水补给。7个子系统分区如下。

房山长沟-周口店岩溶裂隙水子系统（II_1）：房山区霞云岭—张坊—蒲洼—长沟—周口店一带；

西山鲁家滩-玉泉山岩溶裂隙水子系统（II_2）：雁翅、军庄、鲁家滩、玉泉山一带；

昌平高崖口-南口岩溶裂隙水子系统（II_3）：沿河城—高崖口—南口一带；

昌平十三陵-桃峪口岩溶裂隙水子系统（II_4）：十三陵—秦城一带；

延庆旧县-石槽岩溶裂隙水子系统（II_5）：延庆盆地及周边山区；

顺义二十里长山-平谷盆地岩溶裂隙水子系统（II_6）：顺义东部及平谷盆地；

大兴迭隆起岩溶裂隙水子系统（II_7）：大兴—通州沿大兴迭隆起北东—南西向展布。

4.6.3 西山岩溶水补径排条件和循环规律

下面介绍北京西山岩溶水区、平谷-顺义岩溶区和大兴-通州岩溶区岩溶水年龄测定结果。

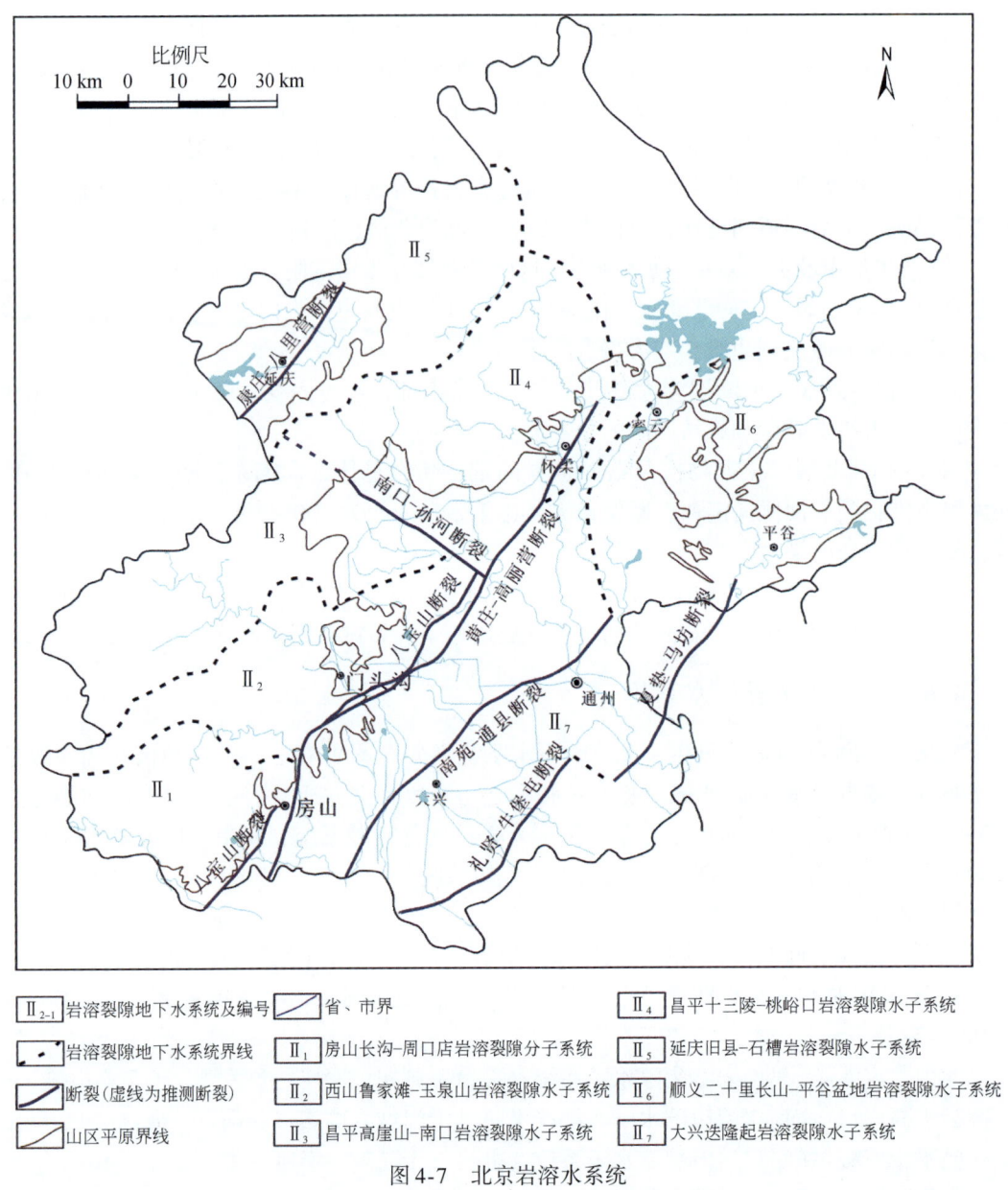

图 4-7 北京岩溶水系统

4.6.3.1 西山岩溶水文地质条件

西山地区基岩出露面积为 2000~3000km², 大部分出露地层为侏罗系凝灰岩和砂、页岩互层, 节理裂隙不发育, 渗透性差。

(1) 地层 (赋水层)

在西山, 基岩出露面积为 2000~3000km²。出露地层主要为侏罗系凝灰岩和砂、页岩互层, 节理裂隙不发育, 渗透性差。赋水层位主要为雾迷山组、寒武系和奥陶系, 大部分为石炭系、二叠系砂页岩煤系覆盖。灰岩地层出露面积小,在军庄出露面积46km²,在鲁家滩出露面积为76km²。

1)蓟县系雾迷山组。岩性为灰白色中厚层硅质条带灰岩及薄层状白云岩,中夹燧石层及燧石结核,厚1000~1500m,岩溶裂隙比较发育。

2)寒武系。中统张夏组灰岩岩性为灰白色与灰黑色具有鲕状结构的厚层灰岩,夹竹叶状灰岩及泥灰岩,厚50~250m,岩溶裂隙不发育。上统炒米店组为灰岩:竹叶状灰岩夹紫灰色角砾状厚层灰岩,深灰色灰岩及灰黄色泥质条带状灰岩、泥灰岩,厚90m。

3)奥陶系中统马家沟组灰岩:岩性为深灰色致密质纯厚层状灰岩及豹皮状灰岩,厚度40m。出露范围小,绝大部分被石炭、二叠系砂页岩煤系地层覆盖,节理裂隙和岩溶发育。

(2)主要断层

1)南口-孙河断裂。北起昌平南口,向南东方向经百泉、孙河、通县和郎府,走向NW5°,长80km,为第四系覆盖。南口至北七家为北段,倾向南西,控制马池口凹陷,其中第四系沉积厚度为600m,下覆中生界。北七家以南为南段,倾向北东,与黄庄-高丽营断裂北段控制顺义凹陷;在通县郎府一带为大厂第四纪断陷南界。

2)八宝山断裂。走向NE 60°,倾向东,长50km。分布于坨里、大灰厂、八宝山、海淀镇、清河镇到东三旗,在东三旗被南口-孙河断裂切穿。八宝山断裂将震旦系推覆于香峪向斜南翼的石炭系、二叠系及侏罗系之上。八宝山断裂活动并未阻隔东西两侧奥陶系含水层之间的水力联系。

3)黄庄—高丽营断裂。断裂走向北北东—北东,倾向南东,倾角55°~75°,北起密云西略庄,向南经怀柔、高丽营、西直门、丰台、良乡至沫水,长132km,属正断层,为北京凹陷西界。北段为高丽营段,长40km,断裂两侧基底面垂直落差达80m,第四系落差140~280m,最近一次活动时间为(3510±100)年BP。中段为黄庄段,长52km,晚更新世活动,在晚更新世晚期至全新世不活动。南段为沫水段,长40km。

4)坨里—洼里断裂。位于八宝山断裂东南2km,断距大于1000m,为正断层,东侧为其上盘下降。北东向正断裂形成地堑构造,灰岩地层埋深增加,最大埋深达2500m。

5)永定河断裂。为正断层,走向北西,倾向北东。永定河断裂北起军庄,向南东经永成庄至立堡村,沿永定河河谷延伸,走向北西320°。黄庄-高丽营断裂将其分为南北两段:北西段长16km,倾向南西;东南段长14km,倾向北东。南至通州断裂,北至军庄灰岩区。局部地段为导水通道。在破碎带中发育厚0.3~0.5m深黄色断层泥,年龄为距今(59.1±17.7)万年。永定河断裂活动时间为早、中更新世。石油地震勘探资料表明,永定河断裂控制丰台新生代凹陷西南部地层厚度。

(3)香峪向斜储水构造

九龙山-香峪向斜构造为一复式向斜(向斜南翼地层为次级向斜),两翼地层不对称,两翼宽20km。该向斜轴部为侏罗系中统和上统的砂、砾岩、含煤页岩,及夹凝灰岩的玄武岩,轴向为北东60°,长30km。两翼地层依次为二叠系、三叠系双泉组砂页岩,二叠系红庙岭组砂页岩及山西组夹薄煤层和软黏土的砂岩,石炭系的太原组、本溪组的砂页岩,奥陶系马家沟组灰岩，寒武系上统泥灰岩、竹叶状灰岩及中统的鲕状灰岩和下统的页岩及白云岩，震旦系白云质灰岩。寒武系主要为页岩，构成隔水层，阻隔奥陶系与寒武系水力联系。两翼宽15km。西北翼与髽髻山向斜、北翼与阳坊花岗岩体相接，东南翼为八宝山断裂。在颐和园—东北旺一带为第四系覆盖，被南口-孙河隐伏断裂切断。永定河断裂将向斜分为东西两部分，西部为九龙山向斜，东部为香峪向斜。

香峪向斜的西面和北面地形高，北部有阳坊花岗岩侵入体。煤系地层为隔水层，页岩、泥灰岩为下伏岩溶水顶板。八宝山逆掩断裂超覆的香峪向斜的东南翼，被沱里-洼里正断层所切，断层上盘震旦系灰岩与奥陶系灰岩接触。东北端及东南翼以南口-孙河断裂及八宝山断裂为界。在香峪向斜西部有奥陶系灰岩出露地表，面积为30km^2，含水层埋深达1000m，含水层两端向上翘起。

香峪向斜西部及东部灰岩水位西部高，东部低，如军庄以南、永定河水位标高约为115m，28号孔灰岩水位为99.57m，玉泉山以西20m的昆1孔，灰岩水位为51.34m，玉泉山泉水的出露标高为50m，东西两端水位差48.23m，其间距离为12.5km。香峪向斜岩溶水向东北、东南方向运移。

在香峪向斜东端的南北两翼凡奥陶系灰岩出露的地方均有泉水出露，如北翼有黑龙潭泉、温泉和白家疃泉，其中黑龙潭泉的流量为0.5 m^3/s，温泉流量较小。南翼有玉泉山泉，在1951~1953年平均流量为1.1 m^3/s，1957年平均流量为1.3 m^3/s，最大流量达1.9 m^3/s（1959年8月）。于1978年在八宝山断层上盘震旦系灰岩中开凿的三眼供水井，岩溶发育，降深0.8m时，涌水量达6400 m^3/d。

1957年5月及8月北京潜水等水位线表明，在蓝靛厂、地质学院和洼里一带，形成地下分水岭，长约10 km。地质学院孔隙水水位标高为49.08 m，在震旦系角砾灰岩的水位为51.26 m，高出地表1.78 m（5号孔地面标高49.48 m），说明岩溶水顶托补给永定河冲积扇第四系水。

（4）含水层边界条件

向斜西北翼为髽髻山向斜和阳坊花岗岩体，东南翼止于八宝山断裂。永定河断裂将向斜分割为东西两部分，西部为九龙山向斜，东部为香峪向斜。在永定河谷，奥陶系含水层向上翘起，受河水渗漏补给，在玉泉山一带，向斜向上隆起，向第四系其他裂隙含水层排泄。

在香峪向斜西部，奥陶系灰岩的出露面积为30km^2，有降水垂直入渗补给和地表水渗漏补给。如在雨季，沿樱桃沟经侏罗系时，河水流量为3000~20 000m^3/d，进入灰岩河床后，全部渗漏补给地下水。相对于永定河水渗漏补给量，降水入渗补给量有限。

（5）西山岩溶赋水条件

在香峪向斜东端的南北两翼，奥陶系灰岩出露处均有泉水，如北翼有黑龙潭泉、温泉和白家疃泉。黑龙潭泉的流量达0.5m^3/s（1956年北京市附近供水水文地质勘测报告），温泉的流量较小。白家疃泉1977年后断流。在南翼有玉泉山泉，1951~1953年的平均流量为1.1m^3/s，1957年平均流量为1.3m^3/s，在1959年8月达最大流量1.9m^3/s。在丰水期，玉泉山泉水流量可达4m^3/s（郭高轩等，2011），是清河和护城河的补给源。在向斜东部，泉水集中出露，而且泉流量较大，在灰岩中发育有地下溶洞管道。在西杨佗村南杨佗煤矿−10m标高坑道，煤层底板的奥陶系灰岩中，小口径钻孔涌水量达8640m³/d。

在泉水发育地带，奥陶系灰岩中单出水量稳定，分布范围较广，含水层富水性强。黑龙潭西南奥陶系灰岩单井涌水量为1260m³/d（水位下降3.2m）。在香峪向斜北翼太舟坞465m以下为奥陶系灰岩，井深636m，水位降深10.5m，单井涌水量为1903m³/d。在向斜的倾伏端红山口，在685m深处见奥陶系灰岩，孔深788m，水位降深1.6m，单井涌水量为1550m³/d。玉泉山西南CK29孔奥陶系埋深37.7m，水位降深3.2m，涌水量达1020m³/d。八宝山断层上盘雾迷山组灰岩岩溶发育，北京科技大学内水井单井涌水量达6400m³/d，降深0.8m。岩溶发育带为地下水强径流带，是沟通补给区与径流排汇区水力联系的通道，水流速度快，径流区和排泄区地下水水温低，如在北京西郊中整院井深1617.3m，流量2400m³/d，水温为12℃。

八宝山断裂及坨里-洼里断裂两侧的奥陶系灰岩和蓟县系灰岩发育有岩溶。断裂为导水通道，联系不同深度灰岩含水层。在广渠门外（天坛—广渠门），如北京轧辊厂热水井蓟县系雾迷山组深度为979~1082m（水位标高2.7m），深层热水补给来源与西山岩溶水系统相关。

（6）岩溶水向永定河冲积扇径流排泄

香峪向斜向东北延伸到东三旗一带被南口断层错断，奥陶系岩溶水受阻，自海淀、地质学院、洼里、太平庄到东三旗一带，新生代地层下部即为蓟县系角砾状灰岩，是八宝山断层的延伸部位，香峪向斜岩溶水补给蓟县系灰岩。这一带古近系和新近系薄（如在地质学院仅18m厚），奥陶系岩溶水水头高，可越流方式向上顶托补给永定河冲积扇，如地质学院5号孔地面标高为49.48m，第四系孔隙水水位标高为49.08m，下覆蓟县系角砾状灰岩水位为51.26m，高出地面1.78m。

1957年5月枯水期，冲积扇顶部及其东部地下水位平行于冲积扇地形等高线。1957年8月雨季，在兰靛厂、地质学院和洼里一带，潜水等水位线向下游凸出，形成长10km的地下分水岭。兰靛厂—地质学院—洼里位于八宝山断裂和坨里-洼里断裂之间。香峪向斜奥陶系承压岩水通过八宝山断层顶托补给永定河冲积扇。

4.6.3.2　西山岩溶区岩溶水年龄

西山岩溶区位于山区和平原区交界处，以奥陶系岩溶水年龄为研究对象，为分析西部山区裸露区，以及永定河水与东部平原区岩溶水补径排关系提供依据。

（1）^{3}H

本区地下水氚值为2.5~16.8 TU。西山岩溶分布区岩溶水氚值为5~15 TU，平均值为9.2 TU（图4-8）。在潭柘寺、军庄一带岩溶水氚值最高，远离军庄直接入渗补给区，地下水中氚浓度下降，由15TU变为小于9TU。在沙河一带，岩溶水氚低，为3TU。在永定河以西，岩溶水氚值高，在永定河以东，岩溶水氚值下降，小于9TU。玉泉山一带岩溶水氚值为8TU。温泉王庄村东南深井岩溶水氚值为7.8TU。

岩溶水^{3}H为8~12TU。高^{3}H值位于含水层裸露区（军庄、潭柘寺），低^{3}H值（约3TU）

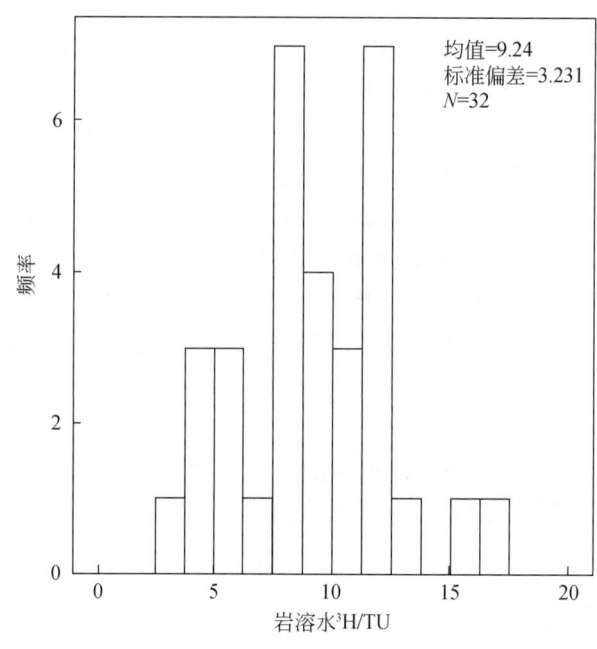

图 4-8　西山岩溶区岩溶水 ^{3}H 直方图

岩溶水分布在东北部的山前与平原覆盖区的交界处，以及平原覆盖区内。在只考虑 ^{3}H 值是由衰变引起的情况下，岩溶水补给区 ^{3}H=11TU，衰变为 7 个 TU 所需的时间为 8 年，衰变为 3TU 时，需 23 年。

由于缺乏可供参考的精确的岩溶水 ^{3}H 年龄输入函数，在此只考虑衰变过程，给出推测 ^{3}H 年龄，岩溶水中 ^{3}H 值越大，则岩溶水年龄新，反之则老。靠近补给区岩溶水年龄小于 8 年，低 ^{3}H 值岩溶水年龄小于 30 年。

（2）CFCs

岩溶水 CFCs 值接近或者大于降水 CFCs 值，部分样品的 CFCs 值高于大气值数倍甚至几十倍。地下水系统与大降水补给区有密切联系，同时有地表水入渗补给，一些排放物随降水、地表水（或者污水排放）进入含水层。虽然 CFCs 组分在地下水系统中含低，不影响水质指标，但是一些样品中出现较高的 CFCs 浓度，表明本区岩溶水系统的开放性，以及易受人为干扰因素影响的脆弱性。

按照当前大气降水输入函数（1992 年以后分辨率下降）计算出岩溶水、泉水和第四系地下水的年龄为 20~30 年（图 4-9）。统计 44 个西山岩溶水 CFCs 年龄的结果表明，CFCs 年龄集中在 18~33 年，均值为 23 年。

（3）^{14}C

西山岩溶区奥陶系岩溶水 ^{14}C 未校正年龄为 951~10 073 年，多数样品的 ^{14}C 年龄小于 6000 年，^{14}C 年龄均值为 4000 年（图 4-10）。在潭柘寺补给区的鲁家滩岩溶水 ^{14}C 年龄为 951 年，为现代水。门头沟冯村岩溶水 ^{14}C 年龄为 3298 年。而滨河广场岩溶水 ^{14}C 年龄为 2187 年。自鲁家滩至永定河河道岩溶水 ^{14}C 年龄呈低—高—低变化。自西杨坨—五里坨—

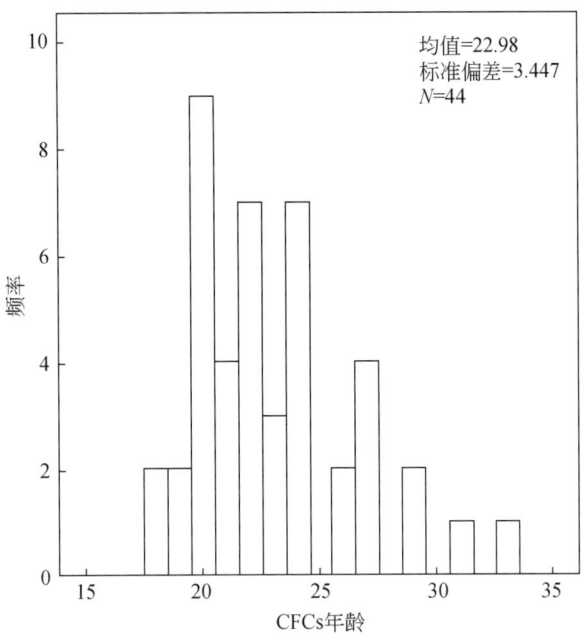

图 4-9　西山岩溶区岩溶水 CFCs 表观年龄（年）直方图

石景山近南北向带^{14}C 年龄变化不大，为 2000 年。五里坨以东岩溶水^{14}C 年龄逐渐增加。

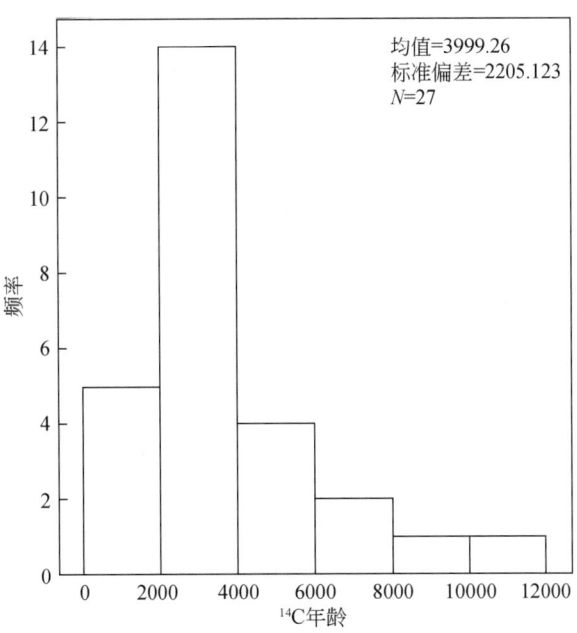

图 4-10　西山岩溶区岩溶水^{14}C 年（年）龄直方图

有三处岩溶水样品的^{14}C 年龄老，年龄范围为距今 6000~10 000 年，^{14}C 年龄老的样品分布分散，而这些样品中都含有 ^{3}H，^{14}C 低值可能与溶解于深部含碳的气相组分有一定交换反应有关。

永丰屯村东南 ^{14}C 高，而 ^{13}C 低；田村岩溶水 ^{14}C 低，^{13}C 值低（-10‰），这些特点不能用水岩作用来解释。从另一个侧面也说明，本区岩溶水系统年龄新，水滞留时间短。水岩作用不是控制岩溶水碳同位素组成的主要因素。门头沟区龙泉务村岩溶水 ^{14}C 低，而 ^{13}C 高（-5‰），说明地下水滞留时间长，水岩作用程度较高。

由 ^{14}C 年龄可分为三个区，小于 3500 年的岩溶水分布在潭柘寺至石景山一带；大于 3500 年的岩溶水分布在军庄补给区东部，在门头沟龙泉镇有近万年的岩溶水；在八宝山断裂北侧近东西方向岩溶水 ^{14}C 年龄大于 3500 年，在田村的岩溶水 ^{14}C 年龄最大，为 6910 年。

4.6.3.3 西山岩溶水补径排条件

(1) 补给区

西山岩溶水补给区有三个：①军庄大气降水补给区；②鲁家滩大气降水补给区；③永定河河水渗漏补给带。

军庄大气降水补给区为军庄一带寒武系-奥陶系出露范围，地下水自西流向北东方向（由军庄向永丰屯方向流动），以及由北向南流（由东杨坨向五里坨方向）。

潭柘寺补给区为潭柘寺一带寒武系—奥陶系出露范围，其西界为地表分水岭。补给区水流方向为首先向南东方向（石景山、八宝山）汇流，沿八宝山断裂北侧，流向玉泉山。潭柘寺补给区是玉泉山一带岩溶水的重要补给源区。

永定河河水渗漏补给带位于军庄寒武系—奥陶系河床，渗漏河水首先沿河道（永定河断裂）向南东方向流动，在古城北侧转向北东方向，并朝香山方向流动，是玉泉山一带岩溶水的重要补给源。

与传统认识不同，西山岩溶区地下水流场并非受统一的流场控制，而是受三个相对独立（有联系）的不同水流场控制。自北而南可分为军庄-永丰屯水流场、永定河-香山水流场、潭柘寺-八宝山-四季青水流场。同位素数据为厘清西山岩溶水地下水流场特征提供了新的依据。

西山岩溶水区容水空间可划分为三种类型：裂隙网络储水空间、断裂-溶孔储水空间和断裂-溶孔-溶洞管道式储水空间。这三种导水空间类型在空间上的分布特征，对西山岩溶区地下水分布、水流方向和水流速率有重要影响。裂隙网络储水空间内水流受阻力较大，水滞留时间较长。裂隙-溶孔-溶洞容水空间内水流阻力较小，水流流速较快。军庄大气降水补给区水流系统容水空间以网络裂隙-溶孔空间为主，潭柘寺补给区水流系统容水空间以裂隙-溶孔-溶洞水系统为主，永定河补给水流系统以断裂-溶孔-溶洞空水空间为主。

(2) 径流区

三个补给区对应着三个径流带，每一个径流带都有一北东向的断裂（永丰屯断裂、八宝山断裂和黄庄断裂），控制裂隙-岩溶发育，以及主导水通道的形成。

八宝山断裂，倾向南东，为逆断层，在其下盘岩溶发育，是潭柘寺补给区的径流带。八宝山断裂导水性同位素证据表明，沿八宝山断裂的北侧岩溶水^{3}H 高，与潭柘寺裸露区岩溶水一致，而二者具有相似的 δ^{18}O 值，以 δ^{18}O 低值为特征。八宝山断裂为潭柘寺补给区与四季青一带岩溶水导水通道。

八宝山断层上盘雾迷山组灰岩岩溶发育，（原科技大学内）水井的单井涌水量达 6400m^3/d，降深 0.8m。岩溶发育带为地下水强径流带，是沟通补给区与径流排汇区水力联系的通道，水流速度快，径流区和排泄区地下水水温低，如在北京西郊中整院井深 1617.3m，流量 2400m^3/d，水温为 12℃。八宝山断裂及坨里-洼里断裂为导水通道，联系不同深度灰岩含水层，断裂两侧岩溶发育。在广渠门外（天坛—广渠门），如北京轧辊厂热水井蓟县系雾迷山组深度为 979～1082m（水位标高 2.7m），深层热水补给来源与西山岩溶水系统相关。

西山岩溶区导水类型为断裂-裂隙-岩溶通道式导水控水。

（3）排泄区

排泄区分为直接排出和侧向出流。直接排泄方式以山前一带泉水排泄为主。

在香山南侧，海淀背斜构造使寒武系-奥陶系由深埋抬升至地表浅部，在昆明湖一带埋深 100m。海淀背斜构造改变了西部承压含水层的水流方向，由水平或水平向下变为折返向上。海淀背斜核部石炭系—二叠系被剥蚀后，去除了含水层顶部的覆盖层，在寒武系—奥陶系含水层顶部形成出水口，是岩溶水排泄区。在海淀背斜排泄区，岩溶水首先顶托补给上覆第四系地下水，成为海淀区一带第四系地下水的重要补给源。

海淀背斜岩溶水排泄区为半排/部分排泄区，岩溶水仍向海淀背斜以东的地下水系统径流补给其他地下水系统。

4.6.3.4 西山岩溶水循环过程和规律

西山区岩溶水来源于大气降水和永定河河水入渗补给。降水入渗补给区有两个：一是军庄降水入渗补给区；二是潭柘寺入渗补给区。

军庄入渗补给水水流方向为由西向东，相对南侧岩溶水，军庄岩溶水及其东侧径流区，水流通道以裂隙网络为主，水流阻力较大，流速相对较慢。

潭柘寺降水入渗补给区入渗水向南东方向汇流，沿八宝山断裂及北侧裂隙-岩溶发育带流向四季青方向，相对于军庄入渗补给区，潭柘寺补给区及径流区的地下水流速快，滞留时间短。

在军庄寒武系-奥陶系裸露区，永定河河道弯曲，总长达 30km，有利于河水流速下降，入渗补给地下水。渗漏河水首先沿河床向南运移，在古城一带折向北东，朝向四季青方向运移，是玉泉山岩溶水的主要补给源。相对于军庄入渗补给量，永定河河水入渗补量远大于军庄降水入渗补给量。

按 ^{3}H 分布、CFCs 和 ^{14}C 测试结果，以海淀背斜为截止点，三个补给区地下水径流速度由快至慢的排序为潭柘寺补给区径流速度>永定河渗漏水径流速度>军庄补给区径流速度。本区水循环规律总体表现为：军庄、潭柘寺、永定河入渗补给岩溶水，并向北东方向径流。在玉泉一带，岩溶水顶托补给第四系地下水，是岩溶水系统的一个排泄区。过玉泉山后，岩溶水仍继续向东径流，侧向补给相邻岩溶水系统。

由不同补给源的水流通道分析可知，门头沟水厂、石景山水厂水源受永定河水渗漏补给影响；而鹰山嘴水厂和四季青水厂则受潭柘寺补给区影响。永丰屯一带则主要为军庄补给区补给。玉泉山一带岩溶水有永定河和潭柘寺双补给源。

4.6.4 顺义–平谷岩溶水补径排条件和循环规律

4.6.4.1 顺义–平谷岩溶水含水层地质条件

顺义–平谷岩溶区是北京地区岩溶含水层最多的区域。自北而南，代表性含水层为长城系高于庄组、蓟县系雾迷山组，以及寒武系–奥陶系。

长城系大部分出露地表，有降水补给和地表水入渗补给，已建中桥水源地。

蓟县系雾迷山组含水层分布于平谷盆地，在西北部和东部两端都有出露，可接受降水补给。在盆地内为第四系覆盖，岩溶水与第四系地下水之间有水力联系。该含水岩组受夏垫断裂控制，是源自西、东两端补给的汇水带。地下水年龄自西、东两侧朝向夏垫断裂变老，并沿夏垫断裂带出北京境，进入河北境内。

寒武系–奥陶系含水层为第四系覆盖的隐伏区，补给源为上覆第四系越流和侧渗补给，也是河北省境内的燕郊、三河等地岩溶水开采层。该层岩溶水年龄新，易获得补给，这一储层的开采将袭夺上覆第四水地下水水量。

按埋藏条件，自北向南分为裸露区、半裸露区和覆盖区。地表水系自北向南流，即有境外潮白河水系、怀柔河水系，还有发源于域内的水系。目前大部分地表水系基本断流，加之逐渐加深的地下水水位，地表水和地下水之间的转换过程被明显消弱。

按补给条件，长城系高于庄组含水层最易补给，同时也是下游补给源区。中桥水源地袭夺地表水、第四系地下水和向南部的侧向径流量。蓟县系雾迷山组含水层有两个直接补给源区，但是，由于在东部有水库拦蓄地表水，截断了地表水入渗补给途径；加之在两侧山区以及平谷供水抽取地下水，都会减少雾迷山组含水层的补给量，增加了排泄量。平谷盆地雾迷山组含水层靠近补给区岩溶水年龄新，而远离补给区岩溶水年龄变老，该层含水层具有半开放属性。除应急使用外，应将其作为储备水源地适当封存保护。

平谷岩溶区也是南部河北省境内岩溶水的直接补给区。燕郊和三河岩溶水水源地取水层为寒武系和奥陶系含水层，河北境内岩溶水的开采会袭夺北务一带岩溶水的径流量。在北务一带建立新的水源地，也将影响到下游岩溶水水位。

4.7.4.2 顺义–平谷岩溶水水文地质条件

平谷盆地是由南、北山前断裂形成的断陷盆地。2004年全区平均降水量为588.7mm，降水总量为5.64亿m^3，地表水量为0.34亿m^3，比多年平均降水量637mm减少了16.3%，比多年平均地表水资源量1.77亿m^3减少了80.7%。在平谷境内沟河长54.4km，汇水面积为536km², 山区为323km², 平原区为213km²。沟河上游建有海子水库和黄松峪水库, 在丰水年份, 海子水库、黄松峪水库有弃水直接排入沟河河道内。1961~1982年, 海子水库放水15次, 总量为8.9m³, 年均放水0.6亿m³。在平谷境内的错河长27.7km, 汇水面积为406km², 山区为315.6km², 平原区为90.4km²。错河西支流上游未建水库, 东支流有西峪水库。

盆地内第四系由沟河、错河的冲洪积作用形成。第四系含水层厚度由盆地边缘到中心逐渐增大, 盆地边缘厚几十米, 盆地中心则超过500m。冲洪积扇中上部为单一巨厚的卵石潜水含水层, 含水层厚度大, 渗透系数一般大于100m/d, 地下水补给条件好, 径流通畅。平谷盆地第四系沉积较厚, 盆地边缘几十米, 盆地中心大于500m。在王都庄以东和许家务以北为巨厚卵石含漂石、砾卵石层, 在王都庄一带最厚 (150m), 单井出水量达10 000m³/(d·m), 渗透系数为400~500m/d。在王都庄—马各庄一带, 卵砾层厚90~150m, 渗透系数300~400m/d, 单井出水量5000~10 000m³/(d·m)。在杨各庄—南独乐河、峪口一带, 砂砾卵石层厚60~80m, 渗透系数为100~200m/d, 单井单位出水量为2000~5000m³/(d·m)。沟河、错河冲洪积扇中上部为卵石层, 渗透系数大于100m/d。

1999~2008年, 由于连续干旱、工农业开采增大、应急水源地启动等因素, 平谷地区地下水位大幅下降, 尤其在中桥、王都庄两处应急水源地已形成地下水位降落漏斗。2004年平谷区总供水量为1.197亿m³, 地下水供水量为1.193亿m³, 占总供水量的99.6% (李胜涛等, 2008)。地下水为该区唯一供水水源。

4.7.4.3 顺义-平谷岩溶区岩溶水年龄

顺义-平谷岩溶区位于二十里长山和平谷盆地, 利用^{3}H、CFCs、^{14}C定年方法, 确定寒武系-奥陶系、蓟县系岩溶水年龄。

(1) ^{3}H

图4-11为顺义-平谷地下水^{3}H对比分析图。蓟县系岩溶水^{3}H值变化范围最大, 其次为第四系地下水和寒武系—奥陶系岩溶水, 相对而言, 长城系岩溶水^{3}H值变化范围较窄, 寒武系—奥陶系岩溶水^{3}H均值较低。四个含水层中, ^{3}H都呈双峰式分布, 即每一含水岩组^{3}H值都呈现出高值组和低值组 (图4-11)。

在空间分布上, 顺义-平谷岩溶水^{3}H值从西、北、东山区向平谷盆地平原西部由高变低。高^{3}H值的水样位于含水层裸露区, 或有地表水入渗补给区。在夏垫断裂上盘有一近南北向的低^{3}H值带 (<2.5 TU)。

低^{3}H值 (0.67TU) 岩溶水分布在东北部的山前与平原覆盖区的交界处, 以及平原覆盖区内。^{3}H值的下降, 为高^{3}H值的补给区岩溶水与地下水系统中的低^{3}H值的岩溶水之间的混合, 以及地下水系统内^{3}H衰变减少有关。

在只考虑^{3}H值是由衰变引起的情况下, 岩溶水补给区^{3}H=16TU, 衰变为5TU所需的时间为20.8年, 衰变为1TU时, 需49.6年, 衰变到^{3}H最低值0.67TU, 则需要56.8年。岩溶水中^{3}H值越大, 则岩溶水年龄新, 反之则老。靠近补给区岩溶水年龄小于20年。

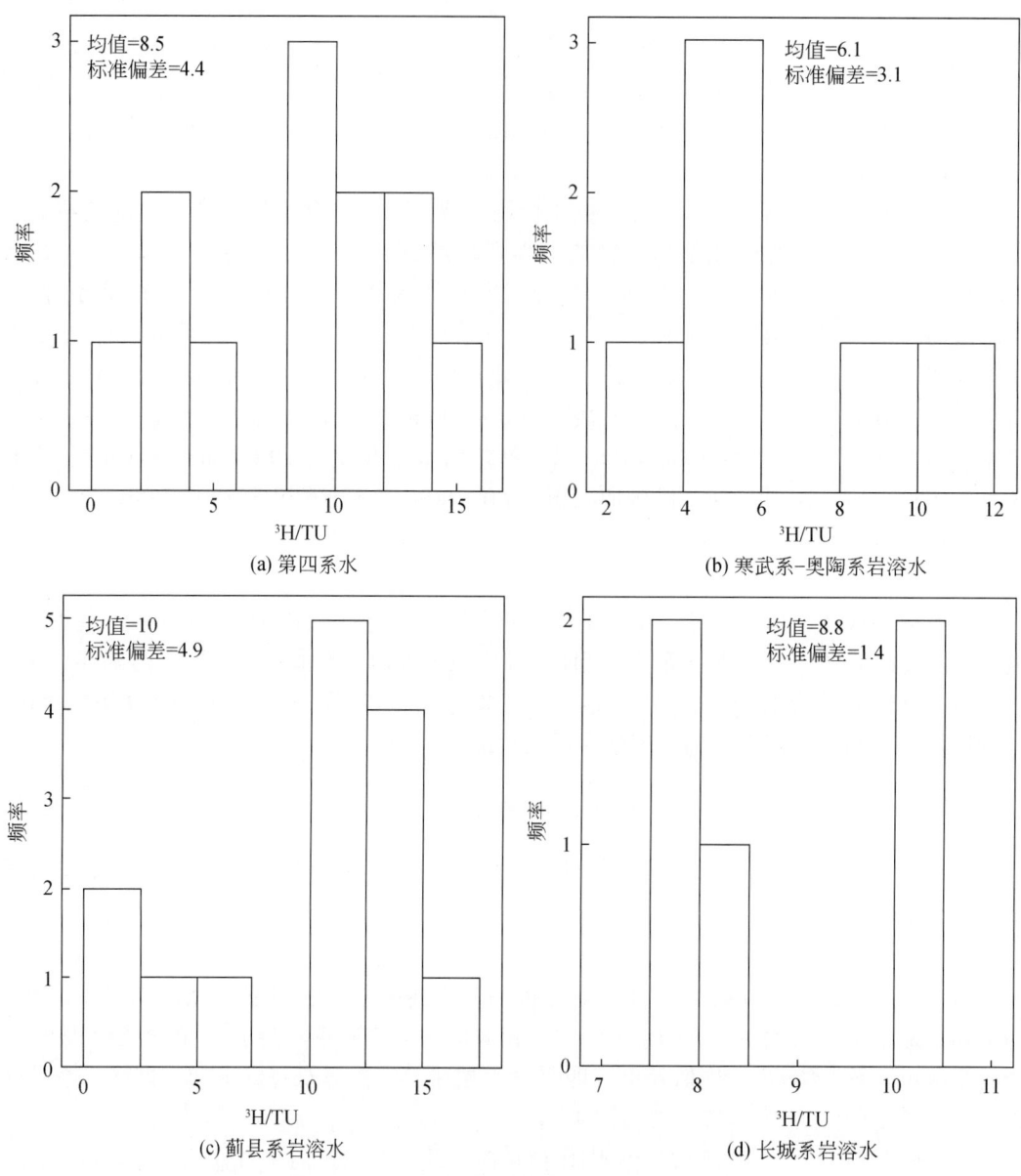

图 4-11 顺义-平谷岩溶区地下水 ^{3}H 直方图

(2) CFCs 年龄

图 4-12 (a)、(b) 为顺义-平谷岩溶水 CFCs 年龄图。将全区所有岩溶水样品一起统计分析发现,CFCs 年龄具有双峰式分布,有 17～37 年和 47～57 年两个年龄组。将第四系地下水样品 CFCs 年龄与岩溶水 CFCs 年龄共同分析,结果表明,第四系地下水年龄对岩溶水年龄双峰式分式模式没有影响。

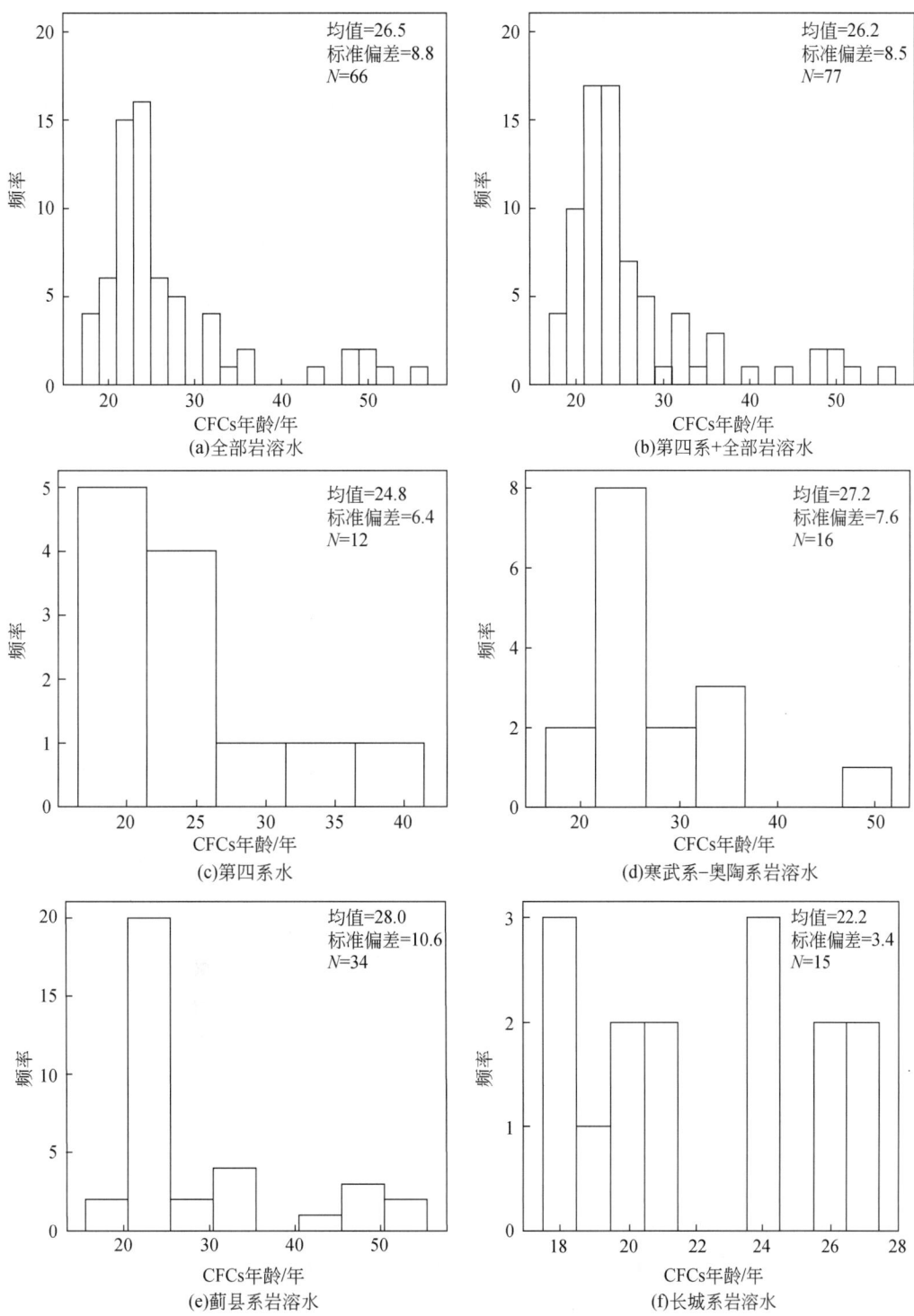

图 4-12 顺义-平谷岩溶区地下水 CFCs 年龄直方图

为了观察 CFCs 年龄在不同含水层中的分布模式，分别统计了第四系、寒武系-奥陶系、蓟县系、长城系四类水样品的 CFCs 年龄 [图 4-12 (c)、(d)、(e)、(f)]。第四系地下水年龄分布连续，年龄范围为 17~42 年，主要集中在 17~27 年。岩溶水年龄则呈双峰式分布。寒武系—奥陶系岩溶水 CFCs 年龄分别为 17~27 年、47~52 年（该组样品数量少）。蓟县系岩溶水 CFCs 年龄分别为 16~26 年、41~56 年。长城系岩溶水年龄分别为 18~22 年、24~28 年。

四个含水层第一年龄组 CFCs 年龄相似，以长城系岩溶水年龄变化范围最窄，在第二年龄组中，长城系岩溶水的 CFCs 年龄最新，以蓟县系岩溶水 CFCs 年龄最老。

在空间分布上，顺义-平谷区岩溶水 CFCs 年龄在山前地带岩溶水新，自盆地边缘向南西方向变老。有两个 CFCs 老水年龄区，一是位于杨镇以南，至南彩方向，岩溶水 CFCs 年龄大于 38 年；二是在东高村一带，存在 CFCs 年龄大于 38 年的圈闭区。自中桥至河北皮各庄存在一 CFCs 年龄为北东—南西方向的新水带（<23 年）。

(3) ^{14}C 年龄

顺义-平谷岩溶水^{14}C 年龄（未校正）范围为 305~6755 年，平均值为 3007 年（图 4-13）。平谷盆地东部山区（金海湖），两河—木林地表水入渗漏补给区为两直接补给区，未校正^{14}C 年龄小于 2000 年。夏垫断裂带^{14}C 年龄为 4000 年，围绕该断裂^{14}C 年龄最老，表明夏垫断裂为一汇水断裂。北部山区，出露有雾迷山组和高于庄组赋水岩系，降水入渗后，向夏垫断裂汇流。向南出北京界后，为径流区，地下水年龄由北向南变老。

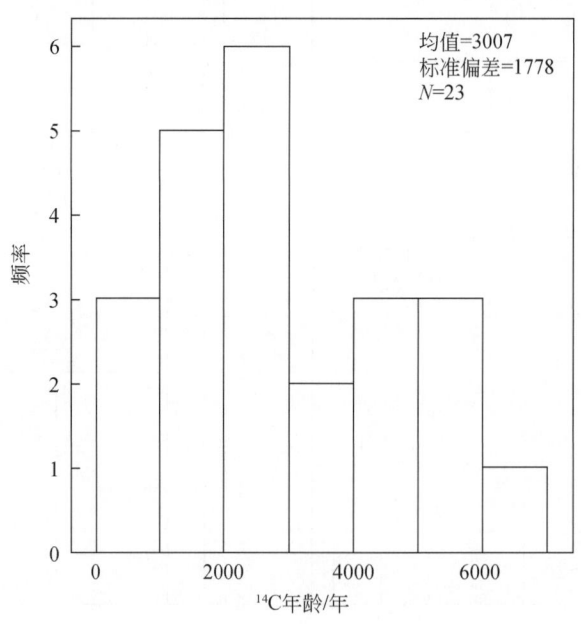

图 4-13　顺义-平谷岩溶区岩溶水^{14}C 年龄直方图

4.6.4.4 顺义-平谷岩溶水补径排条件

顺义-平谷岩溶水系统补给源主要为大气降水，其次为地表水入渗补给。东高地东部裸露区（PS-3）以及中桥岩溶区（PS-4）为本区两个降水入渗补给区。中桥岩溶区补给区地下水向南径流，并侧向补给龙湾屯岩溶区（PS-2）和东高地岩溶区（PS-3）。

龙湾屯岩溶区含水层为蓟县系，岩溶水系统补给区为龙湾屯西北部的裸露区，以及长城系岩溶水的侧向补给，地下水水流方向为自北西向南东方向，与东高地岩溶区为同一个含水层不同补给区。东高地岩溶区补给区为平谷盆地山区，北侧有长城系侧向补给。地下水水流方向为自北东向南西方向。虽然其南部有地表分水岭，但是该分水岭不是地下水分水岭，岩溶水与南部平原区岩溶水之间为统一岩溶水系统。

平谷盆地南部隐伏区岩溶水系统补给源为上覆第四系地下水和北侧岩溶水侧向补给。第四系地下水入渗补给源位于北小营一带，有地表河水渗漏补给。岩溶水流向为自北西向南东方向。在杨镇北侧，奥陶系与蓟县系之间缺失青白口系阻水层，蓟县系岩溶水向南侧补给奥陶系岩溶水。

4.6.5 大兴-通州岩溶水补径排条件和循环规律

4.6.5.1 大兴-通州岩溶水年龄

在平原覆盖区，岩溶水为第四系沉积物覆盖。搞清第四系水与岩溶水之间的水力联系，不仅对地下水评价重要，而且对水源保护非常重要。第四系水因污染、过量开采、地下水补给量减少，水质恶化程度加剧。受到污染的第四系孔隙水范围呈现增加趋势。在第四系水与岩溶水有联系的地方，岩溶水开采后，随着岩溶水头下降，第四系可向下补给岩溶水。当第四系水质差时，就会污染岩溶水。样品取自大兴-通州岩溶区内，测试样品为岩溶水和第四系地下水，利用 ^{3}H、^{14}C 方法确定大兴-通州岩溶水年龄。

(1) ^{3}H

大兴区岩溶水 ^{3}H 为 5.1~11.6 TU，而通州区岩溶水 ^{3}H<5 TU，多数样品 ^{3}H 值为 1~1.9 TU。在大兴和通州两个区域内，岩溶水氚值有明显差异。^{3}H 高的岩溶水位于大兴岩溶区内的奥陶系，向南岩溶水中 ^{3}H 值变小。在通州岩溶区的东南部 ^{3}H 值低。虽然通州区岩溶水 ^{3}H 值低，但在所采集的样品中，未见无氚水样品，表明通州岩溶水仍存在现代水补给，但是与大兴岩溶水相比，与现代补给源的联系存在差异。

(2) CFCs 年龄

丰台区—大兴区孔隙水 CFCs 受地表水污水入渗影响，高出与大气平衡 CFCs 浓度几倍至百倍。在平原区孔隙水 CFCs 受到人为影响。在大兴岩溶水中 CFCs 浓度也高于平衡大气 CFCs 浓度，部分样品的 CFCs 浓度特征与第四系地下水 CFCs 组成特征一致。地下水中普遍含有 CFCs，表明岩溶水年龄新，有现代水补给。

根据不同含水层地下水 CFCs 测试，可以区分第四系与岩溶水之间的水力联系。通州岩溶水 CFCs 浓度处于正常值范围，即岩溶水 CFCs 值接近于现代大气平衡时的浓度值，未见异常高 CFCs 浓度的样品出现。大兴岩溶水与通州岩溶水 CFCs 组分变化受不同的机制控制，反映两个岩溶水系统之间具有不同的补径排条件。

(3) ^{14}C 年龄

大兴岩溶水 ^{14}C 年龄为 987~4000 年，其西部岩溶水 ^{14}C 年龄新，朝北东方向 ^{14}C 年龄变老。通州岩溶水 ^{14}C 年龄大于 5000 年，在龙旺庄、五夷花园 ^{14}C 年龄达 10 000 年，岩溶水 ^{14}C 年龄朝北东方向变老。

通州一带第四系地下水 ^{14}C 年龄在孛罗营村前为 3671 年，在大稿村的第四系水 ^{14}C 年龄为 6981 年，在通州北部武夷花园第四系地下水 ^{14}C 年龄为 10 843 年。第四系地下水的 ^{14}C 年龄自南西向北东方向变老，与下伏岩溶水 ^{14}C 年龄和年龄变化趋势和方向一致。

(4) 大兴-通州岩溶水年龄分析

大兴岩溶水和第四系地下水 ^{3}H、CFCs、^{14}C 值较高，地下水系统以现代水为主。大兴岩溶水 CFC 组分受人为组分影响较大，CFCs 含量高，CFC-11 超过与大气平衡值的 1 至数倍，CFC-12、CFC-113 也受不同程度的影响。大兴岩溶水 CFCs、^{3}H、^{14}C 含量高，年龄小于 30 年，为现代水。通州岩溶水中 ^{3}H 较低（<3TU），岩溶水 CFCs 浓度与现代降水接近，^{14}C 含量低。综合分析表明，通州岩溶水 ^{14}C 受水-岩交换作用影响明显，碳酸盐 DIC 进入地下水中是 ^{14}C 低的主要原因。由较低的 ^{3}H 和与大兴不同的 CFCs 特征表明，通州岩溶水年龄为 30~60 年，通州岩溶水与大兴岩溶水受不同的机制控制，具有不同的补径排条件，具有新水与老水的混合作用。

4.6.5.2 岩溶水补给和范围

北京平原区第四系与基岩之间可分为如下几种接触情况：第四系与奥陶系，第四系与寒武系、第四系与青白口系。寒武系下部岩性为页岩，青白口系下马岭组富水性弱，为隔水层。地下水年龄、同位素数据表明，大兴岩溶水与通州岩溶水为独立岩溶水系统。两个岩溶水系统以青白口系为底界、东南部和北部边界。大兴和通州岩溶分布区各有独立的补径排区。

大兴岩溶水来源于大气降水的间接补给，其补给源区为与之相邻的第四系地下水，大兴黄庄一带为补给水进入岩溶水系统的输入端（图 4-14），向南、东、北三个方向运移，为相对开放的岩溶水系统。当前排泄方式为开采第四系地下水和岩溶水引起的水量变化。大兴区岩溶水年龄新，易获得补给，但是岩溶水的水质易受上覆第四系地下水质的影响。

通州岩溶水系统补给来源为大气降水，补给区位于寒武系含水层西南部，上覆第四系含水层。通州一带深层第四系地下水年龄老，与现代降水联系弱。深层第四系地下水为历史时期较冷条件下补给，位于第四系含水层下部，相对滞留。深层第四系地下水在通州岩溶水东南端有水力联系，第四系地下水补给岩溶水，并向北东部径流。通州区岩溶水年龄较老，不易获得现代水的直接补给。南水北调水到达后，应将通州区岩溶水归为控制开采区，使地下水获得恢复补给机会。

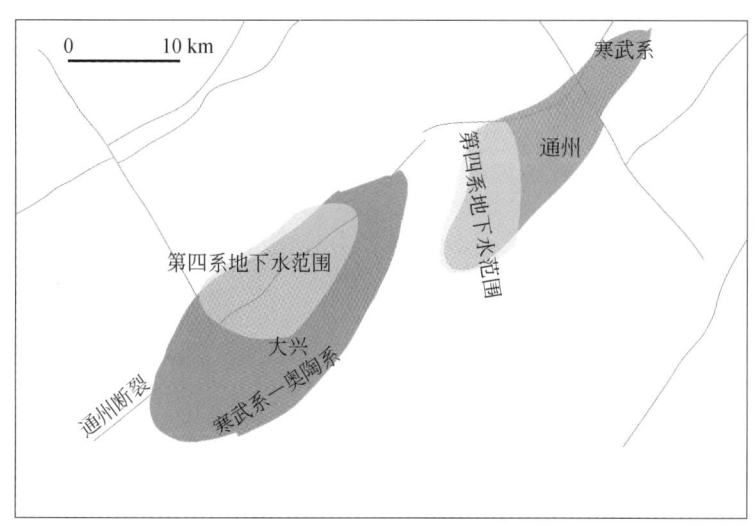

图 4-14　大兴-通州岩溶水与第四系地下水作用范围
第四水地下水与岩溶水叠合的区域为第四系地下水与岩溶水相互作用范围

4.6.5.3　第四系孔隙水与岩溶水水位变化的一致性

在太行山东麓涞水—顺平山前平原，第四系堆积物多为二元结构，即表层为亚砂土，其下是含砾砂层或含卵石砂层，它直接覆盖于碳酸盐岩地层之上，下伏岩溶水通过"岩溶天窗"补给第四系深层地下水。在滹沱河至太平河之间（获鹿—石家庄一带）的山前地带，第四系下伏奥陶系、寒武系及长城系灰岩、白云岩。自西南向东北，岩溶地下水水位与第四系孔隙水逐渐趋于一致，岩溶地下水补给第四系孔隙地下水，处于自然循环过程，岩溶水含水层尚未大规模开采，岩溶水水头高于上覆第四系地下水水头的状态。在一些有利地段（天窗），岩溶水可向上越流补给第四系地下水，甚至在地表形成泉，为山前地带河流及湿地的源区。

地下水动态变化直接影响着不同含水层之间的水力联系。这种关系的转变，影响地表水与地下水之间的关系。当前山前地带，地下水转变为地表水的情况越来越少，山前地带的出流的泉，无论在数量上还是流量上，都有明显的衰减，许多泉消失，山前河流、湿地也大量消减。

有直接联系的不同含水层之间，地下水水位有联动关系，其他表现为，有现代水补给的，不同含水层之间的地下水水位有一致的季节性变化，或者一个含水层地下水的开采，可引起另一个含水层水位下降。在大兴—通州一带，岩溶水与第四系地下水水位有联动关系，而且两个含水层之间水位动态变化一致。例如，在研究区南部的德茂牛场有北京市地质工程勘察院设立的一组地下水位长期监测孔：主观测孔深度为 119.16m，观测层位为上寒武统的岩溶裂隙水；副观测孔深度为 50.43m，观测第四系孔隙水。水位观测的起始时间为 1970 年 1 月。第四系地下水位与基岩水位呈线性相关（图 4-15）。大兴—通州的寒武系-奥陶系含水层地质结构表明，补给水来源于侧向和上覆第四系地下水。

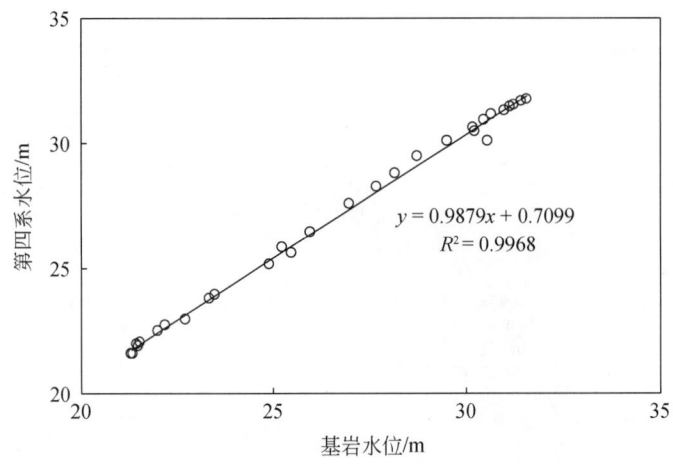

图 4-15　1970~1990 年第四系和基岩水水位相关图

4.7　北京永定河河水与西山岩溶水关系

在过去，认为玉泉山泉受九龙山-香峪向斜西北翼的清水涧-军庄裸露奥陶系灰岩区的补给，岩溶水通过九龙山-香峪向斜以深部径流补给玉泉山泉及平原地区地下水。玉泉山泉水断流是由于在永定河上游修建官厅水库后，该河洪水量骤减，渗漏量相应减少所致。基本认识有两种：一种是认为永定河水与西山岩溶水关系不大，永定河水对地下水的补给量有限（邱树杭，1957）；另一种认识为永定河水是西山岩溶水的主要补给源，永定河河水渗漏量达 10m³/s（陈雨孙和马英林，1981）。

4.7.1　河水流量变化

永定河水与地下水关系的早期观测主要是基于区间河水流量变化提出的。下面简单介绍永定河流量及变化情况。

永定河发源于山西省宁武县管涔山，属海河流域，流经内蒙古、山西、河北、北京和天津。在永定河上游有洋河和桑干河两条主支流，在怀来朱宫屯汇合，入官厅水库进入北京市，经天津市后汇入渤海，全长为747km，流域面积为47 016km²，是海河水系最大的支流。官厅水库上游流域面积为43 402km²。官厅水库至三家店出山口为官厅山峡，长106km，面积1600km²。三家店下游为平原区，河道长200km。从官厅水库坝到雁翅，河床为震旦系灰岩，沿途流量有增加。在雁翅到三家店河段，有三条支流汇入永定河，即清水涧河、苇甸沟和樱桃沟，但是在三家店水文站的河水流量有明显减少。

官厅水库于1954年5月建成，1958年开始供水，初建库容为22亿m³，1989年7月扩建到41.6亿m³。1955~1959年平均供水量为17.9亿m³/a，1971~1977年平均供水量为6.8亿m³/a，减少62%。1972年，供水量只有3.7亿m³。至2008年，官厅水库累计向北京市供水 256 亿 m³。

图 4-16 给出了 1925~2010 年官厅水库来水量。在 1955 年前后，永定河来水量达到峰值，为 20 亿~25 亿 m³/a，在 1959 年为 25.6 亿 m³，1975 年以后来水量不足 10 亿 m³/a，1985 年后则降为 5 亿 m³/a 以下，2008 年仅为 0.8 亿 m³。2000 年以后基本上处于断流状态，河道内来水完全依靠雨季洪水或水库放水。水库来水量，60 年代比 50 年代平均减少 32%。当降雨量相同时，1980~1997 年官厅水库的径流量较 1956~1979 年平均减少 15%~20%（程大珍等，2001）。官厅水库来水减少主要与水库上游地区用水量增加、用水结构变化、新建水库库容增加有关。截至 2004 年，官厅水库上游地区已建成总库容 14 亿 m³ 的大型水库 2 座，中型水库 16 座和小型水库 257 座（胡春宏和王延贵，2004）。在 1955~1959 年平均供水量为 17.9 亿 m³/a，而在 1971~1977 年平均供水量为 6.8 亿 m³/a，减少 62%，在 1972 年，供水量下降到 3.7 亿 m³/a，三家店上游河水渗漏量为 2.8 m³/s。2000~2006 年为 3 亿 m³/a，2008~2012 年仅为 0.7 亿 m³/a，河道长年干枯。

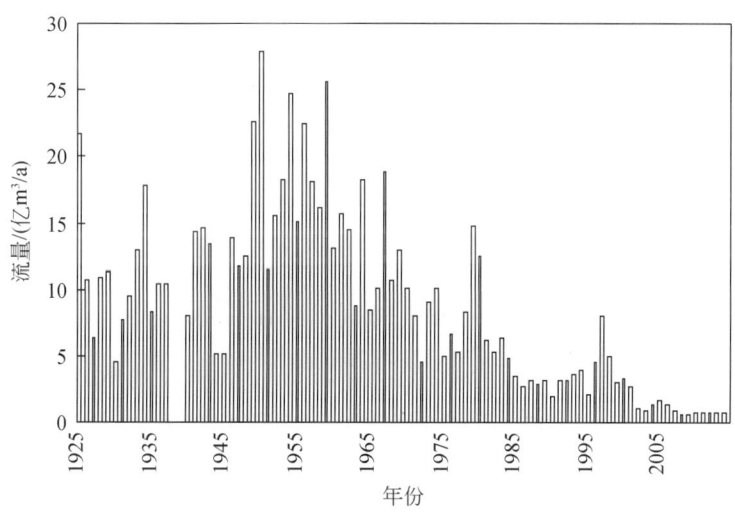

图 4-16 1926~2010 年官厅水库来水量

4.7.2 永定河水渗漏段

自雁翅到清水涧，河床为奥陶系灰岩，长 30km，河水漏失量大（10m³/s）。在军庄东南、距永定河东岸 60m 的 28 号孔，奥陶系灰岩的地下水位标高为 99.57m，低于永定河水位 15.4m，河水可渗漏补给地下水。另外，还有降雨入渗补给和山间沟谷地表径流入渗补给地下水，如在樱桃沟，经侏罗系时流量可达 3000~20000m³/d，进入灰岩河床时，入渗补给地下水。自清水涧到三家店，河床为侏罗系火山岩系，渗透性差，如在三家店水闸处，河床 20m 深处无水。在卢沟桥一带，河床地下水与冲积扇的地下水相衔接。从石景山至水屯一带，永定河水可补给冲积扇含水层。

4.7.3 河水在岩溶水中的分布

北京西山岩溶水都含有 ^{3}H、CFCs 和较高的 ^{14}C（多数大于 50 pMC），该区地下水年龄小于 30 年，西山岩溶水为几十年以来的补给。通过分析岩溶水稳定同位素组成西山岩溶水初始补给水 δ^{18}O 为 $-10.5‰$，河水初始入渗水的 δ^{18}O 为 $-5.1‰$。δ^2H 和 δ^{18}O 相关性分析表明，河水入渗后，与地下水之间发生混合。西山岩溶水多为新水（以河水为代表）和老水的混合。新水的 ^{14}C 值为 80~100 pMC。河水代表新水端元，"老水"则为由潭柘寺和军庄入渗补给形成的地下水。老水与河水具有不同的稳定同位素组成。河水进入地下水系统后，发生如下过程：一是河水与地下水之间混合，二是河水进入一封闭空间滞留，与碳酸盐矿物发生反应，与其他碳源发生反应或交换。岩溶水中 Na$^+$、Cl$^-$、δ^{18}富集（图4-17）。

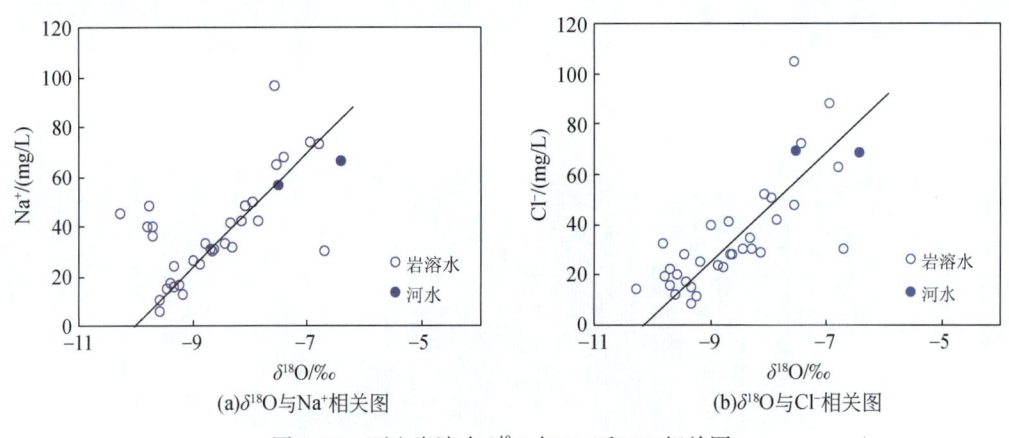

图 4-17　西山岩溶水 δ^{18}O 与 Na$^+$ 和 Cl$^-$ 相关图

根据 δ^{18}O 与 Na$^+$ 和 Cl$^-$ 相关性，可以确定河水与岩溶水端元特征组分（河水 Na$^+$ = 84mg/L，δ^{18}O = $-6.34‰$；地下水 Na$^+$ = 0.5mg/L，δ^{18}O = $-10‰$），利用二元混合模型，可估算出西山岩溶水中河水所占比例。统计分析表明，河水比例分布不属正态分布（图4-18）。高值与低值都有出现，河水在岩溶水中的分布受水流通道制约，河水入渗进入地下水系统后，有相对固定的裂隙-管道系统，或者河水沿专有水流通道运移。岩溶水中高比例河水（>50%）的样品数量占统计样品数量的 38%，说明入渗河水在岩溶水系统中有优势水流通道。

4.7.4 永定河对西山岩溶水补给的影响

西山香峪向斜奥陶系灰岩上覆地层厚达千米，构造西端翘起，被永定河切割，构造东北端两翼出露有多个泉群，如玉泉山泉、黑龙潭泉、白家疃泉、温泉等。在个别地段，承压岩溶水透过古近系和新近系补给永定河冲积扇。香峪向斜东南翼，被八宝山逆掩断层超覆，并被坨里-洼里正断层切断。永定河北西向张性断裂已为北京矿务局横穿永定河的平

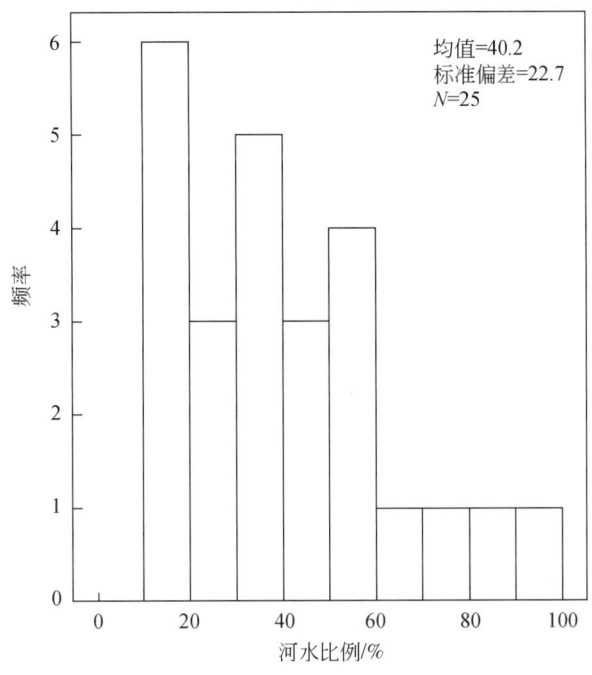

图 4-18 西山岩溶水中河水比例分布图

洞资料所证实,是导水断裂。该断裂向南东方向过八宝山断裂。永定河在军庄段入渗,通过永定河断裂和香峪向斜构造向东部平原区运移和排泄。

西山岩溶区补给区有三个,分别为军庄和潭柘寺出露区,以及永定河渗漏补给区,三个主要补给源(区)具有各自独立的水流通道。地表水是西山岩溶水的重要补给源,与降水直接入渗补给构成西山岩溶水的来源。西山地区岩溶水径流方向有两个:①军庄地区灰岩岩溶裂隙水接受大气降水和永定河补给后,一部分向玉泉山地区和北翼温泉方向以深循环形式径流,另一部分顺永定河断裂向八宝山断裂径流汇集;②鲁家滩地区岩溶裂隙水接受大气降水补给后,叠加大石河河水渗漏量及军庄部分汇流量,沿八宝山断裂经回民公墓、八宝山径流至海淀镇地区。在东部山前地带以泉(如玉泉山泉、黑龙潭泉、白家疃泉、温泉等),向浅部平原区第四系水,以及向深部蓟县系(补给地热水)排泄。

军庄地区降水入渗补给特征反映降水补给与河水渗漏补给具有不同的路径。军庄直接补给区降水一部分由地表径流汇入永定河补给玉泉山,另一部分垂直入渗补给附近裂隙,补给军庄东侧永丰屯一带岩溶水。在军庄附近灰岩地下水有明显季节变化,如杨坨矿西 118 号孔,丰枯水期水位变幅达 10 m,矿坑涌水量有明显季节变化;大白水 51 号孔和寨口小白龙 63 号孔,在雨季,岩溶水可涌出地表,钻孔水位明显高于永定河床,涌水中携带灰岩风化红黏土块。在军庄一带降水补给(0.6 亿 m^3/a)浅层水。降水和河水补给条件下的地下水位动态变化差异性,表明河水沿专有通道补给。军庄补给区以接受河水入渗补给为主,降水入渗补给为辅(可将降水入渗补给量转为径流量,就是说河水入渗补给中已包括了降水入渗补给量）。运移方向为先南东，在古城一带转向北东。温泉一带的补给区为军庄出露区东部隐伏区补给，补给范围较小，水流速度相对较慢。

潭柘寺地区灰岩裂隙岩溶发育，易渗漏。鲁家滩（水库）一带河谷常年干枯。该区为北京缺水山地。地表水流顺河谷向东南汇集于山麓地带的羊圈头，消失于八宝山断裂北西侧。无出山口地表径流，补给出山口外的崇青水库。本区多年平均降水入渗补给量 $1.5 \sim 1.7 \text{m}^3/\text{s}$。潭柘寺补给区水流路径主要为沿八宝山断裂呈北东向至海淀区。鲁家滩灰岩谷地位于红庙岑-八大处复背斜西南端，西北方的九龙山向斜。西北木城涧一带奥陶系灰岩出露面积为 200 km^2，西南侧为下寒武统馒头组页岩及青白口系下马岭组页岩，为隔水层。降水入渗水流向南东方向运动，补给沿八宝山断裂运移，相对于永定河渗漏补给，它对玉泉山泉起次要作用。

永定河水流通道是河水成为西山岩溶区补给的重要因素。通过分析和计算，永定河水占西山岩溶水补给量大于50%以上。永定河渗漏水运移通道为：渗漏河水首先沿永定河断裂向南东方向，至古城一带，转向北东方向，到达玉泉山泉，是玉泉山泉水的主要补给源。玉泉山泉断流是由于永定河来水减少，以及附近水源地抽水量增加所致。永定河长期断流，河道渗漏量的下降不仅减少了西山岩溶水的直接补给量，而且减少了山区向北京平原区第四系地下水和地表水的间接补给。随着西山山前第四系水和岩溶水开采量的不断增加，上游补给不断枯竭的情况下，岩溶水和平原区第四系孔隙水将因缺乏补给，而进入消耗式开采阶段，地下水可持续利用潜力下降。

4.8 岩溶水水文地质单元圈定

岩溶储水构造和水流场特征使得岩溶水与其他地下水系统，如孔隙水有明显区别。岩溶水系统是区域水循环在可溶岩（碳酸盐岩）分布地区的一个子系统，其特征是与地表水关系密切，以固定或者变化的方式与其他系统发生联系。

4.8.1 岩溶水水文地质单元和边界

4.8.1.1 岩溶水水文地质单元概念

岩溶含水层是发育于可溶岩层内的裂隙-溶隙-溶孔-溶洞构成的网络-脉络赋水空间。由于地层、岩性、构造差异形成的赋水空间富水性变化大，不同空间位置上的补径排关系随水位有动态转换的特征。系统具有整体性、完整性、独立功能等属性，岩溶水系统可用于描述储层结构一致的大型储层。在这里，我们将岩溶水系统细分为多个特征水文地质单元。每一个单元具有相对独立性，单元之间即可有水力联系，也可无水力联系，或者在一定条件下有联系，其中水文地质过程三要素：补、径、排可以有全部，或部分存在。水文地质单元的概念灵活，可以用来详细描述复杂岩溶水系统结构和水流特征。

岩溶水单元边界是区分另一单元的地层、岩性、构造等地质要素，可将其归一化为薄层界面。水文地质单元边界由不透水岩性层、构造层、或者结构面构成。不透水岩性层是常见隔水边界，它与含水层之间的空间展布关系是圈定含水层边界的依据。构造边界，考虑隔水层与含水层空间关系的同时，还要考虑含水层空间结构关系，如向斜构造或背斜构造是含水层水文地质单元划分的重要因素。结构面是断层，或者由于断层错动形成含水层与隔水层之间关系的改变。

岩性、裂隙储水结构存在差异，水在储层中的连通性受储层水位制约，如高水位期，岩溶水系统内部大部分或全部连通，而在低水位期，则只有局部连通，或者形成多个相对独立的储水空间。将低水位期具有独立储水条件的部分可作为岩溶水的静态储水空间，而高水位期的储水空间作为动储水空间。动态储水空间是静态储水空间的补给源区。在静态储水空间存在补给水与静态储存水之间的混合作用。同一岩溶水水文地质单元内的水体是统一体，在静储空间加入（接受补给）或排出（排泄）地下水，将波及、影响与相邻单元之间的水力联系。一些岩溶水单元范围常与某一河流域一致，它是由不同级别的导水、储水和排泄通道连通而成，主导水通道与孔隙、裂隙网络相连通。岩溶管道形成快速导水通道，裂隙网络形成慢速导水通道，岩溶含水层内的水流速度具有不均一性。从储层结构特性和水流特性两个方面刻画岩溶含水层，含水层结构特性侧重于描述含水层和隔水层之间的结构特征；水流特性侧重于描述含水层内水的流动和连通特征。

4.8.1.2 岩溶水水文地质单元确定原则

在综合分析已有的地下水系统概念和划分方案的基础上，将北京地区作为一个整体考虑，岩溶裂隙水为北京地下水二级子系统。由于岩性、构造、含水层空间差异性，区分出不同岩溶发育区，在每一个分区内，识别出不同的岩溶水文地质单元，相对于北京地下水三级/四级子系统。岩溶水水文地质单元可从如下几个方面来确定边界，并圈定单元范围。

1）按系统大小尺度（大、中、小）和从属级别；
2）岩溶含水层空间展布（岩溶含水层的分布和埋藏）；
3）与相邻含水层之间的连通性；
4）按含水层地质及构造关系；
5）岩溶水同位素组成及分布。

基于岩溶水系统概念，将边界和补排关系明确、含水层连续、地下水流场统一的区域归为一个水文地质单元，单元定名采用岩溶水单元所处地理位置名称，或者泉水名。

4.8.1.3 岩溶水单元边界类型

岩溶水单元边界和类型汇总如下。
1）隔水边界：由不透水层确定。

2）阻水断裂：压性断层，或断层错动构成的阻水带。
3）地下分水岭边界：由不透水层和结构面形成水位分区。
4）地表分水岭边界：由山脊连线构成的汇水范围。
5）同位素水文地质边界：在地层、岩性、构造条件不清时，由同位素组成特征确定单元边界。

4.8.1.4 北京岩溶水单元边界及特征

隔/阻水层：侏罗系页岩、青白口系（下马岭组页岩）、长城系（杨庄组页岩）。
阻水断裂：南口断裂、夏垫断裂、通州断裂等。
地下分水岭：依据水位资料和同位素数据判定。
地表分水岭：综合考虑地层出露位置与地形地貌的关系，以及同位素证据。
地层/断层等地质界线导水性/阻水性的同位素证据。
岩溶水年龄：结合断层、岩性，以及岩溶水年龄给出地下水流场差异性边界。
岩溶水同位素组成：结合断层、岩性，以及同位素识别出的岩溶水来源差异给出地下水流边界。

不同岩溶水系统划分可依据上述一个，或者多个指标来确定。

4.8.2 北京岩溶水水文地质单元划分

根据北京水文地质条件，将北京岩溶水分为六个分区，这六个分区含水层岩性大部分相同（似），主要为寒武系—奥陶系，少数不同，为蓟县系、长城系。相同含水层，处于不同地质空间，具有不同的储层结构和水流特征。基于岩溶水同位素组在六个岩溶区内圈定出 21 个水文地质单元（表 4-3，图 4-19），具有不同的地下水流场。下面按不同岩溶水分区分别说明各岩溶水水文地质单元和边界特征。

表 4-3 北京岩溶水水文地质单元划分表

序号	岩溶分区	水文地质单元编号	含水层	水文地质单元名称
1	房山	FS1-1	蓟县系	甘池泉单元
2		FS1-2	蓟县系	高庄泉单元
3		FS1-3	蓟县系	张坊单元
4		FS-2	奥陶系—寒武系	北岭向斜岩溶水单元

续表

序号	岩溶分区	水文地质单元编号	含水层	水文地质单元名称
5	西山	XS-1	奥陶系	西山岩溶水单元
6	西山	XS-2	奥陶系—寒武系	河北泉岩溶水单元
7	西山	XS-3	奥陶系—寒武系	大安山泉岩溶水单元
8	西山	XS-4	奥陶系—寒武系	鱼谷洞泉岩溶水单元
9	西山	XS-5	奥陶系—寒武系	南法信岩溶水单元
10	昌平-怀柔	CP-1	蓟县系	流村岩溶水单元
11	昌平-怀柔	CP-2	蓟县系	高崖口岩溶水单元
12	昌平-怀柔	CP-3	奥陶系—寒武系	清水岩溶水单元
13	昌平-怀柔	HR	蓟县系	十三陵-桃峪口岩溶水单元
14	顺义-平谷	PS-1	奥陶系—寒武系	北务岩溶水单元
15	顺义-平谷	PS-2	蓟县系	龙湾屯-张镇岩溶水单元
16	顺义-平谷	PS-3	长城系	中桥岩溶水单元
17	顺义-平谷	PS-4	蓟县系+长城系	东高村岩溶水单元
18	大兴-通州	DX	奥陶系—寒武系	大兴岩溶水单元
19	大兴-通州	TZ	寒武系	通州岩溶水单元
20	延庆	YQ-1	蓟县系+长城系	延庆盆地岩溶水单元
21	延庆	YQ-2	蓟县系+长城系	白河岩溶水单元

4.8.2.1 房山岩溶水系统特征及边界

房山长沟-周口店岩溶（FS-1）含水岩层大部分出露地表，南部有拒马河通过，区内还多个岩溶泉。主要有两个含水层位：寒武系—奥陶系（马刨泉—万佛堂泉域）和雾迷山组，其中以雾迷山组范围最大。房山岩溶水系统 ^{3}H 为 5~15TU，含 CFCs，^{14}C>50pMC，地下水年龄小于 40 年。

FS-1 北界为地层和地形线，还包括大石河流域上游区段。东界为地层（与青白口系

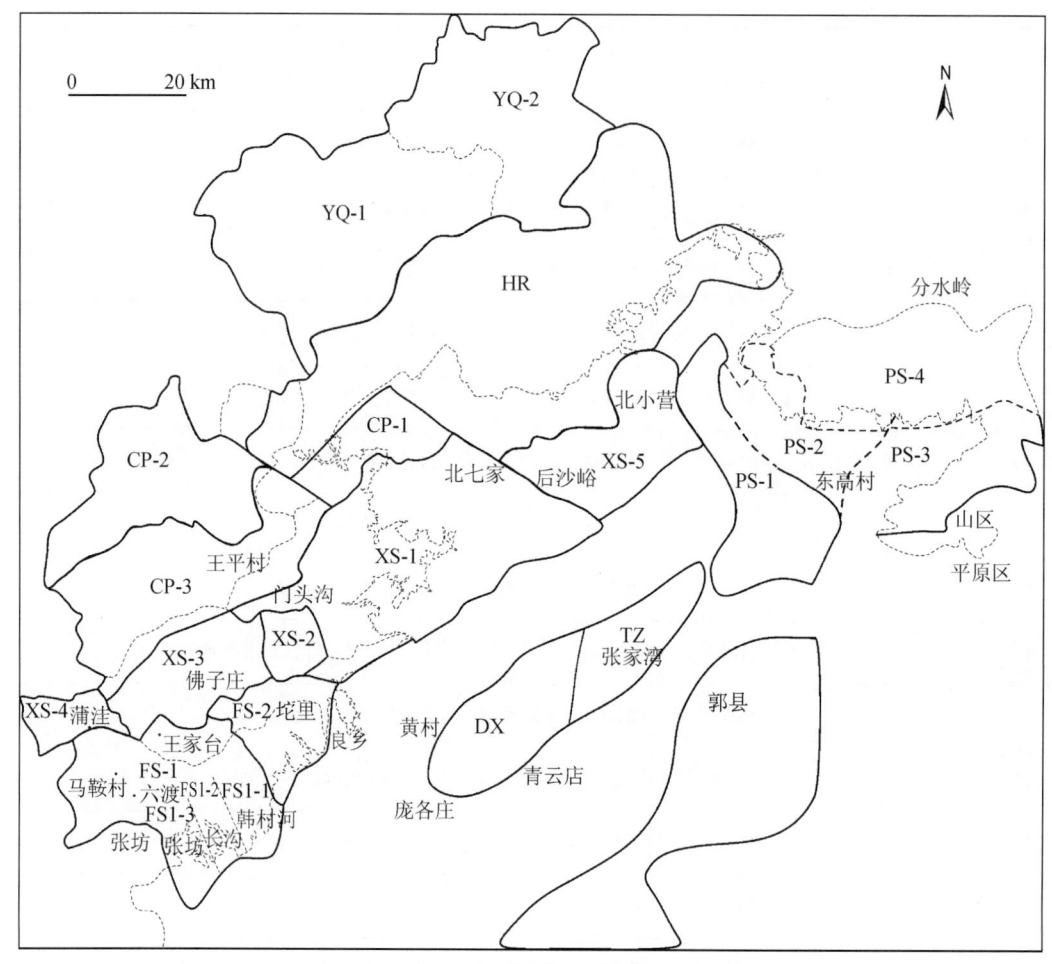

图4-19 北京岩溶水水文地质单元及边界

界线）和地形线，南界为黄庄断裂，西界为拒马河分水岭。地下水流向为自北西向南东方向。FS-1可细分为三个子系统，甘池泉子系统（FS1-1）、高庄泉子系统（FS1-2）、张坊子系统（FS1-3），这三个子系统有共同的补给源，但是有各自独立的水流通道。

FS-2北岭向斜含水层为奥陶系—寒武系。降水、河水补给进入地下水系统后，沿北岭向斜边缘南北两侧奥陶系—寒武系灰岩裂隙—溶孔—溶洞自西向东径流，在山前地带受房山岩体阻挡，向上溢出形成泉。在岩体北侧出露有万佛堂泉-孔水洞泉，在岩体南侧有马刨泉。

岩溶水子单元北界和东界为大石河，西界为分水岭。补给区与排泄区有直通通道，为管道流，水流速度快，滞留时间短。

马刨泉单元边界为地层界线，为裂隙-管道流，相对于孔水洞单元，水流滞留时间相对较长。

4.8.2.2 西山岩溶水系统

西山岩溶水系统位于房山、海淀、顺义区，含水层主要为奥陶系，局部为寒武系，由五个岩溶水子系统组成，分别为西山岩溶水系统（XS-1）、河北泉岩溶水系统（XS-2）、大安山岩溶水系统（XS-3）、鱼谷洞泉岩溶水系统（XS-4）、南法信岩溶系统（XS-5），含水层为奥陶系、奥陶系—寒武系。XS-3 含水层为蓟县系。西山岩溶区（XS-5 无数据，除外），样品 ^{3}H 为 4~11 TU，含 CFCs，^{14}C>50 pMC，地下水年龄小于 40 年。

XS-1 西山岩溶水单元南界为八宝山-洼里断裂（黄庄断裂），东界为南口断裂，北界为分水岭与奥陶系—寒武系北界，北界西段未考虑分水岭，西界为地表分水岭。其补给区有三个：军庄补给区、永定河渗漏补给带、潭柘寺补给区。永定河在军庄一带经过寒武系时产生渗漏，渗漏河水首先沿河道方向上的地下通道运移至石景山一带，转向北东方向。河水渗漏对西山岩溶系统补给量所占份额大。XS-1 南、东两侧边界为断裂，并非完全独立岩溶水系统，与其相邻系统之间有一定联系。

XS-2 河北泉岩溶水单元的含水层为奥陶系—寒武系，南、北、东边界为分水岭，西界为地层界。

XS-3 大安山岩溶水单元的含水层为奥陶系—寒武系，北界为分水岭，东、西侧为地层界限，南界为大石河。

XS-4 鱼谷洞泉以地形线为界，发育有鱼谷洞泉，含水层为寒武系，水流方向由东向西。

XS-5 南法信岩溶单元为第四系覆盖，南界为顺义断裂，西界为南口断裂、北界为与青白口系界线。东界为依据同位素数据推测边界。

4.8.2.3 昌平-怀柔岩溶水系统

昌平-怀柔岩溶水系统分布于昌平和怀柔两区，在昌平有流村岩溶水单元（CP-1）、高崖口岩溶水单元（CP-2）、清水岩溶水单元（CP-3）三个岩溶水单元。在怀柔区，有十三陵-桃峪口岩溶水单元（HR）。本区样品 ^{3}H 值为 9~11TU，与现代降水值一致，样品都有 CFCs，^{14}C>50 pMC。岩溶水年龄小于 40 年。

CP-3 含水层为奥陶系—寒武系，与下伏蓟县系含水层之间有青白口系隔水层。含水层为一向斜构造，在向斜北翼，奥陶系—寒武系出露地表，为直接补给区。向斜构造核部为侏罗系火山岩系。

4.8.2.4 顺义-平谷岩溶水系统

顺义-平谷岩溶水系统分布于顺义和平谷两区，主要由顺义二十里长山（杨镇）岩溶水单元（PS-1）、龙湾屯-张镇岩溶水单元（PS-2）、东高村岩溶水单元（PS-3）组成。

PS-1 含水层为奥陶系—寒武系，位于山前覆盖区，其补给源为西部和北部的侧向补给，怀柔河、潮白河、鹿指山水库渗漏是其重要的补给源。二十里长山北部青白口系分布不完整，其北部蓟县系直接补给区的补给水可侧向补给 PS-1 单元。PS-1 单元 ^{3}H 和 CFCs

与现代水一致，^{14}C>50 pMC，地下水年龄小于40年。

夏垫断裂为PS-2与PS-3子岩溶水系统界线，为自东、西两个水流方向的汇水带。沿夏垫断裂^{14}C年龄为4 000年，断裂两侧^{14}C年龄呈近似的对称分布，即由西侧和东侧向夏垫断裂^{14}C年龄由1000年增加到4000年。沿夏垫断裂，地下水出北京界，进入河北境内，水流方向为自北向南，^{14}C年龄增加到5000年。类似地，在夏垫断裂两侧，^{3}H呈对称分布，由西东两侧向夏垫断裂，^{3}H由10TU变为2TU。在夏垫断裂附近，岩溶水为新水（小于40年）和老水（千年）混合。在高家庄、马坊镇、英城镇一带，地下水年龄较老。顺义-平谷岩溶水系统，蓟县系含水层的南部边界为开放边界。

4.8.2.5 大兴-通州岩溶系统

大兴-通州岩溶水系统位于大兴隆起。大兴岩溶水系统（DX）赋水层为奥陶系—寒武系，通州岩溶水系统（TZ）赋水层为寒武系。在两岩溶水系统之间，青白口系阻隔大兴和通州两岩溶水系统之间的侧向水力联系。岩溶水为第四系沉积物覆盖，覆盖层厚度为50～300m。第四系含水层为主要补水源区。

在大兴区，以21号样品取样点为中心的5km范围，为第四系入渗补给岩溶水的主要区域。上覆第四系地下水年龄新，为现代水，其下覆的岩溶水具有相同的属性。

在通州一带，岩溶水具有本区最低的^{3}H值（1～2TU），接受深层第四系地下水补给（低^{3}H，低CFCs），通州岩溶水年龄老，是由其上覆第四系深层水年龄老所致。

4.8.2.6 延庆岩溶水系统

延庆岩溶水系统为独立岩溶水系统，含水层为蓟县系和长城系。补给区为盆地周边山区，地下水流方向为自盆地高处向盆地内汇流。以东部马道梁-红果寺分水岭为界，延庆岩溶水系统分为两个单元，延庆盆地岩溶水单元（YQ-1）和白河岩溶水单元（YQ-2）。

YQ-1：位于马道梁-红果寺分水岭以西，北南两侧以地表分水岭为界，向西进入河北境内。东部地下水年龄新，向西则变老。样品中都有^{3}H和CFCs，^{14}C>50 pMC，地下水年龄新（<40年）。在靠近分水岭处有少量河水渗漏补给。区内岩溶水同位素相对均一，空间化较小，为降水垂直入渗补给。在县城一带，地热水年龄老，滞留时间长。

YQ-2：位于马道梁-红果寺分水岭以东，其北东两侧以地表分水岭为界，向南进入北京平原区内，属潮河流域。靠近河道附近岩溶水年龄新，而远离河道的地下水年龄老。区内岩溶水以河水入渗补给为主。

4.8.3 北京岩溶水水文地质单元的特点

岩溶水水文地质单元用于区分独立的，无（弱）水力联系的含水层，它可以是同一含水层的不同部位，也可以是有水力联系的不同含水层，或者由于构造差异形成的空间错断。

传统岩溶水系统规划多依据水文地质观察、水位关系、抽水试验数据。这种方式有难以避免的缺陷，如观察不全面、水位波动原因多解、抽水试验扰动范围有限或叠加有其他干扰，导致数据可靠性下降。基于岩溶水年龄测试的岩溶水水文地质单元固定，可以弥补上述不足。北京岩溶水系统具有如下特点。

4.8.3.1 岩溶水补给方式

根据岩溶水的出露和埋藏条件不同，可将北京岩溶水划分为三种类型：裸露型岩溶水、覆盖型岩溶水、埋藏型岩溶水。岩溶水补给方式首先取决于岩溶水系统所处的水文地质环境。对北京岩溶水系统而言，山区补给方式与平原覆盖区补给方式不同。

由于山区岩溶水系统地层出露条件、上覆不饱和带厚度和类型，以及裂隙、构造和岩溶发育状况的不同，降水入渗水流的动力学条件有明显差异，同时也影响着岩溶水系统内部的水动力学条件。在岩溶水系统划分时，既要考虑以地表分水岭圈定的汇水区范围，又要考虑地下水连通性的差异。降水补给山区岩溶水时可分为如下几种补给方式。

降水入渗补给：降水通过地表裂隙、植被、不饱和带渗入地下。水在不饱和带运移时间相对较长，地下水动态反应相对滞后，滞后的程度受多种因素制约，如降水量、入渗通道类型及导水性、不饱和带厚度等。不饱和带厚度、导水通道类型以及水运移时间的研究，对岩溶水系统循环条件的研究具有重要意义。不饱和带的性质决定着与之相联系的地下水获得补给的方式、时间、缓冲状态等。

直灌式补给：降水、地下水径流通过大的裂隙、岩溶管道、落水洞，垂向溶洞、溶蚀漏斗等直接汇入地下水系统。如果地下水系统具有较强的调蓄能力，则可将补给储蓄起来，形成有效补给，构成直补-储集-调蓄式系统。当地下水系统为局部循环补给进入地下水系统后，以泉形式转换为地表水，为直补-直排式系统，地下水系统储蓄量并未明显增加。

间接补给：来源于补给区的侧向补给或其他含水层的越流补给。

4.8.3.2 岩溶水系统内在差异性

(1) 直通式水流系统

直通式水流系统赋水空间呈单斜分布，水自补给区至排泄区以对流方式运移，水在地下水滞留时间短，如房山、大兴、昌平-怀柔、延庆岩溶水系统。

(2) 混合水流系统

混合水流系统赋水空间为单斜通道+倾斜盆式分布，水自补给区进入岩溶水系统后，一部分水可直接到达排泄区（口），还有一部分补给水进入盆式储水空间，与滞留其中的老水发生混合，储水空间排泄水量受补给水量的控制。排泄区水年龄也有多种变化方式，如西山和顺义-平谷岩溶水系统。

(3) 隔离水流系统

隔离水流系统主要特征为与现代补给源隔离，岩溶水系统处于相对封闭环境。

4.8.3.3 岩溶水与第四系地下水之间的关系

在平原区，岩溶水与上覆第四水之间可有直接水力联系，也可因局部地段基岩顶面一定厚度的黏土层或浅部完整的地层相互隔离无水力联系。在自然状态下，房山、西山、平谷、昌平–怀柔岩溶区岩溶水向第四系孔隙含水层补给，局部地段转换为地表水、泉水，如在海淀区玉泉山、房山长沟一带、平谷盆地。大兴–通州区为第四系地下水补给岩溶水。在西山岩溶区和顺义–平谷岩溶区发生第四系孔隙水与岩溶水之间的转换。在补给源充足、人工开采量少时，岩溶水系统通过排泄区向周围环境排泄。因过量开采，岩溶水水位低于第四系地下水时，二者之间的补排关系发生转换，即第四系地下水可向下补给岩溶水。

平原覆盖区岩溶水年龄较深层第四系孔隙水（如通州—顺义一带）新，水在岩溶裂隙-孔洞中运移速度较水在孔隙介质中的运移速度快。岩溶水是调蓄北京平原区第四系地下水和地表水的重要因素。在当前人工开采强度高的情况下，自补给区至排泄区，开采水资源量都较明显增加，减弱了水的自然调控能力。

4.9 本章小结

笔者首次开展了北京市内定点长时间系列监测和城郊的大气CFCs样品测试，获得了一批代表性大气CFCs时间系列和空间变化数据和成果。主要结论有：①2005~2007年北京市大气CFCs呈下降趋势，城区大气CFC-11和CFC-12值高于全球背景，CFC-13与全球背景值相近；②北京市城区大气CFCs浓度高于郊区县和远郊区。远郊区大气CFCs浓度与北半球大气CFCs浓度接近。

通过较系统地开展北京平原区地下水同位素和年代学研究，获得了较丰富的地下水同位素和年龄数据，为认识该区地下水在强人为干扰条件下的运移规律提供了重要的资料和依据。首次提出当地下水系统中不存在CFCs时，表明地下水未受人类活动影响，据此可以确定地下水年龄较老（>1950年），无现代地下水（<1950年）补给，可更新能力弱。而地下水系统中出现CFCs则表明地下水易受人类活动影响，或现代水补给能力（或可更新能力）强。因此，CFCs可用于地下水系统可更新能力判别，其时间尺度为0~60年，即以地下水系统中是否存在CFCs作为划分地下水系统中有或无现代水补给的标志。这一划分标准适合有现代水补给或现代水补给自然条件较好的（地下水过量开采）地区。

在平原区，降水到达潜水面的时间长，尤其是过量开采地下水导致地下水水位下降后，人为增加了不饱和带厚度以及降水运移路径。目前北京平原区地下水水位下降速率达1m/a，而降水入渗系数远小于该值，降水不易到达潜水面形成地下水的有效补给。依据地下水CFCs年龄将平原区地下水划分为三个区域：CFCs年龄小于20年的第四系孔隙水的补给区，CFCs年龄为20~40年的径流区，以及大于50年的排泄区。随着CFCs年龄增加，反映地下水接受补给的能力下降。北京东南部区域（通州、大兴东南部）地下水年龄较老，接受现代水补给能力较弱。在顺义—朝阳—昌平一带存在明显的地下水CFCs年龄老的（>50年）较大区域，该区域与目前的地下水降落漏斗区的范围相重合。以50年为限作为新老水分界时，则该区地下水的可更新能力在下降，越来越多的"老水"正在被开采。

北京岩溶水年龄新，房山岩溶区岩溶水年龄最新（<20年），其中泉水对（较强）降

水响应快，滞后时间短，一般为 1~3 周，类似地，大兴、昌平—怀柔、延庆岩溶区岩溶水年龄新（<20 年）。岩溶水补给方式以降水直接入渗和地表径流集中入渗补给为主。房山、西山、大兴和昌平—怀柔岩溶系统为相对开放系统、顺义—平谷岩溶系统为半开放-半封闭的岩溶水系统，而通州岩溶水处于相对封闭环境。房山和西山岩溶水系统存在与补给源直接相通的岩溶裂隙-管道空间发育的地段，响应补给快。顺义—平谷岩溶水补给源为大气降水和地表水，大气降水补给区为北部长城系出露区（中桥岩溶区），至山前地带为其汇水、富水区，其侧向径流是龙湾屯岩溶系统的重要补给源。夏垫断裂将顺义—平谷岩溶水分为东、西两部分，并引导岩溶水向南径流，出北京界。

大兴和通州岩溶水系统的补给源来自上覆第四系水。由于第四系水含水层水文地质条件的差异，二者分属永定河和潮白河流域，导致这两个岩溶水系统具有不同属性。大兴岩溶水上覆第四系水年龄新，为现代水补给；通州岩溶水上覆第四系深层水年龄老（>30 年），岩溶水与近现代补给源相隔离。岩溶水与第四系孔隙水之间有密切的水力联系。裸露区岩溶水，通过泉水或向第四系含水层越流补给第四系水和地表水，进入平原区。覆盖区岩溶水与第四系之间（西山、顺义—平谷）在自然水头差驱动下补给第四系水，是平原区地表水和地下水补给源。大兴—通州、顺义二十里长山为第四系孔隙水补给岩溶水。岩溶水是调节北京平原区水资源量的重要控制因素。

西山岩溶水系统补给源主要来源于永定河水，其次为潭柘寺和军庄一带灰岩出露区的降水。地表水补给量占西山岩溶水补给量的 50% 以上。永定河水来水量减少导致西山岩溶水系统补给量的下降，同时也减少了西山岩溶水系统向北京平原区地表水和第四系含水层的补给。

北京岩溶水年龄新（几十年），可更新能力强，在有充足补给的条件下，岩溶水系统水资源量可快速恢复。然而，当前由于补给源和补给量的减少，以及地下水开采量的增加，仅凭当年降水量，含水层资源量难以及时得到补充。在当前自然环境和地下水开采现状条件下，地下水资源的可持续利用潜力下降。

基于研究区水文地质条件将北京岩溶水划分为六岩溶水分区，结合同位素数据细分为 21 个岩溶水水文地质单元。六个岩溶水分区之间，具有相对独立赋水结构、边界和补径排条件。由于岩溶水含水层岩性、构造的不均性和空间变化性，对建立水源地的水文地质单元分别建立观测系统。

地下水年代学和其经示踪元素的研究对于揭示地下水可更新能力具有重要意义，新的环境示踪剂的使用，有利于获得传统方法未能获得的重要信息，尤其是在强人为开采条件下地下水流场的变化研究对于地下水流场内地下水可开采能力评价发挥重要作用。

第 5 章　济南岩溶水年龄与城区泉群泉域圈定

济南岩溶水含水层出露区位于黄河以南，其北部为黄河冲洪积平原覆盖，济南岩溶区可归入海河流域研究区范围。

5.1　研究背景

5.1.1　主要问题

济南市是泉城，城区泉群以趵突泉、五龙潭、珍珠泉和黑虎泉四大泉群最为著名，泉的数量多，泉水流量大。到 20 世纪 50 年代末，水文地质环境还处于相对自然状态，水溢出地面成泉。20 世纪 70 年代以后，持续大规模岩溶水的开采引起水位下降，泉水流量减少，甚至常年断流。在 1999 年 3 月 14 日至 2001 年 9 月 17 日期间，趵突泉持续断流达 926 天，创最长断流时间。在 2002 年 3 月至 2003 年 9 月期间，泉水再次断流。济南市地下水管理面临不同于其他城市的问题：一方面要保证城市生活供水；另一方面要确保城市中心泉群不断流。

三十多年来，多家科研和勘查单位开展了多项基础地质和水文地质工作。为了查清济西水源地与城区泉群的水力联系，在济西水源地进行了大规模的抽水试验；为搞清玉符河与城区泉群的水力联系，利用卧虎山水库水和玉符河道进行了河水回灌地下水试验。这些工程试验为查清典型地段岩溶水、河水与城区泉群水力联系提供了基础资料。尽管如此，对济西水源地与城区泉群水力联系仍存在不同认识，对济南泉群的补给源是来自市区西部，还是来自南部或东南部存在争议，其中，泉域东西边界划分是争议的焦点。

在地下水管理工作中有过几次重大的应对措施和调整方案：①采外补内-开发东郊水源地；②停东（郊水源）采西（郊水源地）；③引黄河水作替代水源。每个方案都经过一定实际工作和论证，其中主要措施是将紧邻城区泉群附近的水源地关闭，而后在泉群两侧（东郊、西郊、济西等地）建立新的水源地。然而由于对泉域边界和范围认识不清，新水源地的外迁和建设，并未解决因地下水过量开采导致的泉水断流问题。

5.1.2 济南泉群及断流情况

北魏郦道元在《水经注》中描述趵突泉为"泉源上奋，水涌若轮"。趵突泉泉出水高出地面 1m 左右，济南泉群一直处于相对稳定的状态。宋朝以后记载有两次因干旱引起的泉水断流事件。

宋熙宁六年、七年（1073~1074 年）泉水断流。苏辙（任齐州掌书记）描述的泉水干涸情况是："既至（济南），大旱几岁，赤地千里，渠存而水亡。问之，其人曰：'城南舜祠有二泉，今竭矣'，越明年夏，虽雨而泉不作……又明年夏，大雨霖……泉始复发"。

明代崇祯十三、十四年（1640~1641 年）泉水断流。据明《历城县志》记载，1640 年、1641 年两年历城大旱，趵突泉出现干涸断流。

泉水常年喷涌期（1959~1967 年）：这个时期泉域内岩溶水开采量很小，岩溶水位高，岩溶地下水的排泄以自流为主、开采为辅，开采量与泉水自流量之比为 1:3。该时期泉水平均流量为 37 万 m^3/d，岩溶水位为 28.75~31.86m。1962~1964 年降雨量较大，分别为 965mm、806mm 和 1175mm。岩溶水平均水位为 31.54~31.86m，泉群总流量为 46 万~50 万 m^3/d。

1965~1989 年：泉断流时间增加，泉流量逐年减少，水位下降，珍珠泉口水位在 1989 年下降到历史最低 24m，趵突泉在 1972 年 6 月第一次断流。1968~1980 年，市区开采量增加到 20 万~30 万 m^3/d，泉水总流量减少到 10 万~20 万 m^3/d。1981 年 3 月至 1982 年 9 月，趵突泉和黑虎泉持续 18 个月干涸。1983 年枯季，城区水位为 25.5m，东郊水位为 20.2m。1990 年枯季，水位低至 20.82m（皇亭），东郊水位降至 17.39m（冷水沟）。市区喀斯特水开采量一般小于 15 万 m^3/d，但因该时段降雨量较常年偏低及市区外围泉域内开采量增大，泉水在枯水期断流时间逐年延长，在丰水期水位较低。1986 年，泉水全年断流，当年降水量为 402mm，仅为多年平均降雨量的 63%。1986~1989 年，珍珠泉出现连续断流。其间出现两个连续的干旱期（1965~1968 年，1981~1986 年），地下水开采量持续增大。

1991~1996 年泉水流量复增。该时段平均降水量达 734mm，较常年偏大，泉水出流时间较长，特别是在 1994 年、1995 年和 1996 年时，泉水位在 27.6m 以上，日均泉流量达 12 万 m^3/d，为 1970 年以来的最大值。

1997 年和 1998 年泉水出流时间仅有几天，自 1998 年泉水断流至 2001 年 9 月泉水复流，计 940 多天，创历史上泉水断流时间记录。

2003 年年初，黄河几近断流，鹊山和玉清湖水库仅能维持两个月供水，卧虎山、锦绣川和狼猫山水库干涸。2002 年 5 月到 2003 年 9 月，泉水断流 19 个月。2003 年年末，城区水位回升，泉水复涌。图 5-1 为 1976~2003 年济南泉群年断流天数统计图。

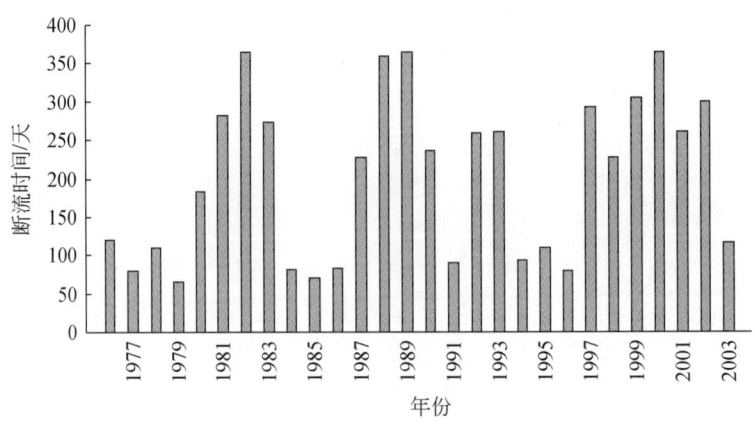

图 5-1　济南泉群断流天数统计图

5.1.3　保泉措施和效果

5.1.3.1　采外补内

1959~1961年,先后兴建了文化路、东郊白泉、普利门和饮虎池4处水厂。1967~1968年,在市区兴建了解放桥和泉城路水厂。20世纪70年代,在西郊地区兴建了腊山水厂和峨眉山水源地。20世纪70年代中后期出现泉群断流。1981年以来又建成西郊峨眉山、腊山和大杨庄及东郊宿家、白泉和李庄水源地。

根据城区、东郊、西郊为"三碗水"的建议,1982年市政府实施"采外补内"方案,由东郊中李、裴家营和工业北路,以及西郊大杨庄等水源地日供水20万 m^3,除解放桥水厂外,城区普利门、饮虎池和泉城路水厂停止供水。城区地下水开采量由超过30万 m^3/d 减少到12万 m^3/d,而东郊地区地下水开采量增加到35万 m^3/d 以上。泉未复涌。

1987年又增采东郊地下水,1990年城区地下水位降至历史最低。从2001年年初市政府加大了封井保泉措施力度,减少地下水开采量,逐步关闭324多眼岩溶水井和1000多眼浅层水井,其中包括关闭市区二环路以内119眼自备井,逐步减少,直至停止市区解放桥水厂采水。

1982~2003年,北部济钢、殷陈一带地下水开采量大幅增加,济东地区地下水位变化于15~29m。2004年,东郊水源地减少地下水开采量,加之2003~2004年降水量较大,这一带地下水位有所回升。

5.1.3.2　停东(郊水源)采西(郊水源地)

1985年省水文部门提出开发济西停采东部、彻底解决保泉供水的方案。

5.1.3.3　引黄河水作替代水源

1986年始,实施引黄保泉工程。1996~2001年,修建引黄二期工程(玉清湖、鹊山水库），用黄河水替代地下水作为城市生活用水。2003 年起，济南市供水结构由过去地下水转变为以地表水为主。地下水年开采量减少 $1\times10^8\mathrm{m}^3$，市区水头上升，泉水复涌。

5.1.3.4　（玉符河）河水回灌补水

1999 年 3 月 2 日至 2001 年 9 月，因持续干旱，地下水开采，趵突泉停喷。2001 年 8 月 18 日利用卧虎山水库水回灌补给地下水，至 8 月 30 日结束，历时 12 天，总放水量 800 万 m^3。2001 年 6 月中旬至 8 月上旬，市区降水量达 358mm。2001 年 9 月 17 日趵突泉复涌。

2002 年 3 月，泉又停止了喷涌。2002 年 3 月 12~27 日，卧虎山水库开始枯季放水回灌，历时 15 天，总放水量 900 万 m^3。趵突泉未复涌。

2005 年旱季，历时两个多月，卧虎山水库放水 1610 万 m^3。2005 年，在济西、济东和城区年降水量分别较上年减少 24%、25% 情况下，10 月济西地下水位与上年同期持平，城区地下水位较上年同期略高。

5.1.3.5　泉断流与恢复的环境和条件

济南年降水量总体变化不大，但是在某些年份，或连续数年，降水量减少的情况也时有发生。自 20 世纪 50 年代以来，济南城市发展，人口增加，城区地下水开采量增长较快。泉群断流是自然条件变化和人为开采量过大的综合结果，人为因素对泉流量的影响，已经超过自然因素（如降水量）波动的影响。济南市供水水源地与城区泉群都位于奥陶系含水层内，无论是利用城区水源地、东郊水源地供水，还是利用西郊和济西水源地供水，都直接影响城区泉群的水位和流量。自 2000 年以来，二环路内的大部分供水井和自备井被限制使用，停止抽取地下水。地表水作为替代水源，占城市供水量的 95%，成为城市主要供水水源。涵养补给区，增加补给源，在泉域范围内有效地降低抽取地下水的数量，是维持泉水稳定出流的关键。

5.1.4　已有泉域划分方案

当前流行的泉域范围划分为：东坞断裂为东侧边界，马山断裂为西侧边界。关于西部边界，还有以青龙山—石房峪—南康而庄—兴隆山—白马洞山一线为界一说。泉域的东部边界还有文祖断裂为界、郭店—西顿丘—鸡山岩体和沿岩体往南延伸到历城—章丘两县接壤的地表分水岭为界等方案。泉域南部和北部边界划分相对一致，即南部以玉符河及北沙河地表分水岭为界，北部以岩浆岩体和石炭系、二叠系为界。

以下为主要代表性观点。

5.1.4.1　西郊、城区泉群和东郊为同一泉域

马山断裂在新周庄至老屯段为弱透水性质，前隆—老屯段为透水性质。

勘探资料证实马山断裂和东坞断裂为两条相对隔水的断裂。济南泉域：东至东坞断

裂，西至马山断裂，南面以泰山群变质岩地表水分水岭为界，北部基本上以岩浆岩体为界，西北部以石炭系、二叠系为界，泉域面积为1486km²。

东郊工业开采区的岩溶水与市区的岩溶水受全福庄至甸柳庄南北向分布的舌状侵入岩浆岩厚度变化的影响，属同一单元，开发岩溶水影响泉水出流量。

西郊水源地与市区地下水关系密切，泉水补给方向来自南部和西南部，大量开采岩溶水，截取泉群补给量，影响泉水出流。

5.1.4.2 济南市区、东郊和西郊联系弱

该地区岩溶水为一个统一体，统一补给，分流排泄，即市区、东郊和西郊三个排泄区，又因受济南岩体和地质构造的影响，三个排泄区的地下水虽有水力联系，但不密切，特别是在岩体分割的地带，水力联系微弱。

5.1.4.3 济南泉水的主要补给区是济南泉群东南部岩溶漏水山区

济南泉水与济南东南部岩溶漏水山区的降水关联程度最为密切，济南泉水的主要补给区是济南泉群东南部岩溶漏水山区（邹连文等，2009）。

5.1.4.4 东郊和四大泉为同一泉域，济西地下水系统与四大泉无关

济南泉水来自东南部石灰岩山区。济南泉域的范围东起埠村向斜，西到济南岩体西南部刘长山—青龙山—郎茂山—万灵山—分水岭—兴隆山一带岩溶弱发育带，南达锦绣川以北，北至济南岩体阻水前沿，面积818.5km²。泉域内的东郊及城区过量开采地下水是泉水断流的主因。济西地下水系统独立于泉域之外，补给面积2620km²，地下水补给量122万m³/d，可开采量110万m³/d。开发济西，停采东部，能够实现"两个确保"目标。

5.1.4.5 东南部面积大，汇水快，为主要源地；西南部面积小，汇水慢，为次要源地

山东师范大学地理所（1996年）在南郊部分地段玉符河干流西渴马投入示踪剂，在济西、城区取样检测，进行地下水连通试验。人工示踪试验主要结论为：济南泉水主要来源地，东南部面积大，汇水快，为主要源地；西南部面积小，汇水慢，为次要源地。

以往研究主要利用地下水水位数据确定泉水与周边水源地的关系，但是由于对区域构造性质和储层导水特征认识上的差异，对水位资料，包括抽水试验数据有不同解释，泉域东西边界划分是争议焦点。泉域边界不清，影响着岩溶水资源评价的正确性与资源管理方案的合理性。

一般规模的抽水试验，不易引起水位的明显波动。即使有一定规模和相对长的时间，在富水段和汇水条件好的地段，有时水位波动的影响范围也有限。如果群孔抽水试验出水量小于地下水径流量，抽水试验对试验井周边地下水的扰动范围和程度就会比较低，获得

的数据结果的可靠性和可信度则下降。

当前较为统一的认识为：马山断裂是阻水断裂，是泉域西部边界；东坞断裂是阻水断裂是泉域的东部边界。在岩溶发育区，以断裂作为赋水单元边界，需要收集除水位以外的更多资料，仅凭单元一水位观测，获得的结论有时会有较大的不确定性。强调断裂的局部阻水性，忽视断裂的局部导水性，或透水性，有可能造成对断裂性质认识上的误区，对泉域水文地质条件分析和泉域划分产生偏差。在一定条件下，局部导水的断层同样是可以沟通断裂两侧地下水的通道。马山断裂并非完全隔水断裂。开发建设长孝水源地，仍需要深入地评价对西郊和城区泉群地下水水位和泉流量的影响，查明济南泉域，尤其是泉域东部和西部边界条件。

5.1.5 工作方法和内容

5.1.5.1 工作方法

在济南岩溶区进行过水文地质调查，以及济西水源地抽水试验、地下水回灌试验等验证工程。但是，由于济南岩溶发育区的补给区、径流区和排泄区在空间上有叠合，常规处理手段难以有效地区分岩溶水系统的补径排条件和循环过程。

济南水资源管理面临供水和保泉之间的矛盾，需要正确认识泉域范围和泉水补径排路径。为此，我们于2009~2011年在济南开展发水文地质调查，进行水化学、同位素及地下水 CFCs 数据分析，利用新获得的数据资料，揭示泉域岩溶水流场特征，以及不同水源地与泉群之间的水力联系，获得济南市长孝、西郊地下水与趵突泉的水力联系新证据，提出了新的泉域划分依据和方案，并在此基础上，给出了新的水资源评价结果。

5.1.5.2 工作内容

针对济南岩溶水系统，城区泉群泉域边界的确定需开展以下几方面的研究工作：①泉域边界识别。②泉域圈定。③直接补给区与间接补给区与泉流量的响应关系。④地表水入渗与泉流量关系。⑤济南泉群流量与岩溶水空间结构关系和评价模式：第一，进行岩溶水和泉动态变化的主因素分析，并构建其评估结构；第二，对各项因素进行具体分析；第三，计算不同条件下泉流量。⑥分析和综合评价济南地区泉补给量、泉水出流量和岩溶水可开采量。

5.2 自然地理和气象条件

5.2.1 自然地理

5.2.1.1 地理位置

济南市是山东省的政治、经济和文化中心，位于山东省中部，属于黄河流域，地理坐标为东经116°11′~117°44′、北纬36°01′~37°32′。目前辖历下区、市中区、天桥区、槐荫区、历城区、长清县、章丘市、平阴县、济阳县和商河县等5区1市4县。图5-2为济南交通位置图。

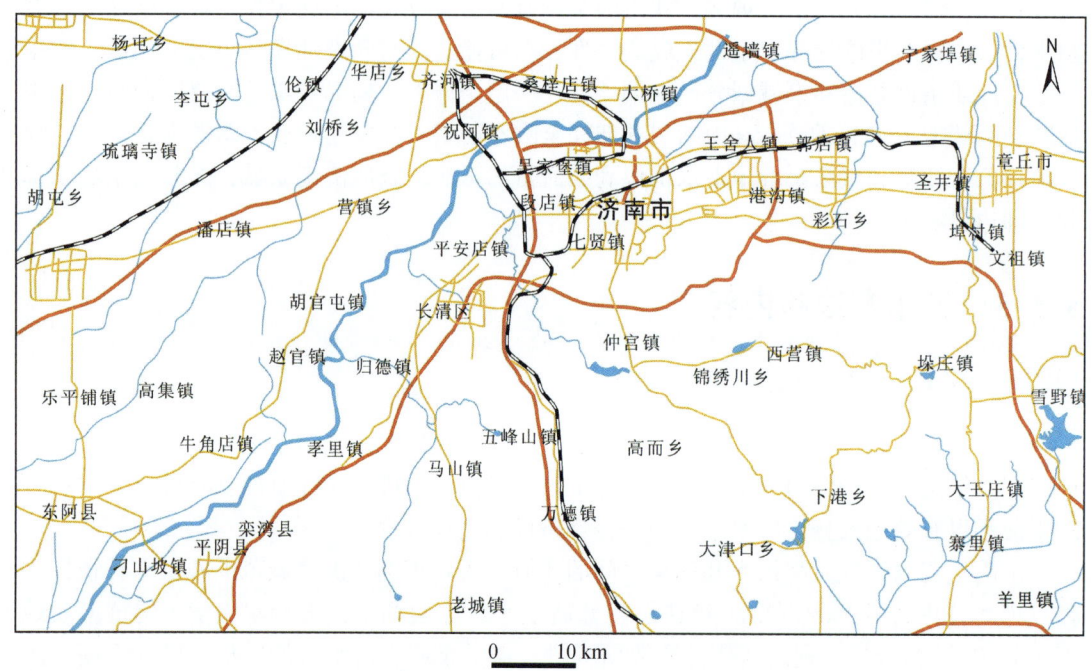

图5-2 济南交通位置图

5.2.1.2 地形地貌

济南泉域位于鲁西台背斜之泰山穹窿体的北缘，为山前倾斜平原与黄河冲积平原的交接地带。地势南高北低，相对高差约为500m。南部为泰山山脉，呈近东西走向，山势陡峭。中部为低山丘陵，地势较缓，沟谷宽阔，海拔为200~400m，相对高差100~200m。在山前倾斜平原有燕山期辉长岩体，在局部形成孤山。北部为黄河平原，向东北方向缓倾。按从高到低，从南往北可分为低山、残丘-丘陵和冲洪积平原等地貌单元。

（1）低山区

低山分布在泉域的南部，海拔为600~900m，有V形谷。张夏组灰岩坚硬，呈陡坎和陡崖，页岩相对软，易风化，在地形上呈缓坡。

（2）残丘-丘陵

残丘-丘陵位于低山和平原区的过渡带，海拔低于300m，为剥蚀，残破积区。在千佛山以西，多为浑圆山体，U形沟谷。千佛山以东地区，地势起伏大，多陡崖，河流不发育，低洼处，为第四系堆积物。

(3) 冲洪积平原

冲洪积平原分布于山前出口，呈扇形向北扩展，南东高，北西低，坡度为5°~10°。沉积物主要由黏土和卵砾石组成，厚度由南向北增加，向北与黄河冲积平原叠合一起。

5.2.2 气象和水文

5.2.2.1 气象

济南泉域地处中纬度内陆地带，属温带大陆性气候，春季干燥多风，夏季炎热多雨，秋季晴爽，冬季干燥寒冷。年无霜期为230天。夏季主导风向为西南风，冬季主导风向为东北风，年平均风速为3m/s，最大风速为33m/s。多年平均气温为14.2℃，最高平均气温为27.4℃，一般出现在7月，最低平均气温为-1.4℃，一般出现在1月。多年平均蒸发量为1476mm，干旱指数在2左右。

多年平均降水量为675mm。年降水主要集中在6~9月，占全年降水量的74.8%。在空间上，降水自东南向西北递减。区内降水集中于6~9月，夏季降水量占全年的66%左右（图5-3）。降水量为年际变化较大，最大降水量为1191mm（1964年），最小降水量为340.3mm（1989年）。最大与最小年降水量之差达850.7mm。降水量大于等于800mm的年份有11年，占统计年数的26%；降水量为600~800mm的年份有10年，占统计年数的24%；年降水量不足400mm的年份只有3年，占统计年数的7%。从八里洼、卧虎山、吴家堡、燕子山雨量点各年代降水量看（表5-1），60年代、70年代和90年代的降水量较接近，比80年代年平均降水量多92mm。

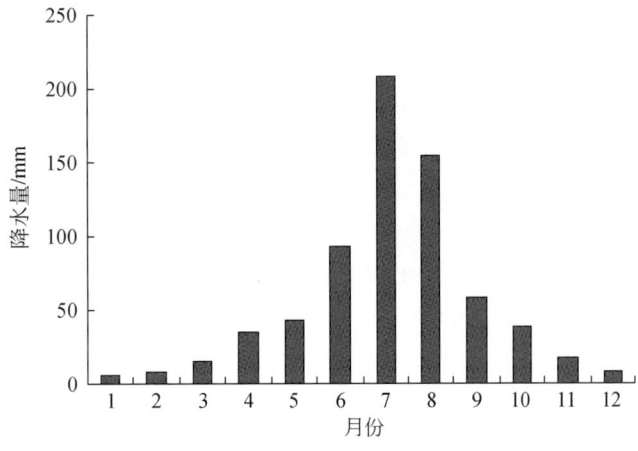

图5-3 济南地区月降水量变化图

表 5-1 济南泉域降水量统计

年代		平均降水量	最大年降水量		最小年降水量	
			降水量/mm	出现年份	降水量/mm	出现年份
20 世纪	60 年代	714.9	1191.4	1964	396.1	1968
	70 年代	691.9	817.7	1978	586.5	1977
	80 年代	610.3	946.1	1990	364.4	1989
	90 年代	698.8	865.3	1994	486.5	1992
2000~2009 年		682.7	989.8	2004	434.7	2000

5.2.2.2 水文

济南市境内有三大水系，即黄河水系、小清河水系及徒骇马颊河水系。黄河水系主要有玉符河、南大沙河、北大沙河、狼溪河、玉带河等河流，集水面积 2778km^2；小清河水系主要有巨野河、绣江河、漂河等河流，汇水面积 2792km^2；徒骇河马颊河水系主要有徒骇河、德惠新河等河流，汇水面积 2584km^2。徒骇河马颊河水系在泉域之外。

黄河从平阴县旧县乡清河门进入济南市境内，流经平阴县、长清区、槐荫区、天桥区、历城区及章丘市，于章丘市黄河镇的常家庄出境；流经济南市境内长度为 173km。黄河水系主要支流有狼溪河、龙柳河、玉带河、平阴河、安架河、孝里铺河、南大沙河、北大沙河、玉符河等，入黄河支流总流域面积为 2778km^2。

玉符河发源于南部变质岩分布区，全长 65km，流域面积 1510km^2，上游有三条支流组成，即东西向分布的绵绣川，长约 36km，南东北西向的锦阳川（玉带河），长约 30km，南北向的锦银川，长约 10km。锦绣川上游建有锦绣川水库，玉带河与锦银川交汇处建有卧虎山水库。根据卧虎山水库水文观测站 1962~1980 年资料，多年最大月平均流量为 52.5m^3/s（1964 年 9 月），最小月平均流量为 0m^3/s（1969 年 3 月、6 月和 12 月及 1973 年 5 月），多年最大年径流量为 3.8 亿 m^3（1964 年），多年最小年径流量为 0.2 亿 m^3（1968 年），多年平均年径流量为 0.8 亿 m^3。自东渴马至崔马庄附近有强渗漏带，渗漏量达 7 万 m^3/d。

北沙河位于济南市区的西南部，发源于泰山西北山区，河流全长 52km，流域面积 570km^2，年均年径流量 7754 万 m^3，上游建有七座总库容量不超过 1000 万 m^3 的小型水库（如岳庄和崮山水库），崮山水库为滚水坝形式。汛期河道有水，旱季常干枯。在大彦村至琵琶山为河水强渗漏带，渗漏量达 8 万 m^3/d。

小清河发源于槐荫区的睦里闸，向东北径流，至寿光县羊角沟入莱州湾，全长 232km。济南市辖段小清河长 70km，流域面积 2792km^2。小清河有 14 条支流，分别是腊山河、兴济河、西太平河、东太平河、西泺河、东泺河、全福河、大辛河、张马河、港沟河、赵王河、巨野河、绣江河、漂河。

大明湖位于济南市旧城区北部，面积 0.5km^2，水深 2~3m，蓄水量 100 万 m^3。湖水来源于济南泉群。现大明湖水主要来自珍珠泉和王府池，泉水在曲水亭处汇入百花，然后流入大明湖。湖水出汇波桥，汇集护城河水，入小清河。

在济南南部山区，主要河流上都建有水库，规模较大的水库有 12 座，对济南市的供水及水库周围的农田灌溉起着重要作用。济南市大中型水库较多，水库拦蓄山区地表径流，水库下游河道全年干枯。河水渗漏补给地下水多发生于雨季和水库放水时期。

5.3 地质条件

区内出露岩层由南向北依次为太古界变质岩，古生界寒武系石灰岩、页岩，奥陶系白云质灰岩、石灰岩、泥灰岩，石炭系—二叠系砂岩、砂页岩，燕山期辉长岩、闪长岩等岩浆岩侵入体。第四系分布在中部及北部。图 5-4 为济南泉域地质图。

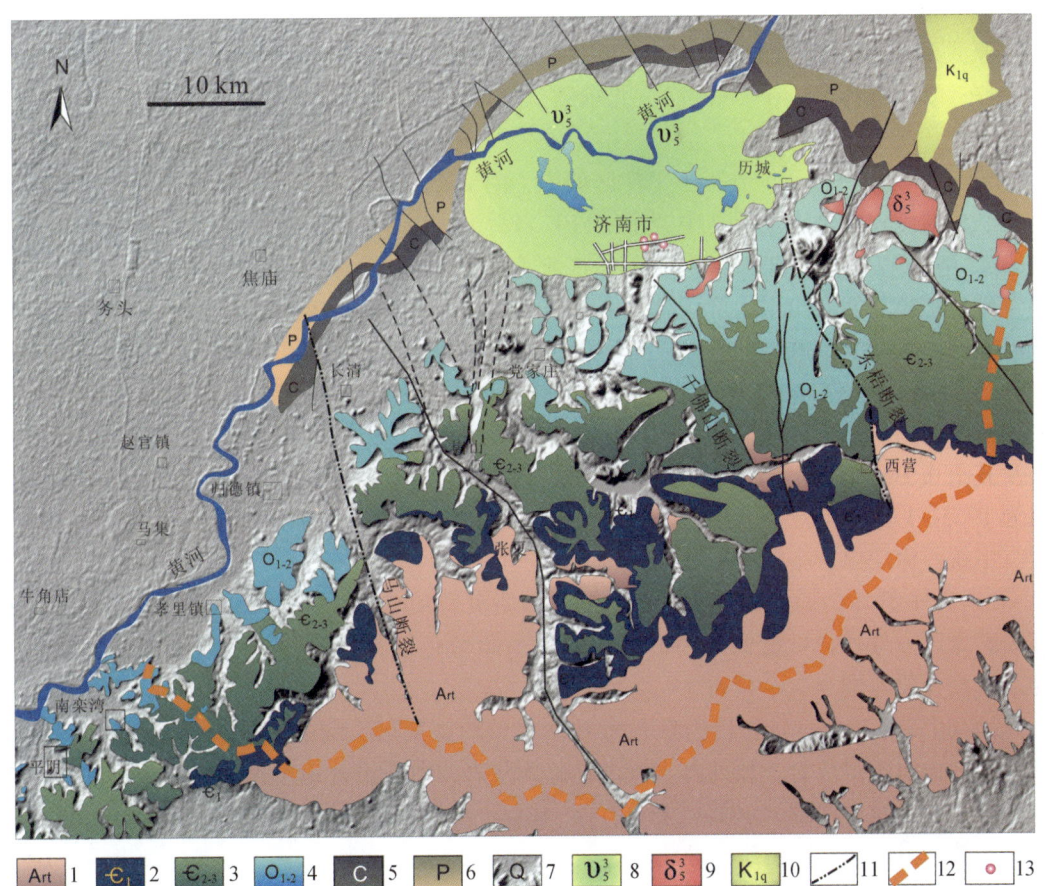

图 5-4 济南泉域地质简图

1 为泰山群；2 为寒武系馒头组；3 为寒武系徐庄至凤山组；4 为奥陶系中下统；5 为石炭系；6 为二叠系；7 为第四系；8 为燕山期辉长岩（为第四系覆盖，局部有山体出露）；9 为燕山期闪长岩；10 为中生代火山岩；11 为断裂；12 为地表分水岭界线；13 为四大泉群

5.3.1 地层

5.3.1.1 太古界

泰山群（Art）混合片麻岩系大面积分布在区域南部，主要岩性为黑云斜长片麻岩、斜长角闪岩、角闪斜长片麻岩及黑云变粒岩等。片麻岩的片理走向为 NW50°~NE5°，倾向南西，倾角 75°~85°。

5.3.1.2 古生界

(1) 寒武系（∈）

寒武系出露齐全，西部地层走向北 30°~60°东，北西倾，倾角 4°~25°，局部倾角 40°，东部地层走向北 40°~60°西，北东倾，倾角 8°~26°，厚度 630m。

下统：馒头组、毛庄组。

1) 馒头组（∈₁m）。分布于工作区的中、南部，呈东西向展布。岩性为灰岩、泥灰岩和紫红色粉砂岩、页岩互层。中、下部以灰岩为主，中、上部以粉砂岩为主。在馒头山厚 64.3m，向东变厚，变化于 64~142m。底部为 0.5m 厚的土黄色角砾状泥灰岩及 1.5m 厚的含硅质结核灰岩，与泰山群混合片麻岩呈角度不整合接触。顶部为砖红色粉砂岩，与毛庄组底部鲕状灰岩接触。

2) 毛庄组（∈₁mo）。分布情况基本与馒头组一致。岩性为紫色、紫灰色云母粉砂岩夹灰岩及生物碎屑灰岩透镜体。底部为 0.5m 厚的鲕状灰岩。顶部以含球状东北分裂藻灰岩及其上 0.2m 厚的褐紫色竹叶状鲕状灰岩与徐庄组暗紫色页岩整合接触。在馒头山毛庄组为 19.5m 厚，区域上厚度变化于 19~60m。

中统：徐庄组、张夏组。

1) 徐庄组（∈₂x）。岩性为紫色、灰色砂质页岩和交错层理砂质灰岩夹薄层灰岩。底部为暗紫色云母片含食盐假晶粉砂岩，顶部为暗紫色纸片状页岩，与张夏组灰岩整合接触。厚度变化范围为 70~81m。

2) 张夏组（∈₂z）。岩性为灰色鲕状灰岩、豹斑灰岩、结晶灰岩。底部为一层厚 2m 的泥质白云质条带灰岩。顶部以含鲕生物碎屑灰岩与崮山组含薄层泥灰岩透镜体的黄绿色页岩呈整合接触，厚度为 132~245m。

上统：崮山组、长山组、凤山组。

寒武系上统主要分布在研究区的中部及北部。

1) 崮山组（∈₃g）。岩性为灰色薄层竹叶状灰岩和黄绿色页岩夹灰岩透镜体，底部为厚 2m 的浅灰色薄层泥质灰岩，顶部为黄绿色页岩，与长山组底部氧化圈竹叶状灰岩整合接触，厚度 27~50m。

2) 长山组（∈₃c）。岩性为泥灰岩和紫红色氧化圈竹叶状灰岩、竹叶状灰岩及涡卷状叠层石石灰岩。顶部以 10m 厚的深灰色厚层涡卷状叠层石石灰岩与凤山组底部浅灰色的细晶白云质灰岩整合接触，厚度为50m。

3）凤山组（$\epsilon_3 f$）。岩性为厚层和中薄层灰岩、泥质灰岩、白云质灰岩及豹斑灰岩，夹竹叶状灰岩、鲕状灰岩及生物碎屑灰岩。顶部为浅灰色豹斑泥晶灰岩和含白云质条带竹叶状灰岩互层，与下奥陶统冶里组底部褐灰色白云质胶结竹叶灰岩整合接触。区域厚度稳定，在炒米店东山，凤山组厚度为135m。

(2) 奥陶系（O）

岩性是浅海相-滨海相碳酸盐岩石，整合于寒武系之上。奥陶系分布于区内中部及北部，在研究区西部呈北东—南西向展布，向北西倾斜，而在东部地区转向北西—南东展布，向北东倾斜，倾角平缓。

下统：冶里组、亮甲山组、马家沟组。

1）冶里组（$O_1 y$）。岩性主要为浅褐色中细晶白云岩夹竹叶状白云岩。顶部与亮甲山组底部的含燧石结核白云岩整合接触，厚度为25～73m，地层厚度由西向东变厚。

2）亮甲山组（$O_1 l$）。岩性为灰褐色燧石结核-燧石条带白云岩和角砾状白云岩。顶部则以泥质角砾状白云岩与下马家沟组一段页岩及角砾状泥灰岩接触，厚度为71～80m。

3）马家沟组（$O_1 m$）。地层出露广泛，呈北东—南西向分布，岩性为泥晶灰岩、豹斑灰岩夹多层角砾状灰岩，厚度为566m。

中统：阁庄组、八陡组。

阁庄组和八陡组在本区东部有零星分布，西部没有出露，大部分隐伏在第四系及石炭系之下。

1）阁庄组（$O_2 g$）。岩性为角砾状灰岩与薄层中细晶白云岩互层，厚度为94m。

2）八陡组（$O_2 b$）。该组地层下部为含豹斑泥晶灰岩，中部为灰色白云质灰岩夹角砾白云质灰岩，上部为泥晶灰岩及结晶灰岩，厚度为153m。八陡组顶部有风化剥蚀面，与中石炭统紫红色页岩-粉砂岩和黄灰-灰白色铝土页岩平行不整合接触。

(3) 石炭系（C）及二叠系（P）

石炭系、二叠系区地层大部隐伏在第四系沉积物之下，仅在东部有少量出露。

石炭系（C）：

岩性主要为砂岩、砂质页岩、泥岩夹薄层灰岩，含煤。厚度为100～250m。

中统本溪组（$C_2 b$）：为深灰色砂（质）页岩、黏土岩夹薄层细砂岩。

上统太原组（$C_3 t$）：为深灰色薄层板状砂（质）岩、页岩、黏土岩等，夹薄层灰岩，在地层中下部夹煤层。

二叠系（P）：

山西组：岩性为深灰色细砂岩夹砂质页岩和砂质黏土岩，地层中部夹薄煤层，整合于石炭系之上。厚度0～250m，最厚可达600m。

侏罗系：

侏罗系为淄博群坊子组和三合山组，主要岩性为长石砂岩、石英砂岩夹页岩。

5.3.1.3 新生界

(1) 新近系 (N)

分布于区内的西北部老楼子—丁店—七里铺一带,在古地形低洼处。岩性为胶结砾岩、砂砾岩夹黏土岩,厚度为 9~133m。

(2) 第四系 (Q)

第四系沉积物广泛分布于山前倾斜平原,北部黄河冲积平原,玉符河和北沙河河谷地带。在山间盆地和山麓斜坡上也有小范围出现。地层由南东至北西厚度增大,低洼处厚度超过 150m。

5.3.2 构造

该区处于泰山背斜之北翼,是一向北倾斜的单斜构造,岩层倾向为 N20°E,倾角 5°~10°。主要断裂构造方向有:NNW、NNE,其次为 EW 向构造。NNW 向构造主要有文祖断裂、东坞断裂、文化桥断裂、千佛山断裂、炒米店地堑等(图 5-5)。东坞断裂南起马鞍山,经东坞向北延伸至山前则隐伏于第四系之下,全长约 35km。千佛山断裂南起赵家庄,经千佛山向北直至市区,伏于第四系之下,其走向为 20°N~40°W,倾向南西,倾角 60°~70°。文祖断裂位于枣园文祖镇一带,全长约 36km。NNE 向构造主要包括港沟、邵而断裂,以港沟断裂最大,南起青铜山,北经棉花山,全长计 26km,其走向为 15°N~35°E,倾向南东,倾角 70°。断裂与东坞断裂在港沟西南相交。东西向构造有侯家断裂和东沟断裂。这些断裂将济南单斜块体分割成若干个小断块,有利于岩溶发育和形成地下水运移通道和储水空间,也是形成泉的重要条件。

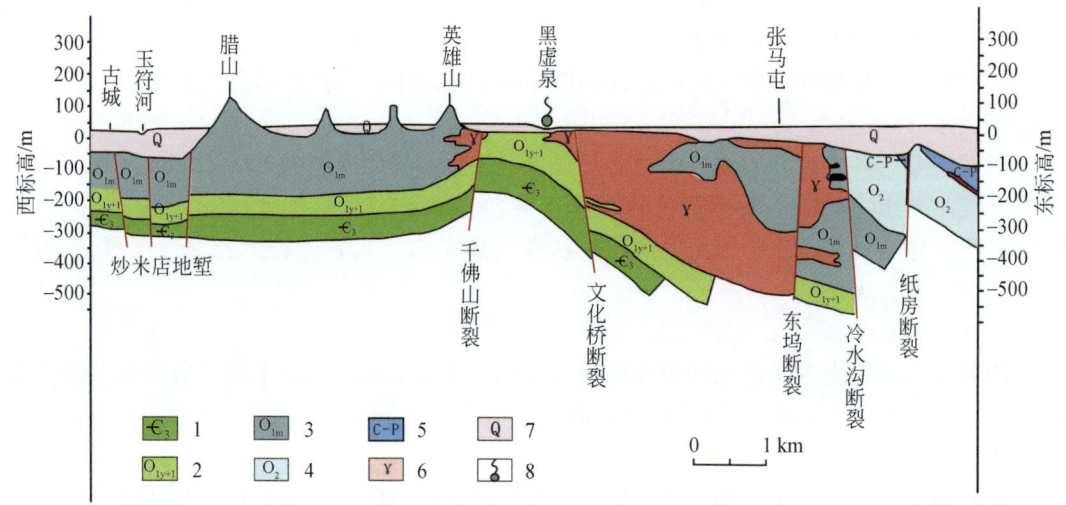

图 5-5 济南泉域东西向地质剖面图

1:寒武系上统;2:冶里、亮甲山组;3:马家沟组;4:奥陶系中统;5:石炭系—二叠系;6:侵入岩;7:第四系 8:泉

埠村向斜位于济南东部至明水之间，向斜的轴线在埠利至城角头一带，核部为阻水的石炭系—二叠系，翼部为奥陶系、寒武系。北端开口倾伏，南端收敛扬起，为簸箕形构造盆地。东翼被文祖断层切割，西翼的煤系地层呈北西向延伸到白谷堆、滩头一带，在东北郊与济南火山岩体接触。

5.3.2.1 文祖断裂

文祖断裂位于工作区的东部，南起莱芜市东上游古老变质岩体中，向北经鲁地村、西田广、文祖、山周庄，横切全部古生代地层后，被第四系覆盖隐伏于山前平原中，断裂总体走向北北西，断裂出露部分长约22km。

文祖断裂总体走向为北北西，部分地段走向近南北，局部偏北北东，其北端在文祖以北向北西偏转，平面上略成舒缓波状。断裂在鲁地村以南分为2~3支，并有石英脉充填，以北则作单支伸展。断面总体西倾，倾角20~80°，断层的西盘地层时代较新，断层的东盘地层时代较老，断距中间大，可达750m，向两端减小为70~80m，为早期东西向的张性断裂。

在断裂带中可见早期角砾岩受挤压后形成的构造透镜体片理化次级挤压褶曲和断裂西盘上冲的擦痕，表明文祖断裂局部地段具有压性特征。

5.3.2.2 东坞断裂

东坞断裂南起变质岩区的下降甘，经西营、黄路泉峪、港沟西，被港沟断裂截切后，经刘志远、义和庄、张马屯东、大水坡延伸过黄河。总体走向NNW，倾向SW。该断裂从南到北分三段：①下降甘—黄路泉峪段，断层走向320°，倾向南西，倾角45°~60°，断距80~200m。西盘为寒武系，东盘为太古界泰山群变质岩。②黄路泉峪—鸡山寨段，西盘为寒武系凤山组至奥陶系马家沟组，东盘为寒武系张夏组至奥陶系冶里组；鸡山寨以北，西盘地层为寒武系长山组至奥陶系马家沟组，东盘地层为寒武系张夏组至凤山组。断面上可见垂直擦痕。断层带中普遍可见构造角砾岩和断层泥，有平行断层的构造透镜体和方解石脉及石英脉发育。③义和庄西南段，西盘地层为下奥陶统马家沟组四段，东盘地层为下奥陶统下马家沟组一段至上寒武系凤山组。断层面倾向南西，断距300m。在小张马庄附近，断层西盘为中奥陶系八陡组、阁庄组地层和闪长岩，东盘为中奥陶统阁庄组和下奥陶系上马家沟组二段地层。断面倾向南西，推测断距约250m。

5.3.2.3 千佛山断裂

千佛山断裂南起变质岩区的金牛山，经小佛寺、天井峪、丁字寨穿越千佛山，经植物园进入济南城区第四系覆盖区，走向NNW20°~40°，倾向SW，倾角60°~80°，断距80m。自赵家庄向北经千佛山和杆石桥方向长32km。小佛寺以南断层两侧出露地层主要为泰山群和寒武系，小佛寺至兴隆水库段西侧出透奥陶系，东侧主要为寒武系，兴隆水库以北断层两侧出露地层均为奥陶系。据资料，丁字寨以北为透水段。断裂两侧水力梯度不同。水力梯度大的一侧为 13.9‰，一般为 7.5‰～5‰。水力梯度小的一侧为 0.1‰～0.2‰。断层东侧富水，为泉群出露地。

5.3.2.4 文化桥断裂

文化桥断裂南起羊头峪，经体工大队西侧至中心医院文化桥附近向北延伸。走向北北西，倾向南西，倾角大于 60°，该断裂为透水断裂。

5.3.2.5 炒米店断裂（地堑）

炒米店断裂（地堑）位于济南市西部，为一组 NNE 向展布的断层束，并构成地堑。断层南起五峰山千佛洞西，过炒米店后隐伏于地下。在炒米店以南，断层两侧地层为寒武系，炒米店以北，两侧地层为奥陶系，透水性及导水性较强。

5.3.2.6 马山断裂

马山断裂南起变质岩区的马山镇，沿南大沙河河谷，经岗辛庄、长清西关、前隆延伸至黄河川，是一条隐伏断层。据物探和钻探资料，断层的主干是一条高角度平移断层，垂直断距 250～350m，东盘地层北移，西盘地层向南移。断层从南向北切前震旦系、寒武系、奥陶系及石炭系、二叠系。全长 32km，走向北 10°～15°西，倾向 SWW。1986 年 6 月，801 队在马山断裂西侧长清西关持续抽水 15 天，出水量为 6.4 万 m^3/d 时，断层西侧地水位下降 0.40m，断层东侧下降 0.38m，往东北方向一直影响到平安店、大于庄一带，说明马山断层具强透水性。

5.3.3 岩浆岩

在济南及其以北地区分布有燕山期岩浆岩侵入体，主要岩性为辉长岩、闪长岩。济南南部的栗山、匡山、无影山至金牛山、凤凰山一带出露面积最大，在黄河以北的鹊山、驴山和卧牛山等地有小范围出露，其他大部分为第四系沉积物覆盖。北部过黄河，除东北部岩体与石炭系和二叠系砂岩接触外，主要与奥陶系中统灰岩接触。接触带自韩家产道口起、经位里庄东、小金庄、担山屯、大杨庄、西红庙、袁柳庄、省体育中心、跳伞塔、黑虎泉路、体工大队、燕子山北麓、窑头、丁家庄、牛旺庄到王舍人庄之后，转向北经裴家营、折向苏家庄、宿家张马、大小坡、北滩头至傅家庄。黄河以南岩体近似椭圆形，长轴北东—南西向，长约 30km，短轴近南北向，长约 9km，周边长约 103km。面积 330km^2。在城区西部段店至吴家堡、北部泺口和东郊北部华山一带，岩体呈岩基状。在城区大明湖、东北郊大辛庄、王舍人一带，多呈岩床、岩盘。济南辉长岩体 Rb-Sr 全岩-矿物参考等时线年龄为 144±25Ma（闫峻等，2001）。

5.4 水文地质条件

5.4.1 含水层类型

在南部山区，多为干谷，只在雨季有暂时性溪流。在岩石破碎带、裂隙发育的山区，有80%降水入渗补给地下水，在砂砾岩、砂卵石分布的山前地带，有50%~60%降水补给地下水；在粉砂质、粉土、粉质黏土分布的平原区，约35%降水补给了地下水。济东、济西和城区的区域降水量相似，济东、城区、济西地下水位升降变化趋势近于同步。

本区内分布有松散岩类孔隙水、碎屑岩类孔隙裂隙水、碳酸盐岩类裂隙岩溶水、变质岩类孔隙裂隙水、岩浆岩类孔隙裂隙水及断裂带裂隙水。

5.4.1.1 第四系孔隙水

松散岩类孔隙水主要分布在本区的中、北部平原区。由于形成条件不同，含水层富水程度也不一样。城区西部地区为玉符河冲、洪积形成的平原，含水层以中粗砂、卵砾石为主，厚度20~40m，多层状，富水条件好，单井涌水量为2000~5000m³/d。城区、城区东部及东北部地区主要为山前冲、洪积物（小清河南）及山前冲积物与黄河冲积物叠置而成（小清河北）的平原，含水层以中细砂为主，富水程度中等，单井涌水量为500~1000m³/d。黄河以北地区，主要为黄河冲积形成的平原，含水层以粉细砂为主，富水性弱，单井涌水量小于500m³/d。

北沙河、玉符河冲洪积扇构成的山前倾斜平原面积为130km²，倾向北。玉符河冲洪积扇位于罗而庄、殷家林一带，北沙河冲洪积扇位于魏庄、张桥一带，两冲洪积扇在小丁庄—后朱一线叠加在一起。冲洪积扇前缘向北延伸至黄河，在黄河沿岸上覆7~15m黄泛冲积层。

在王宿铺、前升和前隆，北沙河冲洪积扇轴部，沉积物除首部外均为多层结构，厚40~145m。藤屯以北两冲洪积扇的叠加地带，为多层结构，含水颗粒较细，主要是中细砂，含水层底部分布有卵砾石。

玉符河冲洪积扇由罗而庄、殷家林向北偏西方向伸展，冲洪积扇主轴通过潘村、双庙、杜庙、小李庄、北潘庄。首部至潘村，沉积厚度10~35m，上部为粉质黏土，中部为砂砾石、卵石层，下部为砂质黏土夹卵砾石，局部缺失；至双庙、杜庙一带变成多层结构，厚度35~140m，局部基岩与含水砂层直接接触，杜庙至北潘庄，轴部厚140~200m，向两侧变薄，呈多层结构。

玉符河、北沙河冲洪积扇孔隙含水层，水位埋深小7m，含水层厚度1~30m，富水性较强，单井出水量1000~1500m³/d，水质良好，矿化度小于1g/L，首部水位年度变幅较大，一般为5~10m，单井出水量一般小于500m³/d。

山前坡洪积孔隙潜水含水层分布于泉域东部山前地带，坡洪积物主要由黏土、粉质黏土、黏土夹砾石组成，厚度一般小于20m，富水性较差，单井出水量小于100m³/d。

黄河南侧孔隙水丰富，水质较好，是当地乡镇生活及农灌用水。在黄河以北，浅层地下水为淡-微咸水，深层为咸水。

松散沉积物孔隙水主要为大气降水垂直入渗补给、间歇性河道行洪洪水入渗补给、地表水（河水、库水）灌溉入渗补给、黄河侧渗补给等。松散沉积孔隙水由西南向东北方向径流。排泄方式以人工开采、排水沟和潜水蒸发为主。

玉符河上游地段、河床内以砂、卵砾石为主，并且与下伏灰岩直接接触，在崔马庄以南为张夏组灰岩，以北为凤山组至奥陶系灰岩。玉符河水是岩溶水的重要补给源。

5.4.1.2 碎屑岩类孔隙裂隙水

碎屑岩类孔隙裂隙水，赋存于石炭系-二叠系砂岩、砂页岩及古近系、新近系地下水，岩层孔隙裂隙都不太发育，富水性微弱，单井涌水量小于200m³/d。

5.4.1.3 碳酸盐岩类裂隙岩溶水

本区寒武系—奥陶系发育完全。碳酸盐岩类裂隙岩溶水赋存于巨厚层灰岩含水岩组和薄层灰岩、页岩互层状含水岩组中。由于岩溶裂隙发育不匀，富水性差别大。岩溶含水岩组主要由寒武系张夏组岩溶含水层和寒武系凤山组至奥陶系裂隙岩溶含水层构成。

低山丘陵区为灰岩裸露区，岩溶裂隙发育，富水条件差，单井涌水量<500m³/d。水位埋深50~100m，水位年变幅大，一般为20~50m。

从低山丘陵向北至泉群出露地段，主要为奥陶系中下统灰岩出露区，呈东西向分布。低山丘陵-山前倾斜平原转换带富水性中等，单井涌水量为500~1000m³/d。山前倾斜平原岩溶裂隙发育，在辉长岩侵入体南部接触带，富水性强，单井涌水量为1000~5000m³/d，局部大于10 000m³/d。水位埋深小于10m，水位年变幅为3~4m。

1) 寒武系张夏组裂隙岩溶水。张夏组灰岩在区内有广泛分布，由章丘市石匣庄、赵庄，经历城区的中泉、西营、柳埠、二仙、西渴马和长清区的崮山宋村、崮头、马岭，至西南部平阴县李沟、洪范、旧县一带。在南部山区涝坡、崔马、前大彦庄以南出露于地表，向北则隐伏于地下。该含水层顶底板分别为相对隔水的崮山组页岩和徐庄组页岩，灰岩顶部及底部岩溶发育。裸露区单井出水量小于100m³/d，隐伏区单井出水量一般为100~500m³/d。在历城区的两河、宝峪、店子，长清区的南黄崖、陈峪，平阴县的东蛮子、分水岭、马边岭等地，张夏组灰岩层的单井出水量达500~1000m³/d。在平阴县自来水公司的大石坑和化肥厂的葛庄等钻孔，单井涌水量达2000~3000m³/d。在有利的地形、构造和补给条件下，富水性增强，单井出水量大于1000m³/d。在历城区有中泉、突泉，长清区有房峪泉，平阴县有洪范泉、书院泉、丁泉和白雁泉，泉水流量为800~8000m³/d。

2) 奥陶系裂隙岩溶水。寒武系凤山组至奥陶系岩性为厚层灰岩、白云质灰岩、泥质灰岩等，岩溶裂隙发育，且彼此连通，导水性强，富水性差异较大，分布在南部低丘陵区和北部山前隐伏区。奥陶系灰岩和白云质灰岩岩溶裂隙发育，该层具有较强的富水性和导水性，但又表现出极大的不均匀性，单位涌水量为0.068~23.8 L/(s·m)，渗透系数为

0.08~38m/d。城区泉群位于奥陶系含水层内。

寒武系张夏组灰岩接受河水渗漏补给,并补给凤山组至奥陶系灰岩含水层。从西渴马—崔马—罗而庄—潘村,崔马以上河段张夏组灰岩得到补给,通过断裂补给上部凤山组至奥陶系含水层,崔马以下地段,河床渗漏直接补给凤山组至奥陶系含水层。沿崔马—党家庄—文庄方向,张夏组含水层可补给奥陶系含水层。

从锦绣川到低山丘陵北缘,标高250~400m,寒武系中上统和奥陶系中下统出露地表,岩溶发育。地下水水位埋深变化大,浅的为20~30m,深的达百米。不同层位富水性差别明显。中下奥陶统灰岩富水,含水段为50~200m,部分地段为200~300m,出水量在1000m³/d以上。

中寒武统富水性中等,上寒武统富水性差。寒武系中上统与奥陶系中下统灰岩水位不一致。在北郊的一些混合水钻孔中,寒武系与奥陶系混合水水位比奥陶系含水层水位高(>1m)。即使奥陶系中下统含水层水位也不完全一样。在东郊28号孔中,奥陶系下统比中统水位高12~17cm。岩溶水含水层水位差异性受地层岩性和断裂构造控制。

碳酸盐岩类裂隙岩溶水的排泄主要有泉涌、人工开采及顶托排泄补给第四系孔隙水等,泉涌和人工开采是岩溶水主要排泄方式。

5.4.1.4 变质岩类孔隙裂隙水

变质岩类孔隙裂隙水主要分布在南部长城岭一带,单井涌水量一般小于100m³/d。

5.4.1.5 岩浆岩类孔隙裂隙水

岩浆岩类孔隙裂隙水主要指城区附近及城区北部燕山期侵入的岩浆岩体,一般视为隔水岩体。

济南市区地下水具有供水意义的主要为松散岩类孔隙水和碳酸盐岩类裂隙岩溶水。碳酸盐岩类裂隙岩溶水分布面积广,水质好。

5.4.1.6 断裂带裂隙水

北东向与近东西向断裂构造相对富水,北西向断裂构造富水性较差。断裂破碎带较大时,富水性较好。南部导水性差,而北部导水性好。沿断层不同地段发育有溶岩区,总体特征是南部导水性弱,而北部导水性强。

5.4.2 泉的类型和分布

按泉水承压性,泉可分为两类:下降泉和上升泉。下降泉分布于寒武系,或寒武系与奥陶系的交界处,受非承压含水层控制。上升泉分布于奥陶系含水层,受承压含水层控制。

南部变质岩分布区,如张夏镇以南、锦银川泉沟以南、玉带河柳埠镇东南和锦绣川西营镇东等地的变质岩区内的潜水,受寒武系馒头组页岩隔水底板阻拦,溢出形成地表河流。在寒武系、奥陶系灰岩区，通过渗漏补给地下水。寒武系隔水底板使得南部山区变质裂隙水在岩溶区内重新分配，对岩溶地下水富水区的形成和导水通道的形成和演化有控制作用。变质岩裂隙水受页岩阻挡，转换为地表水，流入锦绣川，汇入卧虎山水库，通过玉符河补给寒武系—奥陶系灰含水层。

寒武系中下统裂隙泉的形成：寒武系张夏组灰岩岩溶水受底部馒头组页岩隔水层阻挡，难以形成垂向径流，进一步向深层运移，沿沉积岩层面形成水平流向下游运移，遇沟谷形成泉。

南部山区主要为下降泉，泉水源于当年降水，降水在地下水循环路径短，遇阻挡层，在低凹处，地下水则可转为地表水，而成泉。下降泉多以季节性泉为主，流量少，受气候影响大，易干枯。四大泉群分布于寒武系凤山组至奥陶系构成的含水层内（图5-6）。凤山组至中奥陶统八陡组含水层，岩性为厚层纯灰岩、白云质灰岩、灰质白云岩、白云岩和泥质灰岩。岩溶裂隙发育，且彼此联通，导水性强，有利于地下水的补给、径流和排泄。在低山丘陵区，灰岩直接裸露地表，岩溶裂隙发育，有利于大气降水渗入。奥陶系灰岩与北部的辉长岩体接触，水流受阻，向上运移出地表成泉。

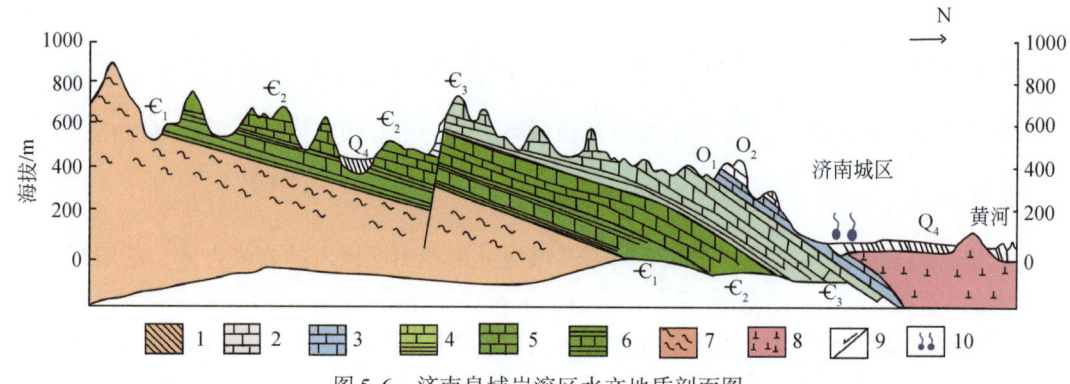

图5-6 济南泉域岩溶区水文地质剖面图

1：第四系松散堆积物；2：奥陶系灰岩；3：奥陶系白云质灰岩；4：寒武系灰岩和页岩；5：鲕状灰岩；6：寒武系灰岩和页岩；7：变质岩；8：闪长岩；9：断层；10：泉

济南城区大泉（群）主要沿辉长岩体与灰岩的接触带分布，从西向东有腊山泉、峨眉山泉、趵突泉、五龙潭、珍珠泉、黑虎泉泉群和东部的白泉泉群，这些是典型的上升泉。相对于下降泉，这些上升泉，地下水流路径相对较长，有持续性的水流补给，有一定调蓄能力，在自然条件下，可长年持续出流。本区上升泉的形成和分布，与辉长岩体和灰岩的接触带构造有密切成因联系。在南部山区一些泉，则属下降泉，大部分已干枯。

按泉群的出露区域，可将济南地区分为三个泉域：①市区泉域—四大泉群：趵突泉、黑虎泉、珍珠泉和五龙潭泉域；②西郊泉域：峨眉山和腊山泉域（已断流）；③东郊泉域：冷水沟、杨家屯和白泉（已断流）。这些泉群位于灰岩与北部岩浆侵入体接触带，皆为上升泉。

在趵突泉、黑虎泉、珍珠泉和五龙潭泉群，泉水流量一般在每年的1~5月逐渐减少，泉水断流一般出现在5~6月，6~9月为雨季，水位回升，泉水相继复流，最大流量一般出现在 9~10 月，然后随水位的不断下降，泉流量也逐渐减少。最大流量达 $56\times10^4\mathrm{m}^3/\mathrm{d}$。泉水流量和泉水出涌标高见表 5-2。

表 5-2 1959~1972 年济南泉群涌水量统计

泉群名称	1959~1972 统计数据/（万 m³/d） 平均	最大	最小	1973~1977 统计数据/（万 m³/d） 平均	最大	最小	涌水标高/m	汇流河
趵突泉群	7.8	24.8	0.09	3.63	10.45	0.63	27.5	东泺河
黑虎泉群	11.2	40.7	1.6	7.12	16.02	2.85	26.8	西泺河
珍珠泉群	1.5	2.4	0.7	1.26	1.98	0.55	26.4	西泺河
五龙潭泉群	4	8.7	0.8	1.39	3.14	0.47	26.7	大明湖

资料来源：柴朝鹤等.1978. 济南地区地下水动态观测阶段报告（1973—1977），山东省地质局第一水文地质队（801 队）

5.5 水化学特征

在城区泉群，以及泉群东西两侧，系统地采集了岩溶水样品，测试了水化学成分，用于了解岩溶水化学类型，以及水与岩作用。K^+、Na^+、Ca^{2+}、Mg^{2+} 用阳离子色谱仪测试；Cl^-、SO_4^{2-}、HCO_3^-、NO_3^- 用阴离子色谱仪测试。水化学数据电荷平衡误差小于 10%。利用水化学模拟软件 PHREEQC 计算水中矿物饱和指数，利用 SPSS 软件进行多元统计分析。

5.5.1 岩溶水化学特征

济南岩溶水化学成分分析统计分析结果列于表 5-3。岩溶水 pH 为 7.1~8.2，呈弱碱性。pH 增加，与碳酸盐的溶解有关。Ca^{2+} 是主要阳离子，其次为 Mg^{2+}。HCO_3^- 是主要阴离子，其次为 SO_4^{2-}。Na^+ 和 Cl^- 在地下水中远低于 Ca^{2+} 和 HCO_3^-，说明地下水化学组成主要受碳酸盐矿物溶解的控制。水化学类型主要为 HCO_3-Ca 型和 $HCO_3\cdot SO_4$-Ca 型。随着 TDS 的增加，由 HCO_3-Ca 型向 $HCO_3\cdot SO_4$-Ca 型转化（图 5-7）。变量的变异系数可反映样品数据在空间上的变化程度。利用水化学分析结果，计算了每个参数的变异系数（表 5-3）。Na^+ 和 K^+ 变异系数为 55% 和 64.9%，变化较大。Ca^{2+}、Mg^{2+}、HCO_3^- 离子的变异系数分别为 25.5%、36.4%、18.9%，变异系数低。NO_3^- 变异系数最大，为 77.5%，其次为 Cl^- 和 SO_4^{2-}，分别为 76.7% 和 68.4%。阴离子变异系数由大到小的顺序为：$NO_3^- > Cl^- > SO_4^{2-}$。少数样品中 NO_3^- 含量较高，NO_3^- 最大值为 289.8mg/L，表明在局部地区岩溶水有 NO_3^- 污染。泉水与岩溶水相比主要金属离子相似，阴离子略有变化（图 5-7）。泉水与西郊和东郊水源岩溶水水化学主要阳离子组成相近，但是泉水 Cl^- 和 SO_4^{-2} 浓度有升高趋势。济南市"四大泉群"泉水主要超标项目为细菌总数、大肠菌群、硝酸盐氮，超标率分别为 78.12%、90.62% 和 67.19%，与泉水周围及其流域存在人为污染因素有关（周敬文等，2009）。

表 5-3 济南岩溶水化学统计分析结果　　　　　　（单位：mg/L）

分析项目	样品数量	最小值	最大值	均值	标准差	Skewness	Kurtosis	变异系数/%
Na$^+$	110	4.3	51.4	15.9	8.7	1.9	5.3	55
K$^+$	110	0.2	4.1	1.0	0.6	2.5	8.6	64.3
Mg^{2+}	110	8.4	52.9	22.1	8.0	1.4	2.9	36.4
Ca^{2+}	110	58.7	343.8	154.2	39.3	1.6	5.0	25.5
Cl$^-$	110	8.9	226.9	39.3	30.1	3.1	14.4	76.7
NO$_3^-$	109	1.7	289.8	58.1	45.0	2.6	9.0	77.5
SO$_4^{2-}$	110	28.2	706.3	106.4	72.7	5.5	42.5	68.4
HCO$_3^-$	110	192.7	692.6	355.0	67.0	1.6	6.2	18.9
TDS	110	454.0	1597.1	807.8	189.4	1.8	4.7	23.4

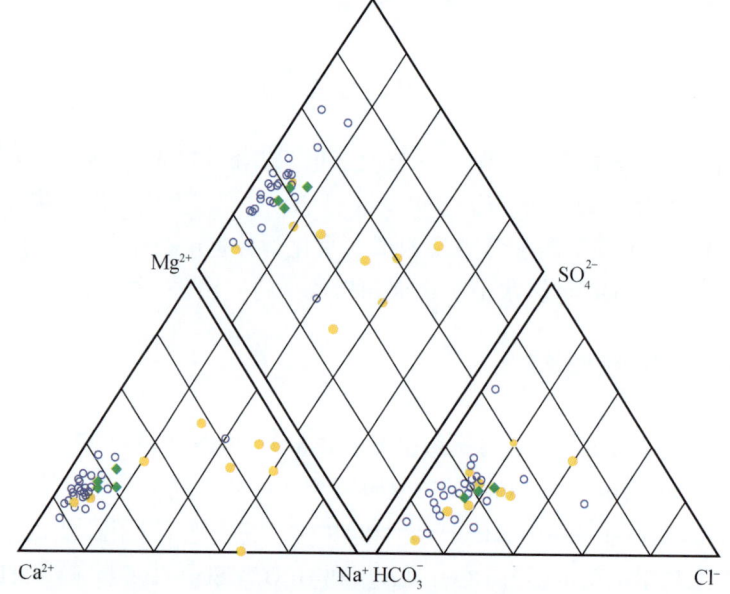

图 5-7 济南地下水化学组成

空心蓝圆为岩溶水；棕色实心圆为泉水；实心绿菱形为浅层第四系水

第四系孔隙水 Na$^-$、Cl$^-$ 和 SO$_4^{2-}$ 浓度偏高。第四系孔隙水离子浓度的变化受第四系含水层条件影响。

5.5.2 四大泉的水化学特征

5.5.2.1 趵突泉泉群

趵突泉泉群以趵突泉为代表。泉水来源于奥陶系灰岩，出露标高 27.5m。流量 400 ~

600 L/s，水温 17.5 ℃，矿化度 0.2 g/L，pH7.5，水化学类型为 HCO_3–$Ca·Mg$ 型。

5.5.2.2 五龙潭泉泉群

五龙潭泉泉群以五龙潭泉为代表。泉水来源于奥陶系灰岩，出露标高 26.7m。流量 60 L/s，水温 17.5 ℃，矿化度 0.21 g/L，pH7.5，水化学类型为 HCO_3–$Ca·Mg$ 型。

5.5.2.3 珍珠泉泉群

珍珠泉泉群以珍珠泉为代表。泉水来源于奥陶系灰岩，出露标高 26.4m。流量 146～157 L/s，水温 17.5 ℃，矿化度 0.28 g/L，pH7.5，水化学类型为 HCO_3–$Ca·Mg$ 型。

5.5.2.4 黑虎泉泉群

黑虎泉泉群以黑虎泉为代表。泉水来源于奥陶系灰岩，出露标高 26.8m。流量 770 L/s，水温 17.5 ℃，矿化度 0.2 g/L，pH7.5，水化学类型为 HCO_3–$Ca·Mg$ 型。

5.5.3 水岩作用

5.5.3.1 饱和指数

图 5-8（a）、图 5-8（b）分别为 TDS 与方解石饱和指数（SI_c）、白云石饱和指数（SI_d）和石膏（SI_g）的饱和指数相关图。随 TDS 增加，SI_c 和 SI_d 变化不明显。方解石和白云石 SI>0，均为过饱和状态。石膏饱和指数（SI_g）<0，岩溶水仍具有溶解石膏矿物的能力。

为了分析矿物溶解对岩溶水的影响，分别计算"非石膏源钙"和"非碳酸岩钙"的量。当岩溶水中的 SO_4^{2-} 均来源于石膏的溶解时，"非石膏源钙"可由总钙减去与石膏钙等量的 SO_4^{2-} 得到。图 5-8（c）为 $[Ca^{2+}]$–$[SO_4^{2-}]$ 与 $[HCO_3^-]$ 相关图。大部分样品分布在 1∶4 和 1∶2 关系线之间，并偏向 1∶2 关系线，说明岩溶水中的 Ca^{2+} 主要来源于方解石的溶解，其次为白云石的溶解。图 5-8（d）为非碳酸盐源 Ca^{2+} 与 SO_4^{2-} 的关系图。Ca^{2+}<1mmol/L 和 SO_4^{2-}<1mmol/L 时，样品点分布在 1∶1 线上，说明这些样品中的 Ca^{2+} 和 SO_4^{2-} 为石膏的溶解。SO_4^{2-}>1mmol/L 时，样品点向左偏离 1∶1 线，Ca^{2+} 离子浓度增幅大于 SO_4^{2-}。

石膏饱和指数 SI_g<0，SI_g 随 TDS 增加而增加。石膏的溶解使水中 Ca^{2+} 浓度的增加，白云石中 Mg^{2+} 可被 Ca^{2+} 置换，水中 Mg^{2+} 离子浓度升高。图 5-8（e）中 SI_g 随 Mg^{2+} 离子浓度增高而增大，说明存在脱白云石化作用。

岩溶水含水层碳酸岩类矿物以方解石、白云石为主，石膏常与白云石伴生。在方解石、白云石和石膏溶解反应体系中，水中 Ca^{2+}、Mg^{2+}、HCO_3^-、SO_4^{2-} 组分的摩尔浓度平衡关系为 $[Ca^{2+}]+[Mg^{2+}]=[HCO_3^-]/2\times[SO_4^{2-}]$，非碳酸岩-水作用 Ca^{2+} 的浓度，可由关系式 $Ca^{2+}=[Ca^{2+}]-\{[HCO_3^-]/2-[Mg^{2+}]\}-[SO_4^{2-}]$ 来估算。图 5-8（f）为非碳

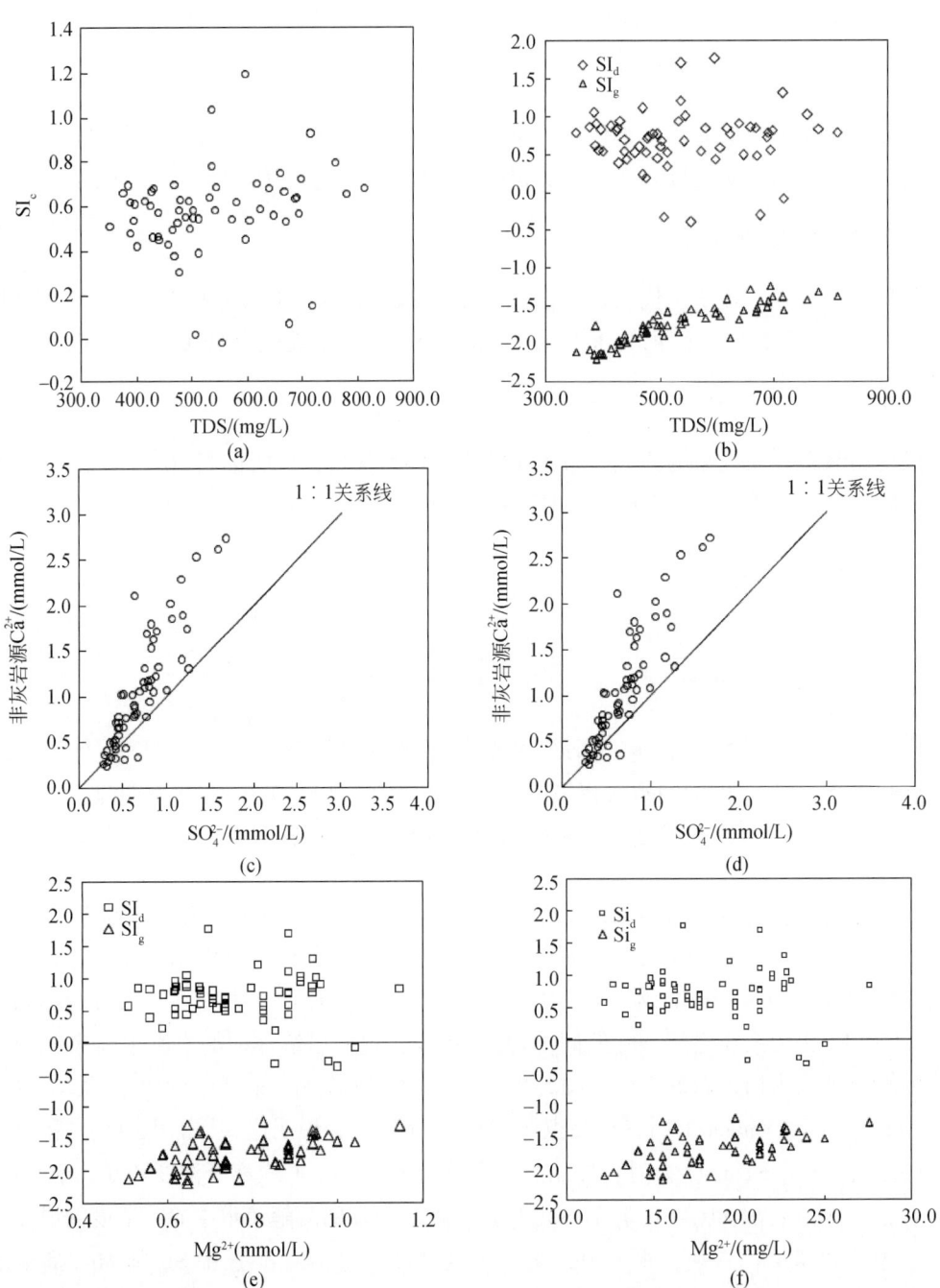

图 5-8 济南岩溶水饱和指数（a、b、e、f）、非灰岩源（c、d）与化学组份相关图（赵占锋等，2012）

酸岩-水作用 Ca^{2+} 与 SI_c、SI_g 关系图，SI_g 随非碳酸岩-水作用 Ca^{2+} 的增加而增加，而 SI_c 则变化不大，表明在方解石达到饱和之后，有石膏溶解。

地表水入渗对水-岩作用程度和平衡有影响，使饱和指数发生变化，矿物的溶解/沉淀状态发生转换。例如，降水矿物饱和指数低，降水入渗进入地下水系统中，地下水矿物溶解平衡由饱和状态变为不饱和状态，矿物溶解能力变强。

5.5.3.2 相关性分析

表 5-4 为岩溶水水化学组分相关系数。HCO_3^- 与 Ca^{2+}、Mg^{2+} 与之间的相关系数分别为 0.41、0.41，呈正相关。SO_4^{2-} 与 Ca^{2+}、Mg^{2+} 相关系数相同，均为 0.57。Ca^{2+} 与 Cl^- 和 NO_3^- 的相关系数分别为 0.6 和 0.75，说明水中 Ca^{2+} 组分的含量变化还与含 Cl^-、NO_3^- 的组分变化有关。在某些区域，人为活动对水化学组成的影响程度，甚至超过了自然演化过程的影响。

表 5-4 岩溶水主要离子相关系数

主要离子	Na^++K^+	Ca^{2+}	Mg^{2+}	Cl^-	NO_3^-	SO_4^{2-}	HCO_3^-	TDS
Na^++K^+	1.000	0.497	0.419	0.795	0.329	0.228	0.272	0.569
Ca^{2+}	0.497	1.000	0.477	0.604	0.750	0.573	0.413	0.880
Mg^{2+}	0.419	0.477	1.000	0.313	0.347	0.576	0.406	0.660
Cl^-	0.795	0.604	0.313	1.000	0.582	0.176	0.265	0.638
NO_3^-	0.329	0.750	0.347	0.582	1.000	0.296	0.260	0.724
SO_4^{2-}	0.228	0.573	0.576	0.176	0.296	1.000	0.052	0.673
HCO_3^-	0.272	0.413	0.406	0.265	0.260	0.052	1.000	0.572
TDS	0.569	0.880	0.660	0.638	0.724	0.673	0.572	1.000

5.5.3.3 主成分分析

主成分分析（principal component analysis，PCA）是用不相关的变量来代替原来较多的变量，以减少变量的数目，并用综合变量尽可能多地反映原变量的信息。通过求出总方差，根据每个主成分方差对总方差的贡献，划分出第一、第二……第 n 主成分。第一主成分对方差的贡献率最高，代表原变量的绝大部分信息；第二主成分尽可能多解释剩余信息，对方差的贡献率次高，依次类推。

利用主成分分析（PCA）方法，通过对水化学数据进行降维，可以提取影响水化学变化的主成分，以区分不同因素的影响及影响程度。分别计算每一个聚类分组岩溶水的主成分和主成分得分，主成分得分代表该主成分所包含的变量对水化学性质的影响程度，主成分值越大，说明受该主成分的影响越强。这种方法常用于时间和空间变化大的环境分析领域中。

分形空间结构明显的两个因子解释了 70.5% 的总方差，说明了水中主要离子的来源（表 5-5，图 5-9）。第一主成分（PC1）的方差贡献率为 55.9%，主要与 K^+、Na^+、Ca^{2+}、

Cl⁻、NO₃⁻有关。岩溶水中 Cl⁻、NO₃⁻主要受人类活动影响。Na⁺、Ca²⁺与 Cl⁻、NO₃⁻有较高的相关性。Na⁺、Cl⁻、NO₃⁻等外源离子的增加，使岩溶水中 Ca²⁺和 HCO₃⁻增加。岩溶水中 Ca²⁺和 HCO₃⁻浓度的变化为含水层内水岩作用与人为影响共同作用的结果。PC1 代表人类活动对岩溶水化学性质的影响。

表 5-5　总方差解释

主成分	主量	所占比例/%	累积所占比例/%	主量	所占比例/%	累积所占比例/%
1	4.5	55.9	55.9	4.5	55.9	55.9
2	1.2	14.6	70.5	1.2	14.6	70.5
3	0.9	11.4	81.9			
4	0.8	9.8	91.7			
5	0.4	4.7	96.4			
6	0.2	1.9	98.3			
7	0.1	1.4	99.8			
8	0.0	0.2	100.0			

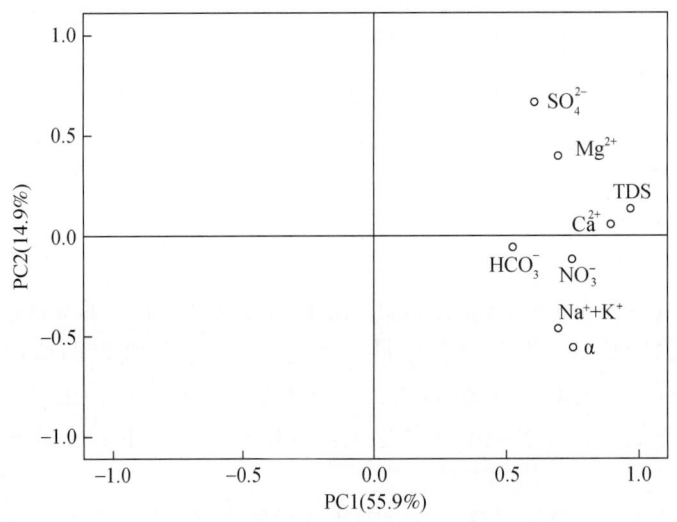

图 5-9　主成分（PCA）空间分形和相关变量

第二主成分（PC2）由 Ca²⁺、Mg²⁺和 SO₄²⁻有关，方差贡献率为 14.6%。岩溶水中 Ca²⁺、Mg²⁺和 SO₄²⁻主要来源于含水层中矿物的溶解。PC2 代表含水层中的水岩作用。Na⁺、K⁺、Cl⁻、NO₃⁻得分为负，值最小，说明受水岩作用影响程度最低。Ca²⁺、HCO₃⁻则可能受人为和水岩作用的双重影响。

5.5.3.4 水化学成分聚类分析

聚类分析是确定水化学组分特征和控制因素的重要方法。聚类分析结果受选用的相似距离和连接方法影响。本书采用 Euclidean distance 和 Wards 连接方法。每一聚类分组，化学组成相对一致，并与其他分组有明显差异（Davis，2002）。利用聚类分组在空间位置上的关系，从中选择分组内的组分，进行质量平衡模型分析，可确定地下水水化学演化趋势（Kuells et al.，2000；Güler and Thyne，2004；Thyne et al.，2004）。为避免样品间距离受到变量参数量级不同而产生偏差，聚类变量均进行标准化转换后进行分析。

根据样品的水化学参数特征，利用聚类分析方法将具有相似特征的取样点归入同一类（组）。研究区岩溶水样品聚类为四个水样组（图 5-10），从第一组（Group1）到第四组（Group4），岩溶水 TDS 和离子含量呈逐渐升高趋势（表 5-6）。主成分得分代表该主成分所包含的变量对水化学性质的影响程度，其值越大，说明水化学组成受该主成分的影响越强。第一组在 PC1 和 PC2 轴的得分都最低，代表受到两种因素的影响都最弱。第二组（Group2）和第三组（Group3）更偏向 PC2 轴，表明这两组样品受水岩作用的影响，另外两组也有少量样品点靠近 PC1 轴，表明有人类活动的影响。第四组水样点的 PC1 得分最高，说明该组样品受到的人类活动影响的程度最高。

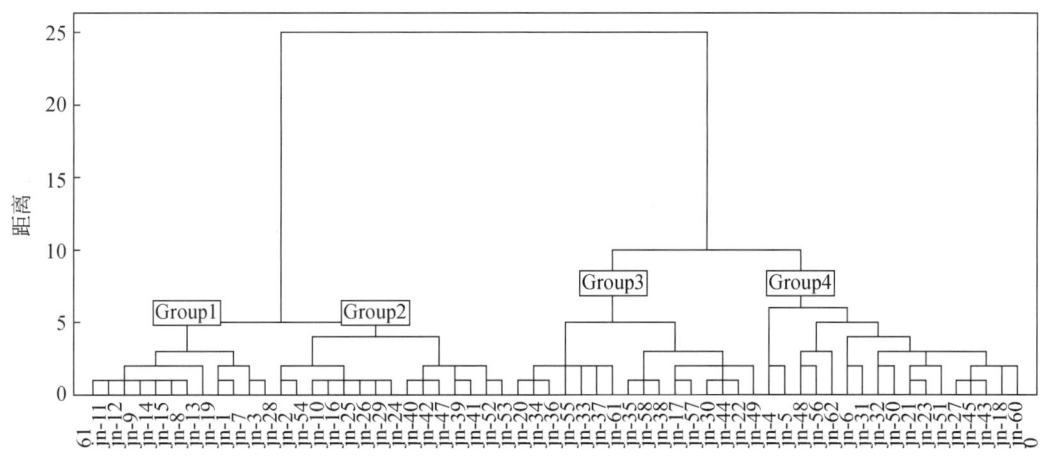

图 5-10 岩溶水水样点聚类图

表 5-6 聚类分组平均化学组成

聚类	项目	T/℃	pH	$Na^+ + K^+$/(mg/L)	Ca^{2+}/(mg/L)	Mg^{2+}/(mg/L)	Cl^-/(mg/L)	SO_4^{2-}/(mg/L)	HCO_3^-/(mg/L)	NO_3^-/(mg/L)	TDS/(mg/L)
Group 1	最小	16.0	7.8	12.2	48.9	12.2	14.9	26.4	194.1	0.4	353.3
	平均	17.9	8.0	13.8	64.6	14.6	20.3	34.6	222.1	11.3	398.1
	最大	19.6	8.1	17.1	75.7	18.4	25.8	43.9	246.5	18.1	441.7

续表

聚类	项目	T/℃	pH	Na^++K^+/(mg/L)	Ca^{2+}/(mg/L)	Mg^{2+}/(mg/L)	Cl^-/(mg/L)	SO_4^{2-}/(mg/L)	HCO_3^-/(mg/L)	NO_3^-/(mg/L)	TDS/(mg/L)
Group 2	最小	17.5	7.6	6.1	68.3	14.1	10.9	29.4	224.9	10.5	413.8
	平均	18.9	7.8	11.7	81.9	15.8	21.8	52.0	250.0	21.1	466.2
	最大	21.3	7.9	20.1	97.8	17.7	31.7	83.2	280.4	33.9	513.1
Group 3	最小	16.6	7.2	7.9	78.0	16.7	17.8	43.9	234.2	15.4	469.6
	平均	19.3	7.7	13.0	96.6	19.8	31.5	64.7	264.1	32.8	535.4
	最大	23.6	8.2	24.6	137.6	21.9	49.6	78.6	295.8	53.7	605.7
Group 4	最小	16.6	7.1	13.9	110.2	15.5	29.7	59.9	151.0	40.8	617.4
	平均	19.1	7.7	21.5	129.2	20.7	56.9	103.1	268.7	67.7	690.5
	最大	24.0	8.1	41.5	149.1	27.6	96.2	161.8	326.6	122.0	811.0

图 5-11 为第一主成分和第二主成分得分图。由第一组向第四组，PC1 和 PC2 得分逐渐增加。第一组在 PC1 和 PC2 轴的得分都最低，代表受这两因素的影响都最弱。第二组和第三组的大部分样品靠近 PC2 轴（图 5-11），表明水岩作用是主要的控制因素；也有少量样品靠近 PC1 轴，表明受一定的人为污染影响。第四组大部分样品靠近 PC1，表明该组样品主要受人类活动影响。

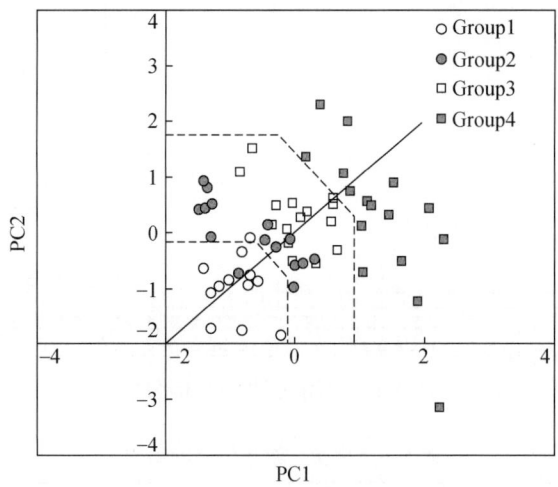

图 5-11 水样点主成分得分图

Group1 分布于城区泉区以西，Group 2、Group 3、Group 4 则分布于自西郊—城区—东郊的全区范围，Group4 主要分布于东郊和城区（图 5-12）。西郊岩溶水以 Group1 和 Group2 为主，城区泉域南部山区岩溶水以 Group2 为主要，东郊和城区岩溶水以 Group3 和 Group4 为主。西郊和南部补给区岩溶水处于相对自然状态，受人为影响程度低于东郊。

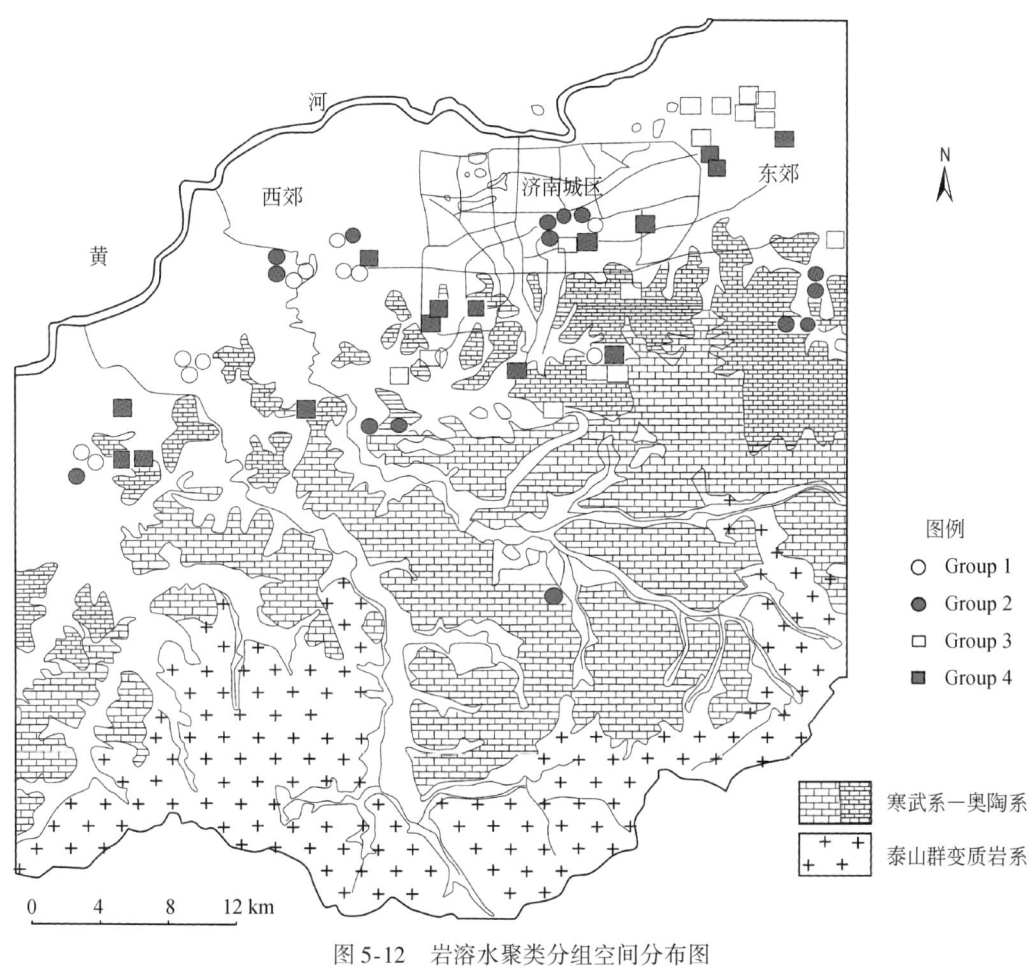

图 5-12 岩溶水聚类分组空间分布图

5.6 岩溶水 CFCs 组成和分布

CFCs 方法是目前确定 0~50 年尺度地下水年龄的一种新方法,能可靠地确定 1950 年以来补给的地下水年龄,为揭示地下水的运动规律提供重要依据。

5.6.1 地下水 CFCs 测试结果

2010 年,5 次现场采集样品数量共计 110 个,其中 100 个样品获得 CFCs 测试数据。样品所在层位及组分特征综合于表 5-7。CFCs 组分正常是指该样品未受到周围人为因素影响,属于含水-气-环境之间自然过程的结果。超量是指样品中一个或多个 CFCs 组分浓度高于自然平衡过程值(多倍),反映地下水受到较明显人为因素影响,如污染物排放、各种污染源组分的混入等情况。略高或高是指样品中各别组分略高于自然过程结果,反映受轻微污染源组分混入影响。低于正常是指在自然过程中，由于补给时间长，水组分浓度低于当前水-气-环境平衡值，反映水的年龄相对较老。

表 5-7 水体 CFCs 组分特征综合表

样品环境	样品数量	CFC-11	CFC-12	CFC-113	CFC 特征
泰山群变质岩系	4	正常	正常	正常	正常
岩溶水	24	正常	正常	正常	正常
	39	超量	超量	超量	超量
城区排污渠水	4	略高	正常	正常	CFC-11 略高
趵突泉、黑虎泉、五龙潭泉、珍珠泉	8（两次）	超量	超量	超量	超量
水库水	2	正常	正常	正常	正常
黄河水	2（两次）	正常	正常	正常	正常
第四系孔隙水	12	低	低	低	低于正常
市内空气	5	正常	正常	正常	正常

四大泉（趵突泉、五龙潭、黑虎泉和珍珠泉）CFCs 浓度明显超量。在泉群附近还有荆山庄、张马屯、北康、解放桥水源地、普利门、白泉、李家庄和宿家水源地等取样点的 CFCs 组分超量，表明岩溶水受到人为排放物的明显影响。这些污染源应主要来源于二环路以内的地下储库、油库，以及其他类似储库的渗漏。有超过一半样品的 CFC-11 过量，可能来源为渗漏、污水排放、制冷剂使用和排放。有 18 个样品的 CFC-113 明显过量，与本区内电子工业及相关的污水排放有关。

当地下水中 CFCs 浓度与补给时的大气 CFCs 浓度达平衡时，利用 Henry 定律可将地下水的 CFCs 浓度转换成与之平衡时对应的大气 CFCs 浓度，并与大气浓度时间曲线相比较，得到 CFCs 表观年龄。

大气 CFCs 比值是时间的函数，比值年龄不受混合作用的影响。CFC-11/CFC-12 比值的定年范围为 1947~1976 年。CFC-113/CFC-12 或 CFC-113/CFC-11 比值的定年范围为 1975~1992 年。

在南部山区，间接补给区 CFCs 年龄相对较新，小于 18 年。在直接补给区，CFCs 年龄变化范围较大，为 18~30 年。

在西郊、城区至港沟一带，CFCs 年龄为 20~30 年，相对于间接补给区年龄偏老近 10 年。在玉符河和北大沙河，CFCs 年龄新。在马山断裂东侧，长清以南，岩溶水年龄新，小于 25 年，而在马山断裂西侧的归德—长清之间，岩溶水年龄则相对老，为 20~30 年。

马山断裂两侧 CFCs 年龄相差近 10 年，西侧老，东侧新。在长清以南，马山断裂两侧导水性有差异；在长清以北的岩溶水向北年龄变老。在马山断裂东侧年龄变化有两个方向：一是自长清向西郊方向年龄增大。另一组是自长清向北，年龄增大，但是向北方向岩溶水年龄的增加速率比北东方向快，反映岩溶水水流方向以北东向为主。与之相反，在马山断裂西侧，归德—长清之间溶水年龄老，年龄梯度变化的方向为北东向，显示北东向汇水速率快。

5.6.2 岩溶水 CFCs 组分的分布特征与水流场识别

从 CFCs 浓度分布特征上看，CFCs 特征组分在浓度和组合上具有一定的方向性和集聚性，从而具有带状分布特征，不同带具有不同的浓度和组合。利用 CFCs 浓度和组合关系，可以为地下水流方向和水流场特征分析提供重要信息。

5.6.2.1 CFCs 组成与分布特征

2010 年采集的岩溶水样品数据表明岩溶水 CFCs 浓度可分为三类：与现代水平衡的地下水（现代补给），低于现代降水（年龄相对较老），高于现代降水（受到其他污染源的影响）。围绕四大泉群，共获得 63 个代表性样品的 CFCs 数据，其中 24 个样品的 CFCs 浓度组成在正常范围，39 个样品的浓度超量。

在城区南部广布垃圾填埋场，呈带状环形，在空间上与岩溶水 CFCs 浓度偏高区域有重叠。CFCs 高的岩溶水中有来自垃圾处置场中渗出的污染物组分。垃圾处置场地分布有两地质区域，一是灰岩裸露区，二是第四系沉积物。从 CFCs 组分特征来看，灰岩裸露区范围内岩溶水中 CFC-11 明显偏高，CFC-12 和 CFC-113 局部偏高，泉水具有最高的 CFCs 浓度。与城区泉群 CFCs 组成特征相比，普通垃圾填埋厂不足提供城区泉群水中高浓度的 CFCs 组分。

我们分析了 63 个岩溶水样品的 CFCs 浓度。将相同（近）的样品划入同一范围，共计获得了 I、II 和 III 三个区域。I 区为 CFCs 浓度正常区域，15 个样品 CFCs 浓度相近，没有区域变化，与地表水（水库水）CFCs 浓度相似。II 区是 CFCs 浓度（主要是 CFC-11，其次为 CFC-12 和/或 CFC-113）超量的区域。II 区又细划分出 12 个带（图 5-13），每个带都由相同（近）CFCs 浓度的样品构成。III 区为覆盖区，岩溶水年龄在后面的部分讨论。

在东西两个区域内，岩溶水 CFCs 浓度接近或低于现代水的分布范围为：一是东起东坞断裂，西至仲宫，北至港沟，即图 5-13 中 I 区范围；二是位于西郊水源地范围内，大致范围为西自南汝村、小于村，东至古城和大杨庄水源地，属图 5-13 II 区（6）范围。

I 区位于东郊水源地南部山区，从南部山区经过约 20km 到达港沟，地下水 CFCs 浓度没有明显变化，CFCs 浓度与现代大气平衡水（水库水）的浓度相近，反映地下水易获得当地降水和地表水补给。该区降水直接（垂直）入渗补给岩溶水，水入渗速度快，水更新速度快，地下水系统中不存在地下水年龄分带（区）。

在济南供水集团有限责任公司《济南抽水试验与济南保泉供水研究报告》（2005）中提供了殷陈一带的水位资料："自 1982 年始，济钢、殷陈一带城市生活用水和工业开采地下水的量大幅增加，导致地下水水位下降，水位在 15～29m 之间波动。2003 年降水量较大，加之在 2004 年减少了东郊水源地地下水开采量，这一带地下水水位回升到 25～35m。多数年份东北郊殷陈地下水位峰值都早于城区永庆街、普利门出现"。该区地下水水流速度快于周边地下水，这与本书提出的源于南部山区补给水汇于港沟一带，直向北快速运移一致。

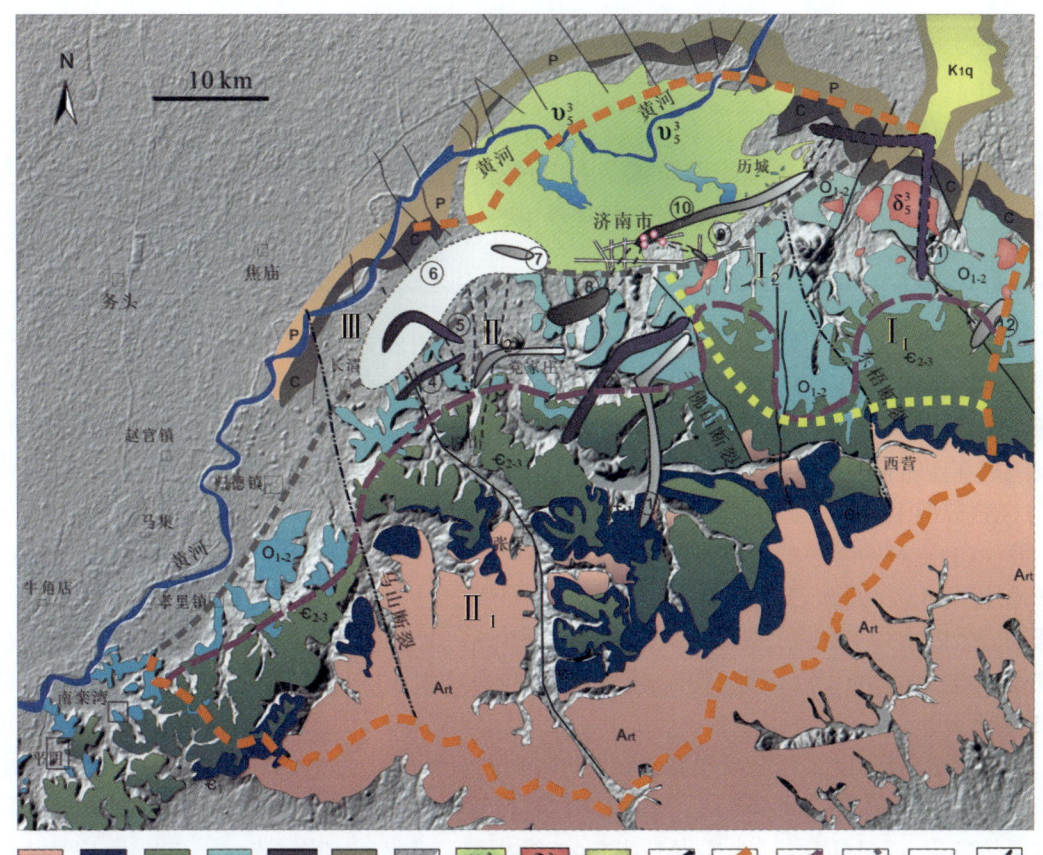

图 5-13 岩溶水 CFCs（超量）组分带图

1 为泰山群变质岩系；2 为寒武系馒头组；3 为寒武系徐庄至凤山组；4 为奥陶系中下统；5 为石炭系；6 为二叠系；7 为第四系；8 为燕山期辉长岩；9 为燕山期闪长岩；10 为中生代火山岩；11 为断裂；12 为南部分水岭界；13 为直接补给区与间接补给区界；14 为直接补给区与覆盖区界；15 为四大泉群；16 为 CFCs 组分带及编号

济南市东郊自来水公司裴家营、杨家屯和冷水沟水厂供水井位于东坞断裂东侧，在 1987 年 4 月 23 日利用这些井进行了一次大型的停水、抽水试验，停抽量为 90 960m³/d。在水厂供水井停抽后 8 小时后，断裂西侧 1 号观测孔水位上升 0.3m。断裂东侧的刘家庄 5 号观测孔距水厂中心 5.5km，7 小时水位上升 0.23m，说明有来源于泉群西南方向水流和来源于港沟的东南方向水流，东坞断裂两侧奥陶系灰岩含水层有水力联系。

Ⅰ区内岩溶水 CFCs 组成与现代降水组成一致，未见地下水年龄分带，是降水垂直入渗补给区。降水经裂隙-脉络系统，由南向北快速运移，是白泉泉群的主要补给源。

Ⅱ区内岩溶水 CFCs 组成特征最为复杂。这一区域内地下水 CFCs 浓度超过与现代大气平衡时水的浓度数倍以上，CFCs 超量的地下水样品不再用于确定地下水年龄，但是这些样品的 CFCs 谱图可以为识别不同样品之间的关系提供重要依据，圈定出 CFCs 谱图相同（近）的范围，以揭示地下水流场属性。

位于井家沟一带岩溶水的过量 CFCs 浓度，以及与城区泉群 CFCs 浓度和图谱的相似性，代表着位于西南的井家沟一带岩溶水与城区泉群有密切联系，因此可将⑧号带与⑩号带连接起来，表示源自城区西南向城区泉群的汇水通道和方向。但是，源于⑧号带的 CFCs 组分，还不足以产生城区泉群的 CFCs 特征组分。

Ⅱ区内共计有 48 个岩溶水样品，其中 9 个样品 CFCs 浓度略低于或与现代大气平衡水浓度。这些样品分布在Ⅱ区的西部和北西北部，包括玉符河张夏—崮山段两侧、马山断裂西侧的槽楼和郭庄，以及西郊水源地一带。

与Ⅰ区最靠近的 CFC①带（图 5-13①），CFC-12 和 CFC-113 接近于现代大气平衡水浓度，CFC-11 偏高。①、②、⑧、⑨和⑩四个带，具有最长连续带长，与导水通道相对单一，南北向联通性差有关。CFC 浓度分带从①→②→⑧→⑨→⑩，岩溶水中 CFCs 的种类和超量程度呈递增趋势。但是从⑩→⑪→⑫，有递减趋势。CFCs 浓度超量程度有向带⑩增加的趋势。③→④→⑤→⑦带，带长最短，零星分布，长轴方向呈近东西向。⑦带走向与接触带走向一致。Ⅱ区 12 个 CFCs 浓度带呈现向北东东方向汇集，而向南西方向张开的"帚状"，这种 CFCs 浓度分带及其空间组合形态与该区地下水流场有密切关系。

按照Ⅱ区内 12 条 CFCs 组分带 CFCs 谱峰特征，还可细出两个子带Ⅱ$_1$和Ⅱ$_2$子区。Ⅱ$_1$子区由①和②带组成。CFCs 组成特点是 CFC-11 超量，而 CFC-12 和 CFC-113 正常，并且①带 CFC-11 超量程度弱于②带。Ⅱ$_1$子区内 CFCs 带长，连续，走向为由北东转向北东东向。Ⅱ$_2$子区主要由③至⑩带构成，其中⑧至⑩带 CFCs 组成超量最高，CFCs 谱图中谱峰数量最多，然而 CFC 带相对较短，连续性差。⑧带谱峰与四大泉有较多相似之上，但是⑧带组分强度有一定差别。⑧带与泉之间有联系，但是⑧带组分的变化尚不足以解释泉群中部分谱峰出现强度高的原因，还有其他补给源。

CFCs 组分带状分布是地下水系统导水性不均一的结果。在均匀介质中，组分分布呈均匀变化，或呈面状梯度变化。如在多孔介质中，地下水流速较慢，地下水中污染物随着远离污染源，其浓度（呈梯度）递减。孔隙介质中污染物分布受污染源和水流场控制，一般污染物向水流下游运移到距污染源不太远的距离。岩溶地下水系统与孔隙介质完全不同，在介质导水性、容水空间有明显的差异和不均一性时，溶岩通道导水性强，地下水特征组分可运移到很远的距离，而组分浓度不发生明显的变化。岩溶水特征组分的带状分布直接与岩溶导水通道有密切相关性。Ⅱ区地下水 CFCs 特征组分的分布规律，揭示出的地下水流场特征为：从①→⑩CFCs 组分带的存在表明地下水系统呈带状分布，不同导水带之间相对独立。从仲宫到党家庄南，岩溶通道主要导水方向为北东向，而党家庄以北到接触带，地下水通道和水流方向以北东东向为主。

在岩溶发育带，污染物易沿裂隙岩溶带运移，水流动速度快，与污染源相连的岩溶发育带中污染物的浓度最高。污染物运移不仅仅局限在污染源附近，还可沿裂隙岩溶带到达数千米至数十千米之外。由于裂隙岩溶"通道"式导水特性，水中特征组分在空间上呈条带分布，在同一岩溶带内，特征组分浓度相似。CFCs 组分的带状分布，揭示奥陶系含水层内地下水水流系统以通道式（脉络）导水空间为主，水流流向受通道走向控制。

西北部相对滞水区⑥带：地下水 CFCs 浓度与现代降水相近，与周边岩溶系统相比，这一区域有地下水相对滞水区。岩溶水 CFCs（表观）年龄为 18~30 年，国庄和曹楼村岩溶水年龄相对年轻，为 16~17 年（表5-8）。国庄和曹楼岩溶水距补给区比西郊地区更近。西郊地区有一定空间可保留一部分补给水，起调蓄作用，是城中心四大泉长年保持大流量的重要条件。滞水区（6）带北侧相对封闭，构成地下水滞留区，西南侧开口，是上游来水的入口，而东部出口与四大泉通道相通，是四大泉的供给源或四大泉群的地下水库。

表5-8 西郊（6）带岩溶水 CFCs 年龄

序号	地点	CFC-11/（pmol/kg）	CFC-12/（pmol/kg）	CFC-113/（pmol/kg）	表观年龄/年
1	赵营村	C	2.22	0.34	18
2	南汝村	3.13	1.8	0.28	19
3	长香生态酒店	4.5	1.78	0.19	22
4	郭庄	C	1.51	0.16	22
5	小于村	5.49	1.81	0.26	20
6	大金庄	C	1.87	0.24	20
7	济南市第二粮库	C	1.49	0.23	19
8	润华超市	2.86	0.23	0.08	30
9	古城水源地	2.38	0.95	0.12	20
10	泠庄	C	1.96	C	18
11	国庄	3.67	2.08	0.34	17
12	曹楼村	5.86	2.18	0.37	16

区域灰岩含水层储集空间大，水流通道呈网络状分布，靠近裸露山区补给带，降水易补给地下水，具有径流路径短、地下水滞留时间短等特征。所以，在泉群西部存在相对滞水区，可增加水在地下水滞留的时间，形成地下水库，起调蓄作用，以保持泉水的持续出流。

⑪带位于白泉泉群东部，谱峰以超量 CFC-11 为特征，其次为 CFC-113，CFC-12 未见明显异常。CFC-11 超量特征峰与西侧岩溶水有关，南侧岩溶水也可能提供 CFC-11 源。

I_1 和 II_1 区地下水位波动大，有几十至上百米，渗透系数低（<1m/d），导水系数 <100m²/d。属裂隙网络系统。地下水主体流向为北东向。地下水流动方向不受地表汇流区及地表分水岭影响。

I_2 和 II_2 区地下水水位波动幅度小，有几米至十几米，渗透系数大（10~100m/d），导水系数为 500~3000m²/d。地下水流方向为北东东–近东西向。

Ⅲ区位于Ⅱ区北侧，为岩溶覆盖区，是岩溶水和径流区–排泄区。地下水补给区为南部裸露灰岩区。Ⅲ区地下水水位波动幅度最小，小于 3m。渗透系数和导水系数大，富水性强。

5.6.2.2　CFCs 组分空间分布与地下水流场特征

西郊—济西水源地一带，岩溶水 CFCs 与周边其他区域（西侧、东侧和南部山区）补给地下水 CFCs 组成特征有明显不同，前者地下水年龄相对老 10~20 年，表明西郊—济西水源地地下水流场与南部山区和东部地区相比，地下水的滞留时间长。以下两个过程可能影响这一区域地下水循环：一是地下水开采过量，表现为地下水开采量大于自然补给量；二是该区地下水管道流补给水源减少，甚至断流，灰岩裂隙水（水流慢，滞留时间长）在补给水源中占的比例增加。济西一带存在年龄相对较老的地下水，具备地下水库属性，对其周边地下水起到调蓄作用。这一属性对城区泉群出流量的自然调节具有重要意义。

在玉符河以西广大地区，如杜庙、石马、平安店、王宿铺至长清县城一带，渗透系数 K 约为 100m/d，面状分布。在西郊水源地，东至大杨庄（甚至可以更向东）、西至长清区（甚至可以更向西）、南至党家庄、北到灰岩接触带的区域范围内，地下水位梯度最小，停抽水试验时，水位波动范围大，但是波幅却小，而且该区单井出水量大（5000~10 000m³/d）。

例如，西郊平安店、王宿铺、杜庙一带，含水层为奥陶系灰岩白云质灰岩，顶板埋深 40~180m，岩溶裂隙发育，连通性较好，抽水降深一般小于 1m，出水量 25~98 L/s，单位涌水量为 13~488 L/(s·m)，渗透系数（K）值一般大于 100m/d。大杨庄 339 号孔，孔深 240.7m，灰岩顶板埋深 64.35m，灰岩岩溶裂隙发育，在 77.35~78.85m，裂隙长 1.4m，宽 0.3m，在 98.17~100.74m，裂隙长 0.5m，壁上有直径 0.5 cm 的溶蚀小洞，在 150.52~152.89m、161.55~162.55m 和 168.99~169.78m 处，岩溶发育，抽水降深 1.31m，出水量 133 L/s，单位涌水量 102 L/(s·m)，渗透系数为 474m/d。

又如，西郊老楼子的 J65 号孔，孔深 750.18m，含水层岩性主要为 O_1m^4-O_1 的石灰岩白云质灰岩，岩溶发育段埋深大于 188m。188~220m 岩溶发育，在 189.51~190.0m 有一个 0.49m 的溶洞，210.41~211.81m 溶孔发育，217.41~218.21m 掉钻，236.12~236.62m、237.12~237.92m 分别有 0.5m 和 0.8m 的溶洞，抽水降深 5.1m，出水量 29.6 L/s，单位涌水量 5.2 L/s·m，渗透系数为 20.8m/d。

市区内（千佛山断裂东）含水层多为下奥陶统白云质灰岩、大理岩，岩溶发育，水流通畅，出水量大。例如，289 号孔（济南自来水公司维修车间），在孔深 32.1~32.55m，钻具自动下落；172 号孔（济南六十二中学）自 129.13m 处开始涌水，抽水降深 2.13m，出水量为 13309m³/d，大理岩岩溶发育。

在济西—西郊水源地，南至党家庄一带，岩溶普遍发育，连通性好，形成大型面状汇水和储水空间，具有地下水库属性，其地表直接排泄口为城中心泉群。天然储蓄（库）场所的调蓄作用，维持了泉群常年出流。

泉水长期保持大流量，除了具备巨大的储水库外，还需要有从储水库到泉出口的导水通道。在泉与储水库之间导水通道具有如下特征：①是岩溶水储水库与泉出水口的有效连通通道；②具备足够导水能力的导水通道，与（调蓄）储水库之间有良好的连通性，导水通道相对封闭。

城中心泉群附近钻孔资料表明，岩溶主要呈水平状发育，以近水平洞为主，方向近东西向，表明在城区泉群附近存在良好的导水通道。在城中心泉群中，导水通道发育于下奥陶统灰岩中，尤其是在下奥陶统底部与上寒武统长山组顶部的黄绿色页岩层整合接触处。崮山组顶部黄绿色页岩是良好的隔水层，作为泉群导水通道底层，符合作为泉群导水通道的第二个条件。

济西—西郊水源地一带，地下水库的汇水区主要来自南部山区。玉符河水系占据了南部山区大部分的汇水区。在一些河段，渗漏量大，渗漏速度快，南部山区大面积的降水通过玉符河水系补给地下水。玉符河水系对地下水补给具有重新分配的作用。玉符河南界分水岭以北的泰山群变质岩系，导水系数小，加上寒武系馒头组页岩隔水作用，降水大部分形成径流，汇入玉符河，沿玉符河岩溶谷地北西向岩溶通道，或玉符河与炒米店断裂耦合岩溶系统，形成近南北向或北西向水流，补给西郊岩溶水。

西郊地区岩溶水（库）与城中心四大泉群，以脉络管道式联通。沿玉符河谷岩溶发育，是河水入渗补给岩溶水的重要途径。在党家庄一带的水井中，发育有溶洞，在溶洞内有河沙混入，说明玉符河河水对岩溶水有补给。

在泉群西部，除了玉符河水系外，还有北大沙河，南大沙河等水系。这些水系的不同河段都存在渗漏，补给地下水。虽然大部分河系，因水库截流，或降水量减少等人为和自然原因而断流，但是作为沟通地表水与地下水之间的重要联络通道的作用一直存在。在干枯条件下，可将这些河流归入常规的降水入渗补给；在有河水流动的情况下，则需要考虑河水入渗补给地下水的量。

5.7 岩溶发育的水文地质条件

岩溶发育的基本条件应包括：岩性、构造及适应的水文条件。岩性是产生岩溶的物质基础。在环境条件下，碳酸盐岩易溶，岩溶主要发育在碳酸盐岩地层中。碳酸盐岩地层岩性的差异，使得岩溶发育受层位控制。岩溶的形成需要在水和 CO_2 共同作用下，化学过程才可能向形成 HCO_3^- 溶解的形式转化。因此，岩溶发育的范围位于水岩作用强度高的区域。显然，地层中的断裂、裂隙和其他各类空间是水岩作用发生的场所，以及物质传输的通道。碳酸盐岩地层内断裂导水性差异，与岩溶发育不均一性和导水性差异具有相似的特点，具体体现在富水性和连通性的差异、水位动态响应时间上的迟滞性，以及地下水量的相互调节性等方面。碳酸盐岩地层内断层的阻水性与阻水层或隔水层性质不同。碳酸盐岩地层内的断层的阻水性，主要是由于断层两侧岩层导水性差异造成局部导水的不均一性，与独立隔水层的性质不同。阻水层实质上是导水系数极低的不透水层，从物质上和空间上隔离和阻挡水的通过。地层导水性的不均一性造成断层阻水性的不均一性，加之断层内部局部导水通道的存在，欲全面了解断层阻水性难度大，所需要投入的勘查工程量大，且效果不明显。

下面从构造、岩性-岩溶、溶洞展布特征三个方面进行分析。

5.7.1 构造及导水性

5.7.1.1 辉长岩体与灰岩接触带构造特征及导水性

(1) 接触带构造特征及导水性

燕山期侵入体沿奥陶系马家沟组灰岩侵入，岩体长轴方向为近东西向，其北西部分厚度大，东南方向相对较薄。刘长山以西至小金庄带岩体与灰岩接触面陡。刘长山以东至王舍人一带的岩体，呈岩舌状，对灰岩层完整性影响不大。例如，在机床四厂—宿张马庄南北剖面上，侵入体呈层状，并未破坏其下覆的灰岩层，即岩体南北两侧的灰岩层是连通的。刘长山以西，岩体前缘，岩溶发育，呈面状分布。但在刘长山和西红庙之间，地层产状变化大，形成独立储水空间。刘长山以东，岩体前缘岩溶发育弱，但是在岩体下覆的灰岩层中岩溶发育，形成带状富水空间。

辉长岩体透水性弱，对岩体南侧山区与其北侧地下水之间起阻挡作用。矽卡岩及矿体裂隙构造不发育，富水性和导水性较弱，为隔水体。燕山期侵入体导致靠近接触带灰岩裂隙和岩溶作用更为发育，地下水导通性变好，形成围绕燕山期侵入体由西向东的沿接触带构造分布的地下水强水流富水地带。从已有的资料来看，岩体厚、接触面陡立，在岩体前缘易形成面状富水区；薄的舌状侵入体前缘灰岩层岩溶相对不发育，但在岩舌下覆的灰岩层内岩溶发育，并呈带状分带。岩体形态和接触带产状对灰岩岩溶发育有明显的控制作用。

四大泉群的北、东和西侧三面为辉长岩侵入体包围，南面为奥陶系灰岩和大理岩。泉群两侧为高角度正断层，泉群位于隆升断块上。泉群一带富水性强，但同时具有极不均一性。在其南2~3km处的千佛山孔，含水层为下奥陶统白云质灰岩，贫水，水位变幅大，高水位和低水位可相差40m。千佛山一带的贫水特征，可能表明泉群南部山区并非是泉水的直接补给源。

奥陶系灰岩中裂隙-岩溶发育，尤其是在与辉长岩体的南部接触带，更为发育。据钻探资料，溶洞一般为10~30cm，大的溶洞直径达2~3m。在五大牧场、饮虎池一带，50~130m埋深处（-165~25m标高），岩溶发育。在南部接触带一带存在沿接触带发育、呈近东西向的岩溶带。

以张马屯铁矿为例，可见接触带构造具有明显的导水和富水性。张马屯铁矿位于济南东郊，始建于1966年，属大水矿山，灰岩是矿体顶板，首先需治水，才能开采。该矿由东西两个主矿体及少量零星小矿体组成，矿体位于灰岩与岩体接触带，铁矿石储量2928.5万t。西矿体为建矿以来开采的主矿体，分布于5至11勘探线之间，矿体形态复杂，多呈扁豆状和透镜状。矿体在7勘探线以东走向NE，倾向NW，7线以西发生扭转，走向为SN，倾向W，倾角16°~70°，上缓下陡，长1100m，厚度平均为21.57m，埋深-434~-200m。

矿区内主要含水层为奥陶系灰岩、白云质灰岩，岩溶裂隙发育，具有较强的富水性和导水性。钻孔单位涌水量为0.068~23.8 L/(s·m)，渗透系数K=0.08~38m/d，具有明显的不均匀性。预计最终开采 -360m 水平时，矿坑涌水量达 33.7 万 m^3/d（王兆远和孙波，2004）或 41.4 万 m^3/d（张省军，2006）。

1975 年 12 月至 1979 年 9 月，在矿体首采矿段 5~7 号勘探线之间实施小帷幕注浆堵水工程。帷幕线长 480m，采用悬挂式单排孔注浆，孔距 15m，共注水泥 10 133t。疏干幕内水，幕内外的水头差为 184.7m，4 年后水头差为 211.2m，-240m 水平的出水量从 2.04 万 m^3/d 减小到 1.1 万 m^3/d。1982 年 3 月至 1984 年 11 月，在 -430~-400m 段进行补底注浆，形成厚 30m 的水平底幕，北西接帷幕，南接隔水闪长岩体。小帷区疏干施工，年采矿 15 万 t。1990 年该矿并入济钢，于 1994 年在小帷幕范围内年采矿达 20 万 t。

1993 年 3 月至 1996 年 12 月，济钢集团投资实施大帷幕注浆堵水工程，至 1998 年年底完工。大帷幕全长 1410m，深度 330~560m，呈南、西、北三面"匚"形与东边辉长岩体隔水层形成一个闭合的"挡水墙"（图 5-14）。共 241 个钻孔，注入水泥 47 376t，圈定地质储量 1578 万 t。大帷幕与小帷幕连接成整体，矿床帷幕全封闭圈。在 10 线以西至地下帷幕之间存在一条 80~130m 宽的透水带，发育东西向高角度张性裂隙，南北向裂隙相对较弱。建成地下帷幕后，仍有水涌入坑道，矿坑涌水量达 6.6 万 m^3/d。

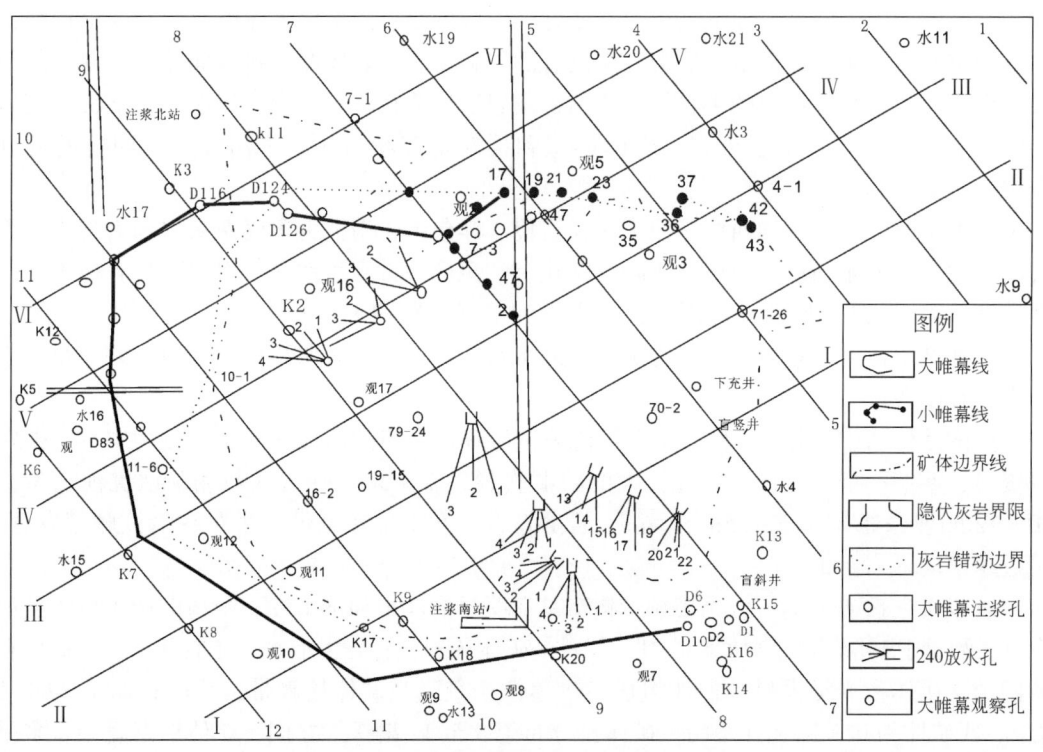

图 5-14　张马屯铁矿帷幕注浆堵水工程布置图（张省军，2006）

帷幕区内的"天然隔水带"是 7 线至 10 线之间的舌状辉长岩体，东西向长 300m，南北向宽 40~200m。幕内辉长岩与帷幕形成隔水层。大帷幕区可分为南北两区，南区水位降至 -348m 水平时，涌水量下降至 4.2 万 m^3/d，北区水位为 -60m 左右（王兆远和孙波，

2004)。

（2）弱透水层内张裂隙导水

1985年9月，张马屯铁矿大帷幕南区尚未疏干，在探明无水区域，-240m水平副井联巷打眼时，近腰线位置的1个炮眼突然涌水。炮眼孔径 Φ38mm，孔深1.25m，实测水柱呈抛物线形在平距17m远处落至底板，涌水量为2370m³/d（王兆远和孙波，2004）。

南区疏干后，巷道前掘时发现一条1~3.5cm宽的张性裂隙和一个钻孔，孔径 Φ110mm，有明显被水冲刷过的痕迹。该钻孔导通下部大理岩岩溶裂隙后发生涌水。打开下部-324m、-348m水平放水孔，在半小时内，-240m水平涌水点全部无水，距涌水点40m的中心观测孔的水位迅速降至-229m，上盘大理岩含水层的水头降到-236m，与涌水点的标高几乎相同，该裂隙与下部-348m水平相通。

弱透水带并非完全不导水，只要存在张裂隙，裂隙发育有一定规模，就可以实现不同空间水力联系。在深层承压条件下，一条规模不大的裂隙同样可实现强的导水能力，如张马屯铁矿，一条1~3.5cm宽的张裂隙，就能实现2370m³/d的涌水量。实际水文环境下，这种裂隙可广泛分布，但是一般的工程控制程度很难探明所有裂隙空间发育状况，因此局部地段的富水或不富水，并不能完全说明相邻区段的富水情况。

不透水带或弱透水带在有利的构造条件下（如存在张性裂隙，或断层），同样可导水，形成富水带。

（3）阻水断层内的导水通道

-312m水平布设Z7运输平巷穿闪长岩（隔水层）和灰岩接触带，F_3断层穿过巷道。据勘探报告，F_3断层为正断层，总断距小于10m，走向NE，倾向SE，倾角70°左右，断层内充填砾石，钙质胶结。砾石成分有灰岩、磁铁矿，砾石大小不均匀。推断F_3断层是阻水断层。为避免意外，施工时采用先探后掘措施。布置了两个探水孔，进入铁矿体内。钻孔穿过F_3时，涌水量仅30~50m³/d。因F_3断层仅10~30cm宽，且完全被碎屑充填，这时确认F_3为阻水断层，决定继续向前掘进。第一次穿过F_3断层时，断层围岩是闪长岩，充满充填物。在巷道转弯，第二次遇到F_3断层，爆破两小时后，巷道内突现涌水。在巷道外角F_3断层处，涌水口宽10~40cm，深70~110cm，自下而上涌水，洞内有方解石晶体，为一垂向贯通的导水通道。打开北区疏干钻孔，涌水量减至3300m³/d，表明该涌水与北区大理岩水有直接联系，封堵后涌水量为350m³/d。

（钻孔）探明的阻水断层不一定阻水，只要其中存在导水通道就可以导水。

（4）接触带的脉络系统

张马屯铁矿帷幕条件下地下水径流具近强远弱、下强上弱的特征。含水岩层的主要富水导水构造为东西向70°~80°的张性裂隙。帷幕条件下地下水疏干形成"瓶底"式降落。在小帷幕区的穿脉巷道中，帷幕内水头迅速降至疏干水平。在大帷幕区的南、北区综合疏干放水试验表明：在放水48小时后，水头降到-348m，呈现同水平完全疏干。地下水水位呈水平同步下降，而非降落漏斗式下降，表明地下水主要沿灰岩和大理岩溶蚀张裂隙构成的"脉管网络系统"富集和运移。

岩溶区地下水位下降有两种形式：一种是常规的降落漏斗式，反映地下水系统导水性弱，以裂隙网络空间为主；另一种是水平下降，无降落漏斗，反映地下水系统导水性强，以脉络导水空间为主。

（5）燕山期辉长岩侵入体北部接触带的阻水性

在济南辉长岩体以北，寒武系—奥陶系岩溶-破碎带中发育有地热水（图5-15）。分布范围为自济南辉长岩体的北边界起，北至齐河-广饶断裂，西自齐河县城东部焦斌屯镇，东至唐王镇。在北倾的单斜构造背景条件下，地热田中部奥陶系顶界埋深由南而北逐渐增加，由灰岩上覆第四系厚200m向北至济古1井增加到832m，奥陶系灰岩顶板埋深在东西方向上差异不大，但是向北变深明显，至齐广断裂时埋深达3000m。含水层厚度大于1000m，水温33.5~95℃，盖层为第四系、新近系、二叠系、石炭系，200~2500m厚。热水水位标高在24~36.1m，水位高出地面1~20m，呈自流状态。地下水流向为由南向北或由西南往东北。地热水温度由西南往东北逐渐增高。在济阳，奥陶系灰岩地热储层顶板埋深为2450m，奥陶系灰岩地层厚度达1056m。孔口水温95℃，出水量低。

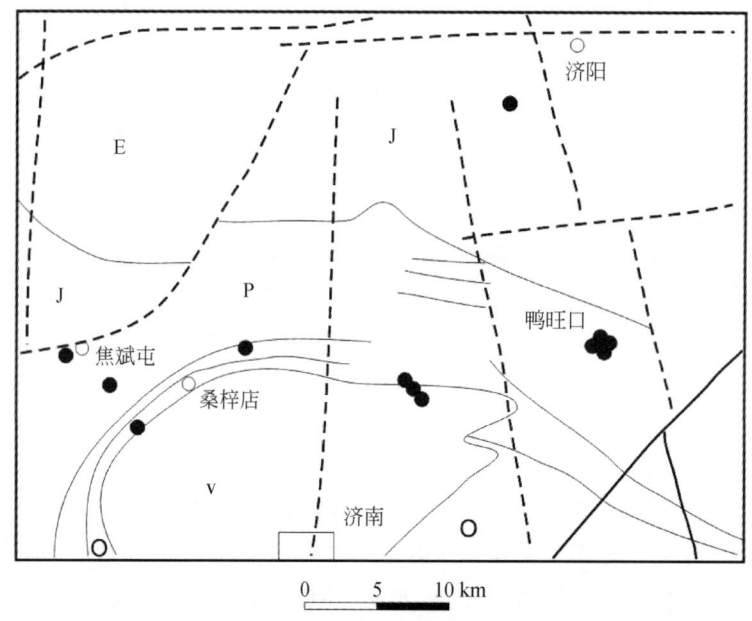

图5-15 济南辉长岩侵入体与地热井分布（李常锁等，2008）

E-古近系；K-白垩系；J-侏罗系；P-二叠系；C-石炭系；O-奥陶系；V-辉长石；实心圈为地热井位置

地热田内受断裂控制，被分割成几十个小区块。热储层的富水性与断裂破碎带的发育程度有关，北东向与近东西向断裂构造相对富水，北西向断裂构造富水性较差。在远离构造带时，岩溶发育程度减弱。岩溶强发育带在标高-150m以上，-150~-350m为中等发育带，-350~-550m为弱发育带。标高小于-550m时，岩溶发育极其微弱（李常锁等，2008）。

沿济南辉长岩体北部接触带已施工的地热井有CK1-0、济北1、齐热1地热井，呈NW向排列，相距约3km，热储顶界埋深分别为194m、763m、1306m。在接触带东部有鸭旺口地热田，西部有桑梓店和焦斌屯地热田。

鸭旺口地热田位于历城区遥墙镇鸭旺口村，距济南市城区约20km。地热水储层为奥陶系中统厚层石灰岩（其下部有辉长岩侵入体），顶界埋深293～673m，盖层为第四系、新近系及石炭系-二叠系。鸭旺口地热田共有历热1、历热2、历热3、历热4、历热5、历热6、历热7七眼地热井。地热井深569～793m。在接触带东部以近东西向断裂为主，受断裂控制，局部埋深差异较大，如坝子村DR2井与桃2井相距不足600m，奥陶系灰岩埋深分别为293m和413m。井口水温33.5～41.8℃，地热水水位高于地面1～5m，自流量360～8989m³/d。水化学类型为$Cl \cdot SO_4-Na \cdot Ca$型或$SO_4 \cdot Cl-Na \cdot Ca$型，矿化度为5.2～7.3 g/L。

桑梓店地热田与西部的德州市焦斌屯地热区相连，热储为奥陶系灰岩，顶界面埋深170.29～832m，自西南往东北逐渐加深，盖层为第四系、新近系及石炭系—二叠系。地热井深560～905m，孔口水温27～55℃，地热水高于地面5m，水化学类型为SO_4-Ca型或$SO_4-Ca \cdot Mg$型，矿化度为3.2-5.2 g/L。

焦斌屯地热田位于德州市齐河县城东部的焦斌屯镇，热储为奥陶系灰岩，顶界面埋深194～1444m，自东南往西北逐渐加深，盖层为第四系、新近系及石炭系—二叠系。共有齐热1、齐热2、齐热3、齐热4四眼地热井，井深643～1734m，井口水温36～57℃，水位为地面上2～19m，水化学类型为SO_4-Ca型，矿化度为1.1～3.5 g/L。

将地热水稳定同位素与冷水同位素相比较，发现地热水δO^{18}明显偏负（表5-9，图5-16），反映二者补给条件和来源存在明显差异。相对于冷水，地热水的补给区海拔更高。地热水的氚值低于冷水（黑虎泉15TU），其水流路径更长。

表5-9 地热水同位素组成

孔号	取样期	$\delta^{18}O/‰$	$\delta^2H/‰$	T/TU[①]
YK3	枯水期	-9.3	-71	8.9 ±2.3
	丰水期	-9.2	-65	2.4 ±1.9
钢热1	枯水期	-9.8	-73	1.5 ±2.1
	丰水期	-9.3	-69	6.3 ±1.8
桃1	枯水期	-9.8	-72	6.8 ±2.2
	丰水期	-9.7	-72	6.8 ±2.1
桃2	枯水期	-9.6	-70	4.2 ±2.0
	丰水期	-9.7	-68	13 ±2.0
北林1	枯水期	-10.1	-76	6.8 ±2.2
齐热1	枯水期	-10.6	-73	0.7 ±1.9
CK1-0	枯水期	-9.7	-68	12.1 ±2.4
	丰水期	-9.8	-63	11.5 ±2

续表

孔号	取样期	$\delta^{18}O$/‰	$\delta^{2}H$/‰	T/TU①
YK1	枯水期	−9.6	−70	< 0.5
	丰水期	−9.3	−64	7 ±2
齐矿1	枯水期	−10.4	−70	6.2 ±2.2
德热−1	枯水期	−8.3	−62	10.6 ±2.5
	丰水期	−9.7	−64	12 ±2
大气降水	枯水期	−8.1	−58	17.9 ±2.1
Th（黄河）	丰水期	−7.6	−41	17.2 ±2.1
黑虎泉	丰水期	−8.5	−59	15.5 ±2

注：①T 为 tritium 缩写

资料来源：李常锁等，2008

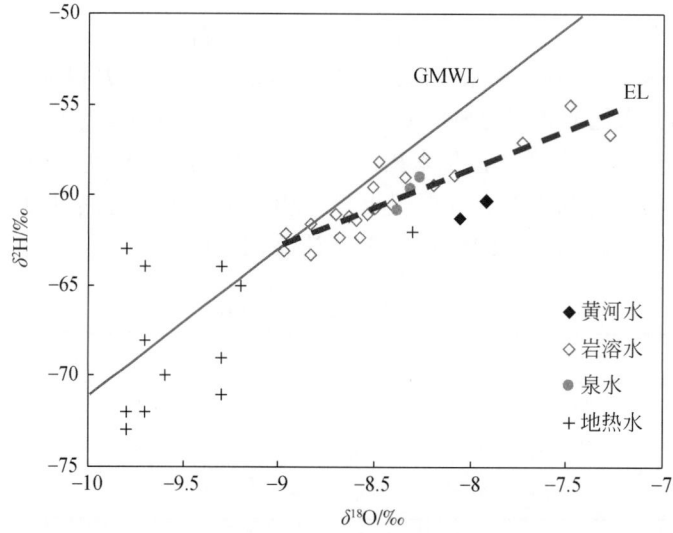

图 5-16　地热水与冷水稳定同位素对比

接触带北带是寒武系−奥陶系含水层冷/热水分界，接触带以南为冷水；以北发育有地热水（图 5-17）。辉长岩体的阻隔，使南部山区补给水被迫进行深循环。地下水的富集程度受导水通道的联通性和赋水空间的制约。从已有资料看，富水地段主要发育在断裂破碎带附近的岩溶区内。因此接触带北侧岩溶（热）水赋水性主要受断裂构造控制。辉长岩侵入体北部灰岩内岩溶不发育，含水层富水程度低。

接触带的南和西部构造发育，是（冷）岩溶水的赋水和导水通道，连通东郊、城区泉群−西郊和济西水源地地下水。在接触带北西部归德、马集和牛角店一带，奥陶系灰岩岩溶发育，为岩溶水（冷水）富水区。

辉长岩侵入体东部和北部接触带与西部和南部构造特征不同，东部和北部接触带辉长

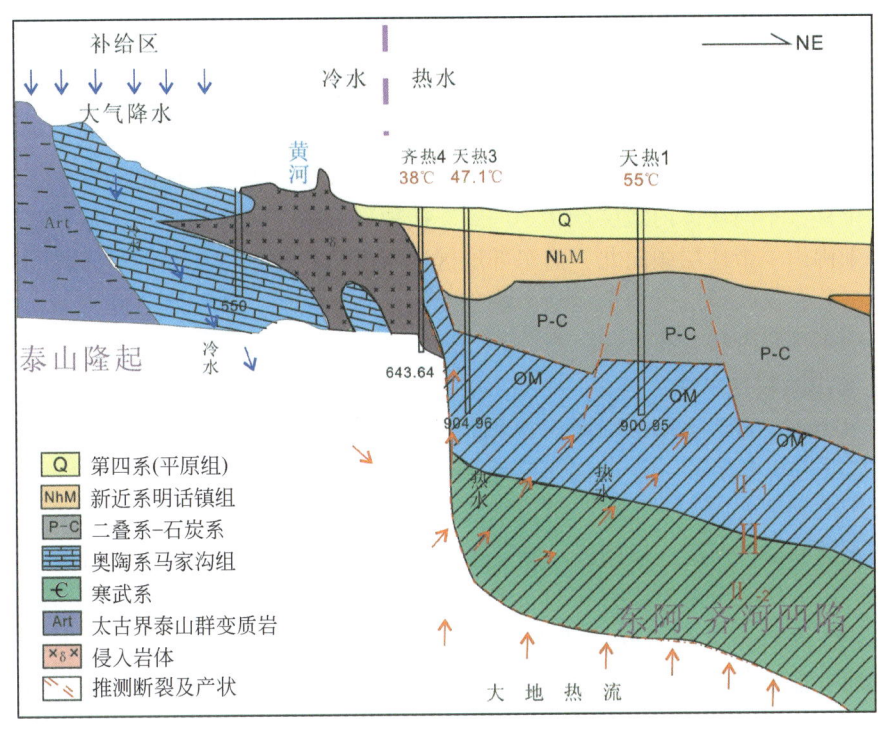

图 5-17 济南南北向地质剖面简图（山东省地矿工程集团有限公司，2007）

岩侵入体的根部深，由南部和西部来的岩溶水受阻，转而向深部循环。辉长岩体北侧地热水矿化度是南部冷水矿化度的几倍至十几倍。自焦赋屯始，桑梓店至鸭汪口地热水的矿化度增加。地热水矿化度明显增加，岩溶-裂隙流通道相对封闭，水滞留时间长，导致水中溶解的矿质增加。辉长岩体的北部接触带，是地下水冷水和热水的分界带，为城区泉群泉域北界。

辉长岩体具有双重属性：①辉长岩侵入体与奥陶系灰岩的接触带，在南部和西部起导水和赋水作用，形成沿南部接触带的富水区，是城区泉群的主导水通道，沟通了东郊和西郊岩溶水之间的联系，构成统一的岩溶水系统；②辉长岩侵入体的阻水-隔水作用，迫使地下水深循环，形成地热水，为泉域的北部边界。

泉域的北界与C—P地层有重叠，但是这并不表明，C—P地层是泉域界线。C—P地层是奥陶系含水层的顶部隔水层，将奥陶系含水层与上覆的其他含水层隔离开来。受断层错动影响，C—P地层局部下移至奥陶系水平，对奥陶系含水层内的水流有一定阻水作用。C—P地层的阻水作用是局部的，在C—P地层下伏的奥陶系含水层连续发育。例如，在黄河以北，奥陶系含水层富水性好，并已建立有水源地。在彩石以东的奥陶系含水层，虽然有C—P地层覆盖，但是在章丘界内仍连续发育。C—P地层不是泉域的边界，而辉长岩体是泉域的封闭-半封闭边界。在辉长岩体东西两侧，泉域边界未封闭。

5.7.1.2 典型断裂构造导水性分析

在灰岩地层，断层是沟通地表与地下层位的重要通道，对地表岩溶和深部岩溶发育起关键作用。岩溶地区断层多数起导水作用，断层的阻水性多数是断层两侧地层透水性的明显差异所致。济南地区，北西构造将区域地层分隔为多个块体，块体之间发生了不同程度的错动和位移，不同块体内地层产状不一致。按地层倾向，可分为三个区域，西部地层倾向北西，千佛山一带地层倾向北，而东部地区地层倾向为北东。东部地层倾向与区域地层倾向基本一致，反映地层受构造运动影响程度从西向东减弱。从赋水空间来看，西部呈面状分布，而东部呈带状分布。

(1) 马山断裂导水性

1986年6月，801队在马山断层西侧长清西关进行了抽水试验。抽水试验时间持续15天，抽水量为6.4万 m^3/d。断层西侧地水位下降0.40m，断层东侧下降0.38m，往东北方向一直影响到平安店、大于庄一带，马山断裂以东的地下水受到了影响，证明马山断层是强烈透水的断层。新周庄以南段：断层东、西两盘地层岩性及岩溶发育有较大差异，起阻水作用。新周庄南至老屯段有6.1km长，断层东侧岩性主要为 O_1m_2、O_1m_3 灰岩、泥灰岩；西盘岩性为 O_1m_4 灰岩。断层两盘灰岩岩溶发育，富水性较好。断层两侧地下水位等值线显示地下水是由断层的西侧流向东侧，具同一水面。老屯至前隆段长2.5km，断层东盘为 O_1m_4 灰岩，断层西盘为 O_1m_4、O_2g 和 O_2b 灰岩，岩溶均发育，富水性好，断层具良好的透水性。

在2003年6月进行的济西抽水试验反映马山断裂北段具有良好的透水性。马山断裂和孝里铺断裂交汇处岩溶发育，形成溶隙、溶孔和蜂窝状孔洞网络，富水性强，单孔涌水量达1万 m^3/d。在北部石炭系—二叠系与奥陶系灰岩的接触处，岩溶发育，形成富水带。马山断裂和孝里铺断裂之间的富水区，面积为50 km^2。区内含水层为寒武系和奥陶系灰岩，其中奥陶系灰岩岩溶发育，水量丰富，单井出水量>10 000 m^3/d，可采量达13万~15万 m^3/d（801队，1986）。长孝水源地与济西-西郊水源地的含水层皆为奥陶系灰岩，具有相同的区域水文地质条件。奥陶系灰岩岩溶发育，地下水补给条件好，富水性强。济西-西郊水源地位于马山断裂以东，区内奥陶系灰岩的富水性强，单井出水量大。马山断裂并非完全隔水断裂。开发建设长孝水源地，仍需要深入地评价对西郊和城区泉群地下水水位和泉流量的影响，查明济南泉域，尤其是泉域东部和西部边界条件。

从已有的论文和报告来看，地下水水位资料构成了各主流观点的基础依据。但是我们也注意到，不同含水层地下水水位不完全一致。含水层水位与地层岩性和构造有关，地下水位空间变化的复杂性，增加了利用水位资料解释水文地质条件的不确定性。例如，在济南地区地下水动态长期观测阶段报告1973~1977年（1978）中提到中上寒武统与中下寒武统灰岩水位不一致。1966年北郊勘探孔为寒武系与奥陶系灰岩混合水位比下奥陶统水位高1米多。就是下奥陶统灰岩内水位也不一致，如东郊28号孔，下奥陶统水位比中奥陶统水位高12~17 cm。不同观测井所处空间位置不同，切穿的含水层层位也不一样，有的井为单含水层，也有的井为多含水层。导水通道的不均一性可在一定区域内造成水头的变化。一般规模的抽水试验，不易引起水位的明显波动。即使有一定规模和相对长的时间，在富水段和汇水条件好的地段，有时水位波动的影响范围也有限。如果群孔抽水试验出水量小于地下水径流量，抽水试验对试验井周边地下水的扰动范围和程度就会比较低。强调断裂的局部阻水性，忽视断裂的局部导水性，或透水性，有可能造成对断裂性质认识上的误区，对泉域水文地质条件分析和泉域划分产生偏差。在一定条件下，局部导水的断层同样是可以沟通断裂两侧地下水的通道。

(2) 东坞断裂导水性

东坞断裂，长35 km。在港沟-历城一带奥陶系岩溶发育，为白泉直接补给区。港沟以南的山体完整，岩溶发育程度低。围绕东坞断裂导/阻水性开展过多次调查和试验。在1978年7月17日雨后，断裂西侧的两河孔涌水，断层东侧的钻孔涌水时间明显滞后（一天）。在张马屯铁矿放水试验时，断裂西侧杨家屯一带水位没有变化，西侧电厂一带水位变化较大。据资料，东坞断裂东侧富水性好，而西侧富水性差。这些观测结果，不是断裂阻水的唯一证据，其他一些因素，同样也可以产生类似的结果。由于断层错动，在断层上、下两盘地层岩性和导水性的差异，会引起断层阻水，或导水性的不同。岩溶发不均一性，也会导致不同地段地下水水位动态变化，有滞后性和不一致变化。

山东省地矿局801水文地质工程地质大队（1990）工作资料表明，东坞断裂在下阁老-徐家庄段具阻水性，徐家庄—大水坡段阻水，在炼油厂—砌块厂段透水。1987年4月23日在断裂东侧的白泉和杨家屯水厂的停水、抽水试验观测到水位变化已影响到了该断裂西侧砌块厂观测井的水位。1987年7月801队在该断层西侧500 m铁厂、炼油厂水源地抽水3.7万 m^3/d，抽水井附近水位下降2.0m，断层东侧下降了0.5 m。然而，在一些报告中，利用东坞断裂东西两侧水位相差2~3 m数据，提出东坞断裂不导水的意见。同样地，在济南市地下水资源调查报告（2008）中，认为"东坞断层在新周庄以南具隔水性质，自然地将两断块分割为相互无水力联系的不同水文地质单元，下阁老-徐家庄段，断层两盘皆为灰岩。由于岩性差异和裂隙、岩溶发育部位和深度不同，断层视为弱透水性质，在灰岩隐伏区，断层绝然阻水"。关于东坞断裂导水性问题，同样是基于801队水位资料，却有不同结论，应避免主观倾向性。

由水位、同位素和CFCs数据资料确定东坞断裂南段相对阻水，而在北段则导水。东郊和白泉水源地之间并非完全独立系统单元，有相互影响。

(3) 文祖断裂导水性

从南部分水岭至断裂西部，石炭系仅厚7km，文祖断裂东侧地层向北西位移使奥陶系与断裂西侧石炭系接触，石炭系—二叠系的阻水性，阻止文祖断裂东侧岩溶水与西侧之间的联系。

在文祖断裂及附近发育有低温地热，表明文祖断裂及环境性质与城区泉群环境性质不同。文祖断裂为区域性张性断裂，有利于水进行深循环。文祖断裂的环境是以深循环为特征的独立于城区泉群系统之外的另一种水循环系统。

在文祖断裂务各庄段，打到地热水（宋希利和方庆海，2010）。钻孔深428.77m，自流量为70m^3/h（抽水试验123m^3/h、降深16m）、井口水温41℃。热储层为奥陶系灰岩。

断裂构造附近岩溶和裂隙较发育,相对富水。含水层厚度大,但补、径、排条件差,为封闭或半封闭的含水系统。奥陶系裂隙岩溶水属深埋藏型,埋藏于石炭系、二叠系盖层之下。盖层为第四系、二叠系、石炭系,总厚度为370~430m。二叠系碎屑岩类节理裂隙不发育,岩石结构完整性良好,属弱透水层。石炭系碎屑岩夹数层薄层石灰岩,其中以本溪组徐家庄灰岩和草埠沟灰岩岩溶较为发育,水循环条件差,水矿化度在2g/L以上。

5.7.2 寒武系—奥陶系灰岩岩溶作用

5.7.2.1 岩溶含水层特征

(1) 岩溶特征

岩溶是指碳酸盐溶解作用形成的地表和地下水文系统。水中CO_2增加时,呈酸性,可导致碳酸盐的溶解。岩溶系统由裂隙、管道和与之相通的网络系统构成,岩溶管道网络系统的形成需要至少几千年(Bakalowicz,2005)。控制地下水补给或排泄的条件(气候变化,基准面改变,构造隆升或沉降),都会改变岩溶构造。构造叠加作用可形成多层结构的岩溶或多层排泄系统。侵蚀基准面下降导致岩溶向下发育,直至形成新的基准面,形成多层溶洞(Palmer,2000),而侵蚀基准面上升则形成大的岩溶含水层(El Hakim and Bakalowicz,2007;Fleury et al.,2009)。岩溶管道发育管道式水流,远离管道的条件下,水流流速缓慢。岩溶水系统具有高度不均一性,是由复杂的管道系统构成,一般难以定位。在渗透系数上,具有很大的变化范围,可相差多达6个数量级(Kiraly,1998),流速从每小时几厘米至几百米。

含水层不均一性增加了研究这些系统的难度,具体表现在如下几个方面。①通过水力试验,难以确定储层容积;②常规水文地质手段,如观测井、地表和钻孔地球物理方法、抽水试验和等水位线图,只能提供局部条件,难以确定岩溶含水层的总体情况(Worthington,1999;Ford and Williams,2007);③常规地质方法和等水位图,难以确定岩溶含水层的范围、边界条件和储量。

(2) 岩溶水补给过程

浅表岩溶发育于灰岩浅表带,形成岩溶地貌,具有高渗透系数,孔隙度可达5%~10%。植被释放CO_2使水酸化,具有溶解能力,因溶解作用,灰岩节理裂隙扩大。浅表岩溶与岩溶和浅表过程相关,发育程度高于下伏渗透带。水入渗慢时,则溶解近地表岩石,入渗速率快时,则溶解深部岩石(Bakalowicz,2004)。

浅表入渗带是一个近地表的饱和带,受季节影响,或形成长年饱和带,以水平流为主,缓慢持续补给下部入渗带。水化学和同位素研究表明,入渗滞后时间,可以从几天到几个月(Perrin et al.,2003)。浅部岩溶是一个缓冲区,在不连续的饱和带通过储水延迟入渗。

从浅部岩溶带向下部入渗带,水力学参数值下降明显,它与下部的入渗带渗透系数相差1000m/s,甚至更大。垂向洞、沉降带、入渗孔和浅孔是连接地表与深部岩溶带和管道系统的地表出口(Bakalowicz,2004),这些地表岩溶特征中止了浅部岩溶带的滞水性,地表水流可直接流入岩溶地下水系统。

浅部岩溶带补给有三种方式：①快速入渗，通过大的入口和连通深部含水层的通道入流，类似于地表径流特征。②缓慢入渗，在细的裂隙和小岩石孔洞中，呈两相流特征，与孔隙介质入渗类似。③浅部岩溶水延迟入渗，会受蒸发作用影响，从而导致浅部水地球化学和同位素的变化和储水量的减少。

岩溶水通道类型以裂隙、溶隙、溶洞、长管道状溶洞等空间形式为主。按导水性质可分为裂隙网络式导水-容水空间和脉络网络式导水-容水空间。二者的区别是前者以小、短裂隙构成导水空间，导水系数低，网络空间容量小，并向脉络系统汇流。脉络网络式系统有主干溶洞和相关的小溶洞、溶隙，以及裂隙网络构成导水和储水空间。

水在裂隙网络中多以垂向流为主，地下水水位随季节变化发生大幅波动，最大可达百米。脉络流中地下水水位波动相对较小，一般为数米或十多米，储水空间中地下水水位波动幅度较小。

当岩溶水系统中存在异常浓度的组分时，则易沿水流通道方向分布，为识别岩溶水地下水流通道和水流方向提供信息。

5.7.2.2 地层岩性

本区主要岩溶含水层为寒武系张夏组、凤山组和奥陶系灰岩，其中凤山组与奥陶系灰岩水力联系密切，视为一个含水层。岩溶的发育与岩性关系密切，泥晶灰岩、大理岩和白云质灰岩易发生岩溶作用。泥晶灰岩内以溶隙为主，孔洞次之，溶孔不发育。大理岩和白云质灰岩以溶隙和孔洞为主。

本区寒武系—奥陶系灰岩地层产状平缓，岩溶大多成层发育，尤其是在灰岩隐伏区。岩层产状较平缓，洞穴常沿岩层层理面发育，沿可溶性岩层与非可溶性岩层的接触面（如张夏组灰岩底部与其下馒头组页岩的接触面），溶洞集中发育，如张夏馒头山洞、牛魔洞、朝阳洞、刘仙洞、小娄峪等洞穴。洞穴的发育及展布方向则与岩层的倾向、岩层的节理、裂隙构造密切相关。区域性的断裂和节理将灰岩层分割为不同大小的块体，岩溶作用首先沿次级裂隙发育，在灰岩出露区，往往首先形成垂向发育的岩溶系统，直达潜水面。岩性与断裂构造是岩溶发育不可或缺的两个必要条件。

灰岩出露区岩溶发育有垂直分带和水平分带（受构造和岩性控制），而在灰岩隐伏区，岩溶以水平分带为主（受岩性控制）。在灰岩出露区，地表岩溶以溶沟、石芽、溶孔、古溶蚀洼地及古溶洞为主，垂直岩溶带是水位以上由渗入水形成的垂直溶孔、溶洞和溶隙，发育在地表往下 30~50m 深的范围。隐伏区岩溶水平带由溶孔、溶隙和小型孔洞构成，在厚层灰岩分布区发育在地表以下 200m 处，在断裂带附近深达 400m。在灰岩与燕山期辉长岩接触带附近岩溶更为发育，形成网络孔洞。

喀斯特溶洞（特别是较大的洞穴）多分布于寒武系张夏组及奥陶系马家沟组石灰岩中。这两组地层岩性单一，质纯，层厚，有利于岩溶作用。在寒武系中部及下部层位，多为薄至中厚层碳酸盐岩，溶蚀作用较弱。寒武系底部馒头组紫红色页岩不发育溶岩，构成隔水底板。在仲宫镇南寒武系构成一小型向斜，是一独立水文单元，并在仲宫以北，岩溶水转换为地表水，进入玉符河水系。

张夏组灰岩底部为寒武系馒头组页岩，为下部隔水层，其顶部为崮山—长山组页岩，构成含水层顶部隔水层。张夏组为巨厚的鲕状灰岩，岩溶发育，以溶孔和溶洞为主。在张夏组灰岩的顶和底部，岩溶发育，形成层状溶蚀孔洞-溶隙网络。而在东渴马、蛮子庄、西仙庄等地，张夏组灰岩内岩溶则分布在上部和底部。这表明岩溶发育既与岩性有关，又与有利的构造部位有关。

奥陶系与寒武系上统凤山组岩性一致，为同一含水层，底部的崮山—长山组页岩构成含水层底部隔水层，独立于寒武系含水层之外。奥陶系岩性种类多，相对较复杂，其中泥晶灰岩和豹斑灰岩内发育有宽的溶隙，白云岩类和角砾岩类发育有均匀层状溶孔及小型孔洞。奥陶系冶里组和马家沟组一段含泥多，岩溶不发育，马家沟组二段岩溶发育。亮甲山组岩溶发育，以溶隙、孔洞和小洞空穴为特征，富水性较好。马家沟组、阁庄组和八陡组发育有溶孔、溶隙和孔洞。

从千佛山北麓到大明湖南岸为奥陶下系统白云质灰岩，富水性好，含水层段为 30~120m 深，岩溶发育。在五大牧厂大井内，27m 标高外，溶洞有 2~3m 高，成北东 70°方向展布。在红埠街钻孔 69m 深处见 2.5m 高的岩洞。该区富水性好，单孔日出水量超过 10 000m³。五大牧厂、普利门、解放桥水厂的生产井，出水量达 2~3 万 m³/d，水位标高一致，一般为 27~28m。远离溶洞发育带，出水量则下降，如在山东师范学院孔内，降深 8.5m，出水量仅为 300m³/d。

济南东郊岩溶裂隙发育，含水层段埋深 80~200m，富水性较好。李家庄钻孔在 204m 深处，水位降深 2.5m 时，出水量达 1 万 m³/d。在杨家屯钻孔，孔深为 200m 深时，自流量达 870m³/d，而孔深达 300m 时，自流量达 1560m³/d。

济南西郊岩溶发育，富水段埋深 65~210m，富水性较好。峨眉山水源地钻孔，水位降深 1.75m 时，单井出水量达 1.1 万 m³/d，水位标高为 31~32m。

在辉长岩体边缘，尤其是南部接触带，形成大理岩带，呈窄条带沿辉长岩体分布。大理岩岩溶发育，以溶隙和孔洞为主，连通性好，是重要的导水和赋水空间，是西郊和东郊地下水主要联络通道。

天桥以北，成通纱厂、造纸厂至洛口、葡萄园一带，辉长岩体内有大理岩捕房体。赋存深度为 245~475m。在葡萄园西埋深为 68m。岩性为奥陶系和上寒武统大理岩。含水段在 504~532m，富水性差。造纸厂西钻孔，水位下降 11.26m，出水量仅为 514m³/d，洛口、葡萄园钻孔出水量更少。水头压力低于泉群 5m。说明受辉长岩体阻隔，缺乏与上游补给区的水力联系。

5.7.3 溶洞展布特征对地下水水流通道形成和水流方向的控制

该区受构造运动及燕山期辉长岩侵入体影响，灰岩产状变化大，从区域上，地层产状可分为三个方向：东部地区向北东倾，中部地区（大致在千佛山一带）向北倾，而西部地区向北西倾。地层产状的变化预示着次级构造—断裂发育，并促进岩溶发育和水流通道的进一步沟通，可扩容成大型导水和储水空间。

寒武系和奥陶系在泰山隆起，构造北翼呈单斜块体。剥蚀程度与出露高度有一定关系，越靠近南部山区，地层剥蚀程度越高，越靠近北部覆盖区，地层受剥蚀程度越低。南部山区寒武系大量干溶洞的出露，与地层抬升、地表剥蚀有关。溶洞变干洞，潜水面下降，南部山区地层储水和导水能力下降，造成许多地区的缺水状况。

按地层产状变化（相当于地下水流场介质条件变化），以千佛山为界可分为三个区：东区、千佛山地区和西区。东区地层产状与区域地层产状基本一致，向东倾，燕山期侵入岩对地层构造影响不明显；千佛山带地层倾向北，受到侵入岩影响；西带地层倾向北西，局部地层产状混乱，受燕山期侵入岩影响强烈，地层发生大面积的破裂、转向，沿接触带构造发育有灰岩小型褶皱—破裂，是该区发育面状含水空间的重要原因。

在相对均匀的含水介质中（孔隙介质），地下水水位下降方向与地下水流方向具有一致性。但是本研究区含水介质为由裂隙、孔隙、孔洞、溶隙、溶洞等组成的复杂形态空间的灰岩层，含水层导水性具有明显的不均一性。判断地下水流向除参考地下等水位线外，还应结合其他数据综合考虑。

5.7.3.1 典型溶洞特征及分布

济南南部山区分布有巨厚的寒武系、奥陶系石灰岩，总厚度达1000m，是山东喀斯特洞穴发育地区之一。在地表灰岩层中可见溶洞、溶沟、溶槽、落水洞、岩溶漏斗、溶蚀洼地等岩溶现象。溶洞沿灰岩裂隙方向展布，沿岩层层面成层分布，溶洞呈单通道水平廊道状，一些呈多通道复合溶洞。溶洞数量多，形态较为单调，溶洞高宽为数米，局部形成较大的穹形洞室。济南南部山区典型喀斯特洞穴特征见表5-10，50~500m长洞穴有7个，<50m长溶洞有27个（赵鹏和赵建，2004）。

表5-10 济南南部山区典型喀斯特洞穴特征

序号	洞名	位置	地层	溶洞形态	长度/m	走向/(°)	出露标高/m
1	蟠龙洞	历城区章锦乡盘龙庄东	奥陶系马家沟组	单通道水平状	468	45	310
2	龙洞	历城区姚家镇龙洞庄南	奥陶系三山子组	单通道水平状	50		320
3	乾坤洞	历下区平顶山北坡	奥陶系马家沟组	单通道水平状	51		280
4	子房洞	历城区高尔乡东沟村东北	寒武系炒米店组	单通道水平状	110	9	360
5	朝阳洞	历城区仲宫镇刘家庄南	寒武系张夏组	单通道水平状	50		400
6	刘仙洞	历城区仲宫镇刘家庄南	寒武系张夏组	单通道水平状	30		380

续表

序号	洞名	位置	地层	溶洞形态	长度/m	走向/(°)	出露标高/m
7	透明洞	长清区张夏镇小娄峪	寒武系张夏组	单通道水平状	180		370
8	牛魔洞	长清区崮山镇土山村南	寒武系张夏组	单通道水平状	103	290	230
9	白云洞	历城区西营丁家峪西北	奥陶系三山子组	壁龛或岩蔽状	20		440
10	自来水厂洞	自来水公司原制修厂水井	奥陶系三山子组	多分支水平状	13		−25.5（埋深）

石灰岩主要成分是碳酸钙（$CaCO_3$），与水和二氧化碳发生化学反应，生成碳酸氢钙[$Ca(HCO_3)_2$]，后者溶于水，使灰岩中孔洞、裂隙逐步扩大。①地表水沿灰岩内的节理面或裂隙面等发生溶蚀，形成溶沟（或溶槽）；②地表水沿灰岩裂缝向下渗流和溶蚀，超过100m深后形成落水洞；③从落水洞下落的地下水到含水层后发生横向流动，形成溶洞；④地面上升，原溶洞和地下河等被抬出地表成干谷和石林，地下水的溶蚀作用在溶洞和地下河之下继续进行；⑤地下洞穴引发地表塌陷。北方岩溶水系统溶蚀裂隙构成地下裂隙网络系统，是岩溶地下水的有利赋存空间，泉水流量大而稳定。济南地区岩溶水丰富，是我国北方岩溶地下水系统的一个重要组成部分。

(1) 千佛山北麓—大明湖南岸岩溶发育区

主要含水岩系为下奥陶统白云质灰岩，富水性好，含水段在30~120m。岩溶特别发育（图5-18）。例如，五大牧场大井内，标高27m处，溶洞高2~3m，成N70°E方向展布，在30m的井底以下尚有大溶洞存在，垂直深度超过3m；红埠街钻孔69m处，遇2.5m溶洞。

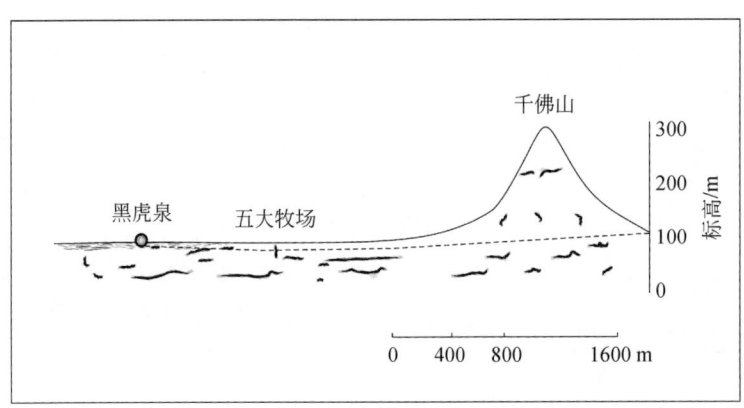

图5-18 千佛山至黑虎泉岩溶层状分布图

(2) 盘龙洞

洞口位于历城区章锦乡盘龙村东1500m处,盘龙山南侧,海拔为310m。地层为奥陶系马家沟组北庵庄段厚层灰岩,地层倾向45°,倾角10°。洞体沿岩层层面发育,向NE方向微倾延伸,无分支,属单通道水平廊道式洞穴(图5-19)。洞体长468m,大部分洞段宽3~6m,高2~6m,进深300多米处变为一宽26m、高13m的洞厅,向里缩窄,通道宽仅1.2m。洞穴的展布方向明显受裂隙控制,几处洞段呈直角转折。洞内溶蚀现象发育,如呈蜂窝状的小窝穴、洞顶成串的大窝穴,此外还有波痕、边槽等形态。洞底有大量黏土、崩积物和钙华沉积。局部洞段有巨大崩塌岩块叠置形成上下层。洞穴内碳酸盐化学沉积物不多,以较小的鹅卵石、钟乳石、石笋、石幔、石华为主,其中一较大水母状石钟乳形似"龙头"。

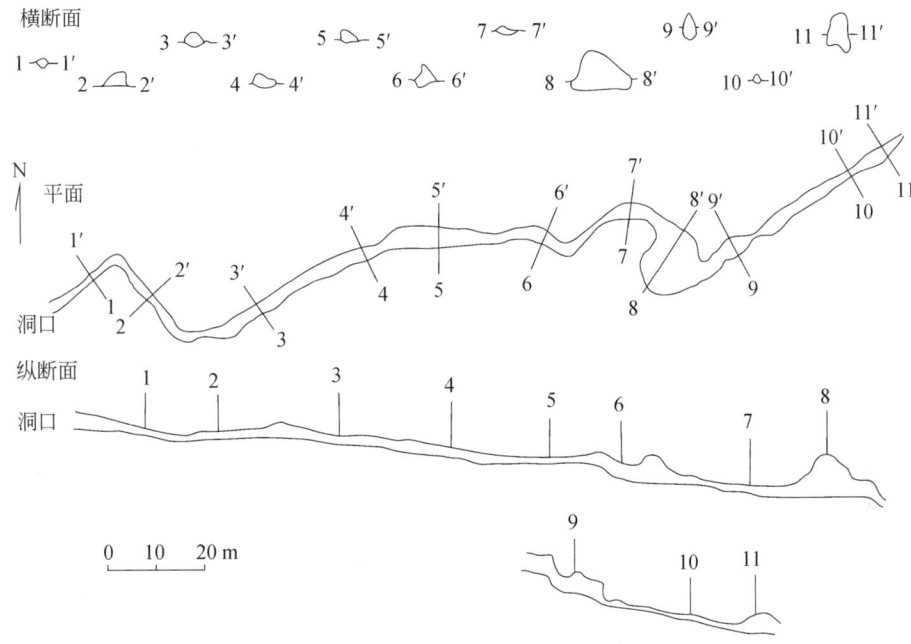

图5-19 济南港沟蟠龙洞形态图(赵鹏和赵建,2004)

(3) 子房洞

子房洞位于历城区仲宫镇南东沟村东北1200m处。洞口位于山体南麓,海拔360m。地层为寒武系炒米店组灰岩,倾向336°,倾角9°。洞体沿岩层层面发育,为单通道水平状洞穴(图5-20)。洞穴长80m,洞道横断面较规则,大部分洞段宽3~5m,高2~8m。洞穴沿裂隙交叉方向展布,受构造控制。洞壁有溶蚀形成的波痕,边壁窝穴呈串珠分布,有少量钙华沉积物。洞穴内沉积物较少,有大块崩积物。

(4) 透明洞

张夏莲台山小娄峪透明洞为规模较大的水平型溶洞,从小娄峪一侧进深120m,宽15.7m,高20m。小溶洞长宽相差不多,洞内侧壁有小管道,沿垂直张性裂隙发育垂向溶洞。彩石乡空心山洞洞体狭窄,但向下延伸40~50m。子房洞、白云洞、水泉洞长度数十米至百余米,水帘洞、大佛寺溶洞、玉皇洞多为长十几米的小洞穴。卧虎山观音洞的洞口

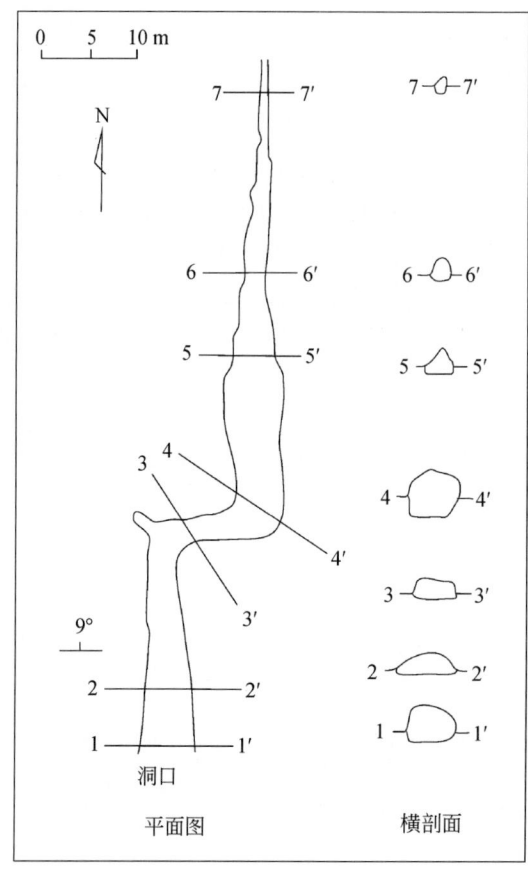

图 5-20 仲宫子房洞形态图（赵鹏和赵建，2004）

宽 3m，高 3～4m，洞口方向为 155°，洞高 1.8m，宽 1.7m，洞长 18m，为水平单通道，洞内化学沉积物少。

5.7.3.2 溶洞走向与岩溶水流向

在张夏组和马家沟组灰岩中，溶孔和孔洞顺层发育，呈密集的蜂窝状或串珠状，沿垂直节理和层面形成溶隙。垂直和水平溶隙相互连通网络，进一步发育形成溶沟和溶槽。受岩性和水文条件影响，一般呈近水平层状展布，经统计分析发现，区内溶洞的走向具有一定规律性。已有资料显示，按溶洞走向，以北东和东西向溶洞规模较大，北西向溶洞也有发育。溶洞规模几十至数百米长。

长孝地区的岩溶洞与构造关系密切，均沿岩层层面裂隙和节理裂隙发育。洞口形态呈三角形和椭圆形，延伸较长，如黄立泉"黑洞"，长 96.5m，沿北北东方向节理发育；马山的"穿马洞"，长 58m，沿近东西向节理发育。由统计数据表明，长孝地区溶洞发育方向主要为近东西向，其次为北西西向、北北东向，与地层走向和节理发育方向一致。

在城区泉群一带的水源地附近有大量的近东西向溶洞，显然与接触带构造和地层产状有关。地下岩溶系统是地下水的主要导水和储水空间，因此地下水系统发育程度和展布方向决定了地下水流场的形成和演化，尤其是地下水流汇水、导水和主导流向起决定作用。

区域内北西向构造对地下水流场的形成起重要作用，它们分隔地层成不同块体，沿主断裂发育有次级断裂，促进节理裂隙张性特征和网络连通。正是由于不同级别的断裂沟通作用，促进了水的流动和岩溶发育。受岩溶地区独特的地下水空间系统控制，地下水流场直接与岩溶系统相关，与岩溶相通的断裂是地下水流场的一部分，而与岩溶系统不相通的断裂，并不直接参与地下水流场。这些断裂对地下水流场的发育发挥着重要的作用。本区地下水流场的关键控制因素为地下水岩溶系统发育程度和总体展布方向。

本区岩溶系统有两组非常重要的展布方向：一组是沿接触带构造的东西方向；另一组是南西—北东方向，沿河谷发育的河谷型地下水岩溶系统。由于北方偏干旱特征，地表岩溶发育程度相对于南方多雨地区弱得多，但是由于河道常年流水冲刷和入渗作用，河谷型岩溶地下水系统在本区也较发育。本区河流走向西部地区的河流为北西向，东部河流（干枯）以北东向，这与区域地层倾向一致，地层产状对河谷形成有一定影响。西部河谷型地下岩溶发育地以玉符河为代表，沿河谷有北西向岩溶发育。

5.7.3.3 岩溶网络系统

岩溶网络系统受碳酸盐岩的岩性、产状、岩溶和断裂—裂隙等因素的影响，由溶洞、溶孔，溶裂等赋水—导水空间连通构成，以一条或几条主干通道构成赋水空间。围绕主干通道发育有次级溶洞、裂隙构成"脉络—网络系统"。岩溶网络系统的分布、形态及相互关系控制着地下水径流方向和富水性。

灰岩内水流受脉络和网络系统双重通道控制。岩溶脉络通道具有确定的空间范围，岩溶裂隙网络系统连通性不均一。受脉络系统和裂隙网络系统的导水性的差异性制约，岩溶水系统等水位线与水流方向并不一定完全一致，地下水水流选择性地沿着某些特定通道流动。水流可分为主流和次流。以泉为代表的脉络系统水流是沿主通道的主水流，沿裂隙网络的水流为次级水流，是主水流的支流。

泉域由脉络系统（管道流）和裂隙网络组成。一个或多个裂隙网络系统汇聚到主脉络通道，直达泉出露端。泉出露端可为一独立脉络系统，也可为多个脉络系统。同一脉络系统内，泉水具有相同补给源和通道。不同脉络系统内，泉水具有相似补给区、不同的流动通道。出水量多的井位于脉络系统中，位于网络系统时，出水量少，距泉水主通道相对较远。

脉络域：脉络域是指由脉络系统和裂隙网络系统构成的一个区域，脉络域不受地表地形状态影响，受岩性、构造、岩溶、裂隙等要素的控制。一个泉或一个泉群受一脉网域控制。脉络域构成泉（群）的地下水储水空间和调蓄空间，为泉水出流提供水源，是动态地下水库。

裂隙网络域由裂隙网络及更次级的裂隙网络构成，属脉络域的支流或者分支，是脉络域的重要组成部分。一个脉络域有一个或多个裂隙网络域，裂隙网络域构成泉（群）汇水区。脉络—网络系统中水流和溶质运移具有方向性，溶质组分分布指向主水流方向，扩散作用弱。

地下水流动速率受水流通道及其连通程度控制，脉络系统连通性好，水流传导速率快。含水层中可能存在一些半封闭的储水空间，如连通性差的岩溶溶洞或独立的脉络系统，在其末端水流流速慢，甚至滞留，然而其上端却可表现出强的导水性和导水能力。

济南岩溶水具有特征的脉络和网络系统，以城区泉群为主的脉络通道构成主要的导水和排水系统，与之相连通的网络构成汇水系统，不断地向脉络通道系统汇集补给。从已有的资料来看，在济南南部发育多种类型的溶洞、落水洞，可沟通地表径流。落水洞可将地表径流直接引导至地下脉络通道，补给区降水、地表水与岩溶水之间相互沟通。因此，降水量、地表环境的变化直接影响着岩溶水系统的补给和动储量变动。

济南城区泉水结构为以济西–西郊带形成岩溶水的储蓄库，以东郊–济东一带形成拦蓄库。二者的作用分别表现为西部为城区泉群的上游供水池，其水位高低和水量影响趵突泉、五龙潭泉的出流量；东部为拦蓄池，其水位的高低影响黑虎泉和珍珠泉的流量。在高水位时，东西两侧都可向泉群汇流，水位低时，则分流，泉水流量迅速消减。同时维持城区泉群东西两侧水位，才能较好地使泉水出流。

5.8 降水量、岩溶水位和泉流量之间的关系

在城区和南部山区降水较多，西部降水量相对较少（降水等值线图）。降水量空间上的不均一性，影响着地表汇水区范围和水资源量。济南市多年平均降水量为670mm，多年平均水资源量为5.9亿m³，其中地表水资源量为2.7亿m³，地下水资源量为3.2亿m³。

在自然条件下，降水量、泉水水位和泉流量之间呈自然的动态平衡，即补给量和排泄量一致。在有人工开采条件下，泉流量受到抽取地下水的量的影响，泉水排泄量为泉流量与地下水开采量之和。在补给条件相对恒定时，即降水量沿均线波动时，泉水流量的改变主要是受地下水开采总量的控制。

5.8.1 降水量

济南市1958~2006年的年平均降水量数据表明，虽然降水量有偏丰的年份，也有偏少的年份，但是近50年来的降水量未呈现趋势性的下降（图5-21）。降水量年平均值为670~680mm。最大降水量为1196mm，发生于1964年，最小降水量为340mm，发生于1989年。

受夏季季风的影响，降水量季节分配不均，2/3的降水量集中在夏季，秋季不足1/5，冬、春两季降水很少。春季（3~5月）平均为86.9mm，夏季（6~8月）平均为448.2mm，秋季（9~11月）平均为124.9mm，冬季（12~2月）平均为25.2mm。

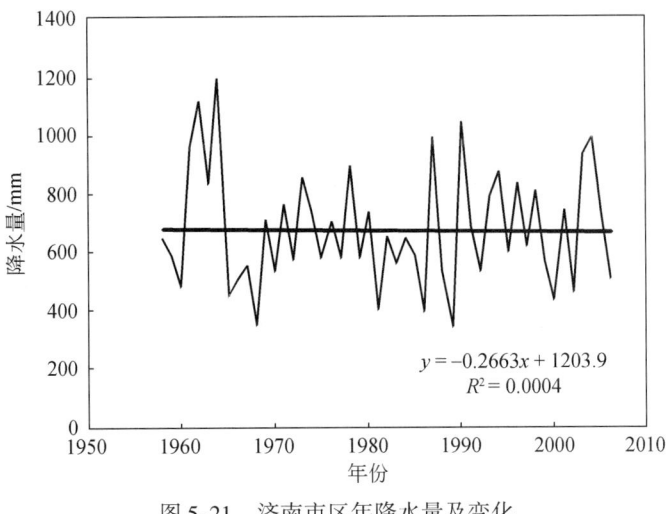

图 5-21 济南市区年降水量及变化

5.8.2 河水与泉群流量

济南岩溶水补给量受降水量和裸露灰岩区范围控制。不同含水层获得的补给量，受水文地质条件影响。河水渗漏主要补给奥陶系含水层。1962 年的年降水量达 1115.6 mm。1962 年 4 月 13 日玉符河下游周王庄河段河水位 29.47 m，到 8 月 19 日时，河水位上涨到 32.43 m，泉群涌水量达高值，为 90 万 m^3/d。在 1963 年，从卧虎山水库向玉符河放水 10186 万 m^3，泉群年均涌水量达 46 万 m^3/d。显然河水入渗补给明显地提高了泉群涌水量。

济南市已建成大中型水库 3 座，小型水库 38 座。20 世纪 60 年代后，在北沙河、玉符河、锦绣川等河流上修建了大中型水库（如卧虎山水库、岳庄水库）。卧虎山水库、锦绣川水库和狼猫山水库分别于 1960 年 7 月、1970 年 10 月和 1959 年 11 月建成（表 5-11）。在水库建成以后，只有少数年份，向水库下游放水。地表水拦蓄能力达 1.8 亿 m^3，地表径流全部被截流和控制。

自 1988 年 6 月起，卧虎山水库和锦绣川水库开始向济南市供水，供水量为 10 万 m^3/d。当年向玉符河溢洪放水仅 196 万 m^3。1994 年放水 1.4 亿 m^3，1995 年放水 0.6 亿 m^3，1996 年放水 1.2 亿 m^3，1998 年放水 0.2 亿 m^3。1994~1998 年，玉符河有水，泉群涌水量为 7.8~12.2 m^3/d，其中在 1997 年未放水，泉群涌水量仅为 2.8 m^3/d。

1999 年以来，卧虎山水库除回灌试验放水外，未向玉符河放水，河道长年干涸。北大沙河和南大沙河断流。自然条件下，玉符河灰岩段寨而头至罗而铁路桥段河道单位长度最大渗漏量达 323 963 m^3/(d·km)。由于河道挖沙等人为活动，降低了河床入渗系数，2003 年单位长度河道渗漏量为 15 430 m^3/d·km，渗漏性能变差。

在无河水补给情况下，即使在丰水期，城区泉群涌水量也很难达到 20 世纪 60 年代时的泉群涌水量。例如，1990年济南降水量达1047.3mm，而泉群涌水量仅为2.6万m³/d，表明在河水断流和地下水过量开采的双重影响下，泉群涌水量几乎被完全袭夺。河道长期断流导致城区泉群失去了河水补给源，寒武系补给区（间接补给区）对奥陶系含水层无补给，河水补给源被截断。

泉群以东汇水区（Ⅰ区）地形相对高差较大，地层裂隙发育，降水以直接入渗补给为主，较难形成地表径流，地表河流不发育。在泉群西部汇水区（Ⅱ区），水系河流相对发育，以玉符河、北大沙河和南大沙河水系为主。这些水系有两个来水源：一是降雨产流，二是南部山区地下水转换为地表水。地表径流沿河道向下游运移过程中，发生渗漏，河水转换为地下水。

5.8.3 城区供水量分配

城区供水水源有河水和地下水。城区泉群上游河流及水库主要有卧虎山水库、锦绣川水库、狼猫山水库，1999年和2000年建成鹊山水库、玉清湖水库（表5-11）。水库蓄水量低于库容（表5-12），仅能部分满足重点企业和城区局部区段供水。2003年以后，由鹊山水库、玉清湖水库的黄河水源为成区供水主要水原，替代城区及郊区岩溶水水源。城区集中供水水源地大部分关闭，然而，市政供水网络达不到的区域，南部山区和城区泉群两侧大片区域仍要依靠自备井供水。

按用户类型，现有供水井可以分为如下几种类型：①集中供水水源地，为城市居民日常生活用水；②自备井，企业为本单位生产和生活供水；③小区自备井，市政水网未到达地区的居民生活供水井；④郊区县水源地；⑤乡村生活供水井、农灌井等。显然，城市集中供水源地是提取地下水量最大的用户。随着郊区县城镇化的推进，县区一级供水量有明显增加。趵突泉、黑虎泉出水口水位的限制，制约了泉域内供水量。在外源水源不足或水质较差的情况下，需限制本地区地下水的利用量，管理者面对用户的需求则承受一定的压力。

表5-11 主要水库2012年供水能力和实际供水情况

区县	水源地名称	规模	建成年份	设计总库容/万m³	兴利库容/万m³	2010年供水能力/（万m³/a）	2010年实际供水量/（万m³/a）
历城区	卧虎山水库	大型	1960	11 700	5 298	2 996	884
历城区	锦绣川水库	中型	1970	4 100	3 700	3 285	1 477
历城区	狼猫山水库	小型	1956	1 560	1 253	700	320
槐荫区	玉清湖水库	中型	2000	4 850		14 600	13 358
天桥区	鹊山水库	中型	1999	4 600		14 600	8 398

资料来源：济南市水利局提供

表 5-12 济南市大型水库蓄水动态　　（单位：万 m³）

流域	水库名称	2008 年初蓄量	2009 年初蓄量	2010 年初蓄量
玉符河	卧虎山水库	3833	1379	210
玉符河	锦绣川水库	1577	1591	354
北大沙河	石店水库	515	402	320
南大沙河	崮头水库	20	4	0
南大沙河	钓鱼台水库	—	—	60
合计		5945	3376	944
巨野河	狼猫山水库	410	696	248
巨野河	杜张水库	881	881	881
绣红河	垛庄水库	907	550	30
绣红河	大站水库	542	584	556
漯河	杏林水库	551	470	70

资料来源：济南市水资料公报 2008，2009，2010

表 5-13 为济南公用水源地地下水供水能力和 2010 年实际供水量。由于城区水源地开采直接影响泉涌水量，为保泉和城市供水需要，于 1982 年建成东郊水源地，供水能力达 18 万 m³/d。东郊水源地的建设和利用，同样影响城区泉水流量。为保泉，需要限制东郊水源地的开采量。2010 年东郊水源地的实际利用量控制在 2.8 万 m³/d，仅为实际供水能力的 16%。

西郊水源地供水能力为 25 万 m³/d，主要由腊山、大杨庄和峨眉山三个水源地组成。1980 年 5 月建成峨眉山水源地，1982 年 9 月建成大杨庄水源地，1975 年 7 月建成腊山水源地。为了保证城区泉水出流，从 2006 年上半年起，腊山水源地全部停止供水。自 2009 年 5 月起，峨眉山水源地停止供水。当前西郊水源地实际供水量为 0.6 万 m³/d，仅为实际供水能力的 2.4%。

表 5-13 2010 年公共水源地供水（岩溶水）情况

水源地名称	井数/水泵机组	建成年份	供水时间	供水能力 /（万 m³/a）	供水能力 /（万 m³/d）	2010 年供水量 /（万 m³/a）	2010 年供水量 /（万 m³/d）	利用率/%
东源	8 眼井（1 眼停采）	1996	1997	1278	3.5	380	1.0	30
东泉	5 眼井（1 眼备用）	2007	2007	1825	5	291	0.8	16
东郊	24 台水泵机组	1982	1982	6666	18	1034	2.8	16
西郊	39 台水泵机组	1975~1982	1975~1982	9125	25	207	0.6	2

续表

水源地名称	井数/水泵机组	建成年份	供水时间	供水能力 /(万 m³/a)	供水能力 /(万 m³/d)	2010 年供水量 /(万 m³/a)	2010 年供水量 /(万 m³/d)	利用率/%
济西	26 台水泵机组	2003	2003	7270	20	412	1	6
前景		—	—	3650	10	—	—	备用
合计	—	—	—	—	81.5	—	6.2	—

资料来源：济南市水利局提供

2003 年，建成济西水源地，供水能力为 20 万 m³/d，当前停用。

2010 年，济南市供水水源地向当地村镇和企业的，全年总供水量仅为 2361 万 m³/a，相当于 6.4 万 m³/d，不足过去供水高峰时供水量的 1/10。

济南已建立起的水源地实际供水能力达 81.7m³/d，在 2003 年之前，供水量也曾达到最大供水能力，其结果是泉群断流和长期干枯。过去水资源评价结果显然高估了本区岩溶水的可开采量。在保泉条件下，泉域内岩溶水实际可开采量低于当前实际供水能力。

5.8.4 泉水位和流量对降水的响应时间

1972 年 1 月 20 日 6 时 40 分开始市区大面积停电，抽水系统全部停机，这段时间市区水位回升 40 cm。泉流量对地下水的开采是即时响应，表明导水通道导水性强、联通性好，补给区-径流区-泉涌水口排泄区有直通联系。

在 2002 年 3 月进行的 7 天回灌试验中，市区永庆街、普利门、趵突泉观测孔水位同步升降，玉符河河水入渗对泉群有直接补给作用。

图 5-22 为 2005 年和 2010 年城区泉群水位日变化曲线。最低水位出现在 6 月 15～30 日，随后水位上升；最高水位出现在 8 月底至 9 月初；进入 10 月，雨季结束，泉涌水量开始下降，直至下一年初夏。这一水位变化历程与降水期一致，泉水位动态与降水之间为及时响应。最高水位持续时间为一个月左右，然后水位开始下降。泉流量、泉水位受降水量直接影响，其波动情况与降水近于同步。

5.8.5 降水量和泉群涌水量之间的关系

自 1950 年以来的降水量和泉流量数据记录了降水量与泉群水位和流量的相关性，为分析岩溶水的开采对城区泉群的影响提供了重要的依据。城区泉群涌水量及岩溶水水位与大气降水量正相关，而与岩溶水开采量反相关。由 1959～1997 年济南市区岩溶水年均降水量和年均泉水流量动态变化特征，结合已有的资料，将地下水动态变化分为如下几个阶段。

1959～1961 年为平水位期、流量相对稳定阶段：降水量 479.7～956.5mm，地下水开采量较少，仅为 7.2 万～10.6 万 m³/d，岩溶水水位年均值为 29.72～30.40m。

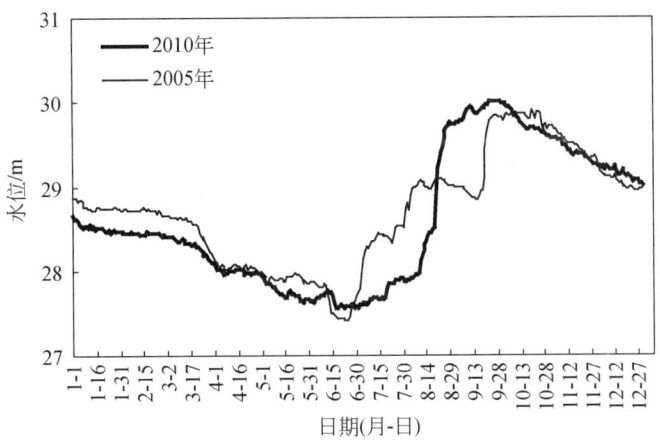

图 5-22 城区泉群水位日变化曲线

1962~1964 年为高水位期、大流量阶段：降水量较大，三年的降水量分别为 1115.6mm、837.6mm、1159.6mm，岩溶水开采量为 9 万 m^3/d，平均水位为 31.5~31.9m，泉水总流量达 47 万~50 万 m^3/d。

1965~1967 年为平水位期、中等流量、水位急剧下降阶段。这期间降水量为 444.0~551.5mm，岩溶水开采量由 9.2 万 m^3/d 增加到 12.6 万 m^3/d，年平均水位由 30.72m 降到 28.75m，泉流量由 33.6 万 m^3/d 降到 26.1 万 m^3/d。由于降水量偏小，地下水补给量下降。

1968~1975 年为低水位期、小流量、水位缓慢下降阶段：该阶段降水量中等偏高，为 685~854mm，岩溶水开采量由 1967 年的 12 万 m^3/d 增加到 1975 年的 28 万 m^3/d。水位下降，泉水流量减少，到 1975 年水位降到 28.15m，泉水流量为 16.1 万 m^3/d。

1976~1982 年为低水位期、小流量、水位急剧下降阶段：年平均降雨量为 638.9mm，1976~1980 年，地下水开采量又增加，由 1976 年的 28.3 万 m^3/d 增加到 30 万 m^3/d 以上，地下水水位由 27.7m 下降到 27.16m，济南泉水流量由 12 万 m^3/d 下降到 5 万 m^3/d。从 1976 年以来，济南市区一些主要泉水在枯水期发生断流。从 1981 年以后市区开采量由 28.6 万 m^3/d 减到 13.8 万 m^3/d，但 1981 年降水量仅有 396.8mm，地下水水位仍保持下降趋势，水位降到 26.46m，泉水断流。

1983 年降水量为 560mm，趵突泉断流时间长，与当时降水量相对偏少有关，但是更主要的原因还是全区岩溶水开采量过大，尤其是东郊和西郊大规模的供水，导致岩溶水系统总储集量下降，以及长期累积的储水量的减少，岩溶水系统失去调蓄能力。

1983~1985 年为低水位期、泉水流量和水位缓慢回升阶段：平均降水量接近常年，为 626.8mm。水位恢复到 27.41mm，泉水流量由 4.8 万 m^3/d 恢复到 9.6 万 m^3/d，但是泉水每年仍有断流现象。

1986~1989 年为低水位期、小流量、水位不规则下降阶段：该阶段平均降水量 658.95mm，但降水分布很不均匀，1986 年、1988 年和 1989 年降水量分别只有 382.8mm、

532.3mm 和 340.3mm，低于多年平均降水量，影响了岩溶水的补给，地下水位长时间处于泉水喷涌水位 26.4m 以下，1989 年降低至 23.99m，济南泉水断流时间长。

1990~1991 年为低水位期、小流量、水位快速回升阶段：该阶段水量偏丰，为 1047.3mm 及 680mm，岩溶水开采量保持在 11 万 m^3/d，水位快速上升至 27.17m，泉水流量增至 2.6 万~6.9 万 m^3/d，泉水断续喷涌。

1994~1996 年为中低水位期、中小流量、水位下降阶段：该阶段降水量中等偏低，为 530~786mm，城区岩溶水开采量为 12 万~13.4 万 m^3/d，水位为 25.5m，泉水流量减至 1.4 万 m^3/d，每年泉水断流时间达半年。

1994~1996 年为中低水位期、中小流量、水位相对稳定阶段：此间降水量为 599~873mm，年均降水量为 769mm，偏丰，城区岩溶水开采量为 9 万~14 万 m^3/d，泉流量为 12 万~13 万 m^3/d，但仍有断流。

1997 年为中低水位、小流量、水位下降阶段：年降水量为 619mm，年均水位下降至 26.32m，泉水流量仅 2.8 万 m^3/d，趵突泉断流达 210 天。

1959~1965 年是泉群涌水量最大的几个年份，因为降水量大，开采量小，补给水主要通过泉群涌水排泄。1964 年，泉涌水量达到峰值，至 1965 年则恢复到正常水平，反映导水通道畅，岩溶水滞留时间短，在一年以内。1974~1980 年，城区岩溶水开采量增加，而降水量变化不大，城区开采量增加，使得泉涌水量减少。自 1982~2002 年，城区开采量减少，但是增加了东郊和西郊岩溶水的开采，同期降水量并未明显减少，在有的年份降水量还有明显的增加，但是这一时期，泉涌水量达到历史低点，显然东郊和西郊岩溶水的过量开采袭夺了大部分的泉水。降水量与泉群水量之间的关系进一步证实城区、东郊和西郊水源之间的连通性。

5.8.6 城区岩溶水位与泉群流量的关系

利用 1959~2006 年济南泉群涌水量和城区平均水位进行相关分析，其结果表明，泉群涌水量与城区平均水位呈明显的线性关系 [图 5-23（a）]，水位变化 1m，泉群涌水量变化 4.3 万 m^3/d [图 5-23（b）]。利用城区地下水水位可预测泉群涌水量。

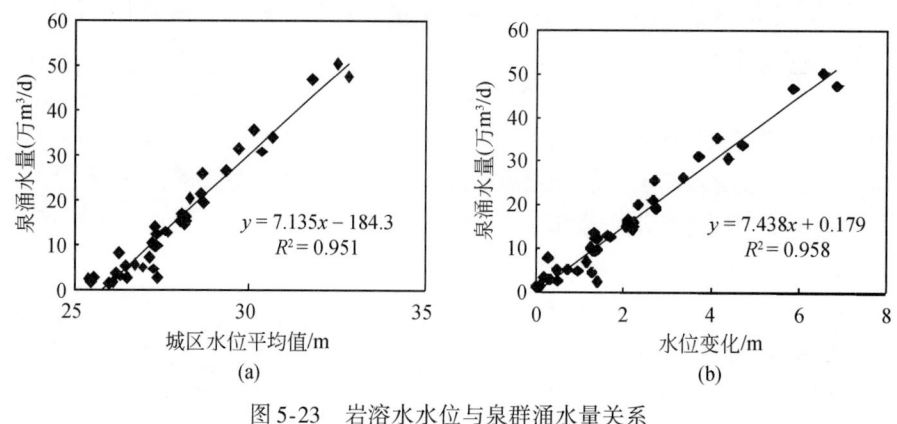

图 5-23 岩溶水水位与泉群涌水量关系

5.8.7 岩溶水开采量与泉群流量的关系

20世纪50年代末和60年代初，济南岩溶水开采量低，岩溶水系统处于自然状态。在济南西郊、市区、东郊地区，岩溶水的水位标高为30~31m。四大泉群（趵突泉、黑虎泉、五龙潭和珍珠泉）总涌水量达30万~35万 m^3/d，最大涌水量达50万 m^3/d。腊山泉和峨眉山泉涌水量分别为0.4万~0.7万 m^3/d，0.5万~1万 m^3/d。

60年代初期至中期，岩溶水的开采量为8万~10万 m^3/d，地下水平均水位为31.5~30.7m，泉水流量为35.5万~33.6万 m^3/d。

60年代末至70年代中期，岩溶水的开采量由10万 m^3/d 左右增加到27万 m^3/d，岩溶水水位由30.72m下降到28.15m，泉群涌水量由34万 m^3/d 降到15万 m^3/d。总排泄量为44万 m^3/d。

70年代末期至80年代初，市区地下水开采量由27万 m^3/d 增到30万 m^3/d，岩溶水水位由28.15m下降到26.68m，泉群涌水量由15万 m^3/d 减少到10万 m^3/d。总排泄量为40万~43万 m^3/d。

自1982年起，市区地下水开采量由30万 m^3/d 下降至13万 m^3/d。但是，在东郊和西郊水源地，岩溶水的开采量增加。1987~1998年，虽然在城区维持10万~14万 m^3/d 的开采量，而在全区岩溶水利用量达到最大值，采量达60万 m^3/d（图5-24）。地下水水源地分布于市区、东郊工业区和西郊（腊山、大杨庄和峨眉山），农业灌溉井分布于全区。1990年以后，东郊地下水开采量较大。在东坞断裂西侧有济南铁厂、铁矿、炼油厂、二钢、化纤厂、东源水厂、华能路水厂，9km² 范围内开采量为13万 m^3/d，地下水水位为12~20m。东坞断裂东侧有冷水沟、杨家屯、裴家营、济钢和化肥厂等，8km² 范围内开采量为26万 m^3/d，地下水水位为18~20m。城区泉群呈季节性出流，个别年份全年断流。泉群涌水量并未因减少城区开采量而稳定和回升，相反因大规模地增加了东郊和西郊岩溶

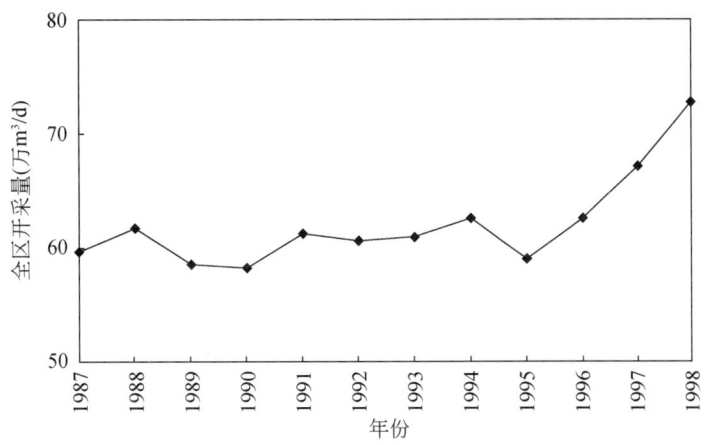

图5-24 1987~1998年全区岩溶水开采量（801队，2004）

水的开采量，泉群涌水量减少到不足 10 万 m³/d，断流次数和断流持续的时间则进一步延长。因此，城区泉群附近岩溶水开采直接袭夺泉群流量，而东郊和西郊水源地的运行同样袭夺城区泉群流量。

2002 年和 2003 年两次抽水试验结果表明，济西水源地岩溶水与趵突泉水位之间存在直接的联动关系。在宋庄抽水过程中，趵突泉水位与之同步下降。2002 年同期，宋庄站水位分别为 27.31m 和 26.95m，降幅为 0.36m。趵突泉站同期水位分别为 26.03m 和 25.69m，降幅为 0.34m。2003 年 6 月 8 日宋庄站试验前水位为 24.35m，抽水后，6 月 24 日水位降至 23.04m，降幅达 1.31m，平均日降幅 0.09m。趵突泉站水位 6 月 8 日为 23.25m，6 月 24 日水位降至 21.91mm，降幅达 1.34m，平均日降幅 0.09m。在济西水源地抽水时，水位动态变化可直接传导到趵突泉（图 5-25）。

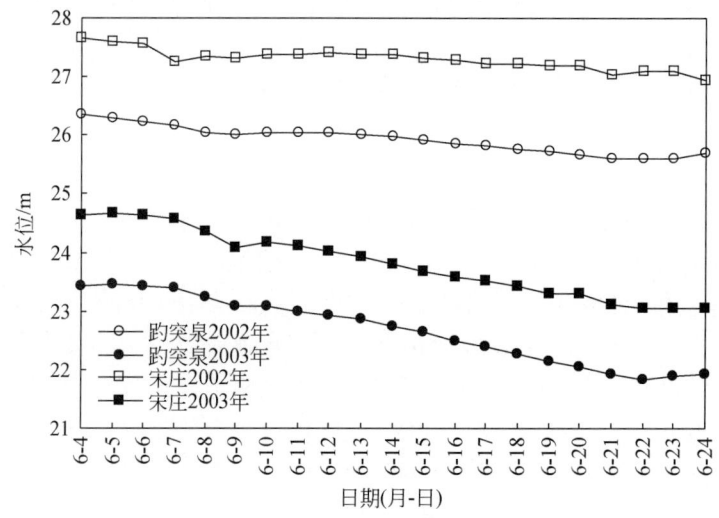

图 5-25 宋庄、趵突泉水位变化曲线（董咏梅等，2004）

1980 年以前，城区岩溶水开采量对泉群流量有直接影响，泉群附近水源地的开采量与泉群涌水量呈现负相关。1950～1980 年，城区水源地的开采量是影响群泉涌水量和出流情况的主导因素（图 5-26）。除城区水源地外，东郊和西郊水源地也袭夺泉群涌水量。因为，如果只在城区水源地抽取地下水直接袭夺泉群涌水量，那么自 1982 年始，在城区开采量下降，东郊和西郊开采量增加后，泉群涌水量应增加，至少不应该减少。而实际情况是，虽然城区水源地开采量减少，但是，在东郊和西郊增加了岩溶水的开采量，泉群涌水量并未因城区减少开采量而稳定，甚至回升，泉群涌水量却进一步下降，甚至断流。显然，城区、东郊和西郊水源地的运行对城区泉群涌水量都有直接影响。

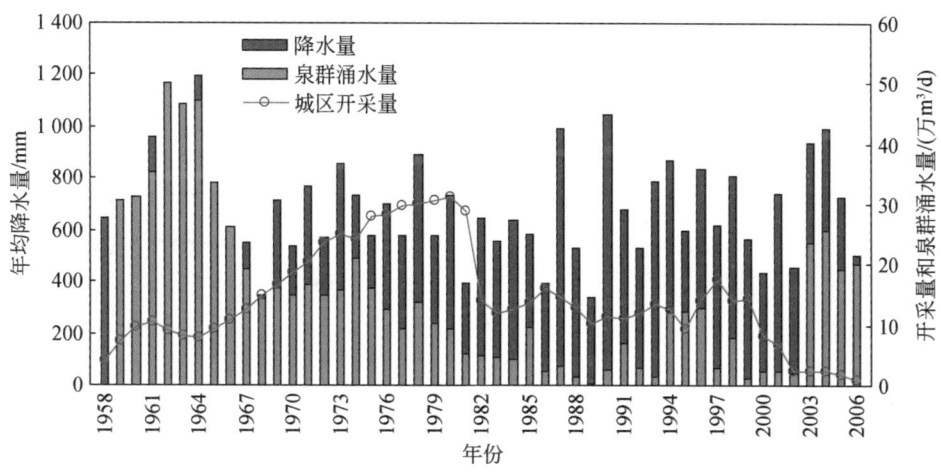

图 5-26 市区岩溶水开采量和泉群涌水量与降水量关系（孟庆赋等，2008）

5.8.8 地下水循环条件的变化

地表水和地下水的开发利用，导致自 1958 年以来泉群涌水量动态变化由与降水量呈一致关系变为弱相关，甚至不相关。人为活动对水循环条件的影响主要体现在如下几个方面：①地表水的利用（水库截流）；②地表建设减少补给区面积，降低降水入渗系数；③地下水过量开采。

考虑到济南的实际情况，在这里，人工开采的概念并不是仅指地下水开采，还包括地表水截流，以及全流域范围内的地表水和地下水的综合利用。全流域内的水资源利用量的增加，即全流域地表水和地下水截流和利用，造成水资源量在流域范围内整体消耗和减少，也是泉水断流的重要原因。在补给区，水就大量地被就地截流和消耗，造成径流区和排泄区补给量下降。在分析济南泉域泉水涌水量和地下水开采量之间关系时，还需要考虑补给区水资源环境及变化。

20 世纪 50 年代以来，受人工开采的影响，济南泉域地下水位总体呈下降趋势，地下水位的高低决定着泉水是否喷涌和泉水流量的大小。1989 年，年均水位降到历史最低水位（24m），1986～1989 年，珍珠泉出现连续断流。

1982～2002 年是持续时间最长的低水位断续出流阶段。自 1982 年以来，自来水公司、工业自备井的总开采量为 55 万 m^3/d。如 1990 年枯水期泉水位降至历史最低水平。1999～2003 年连续断流时间 926 天（也有说 932 天），该时间段泉水出流与断流交替，但断流时间多于出流时间，平均泉流量 4.4 万 m^3/d，泉水涌水量与降水量相关性减弱，甚至消失。

全流域水资源利用导致上游补给区和径流区地下水水位整体下降，并与泉群水位趋近，表明地下水资源量减少，地下水系统之间的协调和补给能力明显下降。在一些过量开采区，补径排过程甚至发生逆转。

2002 年，岩溶水水位持续下降，7～12 月的水位最低，最低水位达 24m。雨季泉水水位最低，表明泉水被过量开采，泉水与降水之间响应关系（暂时）消失。2003年开始保泉封井工程，地下水位自7月5日的最低水位21.74m开始回升，至10月12日，水位已上升至28.05m（图5-27）。至2010年，济南全区地下水水源地基本上停止供水，日总供水量不足7万m³。自2003年起，岩溶水水位连续保持在28m以上，泉水恢复喷涌至今。

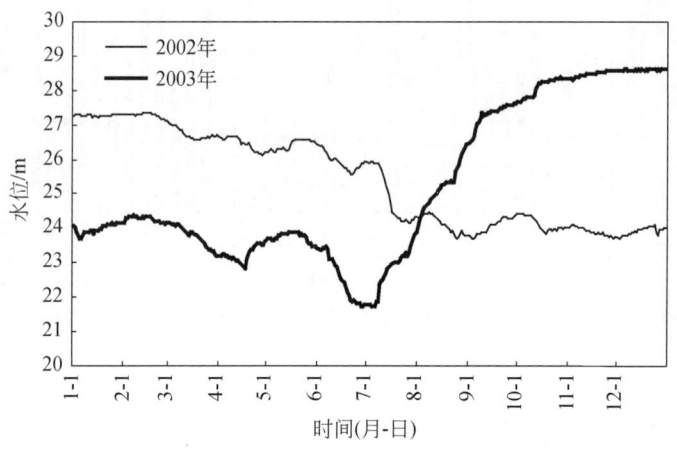

图5-27 2002年和2003年趵突泉水位及变化

显然，地下水开采量与泉水涌水量呈反相关关系。在水资源评价过程中，将获得最大出水量和供水能力作为优先考虑要素的条件下，造成高估开采量，导致过多地袭夺泉水涌水量。在保泉为优先考虑要素时，则需要从可开采量中首先扣除泉涌水量。2004~2011年，趵突泉年平均水位一直在28.08~28.71m之间波动，泉群涌水量约为20万m³/d。

虽然城区水源地停止开采岩溶水会减少泉群附近排泄量，但是还应该考虑停采水源地之外其他取水工程和取水量的影响。上游取水量增加造成的水位下降逐渐传导至城区，会抵消城区水源地的停采量。

5.8.9 泉群涌水量动态变化及影响因素

泉群涌水量主要受如下几个方面的因素控制：

1) 地下水开采袭夺泉群涌水量；

2) 地表水的利用，包括水库截流、引水渠引水、灌溉等，河道沟谷淤积、入渗能力降低减少了河水入渗补给量；

3) 城市建设、地面固化导致入渗系数下降，如20世纪60年代市区径流系数为0.5，至90年代增加到0.9，减少了地下入渗补给量；

4) 城市规模的扩大，导致补给区范围减少，如2001年城区面积比20世纪50年代扩展176km²，与20世纪60年相比，区域岩溶水水位呈下降趋势；

5) 人类活动使水出露地表次数和滞留时间增加，减少了地下水的补给量；

6) 在全流域范围内的开发利用，截流补给区水量，导致区域地下水水位下降，尤其是上游地下水水位总体下降，降低了地下水调蓄能力。

5.9 泉域边界和岩溶水水文地质单元划分

济南泉域划分方案目前南部多以山区分水岭为界，东部以坞断裂为界，西部以马山断裂为界。泉域范围，补径排区域圈定是正确理解泉水流量变化，估算水资源量的前提。早期投入大量工作，并开展了抽水试验，然而关于泉域范围、边界，泉水与周边水源地之间的水力联系不同观点的争议仍一直存在，至今有30多年。

通过分析济南泉域降水量、岩溶水水位和泉流量之间的关系，利用岩溶水同位素和CFCs成果，对济南泉域和边界进行了重新的厘定。与过去已有的泉域划分方案不同，此次综合考虑了多种影响因素，没有将断裂作为泉域边界，泉域的东西边界为非封闭边界；南部边界和北部边界，与过去的泉域划分方案有明显差别。

根据新圈定的泉域范围，进一步区分出三个水文地质单元，分别对应泉域补给、径流和排泄区。

5.9.1 边界类型和划分原则

岩溶水系统采用的边界和类型汇总如下：①隔水边界（含水层与隔水层之间的界面）；②地下分水岭边界；③地表分水岭边界；④同位素水文地质边界，由同位素特征确定的边界。

岩溶水系统划分考虑的几个原则：①按系统大小尺度（大、中、小）和从属级别；②岩溶含水层、隔水层分布；③岩溶含水层与相邻地层之间的连通性；④地质及构造关系；⑤同位素证据。

基于岩溶水系统概念，将岩溶水边界和补排关系明确、岩溶含水层连续、地下水流场统一的单元归为一个系统。

5.9.2 泉域边界

"济南泉域"是指以济南市城区泉群（趵突泉、五龙潭、黑虎泉、珍珠泉），以及以白泉泉群为排泄区的补径排范围。济南泉群南部和北部边界为封闭-半封闭边界，东西两侧则为局部开放边界（或定水头，定流量边界）。泉域及边界如图5-28所示。

5.9.2.1 泉域南部边界

泉域南部边界为南部山区分水岭。南部山区分水岭作为泉域南界的意见比较统一。此次划分方案泉域南界与过去研究结果的差别在于：南部分水岭边界分别跨越了东坞断裂和马山断裂，其范围向东西两侧都有扩大，南部山区分水岭向西止于黄河南岸；分水岭向东，自玉符河流域南部，分水岭折向北东方向，沿大有庄分水岭展布（图5-28）。

5.9.2.2 泉域北界

泉域北界为辉长岩侵入体北部接触带，一个明显标志是接触带以北为地热水，以南为

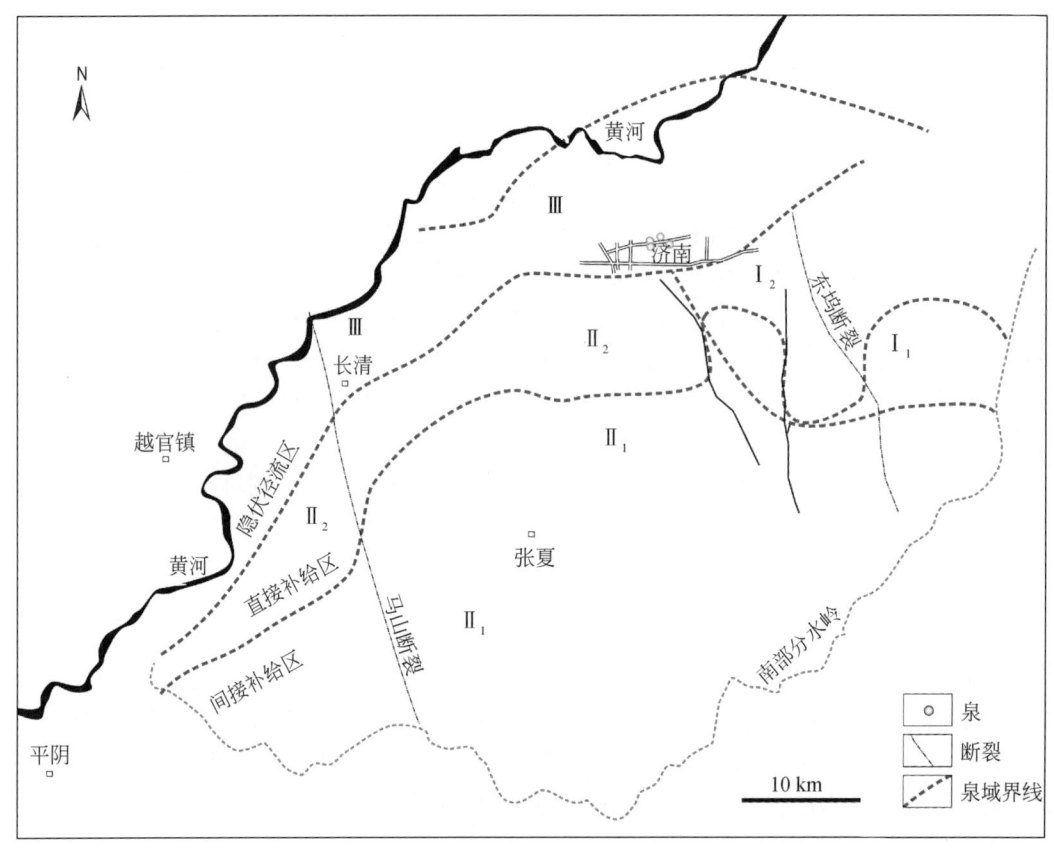

图 5-28　济南泉域划分

I_1和II_1：岩溶水间接补区；I_2和II_2为岩溶水直接补给区；Ⅲ为岩溶水覆盖区

冷水。在这里，冷水和热水的转换带就是水循环条件的转换带。

（1）辉长岩侵入体北部和东部接触带为泉域的北界

在城区内，燕山期辉长岩侵入岩体自北向南侵入到灰岩体内，形成向南和东南方向突出的岩枝。辉长岩体与灰岩的西、南和东部接触带是富水带。例如，济南铁矿被丰富的地下水包围，从而影响铁矿的开采。为了止水，一般采用围幕灌浆方法，将矿体用水泥阻隔地下水，以减少矿井排水量和水对铁矿开采的影响。

辉长岩体北部接触带与南部接触带的导水性和赋水性不同。辉长岩体南部接触带起导水和赋水作用。济南泉群和城区水源地，以及西郊和东郊水源地都位于辉长岩体与辉长岩的南部接触带。辉长岩体的侵入对地下水赋水空间的形成和连通有积极作用。辉长岩体北部接触带起阻水作用，受辉长岩体阻隔，南部冷水被迫向深部运移，并在岩体以北形成地热水。辉长岩体北部形成以岩体为中心的高地温梯度带，呈近东西向展布。在济南岩体北侧灰岩接触带上靠近辉长岩体处，地温梯度大于 4 ℃/100m，远离辉长岩体，地温梯度下降为 3.5~4.0 ℃/100m（李常锁等，2008）。在辉长岩体的北部和东部发育有地热，水温达几十摄氏度，说明辉长岩体的北部和东部接触带位置为冷水和热水循环的转换带。辉长岩体北部接触带具有阻水性，为泉域北界。

沿辉长岩体北部接触带，已有一定的地热井勘探工作，揭示出西自齐河焦赋，济南天桥，东至历下区的鸭旺口，为该区地热的南部边界。利用已有的地热钻孔分布将泉域北界确定为辉长岩体北部接触带的南缘（图5-28）。泉域北界的东、西两侧止于石炭系—二叠系，但是二者含义不同。泉域北界东段为泉域东界，该界线是确定的。泉域北界西段止于石炭系—二叠系，并不是泉域西界。向西远离辉长岩体西部接触带，未发现地热水，岩溶水矿化度低（<1 g/L），水温与城区泉群水温无明显差异。泉域西界可跨越黄河向西、向北扩展。

由于黄河北部范围为德州市管辖，超出了此次的工作范围，加之获取的资料有限，黄河以北岩溶水含水层与黄河以南岩溶水相关程度，需要进一步研究。

（2）石炭系—二叠系与奥陶系界线

石炭系—二叠系以砂岩-泥岩为主，是奥陶系灰岩含水层的顶部盖层，也是隔水层。在两套地层的界线处，并非灰岩含水层的截止处。奥陶系向北至石炭系—二叠系时，地层产状发生明显变化，即奥陶系地层倾角变陡，局部地段形成背斜（如在古城处）。在一些地段，石炭系—二叠系相对于奥陶系地层下陷，构成（局部）直接阻水层。虽然寒武系—奥陶系遇到石炭系—二叠系后被覆盖，地层产状也发生变化，但是，仍发育赋水条件良好的岩溶储层。在黄河以北局部地段，已建有水源地（下马头水源地、赵官水源地）。

过去的一些报告将C—P地层作为泉域的北界，这种划分存在明显的缺陷。裸露灰岩由南向北逐渐为第四系和C—P地层覆盖。在灰岩与C—P地层交界处，C—P地层的局部阻水，并不影响下伏的奥陶系含水层的连续性和赋水特性。在辉长岩体西侧，石炭系—二叠系下伏的灰岩含水层中富含冷水，水质优良，表明与南部山区补给区有密切的关系，泉域西界没有封闭。

5.9.2.3 泉域东部边界

泉域东部边界以东坞断裂和文祖断裂之间的大有庄分水岭为界，其主要依据为：①大有庄分水岭将降水汇水区分为东西两部分，分水岭以东，降水以地表和地下水径流向北朝埠村方向运动，而分水岭以西，汇水区则属白泉南部补给区；②彩石闪长岩体群位于大有庄分水岭西侧区域内，闪长岩体的阻水性构成阻水边界；③岩溶水稳定同位素数据表明，大有庄分水岭两侧岩溶水$\delta^{18}O$的变化（富集）有两个不同方向（45°和135°）。大有庄分水岭东侧地下水朝北，向埠村方向汇流，而西侧地下水向港沟方向运移。$\delta^{18}O$偏轻的岩溶水主要赋存于寒武系含水层，而奥陶系含水层中$\delta^{18}O$则相对富集，说明寒武系和奥陶系地层岩溶水的补径排条件存在明显差异。

需要注意的是，地表分水岭将降水分配到不同的汇水区，它与地下水分水岭有时不完全一致。在山前-平原区地带，彩石与东部的埠村-文祖之间地下水缺乏明显界限。泉域东部边界没有封闭，是开放边界。

5.9.2.4 泉域西部边界——开放边界

南部山区分水岭在平阴的南栾湾转向北西。分水岭北西端止于黄河南岸，向北为华北平原区。分水岭内侧（东部）与外侧（西部）的 $\delta^{18}O$ 组成有明显差异。在分岭以东 $\delta^{18}O$ 偏负，表明高海拔补给，而在分水岭以西，$\delta^{18}O$ 则明显增加，表明有地表水入渗。在分水岭两侧 $\delta^{18}O$ 值的明显差异，是地下水流场性质差异的表现，成为泉域西侧边界的分界标志之一。泉域西界是非封闭边界。

石炭系—二叠系为第四系覆盖，其埋深最浅处位于东阿县向东至赵官镇和归德镇一线。黄河以北的东阿县境内隐伏岩溶水丰富。

自南向北，寒武系底部为馒头组紫红色页岩，构成岩溶水含水层底部隔水层，隔离了下部的泰山群裂隙水与寒武系张夏组含水层之间的水力联系。寒武系上统崮山-长山组黄绿色页岩为张夏组含水层与奥陶系含水层之间的隔水层。

张夏组含水层顶板和底板都有由页岩构成的隔水层，构成独立含水层。在寒武系与奥陶系接触处，受页岩阻挡或遇沟谷时，形成泉（黄立泉、五眼井、房头村泉群）转换为地表水，形成地表径流，向北流经奥陶系地层时，转换为地下水，补给奥陶系含水层。在孝里铺东，寒武系岩溶水出露为泉，汇入常庄东小水库中。常庄水库渗漏量达 $4000m^3/d$，补给奥陶系岩溶水。

水库的建设，截流了寒武系地表水和地下潜流。玉符河和北大沙河河道的干枯，导致寒武系含水层通过河道入渗补给奥陶系含水层的途径中断，寒武系间接补给奥陶系含水层补给量减少，甚至消失。在进行泉域水资源估算时，需要考虑水循环条件的变化，避免高估岩溶水资源量。

5.9.3 岩溶水文地质单元划分

从南向北，由出露区至覆盖区，岩溶水系统可划分为两个水文地质单元，分别为寒武系岩溶水单元、奥陶系岩溶水单元（图 5-27）。

5.9.3.1 寒武系岩溶水单元

寒武系含水层及补给范围为崮山—凤山组与长山组地层分界线以南至地表分水岭（图 5-27 橘色短划线）。地形上属低山丘陵区或残丘。灰岩在地表出露，岩溶裂隙发育。在泰山群变质岩补给区，浅部岩石风化裂隙发育，裂隙水沿沟谷以下降泉形式转为地表水，并再次转换补给寒武系含水层。丰水期时，寒武系内发育季节性泉（以下降泉为主）。

5.9.3.2 奥陶系岩溶水单元（泉群系统）

含水岩系为凤山组与长山组地层分界线以北至黄河一带石炭—二叠系分界线，其中包括山前冲积平原以南的灰岩裸露区和被第四系沉积物覆盖的覆盖区。奥陶系含水层补给区和径流区分界（白色短划线）。奥陶系含水层可细分为裸露型（Ⅱ）和覆盖型（Ⅲ）两类，裸露区为奥陶系岩溶水的直接补给区，覆盖区为奥陶系岩溶水的径流区、排泄区。城区泉群位于奥陶系出露区与覆盖区转换带的覆盖区一侧。

第四系厚度由南往北增大，在山前地带不足 10 m 向北到沿黄河地带变厚为 100 m 以上。第四系底部发育有红黄土和淤泥质黏土层，起隔水作用，为第四系孔隙水和下伏岩溶水水力之间的隔水层（徐建国等，2009）。大杨庄浅层第四系水与下覆岩溶水 CFCs 组成和特点不同，反映二者之间无明显水力联系。

奥陶系地层获得的补给量直接影响着泉水位和泉流量，奥陶系裸露区降水补给量受地表条件，以及降水量变化的影响。

5.9.3.3 西郊和东郊岩溶水汇水区分界

济南南部地区降水汇水区范围以南部山区分水岭为界，该界线位于泰山群变质岩系内，南部分水岭以北降水归属为本区地下水汇水区。在东西方向上，东部补给区和西部补给区受玉符河东部分水岭分隔形成了两个相对独立的汇水和补给区域。玉符河东侧分水岭，向北至千佛山断裂为东郊和西郊汇水区分界线。界线东西两侧分属不同降水汇水区。东侧定为Ⅰ区，属城区泉群+白泉泉群，西侧定为Ⅱ区，属城区泉群。降水汇水区范围和地表径流方向直接影响着地下水获得补给量和地下水水流方向。西部地区汇水面积较大，东部汇水区面积次之。城区泉群为西部汇水区的排泄区。东部汇水区抬升城区泉群水位，增加泉涌水量。

Ⅱ区包括过去提到的"岩溶弱发育带"，早期观点为"岩溶弱发育"带将城区泉群与西郊水源地隔开，这一观点忽略了辉长岩体与奥陶系灰岩南部接触带构造的导水和富水作用。辉长岩体南部接触带构造的存在，以及强导水和赋水性，连通了西郊和东郊岩溶水系统。

5.9.4 泉域边界圈定的若干问题

在已有的济南泉域划分方案中，泉域的东、西边界多为断层。不同泉域划分方案争议的焦点是选择哪条北西向断层作为泉域的边界，因此确认断层是否隔水成为争议的焦点。为此，水文地质勘查和研究工作多围绕典型断层导水性的研究展开。马山断裂和东坞断裂是开展抽水试验工作的两个重点区域，已开展了不同规模的抽水试验和水位监测，绘制出了等水位线图，将断层两侧的水位变化作为判断断层导水性的关键证据。

2002 年和 2003 年，在济西进行了专门的抽水试验，结论为马山断裂在南部和中部具有"阻（隔）水性"，而在北部具有导水性，总体上认为是阻水断裂。东坞断裂两侧的抽水试验结论与马山断裂的结论相似，东坞断裂南部具有"阻（隔）水性"，而北部具有导水性，确定为阻水断裂。

在马山断裂南部，断裂东侧寒武系抬升，与断层西侧的奥陶系处于同一水平位置，东侧寒武系阻水层，造成西侧奥陶系岩溶水在到达断裂后受阻，转向北流，在靠近黄河南岸时，穿过断层与济西岩溶水连通。马山断裂的阻水性，本质上是地层阻水。一旦地层导水性变化，发育其中的断裂的导水性也随着发生变化。东坞断裂的阻水原理与马山断裂相似，即断裂的阻水性是断裂两侧岩性导水性差异造成的。以前的研究工作存在过于强调断层的局部阻水性，忽视断层局部导水性的问题。

抽水试验是确定地下水各项参数的重要观测方法，是水资源评价的主要手段。但是，抽水试验工程的代表性和有效性受抽水试验区的水文地质条件制约。在岩溶区的抽水试验过程中，由于岩溶导水性在空间上的不均一性和导水系数的差异性，不同空间位置上的地下水水位的响应存在明显的差异。抽水量未积累到足以影响到岩溶水系统总储量时，水位变化不明显，地下水的水位响应具有滞后效应，为未完全扰动抽水试验。水文勘探钻孔揭示含水层的范围和性质有限，有时不足以提供不同部位岩溶水连通性的全面信息。如果将抽水试验过程中未发现水位明显变化的区域判断为水源地抽水无影响区，就会造成误断。除了抽水试验外，还需结合其他数据资料进行综合分析，避免只依据水位数据单一指标断别。

济南泉群与寒武系—奥陶系灰岩层及其岩溶构造有关。在寒武系中，灰岩和隔水性强的页岩相间出现，因岩性的差异和导水性不同，在空间上，寒武系存在含水层和隔水层互层：张夏组灰岩裂隙和岩溶相对发育，为寒武系含水层，而张夏组下部馒头组紫红色页岩是其下部隔水层，该层隔离了与太古界太山群变质岩裂隙水之间的水力联系。张夏组上覆的崮山组—长山组页岩，则构成张夏组的上部隔水层，并且成为奥陶系含水层的底部隔水层。因寒武系凤山组与奥陶系灰岩性相似，故将其归为奥陶系含水层。寒武系与奥陶系地层在空间分布上，呈向北西或北东倾斜的单斜构造，地层倾角小，为5°~10°。在济南泉域，北西向断层将寒武系—奥陶系单斜地块分割成多个小块体，这些小的块体之间既有水平错动，又有垂向上的位移。这就造成在一些地段，含水层与隔水层处于同一水平层位。当下部隔水层上移与上部含水层接触时，导水的含水层遇到隔水层时，必然会受到隔水层的阻隔作用，这时在断层位置表现出隔水性，断层隔水性是由阻水地层造成的。

断裂阻（导）水性首先取决于断裂本身的性质，如逆掩断层往往具有较好的阻水性，而平移断层和正断层或张性断层，则具有导水性。另外，断层所处的地质环境也决定着断层的导水属性。例如，完全发育在渗透系数低的岩性层中，断层的导水性较差；发育在导水系数高的岩性层中，断层导水性则较好。如果断层发育于导水系数不同的岩性层，更为常见的是局部隔（阻）水，局部导水。这时应将断层识为导水，尤其是发育于岩溶区内的断层。由于灰岩岩石本身致密，其导水性和赋水性取决于发育于灰岩层中的各种裂隙、溶裂、溶孔、溶洞。在岩溶发育过程中，断裂是重要的控制因素，因为岩溶作用始于裂隙、断裂。在岩溶区内，将断裂作为隔水边界有明显不足。

从空间上和形态上，岩溶都与断裂、裂隙、岩层岩性和产状有密切关系。断裂是沟通不同岩性体的重要通道，沿主断裂发育有次级裂隙网络，可沟通不同的导水系统。灰岩区内的断层对岩溶的发育有积极的促进作用。导水性差的断裂内，有时发育有次级导水通道，其导水能力有时也很强。断裂导水性受外界条件改变（如采矿、降落漏斗区）会发生变化。不同性质的断裂导水性有差异，局部导水性差，不等同于整体不导水或导水性差。

从收集到的资料分析，溶洞走向以北东向和近南北向为主，北西向溶洞少。区域北西向断裂和溶洞主体发育方向不一致，表明岩溶发育与北西向断裂关系弱；同时说明岩溶水的主体水流方向不是北西向，以北西向断裂作为泉域东西边界的方案有明显缺陷。

5.9.5 典型水源地和城区泉群的水力联系

在构造位置和空间分布上，东郊、城区和西郊三个水源地位于辉长岩侵入体与奥陶系灰岩的接触带，三个水源地与接触带构造有密切联系。辉长岩体侵入形成的接触带构造和大理岩变质带，为后期沿接触带分布的构造—大理岩—岩溶水发育带的形成提供了有利条件。已有证据表明，沿接触带分布的大理岩岩溶发育，加之接触带构造形成的裂隙空间，在辉长岩体的南部接触带形成构造裂隙—大理岩岩溶孔隙为特征的导水和赋水空间。这是沟通南部接触带东西两侧岩溶水系统的联络通道。

东郊、西郊和济西岩溶水系统相对独立，有不同的降水汇水区、控水和储水条件。以玉符河东侧分水岭为界，可划分出两个补给-汇水区（Ⅰ区和Ⅱ区）。在分水岭两侧，岩溶水的$\delta^{18}O$、CFCs和特征水化学组成有明显不同。Ⅰ区为泉群以东（东郊）岩溶水的汇水区，Ⅱ区为泉群以西（西郊、济西和长孝水源地）岩溶水的汇水区。五个市供水水源地（东郊、城区、西郊、济西和长孝）含水层为奥陶系，位于奥陶系出露区与覆盖区的转换带。东郊、城区、西郊和济西四个水源位于覆盖型岩溶水水源地（Ⅲ区），而长孝水源地位于灰岩裸露区（Ⅱ区）。

在自然状态下，西郊和东郊地下水水位高于城区泉群涌水标高，表明由西和东两个方向为城群泉群提供汇水水流。城区泉群为东郊和西郊岩溶区地下水的汇水中心。赋水空间为呈近东西向、并向东侧倾的"哑铃"状。西端为西郊——长清岩溶区，东端为东郊——白泉岩溶区。四大泉群恰好位于哑铃的中间变窄处。泉群所处位置是西郊岩溶水和东郊岩溶水的共同排泄口。城区泉群泉水的流量取决于东郊、西郊和济西岩溶区向城区泉群出水口的汇水量或径流量。

在人工开采条件下，岩溶水水位呈西高东低的趋势。在西郊，开采岩溶水导致泉水径流量减少。在东郊开采岩溶水袭夺泉水水流，降低泉水位。无论在东郊还是在西郊水源地，开采岩溶水都不可避免地直接影响到城区泉群的涌水量和水位。

长孝水源地位于Ⅱ区奥陶灰岩裸露区西部，接受降水直接入渗补给，受季节和降水量的影响更为直接和明显。长孝水源地的开发，将袭夺奥陶系含水层补给量，减少补给区向径流区和排泄区的供给量。相对于其他水源地的开采，长孝水源地的开发利用对城区泉群涌水量的影响相对间接。

5.10 岩溶水资源量综合评估

岩溶水资源是重要的供水水源，对其资源量的评价，是有效管理的前提。地下水资源评价是在限定区域内进行，理想状态下，评价地下水资源量的区域边界应为零通量条件。但是受实际水文地质条件的限制，有时这一条件只能部分得到满足。对于非零通量边界，则需估算出流量通量的变化。

本研究重新确定了泉域边界和边界条件。基于新的泉域，按照水量平衡原理进行岩溶水资源估算。将降水量作为总输入量，将地下水径流量、表面蒸发量、植被呼吸蒸发、不饱和带含水量及地下水补给量等作为分项目，与之平衡。从中确定出岩溶水的补给量，并结合泉群涌出量和地下水开采量，以及向下游的排泄量估算地下水的最大可利用量。

5.10.1 岩溶水补给量估算

地下水资源计算，除了要考虑各种计算要素、确定计算需要的各种参数外，还应对地下水补径排条件有合理的认识，对区域水文地质条件和环境进行客观评价。济南市岩溶水资源计算工作开展较早，有多个单位在不同时间和阶段，采用多种估算方法（水量均衡法、数值模拟法）进行了计算，这些计算结果为济南市水资源利用和管理提供了参考依据。但是由于存在对泉域边界和范围的不同认识，这些水资源评价结果存在明显差异。

确定泉域边界和范围是进行岩溶水资源量估算的基础。泉水边界条件的确定，需要结合水文地质条件、已有的各种调查和勘查结果、试验和观测数据，以及环境同位素结果等多方面的资料和结果。本书在综合已有资料和开展的环境示踪剂研究结果的基础上，重新厘定关于边界条件的识别资料和依据，结合现场调查和化学分析数据，提出了新的边界判别依据和新的泉域边界及范围。

在新的泉域及分区内进行岩溶水补给量估算时，采用两种方法估算地下水资源量：一是水均衡法；二是水位动态估算法。

水均衡法是利用传统的补给和排泄量之间动态平衡原理来进行估算。本次计算结果与以前计算结果的主要区别在于边界的选择和计算区域的确定。利用本研究提出的新的泉域划分方案，该方案在区域边界确定上更多地考虑了研究区水文地质条件、地表分水岭及地下水流场特征。

水位动态估算法是利用已有的泉水动态、地下水水位和开采量历史记录及资料来估算。上界面为岩溶水水位，动储量和静储量界面为自最低泉涌水标高沿等势面向径流区和排泄区的自然流面。该界面之下则为静储量区其下界面为凤山组底部界面。

5.10.1.1 水均衡法

估算方法采用传统的水均衡法，主要是考虑在灰岩补给区，地下水入渗系数大，入渗速度快，在岩溶网络系统中水流补给速度较快。其他一些因素，如不饱和带阻滞、截流、蒸发等因素，在本区影响相对较弱，本次计算中未考虑。

(1) 水均衡法水资源量的计算原理

在地下水系统中，补给和排泄量处于动态平衡，任一时间段 Δt 内，补给量和排泄量的差恒等于地下水系统中水体积的变化量，水量均衡关系式表示为

$$Q_{补} - Q_{排} = \pm \mu A \frac{\Delta h}{\Delta t}$$

式中，$Q_{补}$ 为地下水系统补给量；$Q_{排}$ 为地下水系统排泄量；$\mu A \dfrac{\Delta h}{\Delta t}$ 为地下水系统水体积变化量。

在一定时间段内,地下水系统水量保持平衡,即地下水系统变化量为零。则水均衡方程式表示为

$$Q_{\text{补}} = Q_{\text{排}}$$

在有地下水开采时,排泄量为自然排泄量和人工开采量之和,有地下水开采的情况下,水均衡方程式表示为

$$Q_{\text{补}} = Q_{\text{开}} + Q_{\text{排}}$$

(2) 计算参数

泉域总面积为 2850km²。将泉域划分为三个区：Ⅰ、Ⅱ和Ⅲ区,各分区面积见表 5-14。

表 5-14 泉域分区及水资源量估算表

分区	含水层	面积 /km²	降雨量* /(mm/a)	入渗系数	日均补给量 /(万 m³/d)	年补给量 /(万 m³/a)
Ⅰ₁	寒武系	140	655	0.33	7	2 421
Ⅰ₂	奥陶系	320	655	0.45	21	7 546
Ⅱ₁	玉符河	600	752	0.33	33	11 912
	北大沙河	450	623	0.33	20	7 401
	南大沙河	300	603	0.33	13	4 776
Ⅱ₂	奥陶系	390	670	0.45	26	9 407
Ⅲ	第四系	650	650	0.35	32	11 830

*降雨量数据参考2010年济南市水资源公报

Ⅰ区为间接补给区,可细分为两个子区Ⅰ₁和Ⅰ₂区；Ⅱ区为直接补给区,可细分为Ⅱ₁和Ⅱ₂区；Ⅲ区为覆盖区。

根据地形、地貌、地层、岩性、地质构造,类比济南泉域、白泉泉域及明水泉域的情况,选取降水入渗系数：寒武系裸露区综合降水入渗系数为 0.33（在Ⅱ₁将泰山群变质岩与寒武系灰岩取综合入渗系数）,奥陶系灰岩裸露区降水入渗系数为 0.45,第四系孔隙水入渗系数为 0.35。多年平均大气降水量为 650mm。有些单次降水量较小,难以形成有效补给,这里将取校正系数 0.8 作为补给地下水的年降水量的有效值。

按照 2001 年的数据,市区农业用水量为 0.92 亿 m³,农灌水利用系数为 0.5。大水漫灌的方式使得单位灌溉需水量大。灌溉水除了使不饱和带含水量增加外,还可回补地下水。由于在该地区缺乏相关工作,缺乏具体数据,在入渗系数大的地带农灌,需要估算农灌水回补系数及补给量。济南南部山区第四系覆盖层薄,入渗系数大,山区的农灌水可能回补地下水。山区地表水回灌系数为 0.3,平原区回灌系数为 0.15。

(3) 直接补给区的确定原则

直接补给区的确定原则包括：①依据泉域划分和岩溶子系统确定直接补给区；②寒武系和奥陶系地表露头范围为两个含水层各自的直接补给区；③上游水库蓄水、河道干枯,则下游河道渗漏补给量为零；④北部山前冲-洪积扇区降水直接补给第四系孔隙水。

隐伏岩溶区上覆第四系沉积物，其中发育孔隙水。多种证据表明，第四系孔隙水与下伏岩溶水之间无水力联系或水力联系弱。例如，在玉符河西北修建了玉清湖水库，玉清湖水库蓄水，导致水库外围第四系孔隙水水位抬升，并高于岩溶水水位；济西抽水试验过程中，岩溶水水位与附近第四系水水位动态不一致；在大杨庄水源地，岩溶水和附近第四系水 CFC 组成不同；山前地带至泉域北界，第四系孔隙水与岩溶水无明显水力联系，降水入渗补给第四系孔隙水，平原降雨入渗对岩溶水的补给量为零。

（4）岩溶水补给量及可利用量估算

依据所选计算参数，利用统计计算获得的年降雨量计算泉域内地下水的直接补给量，结果见表 5-14。由于每年降雨量都会发生变化，可利用当年降雨量进行重新计算，更新岩溶水补给量。在河流有径流时，需增加河水入渗补给量。

II_1 区的三个河系除了降水入渗补给地下水外，还可汇集地表径流汇入河道。河水流量为基流量与地表径流量之和。因为每一个河流上游都建立了规模不等的大中型水库，几乎截留全部上游河水，导致水库下游河道干枯。在这种情况下，河水入渗补给地下水的量为零，可忽略 II_1 区对 II_2 区的补给。

泉群补给量（更新量）可作如下估算：

1）II_2 区降雨入渗补给是泉群西部奥陶系含水层获得的可更新资源量。

2）I_2 区的降雨入渗补给是泉群东部奥陶系含水层获得的可更新资源量。

3）$I_2 + II_2$ 是城区泉群获得的总可更新资源量：由计算结果可知，奥陶系出露区面积为 $I_2 + II_2 = 710 km^2$，获得的平均补给量为 47 万 m^3/d，为在无河水入渗补给时的直接补给区补给量。

4）南部山区为岩溶地貌，多干沟，基本不产流，这里未作地表径流估算。II_1 区为南部山区寒武系补给区范围，地表水系水流为降水入渗补给地下水后，地下水转换为地表水形成的基流量。II_1 区补给量为地表水和地下水之和。

5.10.1.2 补给量估算

（1）原理和方法

自然补给量（R）：为补给含水层的入渗水量。按水均衡原理，入渗补给量为当前水体积（Q）与地下水资源量变化（ΔA）之和，$R = Q \pm \Delta A$。长期来看，$\Delta A = 0$，$R = Q$，表明含水层自然补给量与排泄量一致。

含水层可分为两个部分：静储量（W_p）和动储量（W_r）（图 5-29）。动储量为排泄面以上的某时刻的水力体积（V）。在排泄面以下，为静储量（W_p）。

W_r 随时间而变化，可利用泉水退水线计算特定时间的水力体积（V）。非承压含水层深部具有固定的排泄面，未受扰动的排泄量可利用下式来估算，即

$$Q_t = Q_0 e^{-\alpha t}$$

式中，Q_t 为体积流速；Q_0 为初始值；α 为退水系数，表示为 $\alpha = 2T/SL^2$（Rorabaugh，1960）。α 值受水文地质条件控制，如导水系数（T）、储水系数（S）和含水层的几何尺寸（从含水层重心至排泄点的距离，或平均水流路径长度）等。

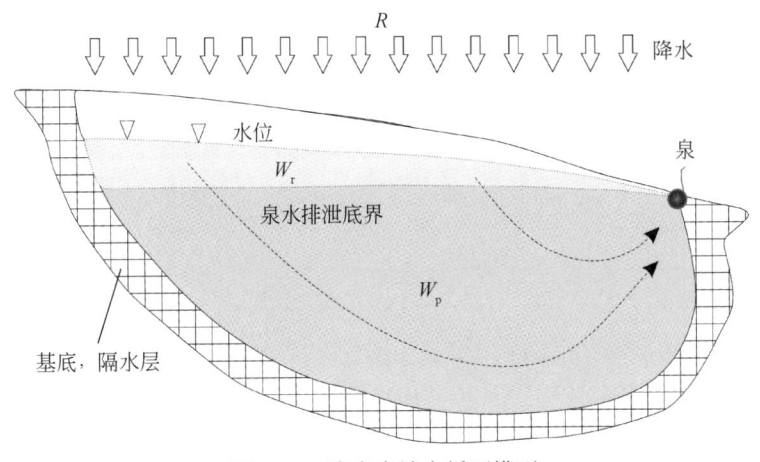

图 5-29 济南泉域水循环模型

R 为补给量；Q 为排泄量；W_r 动态水量（可更新量）；W_p 为静态资源量

利用 $Q_t = Q_0 e^{-\alpha t}$ 公式，某一时刻补给水量减少一半的时间为 $t = 0.693/\alpha$，例如当 $\alpha_1 = 0.01\ d^{-1}$，$\alpha_2 = 0.001\ d^{-1}$ 时，分别需要 69 天和 693 天。

在未受干扰条件下，退水过程可用 $Q_t = Q_0 e^{-\alpha t}$ 来描述。该方程是基于含水层排泄量与平均水位之间呈线关系，只考虑泉水排泄量，未考虑地下水侧向传输至其他含水层，不考虑地下水蒸发损失量。许多含水层只有一个 α 值，但是在含水层条件差异明显时，有多个 α 值。

退水线是含水层由某一时刻最大水量随时间不断减少的过程（图 5-30）。退水线包含含水层储集性质和含水层特征信息，可为揭示含水层性质提供重要依据，对水资源规划和管理有重要意义。Tallaksen（1995）对退水线含义进行了评述。

动储量可用如下积分公式计算，即

$$Q_{t0} = \int_0^\infty Q_t dt = \int_0^\infty Q_0 e^{-\alpha t} dt = \frac{Q_{t0}}{\alpha}$$

式中，Q_t 为 t 时刻流量；Q_0 为退水线开始时的流量；α 为退水系数。

（2）计算

年平均补给量（R）按水文地质单元分别估算，估算方法采用分布式数学模型计算。这里利用上面均衡法计算结果。

退水系数（α）计算方式有如下 4 种：①已知泉流量；②河水水流及流量分隔；③含水层水力渗参数；④反演分析。利用一定模型，利用实际数据，对上述参数进行校正。

利用济南城区泉群自 1959 年以来的泉流量数据（图 5-31），按第一种方法，由已知泉流量来计算退水系数。由于自 1960 年以来济南大规模地利用泉群附近岩溶水，城区泉群流量受到地下水开采的扰动。已有的泉流量及变化数据不能完全反映自然水循环过程。通过分析已有的泉流量资料，选择地下水开采量小的时期（1959～1982 年），并将地下水开采量归入泉流量，恢复泉自然排泄量及变化（图 5-32）。1982 年以后，虽然城区泉群附近地下水开采量有所减少，但是在东郊和西郊水源地的开采量大为增加，袭夺泉群流量。虽然自 1987 年起，降水量有明显的回升，但是泉流量不仅未得到恢复，反而进一步减少。

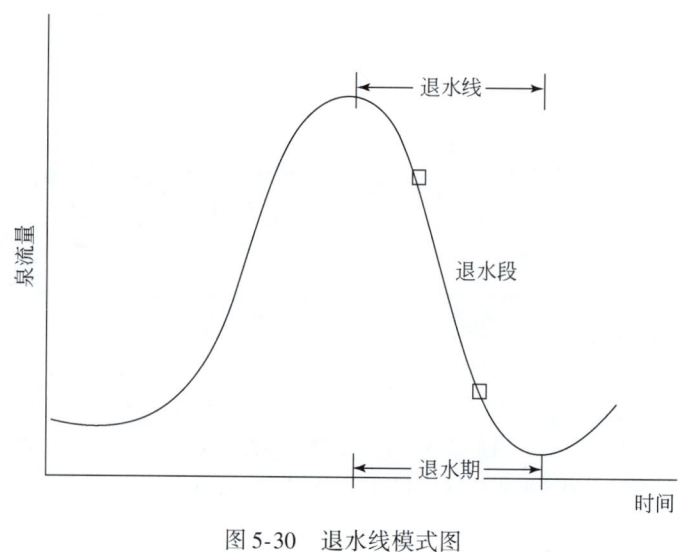

图 5-30 退水线模式图

在 1959~1982 年这一时期，泉群流量主要受城区水源地开采量的影响。泉群流量的恢复需要将岩溶水开采量归入泉流量。因此，自然条件下的泉流量为岩溶水开采量与实际泉流量之和。1959~1982 年，恢复的泉流量与降水量变化呈较好的一致性。

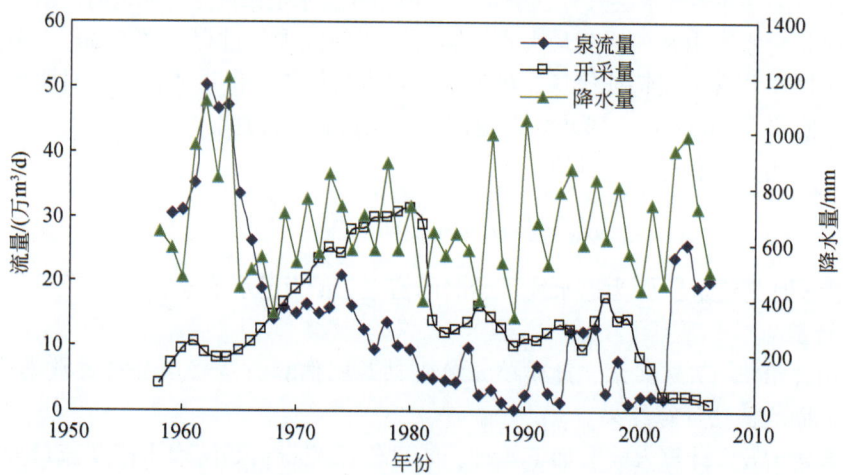

图 5-31 1958 年以来城区泉区流量、岩溶水开采量和降水量

泉流量的变化可用于揭示含水层储集性质。1964~1968 年为泉流量由高到低的时间（图 5-33），可作为岩溶水含水层退水线分析时间段。1959~1964 年是济南近 50 年来降水最为丰富的时间段，这一期间内的岩溶水开采量较小。1962 年和 1964 年为降水量最大年份。1962 年为泉群流量最大的年份，在 8 月份最大达历史水平，98 万 m^3/d（表 5-16）。1965~1968 年是相对枯水年，泉水量减少。由泉流量年变化曲线可见，在 1961 年、1962 年和 1964 年三个年份有明显的月退水过程，其他年份月退水过程不明显（图 5-34）。这除

了与年降水量变化有关外，岩溶水的大量开采消减了动储量的波动和变化。

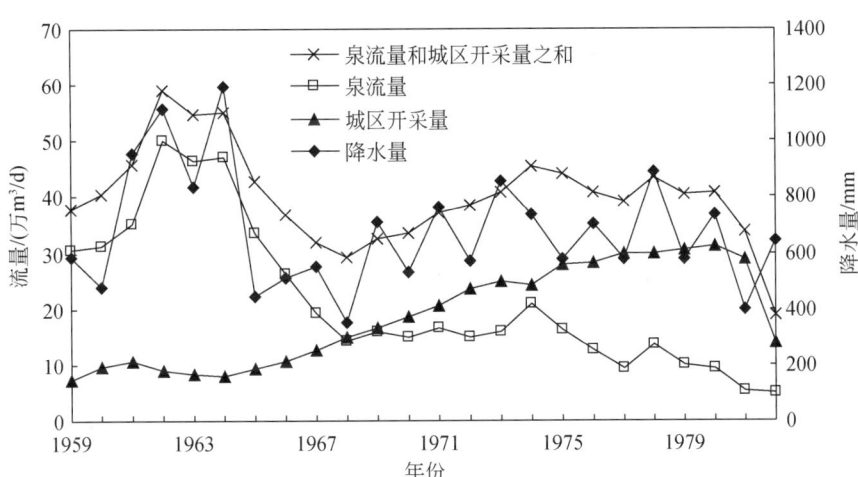

图 5-32　1959～1982 年城区泉群流量、岩溶水开采和降水量

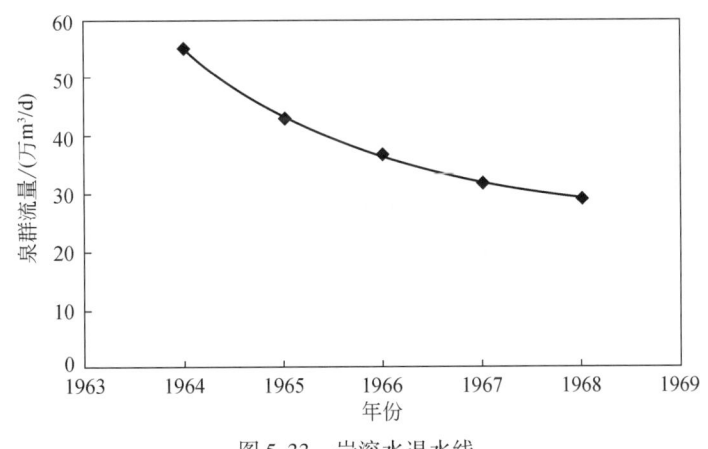

图 5-33　岩溶水退水线

设定 1964 年为退水起始时间，则 $Q_0=55$ 万 m³/d，利用公式 $Q_t=Q_0e^{-\alpha t}$ 计算退水系数（α）为 0.000 437～0.000 698 d⁻¹（表 5-15），平均值为 0.000 549 d⁻¹。流量衰减一半所需要的时间为 $\ln2/\alpha$，计算结果为 1264 天，相当于 3.5 年。由前面公式 $V_{t_0}=Q_{t_0}/\alpha$，也就是说，城区泉群动储量为退水线初始流量与退水系数倒数之积，计算结果为 10 亿 m³，相当于年补给量的 3～4 倍。这一数值可作为本区动储量最大值。

表 5-15　岩溶水年退水系数计算结果

年份	距起始时间的年数/年	天数/天	泉水年均流量/（万 m³/d）	年退水系数（α）/d⁻¹
1964			55	
1965	1	365	43	0.000 698

续表

年份	距起始时间的年数/年	天数/天	泉水年均流量/（万 m³/d）	年退水系数（α）/d⁻¹
1966	2	730	37	0.000 553
1967	3	1 095	32	0.000 506
1968	4	1 460	29	0.000 437

1962 年的退水系数为 0.0018～0.0027d⁻¹；而 1964 年的退水系数为 0.001～0.0021d⁻¹。1962 年和 1964 年泉群流量相差大，1964 年的退水系数比 1962 年虽相对变小，但是考虑到这两个年份泉群流量的明显差异，退水系数的变化并不明显。这一特征说明，含水层性质并未因动储量体积的变化而有明显变化。但是，我们可以看到，泉群流量越大，退水系数越大；泉群流量越小，退水系数则变小。

1962 年和 1964 年的月退水系数与年退水系数相比，相差一个数量级，表明季节变化引起的动储量变化，大于连续丰水年引起的水量变化。季节变化产生的动储量变化持续时间短。也就是说，当降水量减小，或者地下水开采量大时，可消减季节变化产生的动储量及变化。例如，1969 年和 1971 年的月退水系数与年际间退水系数相似，表明这一期间泉水出流量，依赖于释放多年积累的水量。

水量波动可分为两种类型：一是（月）季节变化引的；二是年变化引起的。季节水量小波动小，退水快；年际间的水量波动大，退水慢。退水系数是分析季节变化和年际间水量的变化的重要参数。

表 5-16 岩溶水月退水系数计算

序号	月份	天数	1962 年 泉群流量/（万 m³/d）	1962 年 月退水系数（α）/d⁻¹	1964 年 泉群流量/（万 m³/d）	1964 年 月退水系数（α）/d⁻¹	1969 年月退水系数（α）/d⁻¹	1971 年月退水系数（α）/d⁻¹
1	7	31	71.1		49.05			
2	8	59	98.59		48.38			
3	9	90	78.6	0.002 517 8	65.57			
4	10	120	70.95	0.002 741 6	65.34			0.000 215 2
5	11	151	65.24	0.002 7344	68.09		0.000 454 6	0.000 889 4
6	12	181	61.04	0.002 648 8	58.87	0.000 96	0.000 306 1	0.000 788 3
7	1	212	62.18	0.002 174 2	46.73	0.002 08	0.000 512 3	0.000 632 4
8	2	243	63.94	0.001 782	44.22	0.002 04	0.000 391 4	0.000 701 3
9	3	273	57.42	0.001 980 1	50.84	0.001 2	0.000 422 9	0.000 675 2
10	4	304	56.17	0.001 850 6	42.47	0.001 73	0.000 396	0.000 845 4
11	5	334	52.75	0.001 872 5	39.97	0.001 75	0.000 462 6	0.000 764 1
12	6	365	50.91	0.001 810 7	44.65	0.001 26	0.000 576 5	0.000 660 4

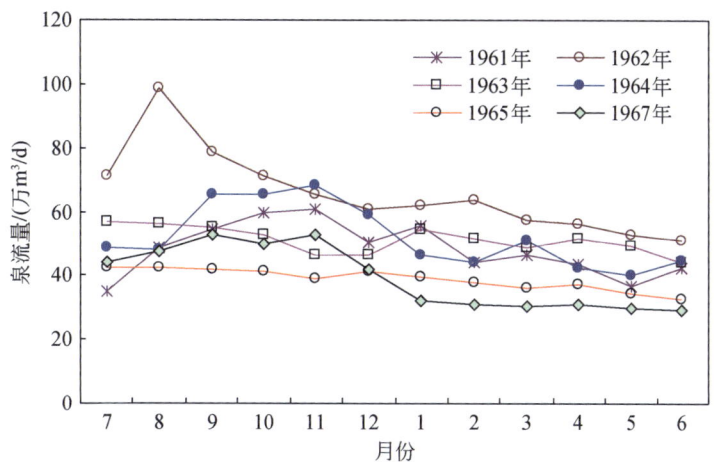

图 5-34 1959~1971 年六个典型年份城区泉群流量

5.10.2 岩溶水可利用量估算

以城区泉群最小涌水量的最低水位为水源地供水允许水位下降限值,则在该区存在岩溶水最大允许可开采量,即有一个上限值。当地下水开采量未超过此上限值时,除因开采造成的地下水水位下降和泉水涌出量减少外,不会造成泉水的断流。地下水开采量上限值及允许地下水开采最低水位可作为济南地下水开发利用管理的指标。

5.10.2.1 由降水量确定济南泉域岩溶水开采量限值

利用上述研究结果,结合济南 2006~2010 年降水、地表水利用等实际资料,估算当前岩溶水补给量和可利用量。2006~2010 年全市平均降水量分别为 559.7mm/a、622.9mm/a、601.1mm/a、746.8mm/a 和 750.4mm/a,平均值为 644.6mm/a。

自 1958 年以来,1989 年为降水量最低的年份,降水量仅为 340.3mm,1964 年为降水量最大的年份,降水量达 1 196.6mm。I_2 和 II_2 区为直接补给区,在不考虑人为改造引起的汇流面积和入渗系数减少的情况下,直接补给区补给量仅与当年降水量有关。为此我们以最小降水量和最大降水量来估算确定泉域内岩溶水总补给量和可利用量的限值和范围。计算结果见表 5-17 及图 5-35。

表 5-17 由历史降水量最大和最小值限定的泉域岩溶水补给量

分区	面积/km²	降水量	年降水量/mm	入渗系数	补给量/(万 m³/d)
I_2	320	最小	340.3	0.45	4 778
II_2	390		340.3	0.45	3 920

续表

分区	面积/km²	降水量	年降水量/mm	入渗系数	补给量/（万 m³/d）
I₂	320	最大	1 196.6	0.45	13 785
II₂	390		1 196.6	0.45	16 800

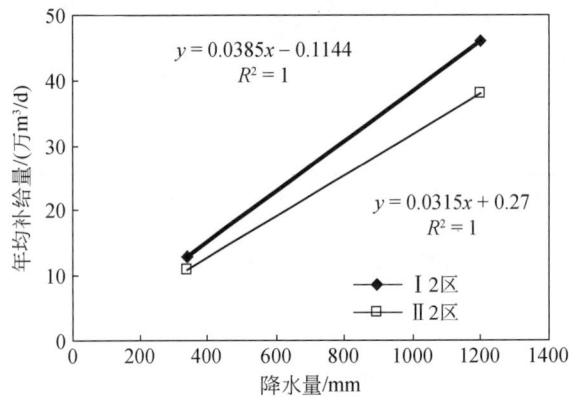

图 5-35 历史最大最小降水量时 I₂ 和 II₂ 汇水区年补给量相关图

5.10.2.2 地表水

玉符河、北大沙河和南大沙河是城区泉群西部的主要地表水系。由于在每个河道的上游建有水库和蓄水设施，水库对河流流量已实现完全控制。水库游下河道呈长年断流情况。在河道有水的情况下，可直接补给城区泉群；在干枯条件下，河系对城区泉群贡献小，甚至没有。

表 5-11 为 2012 年主要水库建成时间、总库容、兴利库容、供水能力和实际供水情况统计表。2010 年，卧虎山和锦绣川水库总供水量为 2 361 万 m³/a（表 5-11），即 6.5 万 m³/d。玉清湖和鹊山水库总供水量为 21 756 万 m³/a，相当于 60 万 m³/d。黄河水是济南市供水的主要水源，可用于替代岩溶水水源地供水。利用域外水源，减少泉域内地下水的利用量，是保持城区泉水出流的关键。

由表 5-12 可见，2010 年的实际供水量低于兴利库容和实际供水能力。2008 年的年蓄水量相对 2009 年和 2010 年较高，但是低于兴利库容，表明上游河道来水量小于兴利库容。加之每年的实际消耗，水库没有多余的水量下泄补充下游河道，导致下游河道常年干枯。河水入渗补给地下水的过程长期处于停滞状态，地下水的补给量因此而减少。在计算泉域补给量时，则不考虑间接补给区对直接补给区的补给量。

5.10.2.3 地下水补给量

在新的泉域内，奥陶系出露区为城区泉群直接补给区；寒武系以及泰山群变质岩系为间接补给区，下游河道断流时，则中断了与直接补给区的联系；第四系覆盖区为下伏灰岩含水层的径流区。直接补给区出露面积及降水量决定当前泉域的补给量。利用济南2006～2010年的降水量最小值559.7mm，最大值750.4mm和平均值644.6mm/a分别估算年补给量，结果见表5-18。

表5-18 泉域分区及水资源量估算表

分区	含水层	面积/km²	降雨量*/（mm/a）		入渗系数	日均补给量/（×10⁴ m³/d）	合计/（×10⁴ m³/d）
I₂	奥陶系	320	最小	559.7	0.45	18	40
II₂	奥陶系	390		559.7	0.45	22	
I₂	奥陶系	320	平均	644.6	0.45	20	45
II₂	奥陶系	390		644.6	0.45	25	
I₂	奥陶系	320	最大	750.4	0.45	24	53
II₂	奥陶系	390		750.4	0.45	29	

＊为2006～2010年降水量最大、最小和平均值

5.10.2.4 岩溶水可利用量估算

奥陶系灰岩出露面积和年降水量是影响泉域补给的两个关键要素。城市建设应避免占用奥陶系灰岩出露区。在不考虑奥陶系灰岩被地表建设覆盖，或因人为活动而影响入渗系数的条件下，降水量影响泉域补给量和泉涌水量。按照表5-18的计算结果，近5年年均补给量为45万 m³/d。按照泉涌水量20万 m³/d计算，在补排平衡条件下，泉域内地下水年均可利用总量小于25万 m³/d。地下水可利用量因降水量而变化，可根据每年降水量结果进行重新估算，以作为该年地下水开采量的管理依据。

需要注意的是，在济南泉域，虽然补给量较大，但是由于岩溶水水位与泉出露标高之间相差仅2m左右，多数情况下不足2m，限制了泉域内地下水开采量。在保证一定开采量的前提下，需要对城区泉群水位影响最小。按城区水位与泉水出流量统计分析，以26m为参考点，城区泉群水位变化1m，泉水流量变化7万 m³/d。如果以黑虎泉和趵突泉出露标高作为参考点，水位变化1m，泉水流量变化则大于7万 m³/d。因此，除年降水量变化影响泉域内年补给量外，地下水开采对城区水位的影响，直接影响着城区泉群的涌水量。

5.10.2.5 与过去评价结果比较

本次研究重新厘定了泉域边界，圈定了新的泉域，进行了分区，并对直接补给区和间接补给区的含义进行了重新定义。在本书中，泉域补给量和可开采量的估算结果与过去报告有明显差别，低于以往的评价结果。影响补给量和岩溶水可利用量的几个重要因素分述如下。

（1）泉域面积

泉域面积为2850km²。自马山断裂向西，以及自东坞断裂向东，泉域都有所扩展，扩大了直接补给区和间接补给区面积，与过去泉域面积相比，本次研究获得的新泉域面积有明显增加。

(2) 直接补给区与间接补给区之间的关系

早期工作提出的直接补给区和间接补区的概念是合理的，因为南部山区寒武系顶底板页岩作为隔水层，将寒武系与奥陶系分为两个独立含水层。在寒武系汇水区，寒武系岩溶水通过地下水–地表水转换才能补给奥陶系含水层。在河水径流被水库截流后，中断了间接补给区与直接补给之间的联系，城区泉域只有直接补给区补给。在过去的水资源评价中忽略了这一变化，仍将间接补给区水量归入泉群补给量，造成评价结果偏高。另外，奥陶系覆盖区的第四系含水层与奥陶系灰岩含水层无明显水力联系，或联系较弱。

(3) 补给量和可利用量

泉域补给量和可利用量首先取决于对泉域范围的界定、并搞清泉域内部，以及外部代表性水文地质单元之间的水力联系。过去的一些工作将济南泉域划分为相互独立的几个单元，从而导致对该区补给量和可利用量的估算结果偏高，以及公共水源地的供水量偏大。济南地下水的开发利用与国内其他地区的不同之处，是需要保护城区泉群的出流。泉域内水源地的建设超过一定限度，必然导致地下水过量开采，泉水断流。

(4) 地下水可开采量

在泉域内，水源地的最大开采量为扣除泉年涌水量之后的年补给量。除此之外，为了维持一定的泉涌水量，还需要保持较高的水位。因此，地下水可开采量小于年均补给量与泉涌水量之差。

5.10.3 泉水断流和恢复机理

1959~1964 年是济南近 50 年来降水最为丰富的时间段。年降水量连续三年超过 1000 mm，而这一期间岩溶水的开采量较小，泉水流量达到最大值。按照退水系数估算法，最大动储量值可达 10 亿 m^3。这一动储量值衰减一半所需要的时间为 3.5 年。自 1965 年以来，多数年份的降水量小于 1000 mm，连续丰水年少，而且枯水年份增加，含水层长期处于退水过程。季节变化产生的动储量增加，会因过量开采，地下水排泄加速而消减，导致泉流量动态变幅变小，总流量下降。泉水断流为动储量耗尽，甚至发生静储量亏损。

在相对干旱年份，或者虽然有丰水年份，因地下水开采量过大抑制动水量恢复，水量亏损难以被及时足量补充，泉流量就会受到抑制，甚至发生断流。在泉水断流年份，动储量全部被消耗，地下水开采以该区静储量减少实现。泉水断流之后的复流，首先需要弥补亏损的静储量，使地下水水位恢复到泉水排泄基底面之上。泉排泄基底面之上的水位及储存量直接制约着泉水流量和出流时间。

在城中心区地下水开采量减少，有利于维持不低于泉水出流的最低水位。但是，这并不能保证泉水的出量和出流强度。因为地下水开采和利用发生在全流域，在泉水补给区的中上游的地下水利用造成泉域范围内动储量下降。在偏干旱条件下，泉域补给量下降，同时水含水层中的滞留时间变短，都导致泉域地下水资源量的下降，难以有效恢复。

在济南，保泉作为第一条件时，泉域地下水水位要高于泉群出流的最低水位，在空间上，存在一个最低出流基底面，可称之为泉群排泄底界面。该界面之上的水资源量为动储量是保泉条件下的泉群流量与地下水开采量之和。

泉排泄面以上水量，直接影响着泉水出流量，是在保泉条件下地下水开采量的限值条件。在地下水开采和泉涌水排泄的方式下，泉排泄面之上水量变化，是估算岩溶水资源可利用量，制定合理的管理方案的重要依据。

在泉域内，泉群涌水口处虽然可定义为排泄区，但是由于泉群位置与补给区和径流区在空间上的分区并不明显，也就是泉涌口处，甚至可以是补给区、径流区和排泄区三区叠合在一起的特殊区域。由于在补给区，或者补给区的边缘，岩溶水、泉水运移路径短，地下水年龄新，可更新速度快。泉群出流水位以上的地下水量是确保泉出流的必要水量，受降雨量、地表入渗条件和入渗方式等因素控制。泉群出流水位以下的地下水为相对静态水量，一旦动用这部分资源量，则导致泉水断流。

降水-地表水-地下水三水转化过程，因地表水消失而中断，地下水失去了地表水的补充。人工补源工程，是改变地下水补给条件的重要措施，其效果受如下几个因素的控制：①当前地下水亏损情况；②人工补给方式；③人工补源数量和持续时间；④回补位置的选择；⑤含水层对人工补给源的响应过程和时间。

5.11 本章小结

基于环境同位素、CFCs定年方法，结合已有数据和资料，对济南泉域进行了综合研究，重新划分了济南泉域边界和范围。泉域南界南起南部山区分水岭，东至大有庄分水岭；北部边界为燕山期辉长岩侵入体北部接触带。西部和东部两侧属第一类边界，或给定水头边界。泉域面积为2850km^2。

区域地下水流方向受裂隙-岩溶导水通道发育程度和展布方向控制。寒武系和奥陶系岩溶通道属性不同。寒武系通道主要呈南北向或北西向，而在奥陶系内，岩溶通道主要呈北东向和近东西向。泉域内水流通道和水流方向有三组：第一组是沿玉符河直达西郊水源地的北西向水流；第二组是从玉符河上游向泉群方向的北东向水流；第三组是沿接触带构造的近东西向水流。

西郊水源地、东郊水源地和趵突泉位于辉长岩体南部接触带，接触带构造沟通西郊水源地、东郊水源地岩溶水和趵突泉之间的水力联系。济西岩溶水通过西郊岩溶水与趵突泉联系。济西一带容水空间大，是城区泉群泉水的重要调蓄库。东郊、城区、西郊、济西四个水源地位于泉域径流-排泄区，这些水源地直接袭夺泉群流量。马山断裂未构成完全阻水边界，长孝水源地位于泉域西部上游直接补给区，长孝水源地的开发袭夺城区泉群补给量。长孝水源地对城区泉群的影响相对间接，具有滞后性。

南部山区分水岭以北，泰山群和寒武系出露区为城区泉群间接补给区，奥陶系出露区为城区泉群直接补给区。城区泉群的补给源为直接补给区内降水入渗补给和间接补给区通过河道的入渗补给。四大泉群来水通道有明显差异，趵突泉和五龙潭主要受西部来水控制，黑虎泉受东南方向来水影响，珍珠泉则与其他泉群的通道不同。

玉符河东部分水岭和千佛山断裂将其分为东西两个汇水区，并通过辉长岩体南部接触带构造联通。东部汇水区面积有320km², 西部汇水区面积有390km²。按年平均降水量计算，东部汇水区年补给量为20万 m³/d, 西部汇水区为25万 m³/d, 合计为45万 m³/d。在正常降水年份，保持泉群流量为20万 m³/d时，泉域内岩溶水总开采量应不超过25万 m³/d。

城区泉群出流不仅受控于泉附近地下水水位和岩溶水开采量，而且受控于排泄基准面以上动储量及变化。泉流量与泉域内岩溶水开采量之和小于动态储量时，有泉水出流，反之，则断流。泉水流量取决于动储量部分的水动力条件。

第 6 章　地下水补给和资源可持续利用

地下水单元或系统与外界的关系有三种：①开放，与外界有联系；②半开放，与外界部分联系；③封闭，与外界无联系。开放的地下水系统一般会被认为有降水入渗补给，被利用的地下水是可以恢复的。而封闭的地下水系统无补给，或只有有限的补给，被利用的地下水因难以获得即时的补充而被消耗，这类地下水资源量则随利用量的增加而减少。补给量是判别地下水可持续利用能力的重要指标。

6.1　地下水补给源和补给过程

由于陆地地质环境、降水量、地表水分布等有不均一性，从而地下水系统拥有的补给源和可获得补给量也存在时空变异性。补给量估算模型基于研究区数据和经验，以水位资料为基础的水资源量数值模拟，模拟结果的合理性和可靠性受多种因素制约，如果缺乏合理的水文地质解释，会在模型建立、参数选择、边界刻画等方面存在缺陷。由于地下水运移过程无法直接观察，依据经验参数进行模拟计算，往往会高估水资源量，传统水文地质学方法有其局限性。环境示踪剂原理和方法是弥补这一问题的有效手段。

6.1.1　补给源和补给方式

6.1.1.1　补给源

陆地水资源主要来源于大气降水，由于存在形式、赋水空间和补给方式不同，衍生出多种不同类型。地下水补给源包括天然补给源和人工补给源。天然补给源包括降水、冰雪融水、湖泊、池塘、河流和其他含水层。人工补给源包括人工回灌水、河渠和农田灌溉渗水、水管渗漏等。有目的人工补给地下水是近几十年来才出现的，为恢复、保护环境、储蓄可利用水资源，提高水资源利用效率，缓解水资源不足而采用的一种技术措施。

6.1.1.2　补给方式

补给方式可分为直接补给和间接补给。

降水直接或扩散补给是使土壤饱和后，部分降水穿过非饱和带补给地下水。在湿润气候区，土壤含水量高，降水通过包气带快速补给地下水，地下水位上升。

间接补给是地表径流、河、湖等水源渗透补给，补给路径分为：面状补给（洼地）、线状补给（通过河床、断裂带）、点状补给（渗坑、渗井、岩溶孔洞）。在干旱和半干旱地区，地下水常以间接补给方式获得补给河水渗透速度和渗透量受河流宽度、深度、河道有水时间、河床底部渗透性等性质影响。

在直径小于3mm的空隙中，水流运动受毛细力和重力双重作用。毛细流形成稳定湿润峰，水不会自由流动，毛细力可克服重力向上运动。土壤干燥时易形成非稳定湿润界面。在干旱-半干旱区，土壤失水过多时，则易形成非稳定湿润面，阻碍降水入渗补给速度，有时甚至可形成隔水层，降水难以入渗补给地下水。

平原区地下水补给区往往位于山区含水层出露区（带），以及山前冲洪积扇区（带）。降水以扩散方式入渗补给地下水，局部地段或有河水入渗补给。平原区孔隙含水层可接受降水扩散补给，尤其是在地下水水位埋深浅时更为有效。降水能否形成地下水有效补给，受多种因素影响，如降水量、入渗水运移路径和距离、含水层导水系数等。在如下几种情况下，平原区降水有效补给量变小或无：地下水水位埋深大（>5m）、土壤中黏土矿物含量较高、土壤含水率低、不饱和带中有干土夹层、有农作物或植被覆盖。

水文过程的观测、模拟都离不开建立与实际情况相符的概念模型。水文地质过程的模式概化基于水文地质过程、补径排区域、边界条件、水文地质界限、输入和输出水量，确定出约束条件和初始概念模型的可靠性是合理估算地下水补给量的前提。流域尺度概念模型复杂，需要考虑补给区、补给源、补给速率、补给过程、入渗系数、蒸发模式和蒸发量、空间分布、相邻含水层之间的关系。模式参数，如含水层、隔水层、水位埋深、水力传导系数和分布、地下水水头、含水层范围、排泄区、水流机制和影响补给因素等，需要结合实际水文地质背景来确定。

6.1.2 地下水补给过程

降水是地表水和地下水的补给源。降水过程及变化直接影响着陆地水资源变化。水文地质环境容纳降水，决定了水的赋存空间和水流方式。自然水文过程则是一定水文地质背景下降水的运动。

降水发生时，在土壤-空气界面上，形成径流、渗入土壤孔隙、发生蒸散发（水体蒸发、土壤表面蒸发、植被蒸腾）等作用。水平径流汇入河湖水系，垂向径流穿过不饱和带后，进入地下水流系统。在补给区，补给水进入含水层，地下水流方向向下；在排泄区，地下水离开含水层，地下水流方向向上。从补给区到排泄区构成地下水流系统，自入渗补给区到达排泄点的路径为水流路径。

在补给区，补给水朝向排泄点运移过程中，补给区上覆土壤会失水。在排泄区，因水势大，降水存留于浅表土壤，水进入非饱和带形成潜流，水进入饱和带则形成基流。地下水具有势能和动能，在地下水流速低时，动能可忽略。测量地下水位（水力水头、水头）标定地下水势能，包括压力水头和势能水头。沿地下水流线一定距离上的水头变化（水力梯度）驱动地下水运动。势能是地下水运动的主要驱动力。在分水岭处，地下水埋深最大，势能最高。在自然条件下，地下水位与地表地形一致。

根带以下的渗入量称为补给量。补给量为含水层增量，是指自不饱和带或地表水体进入含水层的水量。补给方式可分为：①面状分布式补给，如降水垂直入渗或农灌水入渗；

②集中式补给，是指在地表低凹处，地表径流汇集至河、湖、湿地入渗补给含水层。在山区，补给方式还可分为山前入渗补给、山间入渗补给（Wilson and Guan，2004）。当水呈均速运动时，补给水完全置换早期水体，这一过程称为活塞式入渗水流。

在自然条件下，地下水补给与气候、地形、地质等因素有关。地下水水流模式受潜水面、含水层水力传导系数制约，同时潜水面是地形和降水量的函数。地下水由流域地形高处入渗补给，在地形低洼处蒸散发或形成基流排泄。地下水流系统是指由不透水层边界围限的，自源到汇具有统一时空响应的含水地质体，具有水量、水质输入、运移和输出的地下水基本单元及其组合。根据补给区和排泄区空间位置，地下水系统可分为三个类型。

1）局部地下水系统：补给区在地形高处，与之相邻的地形低处为排泄区。地形起伏大，易发育局部水流系统。

2）过渡地下水系统：补给区和排泄区之间有一个或多个正地形。

3）区域地下水系统：补给区位于地形高处，在流域底部为排泄区。

一般情况下降水入渗补给过程为：非饱和区降水形成地表径流或潜流；补给区降水入渗后向排泄区运移；排泄区降水进入排泄区基流中。降水到达地表后，都会发生不同程度的蒸发消耗。河流接受流域地表径流或地下水补给。

地下水系统的空间分布影响地下水排泄量。地下水排泄有局部地下水，也可能有区域地下水。有时将基流量作为平均补给量，这有可能导致估算结果有较大误差。因为基流量可能是总排泄量的一部分，从而导致低估总补给量；另一种情况是，基流量不完全由当地降水补给时，则高估补给量。

地下水过量开采区，地下水水位下降明显，地下水流场属性发生重大改变。在地下水水位降落漏斗区，往往可以形成局部地下水流场，从而形成新的补径排关系，独立于区域地下水流场；使补给区降水入渗补给可能难以到达区域地下水排泄区。

6.2 地下水补给速率估算方法

地下水补给是一个复杂过程，受气候、地形、地质、生态等多种因素制约。在现场观测补给速率比较困难。补给速率的估算，首先需要建立起基于补给源和补给过程的正确的地下水流模式，然后选择合适的方法和参数。根据不同的观测数据和原理，已建立了多种定量估算方法，多数处于理论分析阶段，在实际应用过程中仍有许多问题，存在着较大不确定性。

估算自然和人工补给量是地下水资源管理的必要条件，但是它又是最难以准确确定的参数之一。主要的影响因素有：补给过程的定量描述、地下水系统对补给的非线性响应、地下水补给量时间空间不均一性、水文地质数据不足、水平衡过程的复杂性等方面。

地下水资源补给量估算需要基于一定的时间和空间尺度，建立合理的概念模式。尺度越小，需要的资料越详细，尺度大时，如区域尺度补给量估算，一般是给出平均补给量估算结果。

补给量估算方法可分为两类：物理方法和示踪方法。物理方法包括：直接和间接观测法、流量观测法、饱和带和不饱和带观测法、数值模型法。示踪剂方法包括：化学方法、同位素方法。

不同测量方法提供的资料具有不同的时间和空间尺度。环境示踪剂法观测的时间尺度为年至万年；人工示踪剂法观测的时间尺度小于年；降水、水位、水量均衡观测提供季节性变化记录。氯离子垂向迁移量估算法适用于平均补给量的估算。核爆峰值法用于估算核爆峰至观测时间的平均补给量，时间尺度一般为几十年。

不饱和带水流通量随深度增加而减小，在一些地区，如果补给量较小、不饱和带厚度较大时，一定深度下不饱和带内的水流通量变化为零。在零水流通量变化带内，实测补给量为平均补给量。在一些计算中，往往忽略不饱和带厚度、补给速率的变化，从而造成估算结果偏高。在干旱-半干旱区，地下水补给量低，水位埋深大，地下水水位观测结果有可能被误解，常规水文地质学方法的应用常导致一些地区估算结果有较大偏差。化学和同位素观测结果要比物理观测更为有效。

示踪方法适用于多种不同环境下的补给量估算，尤其是在干旱-半干旱区环境下更为可靠。不同地区，地下水资源的补给量不同，因此，采用的方法也应有所选择和区分。氯质量平衡法可以用于补给速率范围为 1~100mm/a 的区域，补给速率超过 100mm/a 的区域，误差变大。^{3}H 和 ^{36}Cl 核爆峰值法适用于补给速率大于 20mm/a 的区域。

6.2.1 物理方法

6.2.1.1 土壤参数直接测量法

土壤参数直接测量法是指直接测量或估算降水入渗系数、土壤、含水层物理和水文参数。年平均降水补给速率、不饱和带物理参数变化难以精确刻划，可引起补给量估值较大不确定性。

6.2.1.2 水位观测法

地下水动态观测是了解地下水量变动的重要方法。以下五方面的问题决定了地下水系统的动态幅度：一是水文地质特征和水循环参数（降水量、蒸发量、入渗系数、地表径流、入境水量）；二是地下水补给量；三是地下水系统的容水空间和性质；四是地下水系统的连通性；五是地下水系统的可更新速率。标定含水层可更新能力需要确定地下水年龄、补给源区实际补给量，以及地下水可更替量、岩溶水补径排条件等。

水位观测法是基于水均衡原理，通过潜水给水度，将地下水储存量与地下水位联系起来，一般在水位波动明显的浅层含水层的估算结果较为可靠。水位波动估算补给量也有其不足，因为水位变化可有多种原因，如降水入渗补给，或非降水入渗引起的侧向补给，还有一些（干旱）地区的水位变化不明显。这些不确定性引入计算模型会造成估算偏差。

6.2.1.3 入渗试验法

物理方法基于降水量、土壤、含水层水文参数直接测量。根带以下的入渗量与实际补给量不完全一致，其一致程度取决于地下水水位埋深，水位埋深越浅，二者越接近，水位埋深越大，地下水实际补给量越小于入渗量。在补给速率低的干旱-半干旱地区，降水量低，不饱和带物理参数的变化会引起补给量的明显变化，这些物理参数的变化较难准确测量。

物理方法中还有间接观测法，包括经验法、水平衡法、数值计算法。

补给量经验法计算公式为

$$R = k_1(P - k_2)$$

式中，P 为降水量；k_1、k_2 为研究区的经验参数，适用于降水量大于 50mm 的地区。

现场（入渗）试验法和数值模拟法可用来估算地下水补给速率。现场试验法受选址位置、试验方案、观测方式等多种因素的制约，试验结果主要反映试验区内观测到的入渗情况。数值模拟方法可利用计算机计算能力，模拟多种情景下入渗过程，是入渗能数获取的重要途径。模拟计算结果受水文地质条件、水文地质参数、地下水动态监测资料制约，计算结果与实际情况常有较大偏差。

6.2.1.4 经验法

经验法具有简便，易于操作的特点，可以作为区域内补给量的近似估值。估算降水入渗系数时，需要区分入渗系数和有效入渗系数。只有通过根带进入地下水系统的补给，才是有效入渗。

由于冲洪积物不均一性，含水层侧向连续性差，一些计算参数，如导水系数估算的范围可在几个量级之间变化，降低了计算结果的可靠性。

河水与地下水之间转换中断后，河水基流量估算法则难以利用。

6.2.1.5 水均衡法

水均衡原理基于质量守恒定律。地下水补给源包括降水入渗、河流入渗、灌溉入渗等，排泄量包括蒸发、开采等。可细为分如下几个方面。

1）土壤水均衡：降水和潜蒸散发为输入量，补给量和实际蒸发量为输出量。
2）河水均衡：河道上游和下游流量之差为河水入渗量。
3）水位变化均衡法：含水层中使水位上升的水量为补给量，流出量为抽水或其他形式的排泄量。可利用下式计算，即

$$Q_{\text{补}} - Q_{\text{排}} = \mu A \frac{\Delta H}{\Delta t}$$

式中，$Q_{\text{补}}$ 为补给量，$10^4 \text{m}^3/\text{a}$；$Q_{\text{排}}$ 为排泄量，$10^4 \text{m}^3/\text{a}$；μ 为含水层（组）给水度；A 为均衡区面积，km^2；ΔH 为均衡期潜水位变化值，m；Δt 为均衡期，年。

给水度参数是难以直接获得的。补给量无法直接观测，其可靠性取决于其他参数，估

算结果的误差较大。

地下水均衡（groundwater balance）常用来描述流域内一定时段地下水补给量、排泄量与蓄水量关系，认为在一定时间内，补给量与排泄量之间处于平衡状态。一般而言，一个地下水系统的储水空间是一定的，而赋存于含水层空间中的地下水储蓄量、补给量和排泄量都是可变的，三者之间存在一定的协变关系。在理想状态下，$\Delta S = \pm (\Delta R - \Delta D)$，其中，$\Delta$ 表示变化；S 为储存量；R 为补给量；D 为排泄量。根据开采地段内，地下水动力平衡的基本原理，来预计其总"可能涌水量"。在一个均衡区（流域），一定均衡期内直接测定大部分水均衡要素，也采用经验数据，类比数据估算，进行水均衡计算和评价的方法。方法简单，缺点是野外实测工作量大，部分参数难以直接测量。水均衡法是地下水数值模拟计算的理论基础。当前正在开展的各类水均衡计算，数值模拟计算基于理想水均衡状态的假设基础上进行的。实际上，补给量、储存量与排泄量之间的平衡关系是多种复杂关系中最简单的一种。

在地表水快速减少，地下水过量开采条件下，许多地区存在非均衡关系。非均衡水流场中静储存量与补给量和排泄量之间的关系为：$\Delta S \gg \pm (\Delta R - \Delta D)$。在三个变量之中，静储量变化最大，与之关系最密切的则为排泄量的变化。

通过环境示踪研究结果表明，在深降落漏斗区内（如北京第四系孔隙水）水流线并非完全连续，在有些区域未能获得补给，降水有效补给下降。当前调查和研究的关注点多数集中在补给量和排泄量之间的平衡关系上。水资源量的评价和管理，多以补给量定开采量。这种处理方式，忽视了地下水系统的复杂性，以及多参数关系之间的协变性。忽视非均衡关系的研究，以及相关参数的校正导致地下水资源量估算结果偏大。

6.2.2 环境示踪方法

含水层补给量的估算方法主要有物理的、化学的、同位素的和模拟的技术（Lerner et al., 1990；Hendrickx and Walker, 1997；Zhang and Walker, 1998；Kinzelbach et al., 2002；Scanlon et al., 2002）。环境示踪剂广泛地应用于确定不同地下水之间发生的混合作用，确定地下水来源和补给位置（Fontes, 1980；Letolle and Olive, 1983；Coplen, 1993；Kendall et al., 1995）。环境示踪剂可确定地下水年龄，地下水的滞留时间，根据地下水年龄在空间上的分布确定地下水的补给速率和补给条件。不同示踪方法（氚质量平衡、峰穿透法、地下水 CMB 法）（Sukhija et al., 2003）用于不同的代表性储层。在饱和带与不饱和带中，组份迁移速率与水运移状态、水流速度、孔隙介质性质等有关。比较不饱和带与饱和带运移速率的差异，可以揭示水流运移模式、通道类型，是获得含水层（有效）补给量参数所必须考虑的问题。通常情况下，由环境示踪剂确定出的参数，在精度上高于传统的水力学方法，尤其是在含水层水力性质及其空间变化参数不足时更是如此。

6.2.3 人工示踪方法

通常利用氚作为人工示踪剂（氚质量平衡法、氚峰穿透法）来研究降水入渗补给速率。例如，在印度，雨季（6~9月）前将氚注入到地面以下0.6~0.8m处，雨季结束后，在年末，按0.1cm间隔，采集2~6m深处的土壤样品，以用于确定蒸散量（Athavale et al.，1998）。在观测的不同含水层，干旱-半干干区补给量为24~198mm/a，相当于4%~20%的年降水量（Rangarajan and Athavale，2000），但是也发现在局部地段，由于土壤不均一性，补给系数可达40%~90%。

氚入渗法基于活塞模式，但是入渗水可沿一些通道形成优势流。优势流可能是一种重要的补给方式，尤其是在裂隙含水层中。在平原区，氚峰穿透法和氚质量平衡法的估算结果相似，表明主要为活塞式水流。在花岗岩和片麻岩储层中，饱和带氯估算补给速率是不饱和带氯补给速率的4倍，表明存在优势流。在半固结砂岩中，也存在优势流。

该方法只适合于短期入渗观测和试验。

6.2.4 不饱和带补给速率

某一环境示踪剂在地下的滞留时间是在根带、不饱和带和地下水系统中滞留时间的总合。示踪剂在每一带中的滞留时间与示踪剂和与其相作用的介质属性有关。根带深度和分布、含水层厚度和孔隙度，垂向水流速率都影响示踪剂在滞留时间。不饱和带内，示踪剂滞留时间受其在气相和液相之间的分馏系数影响。

环境示踪剂确定出的滞留时间是揭示含水层属性和地下水循环过程的重要参数。在活塞式水流模型条件下，每年进入到地面以下的水沿着水流线排在上一年补给水之后，没有发生混合作用。水在不饱和带中以垂直向下运移为主，偶尔发生侧向水流，如补给过程只发生在局部地区，地形及水动力参数不均一性明显时，才可能发生局部侧流。地表植被发育的地区，垂向补给速率明显减小，受植物根系和季节变化的影响。在均质土壤中根带以下土壤水的年龄随深度线性增加。通常，低溶解度气体在气相中扩散的速率比在液相中的对流速率快。降水CFCs在不饱和带中浓度保持不变，等于上覆地表空气中浓度。在不饱和带较厚条件下，带内CFCs浓度随不饱和带厚度而变化。

6.2.4.1 氯质量平衡法（CMB）

氯是地下水主要阴离子。一般情况下，地下水的氯离子主要来源于降水（溶解空气中氯组分），从而不饱和带水的氯含量可以用于示踪降水入渗过程。氯质量平衡法已用于估算含水层补给通量（Allison and Hughes，1978；Edmunds et al.，1988），成为地下水补给量估算的有效方法（Scanlon et al.，2006；Aishlin and McNamara，2011）。降水入渗进入不饱和带后，蒸腾作用使得残余水中溶质浓缩富集。Cl是为数不多的稳定元素，不参与氧化还原反应、络合作用或矿物吸附。不考虑蒸发岩、咸水等改变Cl的浓度，以及低渗透沉积层阻止Cl的迁移的情况下，假设不饱和带孔隙水中的Cl源于大气，通过不饱和带时与水入渗速率相同，那么，不饱和带中Cl的质理平衡关系为

$$PC_P = RC_r$$

式中，P为平均降水量；C_P为降水中Cl平均浓度；R为降水入渗系数；C_r为不饱和带孔

隙水 Cl 浓度。

上述公式假设降水为 Cl 唯一输入源，如有其他来源时，则需要进行校正。尤其是需要校正沉降沉积，在沙漠区，多达 50% 的 Cl 可能为干沉降源。Cl 质量平衡为一准稳态过程，因为所有参数都认为是常数，而且 Cl 的输入函数不易获得。补给系数与孔隙水中 Cl 浓度成反相关。

在相对均一的砂、粉砂不饱和带条件下，水流呈近似的活塞式运移，即在垂向上，新水替代老水。孔隙水化学成分在垂向上的变化，可以用来指示补给的环境条件和变化。

自地表到不饱和带指定深度 Z_i 的累积 Cl 含量与 Cl 的增加速率之比可以用于计算不饱和带一定深度上的补给水的年龄（或补给时间），用下式计算（Tyler et al.，1996），即

$$t = \frac{1}{PC_P} \int_0^{z_i} \theta(z) C_r(z) \mathrm{d}z$$

式中，t 为年龄；θ 为不饱和带含水量；z 为不饱和带深度。

只有地下水流符合活塞式模式时，才可以应用上述公式计算年龄。其他任何过程改变不饱和带中 Cl 的浓度时，就不满足上述假定条件，则不能应用此公式。例如，在一些干旱区，不饱和带中 Cl 的累积浓度可能不是由降水从地表带入，而是水自深部向上移迁过程中形成 Cl 的累积。

氯质量平衡方法估算降水入渗率，受氯输入量不确定性和环境中存在多种来源的制约。

6.2.4.2 氚同位素示踪

利用环境示踪剂方法确定出不饱和带中孔隙水的滞留时间，该时间与水的运移距离之比可计算出水在不饱和带中的运移速率。^{3}H 和 ^{3}H/^{3}He 等是常用于确定水在不饱和带中的运移时间。在内蒙古和山西的黄土沉积区，黄土主要分布于黄河中游地区，富含碳酸岩，厚 100~200 m，分布面积达 440 000 km^2（Lin and Wei，2001）测试土壤剖面氚和氯含量，四个氚剖面 21 m 深，氚峰浓度达 550 TU，补给速率估算结果为 40~68 mm/a，相当于 9%~12% 年平均降水量。^{3}H/^{3}He 定年方法用于估算北犹他州东盐湖谷补给速率（Manning and Solomon，2004），山区补给占盆地补给量的 30%，甚至 50%~100%。

6.2.4.3 CFCs 示踪

降水通过不饱和带时，降水中溶解的 CFCs 与土壤空气进行交换，当不饱和带浅时（<10 m），其底部与地表空气中 CFCs 无差异，此时 CFCs 年龄代表的是从不饱和带底部，即潜水面开始计时。当不饱和带厚度较大时（>10 m），不饱和带底部空气 CFCs 浓度低于地表空气，入渗水与不饱和带底部空气交换，水中 CFCs 低于与地表空气平衡时的浓度，地下水 CFCs 年龄变老。当不饱和带厚度为 30 m 时，地下水 CFCs 年龄滞后约 10 年（Cook and Solomon，1995）。潜水含水层 CFCs 偏离大气浓度的程度能揭示降水入渗速率（Qin and Wang，2001）。

6.2.5 变化的补给条件识别

不同含水层地下水发生越流补给，导致地下水路径改变。识别这种变化具有重要意义，因为地下水系统中存在新水，可更新能力强，地下水可较快的获得补给。浅部含水层中新水向下越流补给深部含水层，一方面说明深层地下水易获补给；另一方面深层地下水袭夺其他含水层水源，延缓了水量减少。潜在的问题是影响水资源管理和决策，有可能会因为潜层地下水补给深层地下水，误认为深层地下水可更新能力强，可进一步过量开采地下水，从而加重水资源的消耗和环境问题。需要采用一些新的综合研究方法，更科学地进行分析和研究。

近 50 年以来，人对水循环模式和过程的影响明显加剧。几十年时间尺度定年方法对水循环过程的标定更具有现实意义，以地下水系统中是否存在 CFCs 作为评价地下水系统有无现代水补给的依据。地下水系统中不存在 CFCs 说明地下水系统中无 1950 年以来补给的现代水，将该地下水为老水，其补给时间为 1950 年前，由于系统中没有 1950 年后补给的现代水，此地下水系统可更新能力弱，1950 年以来补给的地下水系统可更新能力强。

6.2.6 抽水扰动含水层地下水年龄及补给速率

对简单含水层来说，地下水年龄和流速是深度和距离的函数（Vogel，1967；Appelo and Postma，1996）。假设非承压水含水层厚度为 H，孔隙度为 ε（均匀），接受均匀降水补给，补给系数为 R。如果水平流速不随深度变化，那么水进入饱和带后运移的垂向和水平距离可表示为

$$\frac{x}{x_0} = \frac{H}{H-z}$$

式中，x_0 为水入渗点；z 为经时间 t 运移 x 距离后在含水层中的深度。x_0 上方入渗水在含水层中的深度大于 z，在 x_0 点下方入渗水在含水层中的深度小于 z。垂向流速分量呈线性递减，在地面时流速为 R/ε，到含水层底板时为 0；水平流速分量呈线性增加，从在地面时为 0 增加到距入渗点下方距离为 x 时的 $Rx/H\varepsilon$。进入饱气带后，地下水年龄用下式计算，即

$$t = \frac{H\varepsilon}{R}\ln\left(\frac{H}{H-z}\right)$$

非承压含水层地下水年龄与含水层水平位置无关。

承压含水层中地下水年龄仍可存在垂向分层，这种分层是由非承压含水层产生。当承压含水层厚度均匀时，地下水水平流速可直接由地下水年龄和距离计算出来。地下水水平流速（V_H）与补给速率（R）和补给区长（x）成正比，而与含水层厚度（H）和孔隙度（ε）成反比。

$$V_H = \frac{Rx}{H\varepsilon}$$

厚度均匀的承压含水层地下水年龄（指数活塞模型）可用下式计算，即

$$t = \frac{H\varepsilon}{R}\ln\left(\frac{H}{H-z}\right) + \frac{x^* H\varepsilon}{Rx}$$

图 6-1 为自然条件和抽水条件下的地下水流模型。简单含水层（等厚）在补给区的地下水流向主要垂直向下，年龄等时线与水平位置无关［图 6-1（a）］，进入承压含水层后，以水平流为主，年龄等时线近似于垂直水流方向［图 6-1（b）］。在抽水条件下，尤其是过量抽取地下水的条件下，地下水流线和年龄等时线受到影响。非承压含水层地下水年龄等时线向降落漏斗核心区汇集，地下水年龄无明显变化。在承压含水层，年龄等时线向补给区一侧汇集，井中地下水年龄呈变老趋势［图 6-1（c）和图 6-1（d）］。

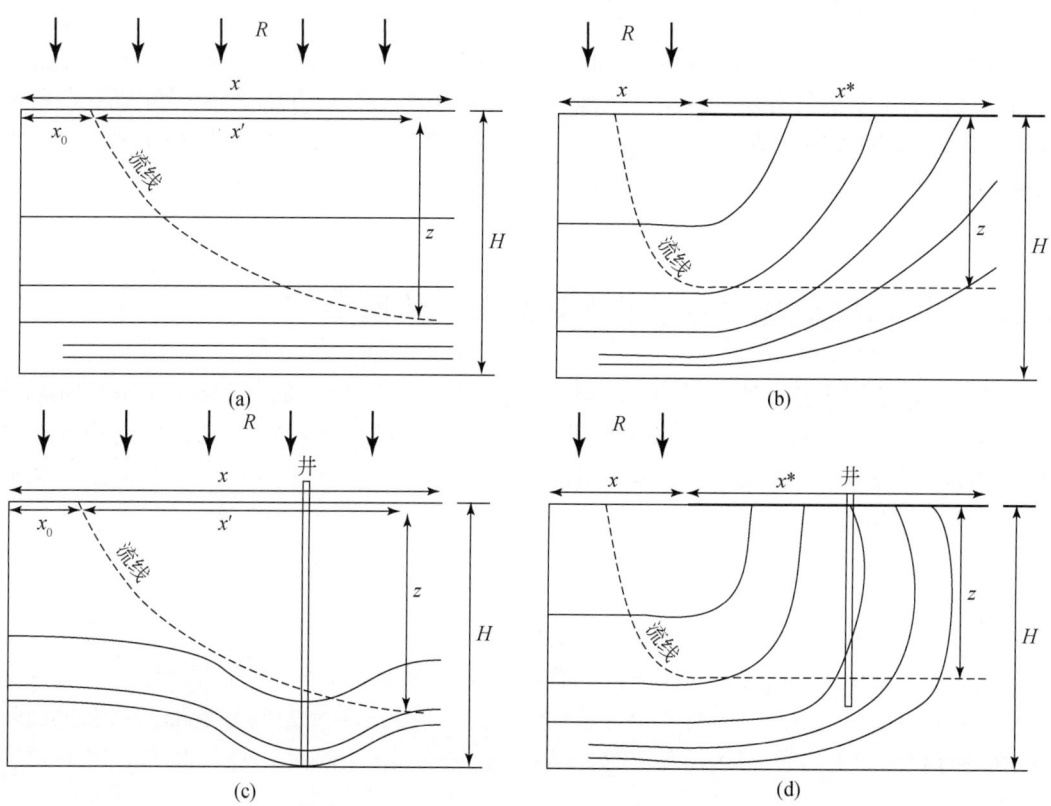

图 6-1 等厚含水层地下水年龄分布模型图
（a）和（c）非承压含水层，（b）和（d）承压含水层。实线为年龄等时线，虚线为地下水流线。（c）和（d）为抽水条件下地下水年龄等时线的变化

6.2.7 补给量控制因素

影响补给量的因素有气候、土壤特性、水文地质背景、地形地貌、地表植被，地下水位埋深、水资源利用方式和程度等。

6.2.7.1 气候与补给速率

气候和环境变化是制约可利用水资源量的关键因素。自末次冰期结束进入间冰期后,全球水资源量的储集方式由储集过程转换为耗散过程。早期固态水的大量融化,为陆地提供了丰富的水资源,无论气候干旱还是湿润,在固态冰融化调节机制下,形成了海河流域早期高覆盖率的森林和植被体系。森林发育延缓固态冰融化,或者滞留融水于林地、河系、湖泊、湿地。这一期间易发洪水,尤其是在丰水阶段,因地下水丰富,甚至一般降水量都可引起局部地区较大的洪流。

据已有资料,海河流域地下水补给速率随时间呈下降趋势。距今 15~9 ka 期间补给速率为 12.9mm/a,距今 9~7 ka 期间补给速率为 36.5mm/a,距今 7~5 ka 期间补给速率为 4.1mm/a,距今 5~3 ka 期间补给速率为 28.5mm/a,距今 3 ka 以来的补给速率为 5.3mm/a(张光辉等,2000)。距今 10 ka 以来的地下水入渗透补给量仅是距今 20~10 ka 期间补给量的几分之一(张之淦等,1987;籍传茂和王兆馨,1999)。不同时期的气候条件不同,含水层补给量都是变化的。

气候变化若为几十年至百年时间尺度,补给量变化达数倍;若为千年时间尺度,补给量的变化可达几个量级。例如,在美国西南部,在更新世冰期(10 000 年前),含水层接受补给,而在全新世半干旱条件下含水层向外排泄。在千年尺度气候变化过程中(冰期和间冰期),自更新世湿润气候至全新世干旱气候,补给量明显下降,植被也由湿润气候类型转变为干旱气候类型(Scanlon,1991;Phillips,1994;Tyler et al.,1996)。

近百年来,全球气温呈加速上升趋势。在中国东北、华北、西北,气温也有明显上升。气候变暖时,作物生长季的潜在蒸散量和土壤失水量增加,导致农业灌溉需水量上升。按已有估算,气温每上升 1℃,农作物需水量增加 6%~10%(刘春蓁,2000),华北平原年降水量减少 20%,年灌溉量则增加 66%~84%(张翼,1993)。

干旱半干旱区占全球总面积的 1/3(Dregne,1991),水资源量有限,尤其是地表水缺乏,地下水为主要水源。干旱区的地下水资源难以获得及时补给,可持续利用潜力有限。据相关研究,在降水量不足 200mm 的区域几乎形不成有效补给。在干旱区半干旱区,补给速率的变化范围为 20~35mm/a,约为年平均降水量的 0.1%~5%。遇上丰水年,降水量增加,可形成季节性河流、湖泊和优势水流通道,集中补给地下水。

6.2.7.2 地表覆盖类型和入渗补给速率

补给量对土地利用方式和覆盖方式敏感度大,从而可以通过土地利用方式管理来控制补给速率。植被是自然生态系统的重要组成部分,直接影响地表自然环境、水循环过程,包括降水、入渗补给。许多自然生态系统具有低补给速率,或者通过蒸散发进行排泄。自然生态系统的补给速率为 2~35mm/a,相当于年降水量的 1%~5%。由无植被覆盖,变为有植被覆时,补给下降。近几十年来,在腾格尔沙漠一直开展植草、植树,以防风固沙。植被与水平衡实验分析结果表明,植被吸取了土壤中全部水分,无林区的补给速率为 48 mm/a，相当于年平均降水量的 25%（Wang et al.，2004a，2004b）。也有测试结果表明，在腾格尔沙漠无植被区的入渗速率高达 87 mm/a，而植被覆盖区入渗补给量为零（Gee et al.，1994；Wang et al.，2004a；Scanlon et al.，2005）。在美国西南部，草地和灌木变为沙地（降雨灌溉农田）时，由排泄（蒸散发，ET）变为补给地下水。无植被区中粗粒沙丘环境补给速率为 55.4 mm/a，在砂砾石环境补给速率为 86.7～300 mm/a，与之相比，在旱雀草砂质壤土入渗速率为 25.4 mm/a，旱雀草壤砂土，灌木粉砂壤土的补给速率为 0.4～2 mm/a（Fayer et al.，1996；Prych，1998）。在尼日尔，土地利用方式对含水层补给量的影响程度大于气候变化的影响，在这一地区稀树草原变为农田后，补给增加了近一个量级。在非林区，由于减少了对水的拦截，减小了蒸发量，根带深度变浅（McFarlane and George，1992；Le Maitre et al.，1999）。在澳大利亚桉树林区补给速率为 0.1～1mm/a，而在采伐区补给速率则增加 2 个量级（0.1～50 mm/a）；林区水位比采伐区水位低 2～7 m。在澳大利亚，采伐区补给量上升的同时，也导致地下水盐度上升，为了控制盐度，要考虑植树、农业管理（缩短休耕期）等方案，以控制干陆地环境下地下水咸化问题。

人为改变地表植被、改变土地性质和利用方式，直接制约着补给量的变化。例如植树造林，恢复植被有助于碳汇，但是减少了地下水补给。以种植桉树为例，其耗水量是自然草地蒸散量的 1.5 倍（Jobbagy and Jackson，2004；Engel et al.，2005），是一般农作物的 2 倍（Calder et al.，1993），它会导致地下水水位下降。

6.2.7.3 农业灌溉方式与入渗补给

人口数量的增加，需要不断扩大农业种植面积，从而农灌区需水量增加，相应地，缺水形势则越来越严重。例如，在撒哈拉沙漠以南非洲人口，1950 年是中国的 1/3，至 2002 年增长为 1/2，到 2050 年将超过中国人口。1960～2000 年，美国干旱半干旱区人口增长了 40%（US Census Bureau，2004）。2010 年，全球地下水开采量达 982km^3/a（Margat and van der Gun，2013），60% 用于农灌，其余用于生活和工业（Vrba and van der Gun，2004）。全球灌区面积 301Mhm^2，其中 38% 为地下水灌区，地下水用量 545km^3/a（为总灌溉用水量的 43%）。表 6-1 为全球地下水灌区面积统计。印度地下水灌区面积为 39Mhm^2，中国为 19Mhm^2，在 2010 年地下水灌溉用水量分别为 251km^3 和 112km^3（表 6-2）。

多数农灌区位于干旱半干旱区，自然补给量低，农业耗水量远高于当年降水补给量。不同灌溉方式，入渗补给量相差显著。大水漫灌时，表层土壤快速饱和，在重力作用下，向下运移，在渗透性良好的农田，可形成地下水有效补给，而在渗透性差的农田，则形成表层滞水，导致盐渍化。滴灌也是一种主要的灌溉方式，不同于大水漫灌，滴灌时，进入土壤的水分有限。在滴灌区，回补地下水的量远低于漫灌农田。

表 6-1　全球地下水灌区面积统计表

地区	地下水灌区面积 /Mhm²	比例/%	年灌溉用水量 /km³	比例/%
南亚	48.3	57	262	57
东亚	19.3	29	57	34
东南亚	1	5	3	6
中东和北非	12.9	43	87	44
拉丁美洲	2.5	18	8	19
撒哈拉以南非洲	0.4	6	2	7
全球	112.9	38	545	43

资料来源：Siebert et al., 2010

表 6-2　15 个国家 2010 年地下水开采量

国家	人口/×10⁶	开采量/km³	农灌量/%	生活用量/%	工业用量/%
印度	1225	251	89	9	2
中国	1341	112	54	20	26
美国	310	112	71	23	6
巴基斯坦	174	65	94	6	—
伊朗	74	63	87	11	2
孟加拉国	149	30	86	13	1
墨西哥	113	29	72	22	6
沙特	27	24	92	5	3
印度尼西亚	240	15	2	93	5
土耳其	73	13	60	32	8
俄罗斯	143	12	3	79	18
叙利亚	20	11	90	5	5
日本	127	11	23	29	48
泰国	69	11	14	60	26
意大利	61	10	67	23	10

资料来源：Margat and van der Gun, 2013

在中国，农灌历史可回溯到公元前 598 年（Wang, 1991），几个世纪以来，建立了许多河水灌溉区。在近 40 多年来，除了河水灌区建设外，还建立了许多大面积的机井灌区，并连续种植农作物（Yang, 1991）。海河流域是我国最重要的农产品生产区，出产占全国 50% 的小麦和 33% 的玉米。在华北平原区，70% 的耕地种植冬麦，并用地下水灌溉（Foster et al., 2004）。夏季玉米与雨季一致，基本上不需要灌溉，冬季小麦则需要灌溉。夏季玉米与冬季小麦需水量相近，但是冬麦灌溉量明显多于夏季玉米，因此，减少冬小麦种植可以减少地下水的需水量。充分利用雨季或降水补给是最经济的种植方式。但是由于降雨的季节性，其作用时间、降水量都有较大变数，遇上枯水年份，即使是在雨季也需要从其他水源地引水灌溉。持续的农业种植和生产需要有稳定的水源保障。在当前条件下，地下水是不可或缺的储蓄库。在华北地区海河流域，农业种植方式多为连续耕作，还有套种等。土地连续种植方式，缺乏自然休整，增加了水的消耗量。当年降水量不足以维持这种植方式所需的水量，如冬小麦，主要依靠地下水灌溉来维持。

黑龙港流域包括衡水、邢台、邯郸、沧州、保定、石家庄六市的50县（市、区）。黑龙港流域面积3.4万km^2，人口1850万，分别占河北省的18.5%、26.4%。该地区地处暖温带，光、热资源丰富。地势低洼，是海河平原旱涝灾害多发区，也是黄淮海平原盐渍化严重区。经过改良，该区已成为重要的农业种植区。在黑龙港区，农业用水量占总用水量的84%。地下水过量开采导致地下水位下降达2~3m/a（Liu and Xia，2004）。模拟计算结果表明，该区补给速率为36~209mm/a，相当于8%~25%的年降水量与灌溉量之和（Kendy et al.，2003）。利用人工示踪方法，估算出灌区补给速率为92~243mm/a（Jin et al.，2000）。

无论是河水灌区还是地下水灌区，入渗水只能补给浅层地下水，难以补给深层地下水。河水灌区因入渗补给量的增加，导致盐分活化和迁移，如果入渗水排泄条件不畅，会导致较严重的盐渍化现象。浅部含水层有咸化趋势。地下水灌区抽取的地下水有浅层地下水和深层地下水。将地下水提取到地表，经过蒸散发消耗和土壤吸附，会有少量入渗，然而入渗水主要补给浅层地下水。相当于在人工条件下，深层地下水越流补给浅部含水层。

在农灌区，农灌水入渗补给浅层地下水，水资源量应双倍计量（Foster et al.，2004）。实际观测表明，农灌水补给量有限，不足以弥补过量抽取地下水引起的水量减少。利用深层地下水农灌，则导致深层水资源量减少。在农灌区，补给速率变化范围为10~485mm/a，相当于1%~25%的灌溉量和降雨量。在干旱半干旱区，地下水灌溉量远大于补给量，是耗水过程。总体而言，地下水灌区是以地下水消耗维持作物生长。

为了提高机井灌区地下水资源的利用效率，可采用一些技术方法，如减少渗漏量，将沟渠输水改为管道输水，采用地下管道喷灌、滴灌系统替代传统的大水漫灌。用地下管道代替沟渠和管道（水泥管和PVC管道），可以减少输水过程中的渗漏和蒸发量。暗管输水系统可减少占地，增加种植面积。但是管道安装费用增加，如不能从沟渠漫灌节水收益得到补偿，其推广和应用效果将受到制约。在干旱区，有时采用喷灌和滴灌节水技术，该项技术主要是减少了农灌水入渗回补地下水的量，无法控制蒸散发量，并不能从根本上减少地下水资源的消耗。大水漫灌也不全是缺点，因为这一过程会形成对地下水的补给。例如，在山东位山灌区，引黄河水灌溉。1970~2007年，年均引黄河水10.2亿m^3。1983~2002年，年均引黄水量为12.7亿m^3。1989年引黄水量达18.1亿m^3。用黄河水灌溉，位山灌区地下水位上升。从这一点来说，地表水灌溉的一个有利结果是增加了地下水补给量。地表水灌溉的负面效应是在低洼、排泄不畅的地区发生盐渍化。在位山灌区，盐渍化与地表水灌溉及排水和排盐不畅有关。

农业灌溉种植人为改变了地表覆盖方式，也改变了补给水的来源，进一步影响着灌区地下水资源量。地下水灌溉区增加的补给量不足以补偿地下水过量开采引起的地下水资源量减少。在干旱半旱区,地下水灌区的水资源难以可持续利用。

6.2.7.4 含水层结构对地下水补给的影响

海河流域地下水具有单含水层、双含水层、多含水层等复合结构,自山前补给区非承压含水层向滨海平原区承压含水层的转变。平原区浅层地下水除了降水直接入渗补给外,山前侧流补给和地表径流补给是另一重要补给源。现代水补给和含水层之间越流补给随地表环境和深部含水层开采程度变化。补给区过量开采地下水使其下游储层补给量下降,水资源量减少。在径流区、排泄区过量开采地下水,通过地下水水位传导降低上游补给区地下水水位,改变水流路径和补给条件。

当前水资源利用具有全流域,甚至是跨流域性特点。社会经济和生活快速发展,由过去仅局限在某几个(点状)区域,如少数大城市,扩展到广泛的面状区域。在整个水流域范围内都需要大量水资源支持。面状空间分布式的城市发展,其结果是以前作为补给区的区域,也开始大量消耗水资源,减少、甚至断绝了向下游补给。水循环路径变短,由区域性水循环系统变为局部次级水循环系统,由过去相互联系的大系统变为相互独立的多个子系统,流域范围内水量被分隔。流域内水循环中断,地表水系萎缩,甚至消失,地下水系统失去补给源。

补给条件变化不仅影响(非承压)地下水补给量,而且影响(非承压含水层,以及与非承压含水层有水力联系的含水层)地下水水质。在开采初期,多利用浅井开采地下水,浅层地下水排泄量增加,在隔水层发育地段,深层地下水一般不受影响。但是随着地下水开采量增加,浅层地下水不足以满足供水量的要求,加之水质变差,开采深层地下水成为首选方案。在多含水层地段,分层或多层开采越来越普遍。多含水层同时大量开采,引起地下水流场条件和环境发生明显变化,在垂向上,诱发不同含水层之间的水力联系。深层地下水开量增加时,深层承压水承压力下降,在失去顶托力的部位,浅部含水层地下水垂向渗透性增加,深层地下水获得浅层地下水入渗补给。在局部开采井多的地段,浅层地下水更易向下渗透,进入深部含水层,并与深层地下水发生混合。这一现象在河北平原区有显示,如在1980年时,河北平原浅层地下水越流补给深层地下水越流补给量为8.2亿m^3/a,到20世纪90年代时增加到12.1亿m^3/a(陈望和等,1999)。

不同含水层地下水的混合可分为三个类型。

1) 自然状态下,深层承压水水头高,顶托补给浅层地下水,或出露地表成泉水。

2) 地下水过量开采程度不高的情况下,深层承压水水头下降,承压水与浅层地下水之间的水力联系发生一定程度的改变,即由初始状态下,承压水顶托补给浅层水逐渐转变为浅层地下水向深部含水层越流补给。深层地下水由于混入浅层地下水,深部含水层地下水年龄变新。

3) 地下水过量开采程度高的情况下,浅层地下水被疏干,在垂向上由上往下的补给方式中断,深层地下水不再获得浅层地下水的补给,地下水年龄朝变老的方向转变。

多含水层系统补排条件演化趋势为由1)→2)→3),地下水过量开采使地下水资源可持续利用力呈下降趋势。地下水因有补给,它是可更新的,但是它的储集特性表明地下水可更新量是有限的，这就决定了地下水可供水量有上限。一些地下水系统，具有较强的更新能力，较容易获得补给；另外一些地下水系统，则不易获得补给，可更新能力弱，或者为一封闭系统，无补给。可更新地下水系统具有脆弱性，当气候条件发生变化时，或者补给源改变时，补给量变化限制了地下水资源的承载力。含水层之间的越流补给，以一个含水层水资源量消减补充另一含水层水量增加，其实质是，系统内部水资源量的调整，不代表整个地下水系统水量增量变化。

几十年来，海河流域平原区开发利用了大量的深层地下（淡）水，由此导致形成了全球最大的华北平原区地下水降落漏斗，地下水天然流场被隔断，分化出多个相对独立的局部流场。顺义地下水降落漏斗区中心区地下水年龄变老表明，降落漏斗区范围内20世纪70年代以来，未获得直接降水入渗和地表水入渗补给。虽然时间系列年均降水量变化不大，但是由于地表利用状态变化、地下水水位下降、不饱和带厚度增加、水运移路径增长，降水不易到达潜水面形成有效补给。从几十年时间尺度来看，降水量、地表径流产量呈下降趋势。因地表水大部分消失，中止了与地下水之间的自然转换过程。地下水过量开采使得水资源量下降，由补给条件变差引起的水质退化则进一步加剧了地下水资源的匮乏。

干旱半干旱区面积占全球陆地面积的1/3，人口数量和需水量的增加与有限水资源量之间的矛盾十分突出。地下水资源精细管理除了重视地下水补给量的估算外，还应加强地下水补给条件变化，引起的地下水资源总体环境质量的变化。地下水补给条件包括如下几方面：降水量、蒸发量、地表植被和覆盖条件、不饱和带厚度、地下水降落漏斗规模和影响范围、含水层孔隙度及变化、地面沉降及影响、地表水与地下水关系等。

6.3　地下水可更新能力分类

地下水因获得补充而具有可恢复性，地下水补给量（速率）是地下水资源评价的重要参数和指标。由补给量确定地下水可利用量，由此制定用水方案和社会发展目标，这一方略具有可持续利用的思想。

6.3.1　可更新能力概念

水在地下水的运动特性刻画出地下水可更新属性，其时间、空间分布特征是重要参数。按照可更新能力定义，以地下水系统年均补给量为参照，当地下水年开采量小于年均补给量时，地下水是可更新的，可持续利用能力强，反之则弱。在补给区获得外界水量得到补充，新增水量替换原有水量，地下水得到更新，并向下游补给，形成自补给区、径流区向排泄区的运动，构成地下水的基本循环过程。在自然条件下，地下水的排泄量，与补给量之间处于相对平衡，即补给量大时，排泄量则大；补给量小时，则排泄量小。地下水可更新量取决于补给量，以及补给到某一特定位置所需要的时间。

一般以地下水系统获得现代水补给快慢或补给速率来判断地下水可更新能力的强弱。

显然地下水更新速率越大或更新周期越短，则其水资源可更新能力越强。地下水可更新能力和可持续开采能力有差别，地下水年龄老，可更新能力弱，而可持续开采能力不一定弱；地下水年龄新的含水层，可更新能力强，但这并不意味着该含水层可持续开采能力就强。地下水补给按年更新，受年降水量制约，所以地下水可更新量是有限的，不是无限的。

由于地下水系统的复杂性，以及水循环条件的差异性，不同地下水系统，或地下水系统中的不同部位，获得新增水量的程度和路径具有明显差异，补给与排泄之间的响应不完全一致。按地下水年龄可将地下水系统可分为如下三类：

一是活动地下水系统，其特点是，接近补给区，易获得更新水量，地下水年龄新，水循环速率快，与外界关系密切。

二是被动地下水系统，其特点是，相对远离补给区（活动地下水系统），其可更替的地下水源来自于活动地下水系统的排泄，地下水运移路径变长，地下水年龄较大。

三是滞留地下水系统，其特点是与外界补给系统基本无联系，地下水年龄老。

6.3.2 可更新能力类型

地下水年代学方法可用于确定地下水运移方式和速率，限定地下水系统可更新性。按地下水年龄可将地下水系统进行划分，刻画不同地下水系统的可更新能力。

1) 可更新能力强：易接受补给，水流速度快，地下水年龄新（<60年）；
2) 可更新能力弱：有现代水补给，地下水为新水与老水混合，地下水年龄（百至千年）；
3) 非可更新：无现代水补给，地下水年龄老（年龄为千年至30 000年，甚至更老）；
4) 难以更新的：有现代水补给，但补给源消失（年龄<10 000年）；
5) 深层地下水：一般是指非可更新地下水系统，在这里细分出可更新的深层地下水系统（年龄几十年，或千年至万年）。
6) 弱补给含水层：降水量低，难以形成有效补给。

由于水循环过程的关联性、地下水储层分布的时间和空间差异性，无论是年龄新的，还是年龄老的地下水储层存在着直接和间接的联系或关联性。在某一部位的大规模开采，都可传导至相邻储层和区域。含水层地下水年龄的系统研究将为地下水资源可更新和可持续利用潜力分析提供可靠依据。多环境示踪剂方法可确定地下水年龄谱，更详细地刻画地下水系统补径排条件。由此，可以改变简单的定性判别原则：地下水年龄新则地下水可更新能力强，地下水年龄老则可更新能力弱，避免高估地下水资源可开采量。

6.3.2.1 可更新地下水系统

能够获得补给的含水层都可被称为可更新地下水含水层。可更新地下水含水层具有如下几方面的特点：水动态变化具有季节性；水位波动明显；多数有地表排泄口（区），一般为泉，湿地，或成为地表水系源区。

在地下水系统中，除了因地质构造圈闭而被完全隔离的含水层外，地下水都是可更新的。地下水可更新的量取决于外界补给的量，以及补给源到某一特定位置所需要的时间，所以地下水可更新能力是有限的，不是无限的。

由于地下水循环条件的差异，不同地下水系统水更新能力不同。一般地，以地下水系统获得现代水补给快慢或补给速率来判断地下水可更新能力的强弱。显然地下水更新速率越大或更新周期越短，则其水资源可更新能力越强。

以下五方面的问题决定地下水系统的动态幅度：一是水文地质特征和水循环参数（降水量、蒸发量、入渗系数、地表径流、入境水量）；二是地下水补给量；三是地下水系统的容水空间和性质；四是地下水系统的连通性；五是地下水系统的可更新速率。标定含水层可更新能力，需要确定地下水年龄、补给源区实际补给量，以及地下水可更替量、岩溶水补径排条件等。在自然条件下，年均补给量与开放的地下水系统可更新速率近似。

由地下水系统所处的状态，可分为自然地下水系统和人工影响的地下水系统。在上述两种状态下，地下水系统可更新能力会表现出差异。经过几十年较大强度利用后，水循环条件会发生改变，如地表径流量下降、地下水位下降、地下水系统内形成大范围的水位下降区、不同含水层之间关系和平衡的变化等。

6.3.2.2 非可更新地下水系统

若含水层在很长时间内（几百至千年，甚至万年）无补给，通常可被认为是"非可更新的"。非可更新地下水系统主要位于干旱半干旱区，如中东、北美、中亚和南非等地。

对应于可更新的地下水，非可更新地下水还可理解为当前条件下，地下水脱离区域水循环过程，即无降水入渗补给，也无河水入渗补给。非可更新地下水开发利用方式主要有两种不同观点：一是由于深层地下水补给缓慢，深层地下水利用量相当于深层地下水资源的消耗量，应不用或少用；二是虽然深层地下水补给缓慢，但是也需要利用。非可更新地下水因补给速度慢，抽取地下水则呈消耗式减少，一些深层地下水面临着被疏干的趋势。这种类型的水资源利用取决于当地经济、社会发展的需要。

海河流域深层地下水的管理应兼顾利用和保护的原则，既要满足不同时期社会经济发展的需求，又应寻找合适的途径，使深层地下水有恢复的机会，避免疏干式开采。

6.3.2.3 难更新地下水系统

本文首次提出一种新类型："难更新"地下水系统，其含义是指当前存在着一些地下水系统，其地下水年龄新，但是由于补给条件的改变，导致补给源消减，甚至消失。也就是说，虽然地下水年龄新，因补给源消失，地下水系统获得的可更新量非常有限。在过量开采条件下，这种含水层同样具有不可更新、不可持续的属性。在中国北方许多地区，尤其是城市地下水开采利用的含水层年龄并非很老，许多含水层年龄新，提出难以更新的地下水系统具有现实意义。

6.3.2.4 深层地下水

深层地下水开采具有全球性，一般分布于干旱半干旱区，用于农灌、工业和生活。在许多地区，深层地下水是维系当地生产生活的唯一水源。在澳大利亚，深层地下水开采量达 350 亿 m^3，占其地下水资源量的 70%。在美国亚利桑那州，深层地下水开采量达 2250 亿 m^3。在阿尔及利亚和突尼斯，1970~2000 年深层地下水累计开采量达 300 亿~400 亿 m^3，年平均开采量为 25 亿 m^3。自 1975 年在埃及努比亚地区开始抽取深层地下水，年平均开采量为 20 亿 m^3，至 2025 年将累计开采 700 亿 m^3。在利比亚，地下水开采量占总用水量的 98%，其中 80% 为深层地下水。

一般地，深层地下水是指深埋承压水，地下水滞留时间长，不易获得补给。深层地下水的提法过于宽泛，因为并非所有的深层地下水都是"老水"，可更新速率慢。实际上，在自然界里，也存在一些，虽然含水层埋深大，但是由于存在有利的构造条件，深层地下水同样可以获得及时补给，那么这种含水层应归属为可更能新力强的地下水系统。例如，我们最近研究发现，北京西山岩溶水含水层最大埋深可达 2000m，但是地下水年龄新，主要为现代水补给。由于存在永定河断裂、八宝山断裂等深断裂构造，以及含水层发育岩溶-裂隙，西部山区降水和地表径流可以快速补给，其更新能力强。地下水系统的可持续开采能力则主要取决于补给源数量和补给量。

有必要将深层地下水细分为年龄老的深层地下水和年龄新的深层地下水。利用地下水年龄可以区分这两种地下水系统。

6.3.2.5 弱补给含水层

含水层补给区，受外界条件限制，入渗率下降使得含水层补给量减少，该制约因素可以分为自然控制和人类活动影响两类。地表植被类型和覆盖率是自然控制入渗率的主要因素。植被发育区补给速率低，并通过蒸散发排泄。比如，澳大利亚桉树林区，或美国西南地区属这类系统。在平均降水量小于 500 mm/a 时，浅层地下水补给量与土壤类型和植被发育程度有关，可降至很低。过量开采地下水，使地下水水位下降，在这种情况下，地表产流量下降，少部分降水入渗补给地下水，大部分蒸散发返回大气。

6.4 地下水资源可持续利用的制约因素

世界人口的增长，要求生活供水量和农业灌溉种植面积增加，而目前水资源大部分已被调控。因此，获得更多可开采量，满足当前供水需求，仍然是地下水管理的首要任务。按传统的社会发展模式，则要求进一步加强水资源的人工分配和调控，或者开拓出新的供水水源，以满足不断增长的需求。但是，在许多地区，调整水资源分配方式所依赖的资源潜力有限。传统的资源消耗模式的发展方式，导致已知可利用水资源难以为继。

当前，地下水资源是保证人类生存的可靠保障，为了长远发展，必须将地下水保护与利用有机地结合起来，坚持长久可持续利用为原则，实施水资源高效、循环利用，减少对自然资源的实际消耗；应考虑地下水资源的战略储备，以备不时之需；在有其他可利用的水资源时，应尽量少动用地下水资源；开展增加地下水补给的方法和技术研究，增加地下水储蓄量。

地下水资源的可持续性具有狭义和广义的概念。狭义地下水可持续利用概念应重视地下水系统本身水量平衡与开采量之间的响应关系。在研究方法上，则从含水层补径排条件识别和分析入手。广义地下水可持续概念包括地下水系统本身，以及与地下水资源相关的其他水资源状况，如气候、地表水等自然因素，同时也包括人文因素，如人口数量，人类活动方式和习惯，人们对自然环境改造和利用程度等。实际上，地下水系统之外的因素，对地下水资源可持续有决定作用。

6.4.1 地下水资源可持续利用概念

为了加强地下水管理，提出了许多概念，如安全开采量、优化开采量、地下水可持续能力、可更新能力等（Gau and Liu，2002；Sharp，1998）。有时以安全开采量制定地下水开采量上限（Sakiyan and Yazicigil，2004），安全开采量设定为不超过补给量，避免因地下水过量开采产生明显的负面效应（Dottridge and Jaber，1999；Heath and Spruill，2003）。安全地下水管理是为保持开采量与地下水补给量之间的长期平衡（Jacobs and Holway，2004），而地下水可采开量取决于含水层水力参数、水井位置、经济和气候环境指标等。

可持续利用概念的核心思想是在水资源利用过程中综合考虑各方面的因素预期实现的管理目标。地下水可持续性是基于1987年世界环境与发展委员会（WCED），通称联合国环境特别委员会或布伦特兰委员会（Brundtland Commission）的定义："可持续发展是在满足当前需求时，不影响子孙后代发展的需求"。这个概念有两个要点：一是满足当前需要（相当于需水量的下限）；二是要留有余量，要适度（相当于供水量的上限）。关于满足当前需求的水资源数量，没有明确定义。但是它不只是满足生存需求的水量，实际水量需求远高于生存需水量。同样地在地下水资源利用过程中，如何留有余量，也缺乏科学概念和有效的管理措施。

需水量是基于当前社会发展阶段的多因素控制指标而形成的基本需求量。社会经济发展方式和速度确定后，则会形成对应于该发展方式和目标的基本需水量。在社会人口数量和经济总量不断增长与需水量之间呈正相关的情况下，供需水资源量也呈递增趋势。一定环境下的自然资源量总是有限的，从而产生人类活动不断增长的自然资源需求量，与自然界有限供给能力之间的矛盾。当前的实际情况是，无论是可更新的地下水系统，还是弱补给，甚至无现代补给的地下水系统都在被开采。在无其他替代水源情况下，满足当前需求是第一位的。一个地区的需水量，其评价指标不完全是认知方面的科学问题。满足全社会不断增加的或者每一个体的需求，而不加以约束，是难以实现可持续的管理目标。因此，构建低输入，高产出的高效社会组织、经济和发展模式，则十分必要。

基本需水区域与所处自然环境没有必然联系。社会科技具备调控自然水资源能力，能够将可以利用的自然资源进行重新分配，并首先用于解决当前社会发展的需求。在水资源丰富的地区，水资源的供应有保障。在缺水地区或自然水资源不足的地区，可以通过调配自然水资源来满足需要。虽然人们可能会意识到自己生活在水资源不足的区域，但因供水方式为"自来水"方式，他们对水资源短缺状况的感受程度有限。基于水资源过度开发来满足社会不断增长的需求，则掩盖了自然供给能力的不足，这极大地限制了人们对自然资源短缺现状的认知。以满足舒适、奢华心理需要的社会发展驱动力，也很难在短期内减少对自然资源的需求和供给量。

当前可持续开采量的确定均以地下水系统年均补给量为参照，当地下水开采量小于年均补给量时，认为地下水可更新，可持续利用能力强；当开采量超过地下水年均补给量时，则认为地下水资源量会因过量开采而减少，可持续能力下降（Sophocleous，2005）。那么，地下水年均补给量的确定，成为确定地下水可持续开采能力的关键指标。这一指标是否合理，对于地下水可持续管理决策起重要作用，决定了地下水利用与水循环和环境的发展状况。不同地区气候条件、土壤渗透系数、不饱和带厚度、土壤岩性等方面的差异，使得入渗系数在空间上存在明显的不均一性。地下水位下降，相应地增加了不饱和带厚度，降水在不饱和带运移时间增加，可导致有效入渗系数下降。大型灌区的农灌水入渗补给也成为地下水主要补给源。只有确认降水和农灌水等补给实际发生，并给出补给范围和强度，补给速率和入渗补给量参数才具有实际意义。

地表环境的改变（变干、湿地、河、湖水系消失等），使得降水有效补给系数下降，含水层实际补给量减少。一些含水层靠近补给区，补给通道发育，但是由于补给源的不足，产生未实现的可更新力。由此，可以定义出另一类含水层："虽然具有较强获得现代补给能力，但因缺乏补给源，而难以持续的含水层"，预示着在人工开采条件下，地下水系统补给量小于排泄量，整体水资源演化呈衰减趋势。

在干旱半干旱区，地下水为主要供水水源，正在利用的地下水包括了可更新的、非可更新的，以及以前是可更新的，后来变为难以更新的等多种类型含水层。在地水资源评价过程中，往往根据经验给定补给系数，估算地下水资源量。但常因认识程度不够、计算方法的缺陷、计算参数可靠性不足，引起评价结果可靠性低。当评定的年均补给量高于实际地下水获得的新增水量时，会高估可利用水资源量。人们生活、活动区域和范围的扩大，使得基于流域水资源量评价建立的供水指标体系，也难以满足社会发展的需求。

海河流域水资源开发利用已超过了自然供给能力的上限，生态环境因人类过度占用自然资源而不断退化。反过来，退化的环境会造成水资源的进一步短缺。由此可以看出，地下水资源的可持续利用首先取决于用水观、价值观，以及建立在这一基础之上的需水量与自然供给能力之间的平衡关系。

6.4.2 气候变化与流域水资源

在末次冰期以后间冰期的晚期阶段，全球气候变暖，海平面上升。这一时期，陆地水资源整体上是以消耗历史储集的各种形态的水资源为基础的，陆地水资源量呈总体下降趋势。例如，两极冰盖融化，青藏高原雪线上移，新疆天山地区冰雪融化量增加，形成的河川冰雪融水量增加导致的河水流量增大，长江、黄河源区退化等都表明陆地水资源排泄量大于新增水量。在末次间冰期阶段，陆地水资源总量呈减少的趋势。

陆地水输入量的变化随降水量变化上下波动，旱涝过程具有一定周期性，表明输入陆地水资源量总体趋势保持稳定。陆地水资源量及变化不仅仅受气候变化、下垫面环境改变等直接因素影响，而且陆地储集水资源量的动态变化是更为重要的关键因素，因为后者维持着陆地水资源均衡。

陆地水储集水资源量的减少，使得其调控陆地水资源均衡的范围和强度下降。陆地表生生态系统首先响应这一过程，发生退化，森林植被、湿地、湖泊的缓冲能力和作用下降，洪旱灾害事件的发生频次则逐渐增加。自然森林系统消失，地表环境失去了积聚和储存条件，降水在地表的滞留时间变短，容易发生旱、涝。水资源的自然消减过程较缓慢，但是在有了人类活动参与后，这一过程变快，陆地水资源排泄量明显增加。

中国气温变化具有局部升温期，还有全国范围升温期。例如，在唐朝初期（650~700年）和宋朝初期（950~1000年）两个时期气温偏高，但是这两个时期内的升温空间分布差异明显。在唐朝初期，高温区只分布在黄河流域、中原腹地；而宋朝初期则是全国普遍增温（Yan et al., 2015）。

唐宋时期的湖泊洼淀曾达 11 000km²。宋元以后水土流失，河道、湖泊淤积，水系迁徙、改道，洪涝灾害增加。四千多年来，黄河下游发生决溢、改道等泛滥事件的次数超过 1000 次（沈治和赵世暹，1935），近千年来发生约 40 次，平均 25 年发生一次，一年一次决口，在明末清初决口频率增加，有时甚至有一年三次决口（Chen et al., 2012）。黄河河道两侧长期筑坝，河道越变越窄，造成河床抬升，一旦上游来水量增加，则易决口，造成重大洪涝灾害。海河流域治水工程，实际功能是排（泄）水，由此获得湖泊土地。但是这些土地因失去河湖水系而干旱。由此可以确定，自宋朝以后，尤其是在海河流域，陆地水资源进入加速消减阶段。

在干旱地区，遇上连续干旱性气候，其结果是更为严重的干旱，以至于这些地区生存条件变差，或已有的生存条件被破坏。许多干旱地区因没有陆表水资源的均衡补给（冰雪融水，湖泊湿地泄水），气候干旱化，产生生态、生存危机。

6.4.3 人口数量与资源环境容量

相对于自然历史，人类的历史是短暂的。人类活动是叠加在自然演化过程中一个特殊阶段，而且人类活动方式受自然环境条件制约。我们可以观察到人类活动遗迹和有记载以来人与自然的作用方式和过程。海河流域水环境问题是自历史时期至今逐渐积累所致。数千年来的海河流域自然与人类社会发展进程中，人类生存环境总体上一直处于各种自然灾害和社会动荡的冲突中。由于人们生存条件的不稳定，强化了人们的自我保护意识。在人与自然的关系中，人类很大程度上表现出了对未来的担忧，对以后不确定性的过度反应，由此产生了对自然资源的过度需求和占有，形成了人与自然的矛盾关系。水资源紧张、水环境恶化结果的产生，不仅仅是表现在对自然的认识问题，更重要的是人们对生存环境担忧和自我保护措施过度化的问题。近代科学和技术发展为过度索取自然资源提供了强力武器，人们对自然环境改变能力比以往历史时期更为强大，破坏力更为显著，占用自然资源更容易，从而激发了人们无限的私欲和占有欲。

多数研究结果都将人口数量的增加作为环境退化的主要原因，由此提出一些概念，如环境容量，即一个地区拥有的资源量与人口数量之比。环境容量的确定，需要考虑人口数量、人口密度，以及在一定区域上人均占有自然资源量。将环境容量作为资源可持续利用指标时，首先是考虑在这个地区可更新资源量在维持当地人口供给中所占的比例。由此可以确定，可更新资源量所占比例越大，环境容量越大。当人口数量所在资源量与可更新资源量持平时，环境容量达到最大。如果越过这一平衡，则环境供养人口数量下降，或者以环境退化为代价过量供养。

环境容量的概念虽然对理解流域承载力有一定作用，但是由于是基于人口数量和水资源量之间的关系，主要还是强调区域供养人口数量的能力。但是这一概念无助于认识自然水资源短缺产生的内在原因，因为它是基于现有人们的所有需求必须得到满足为前提的，而不管其合理性如何。自然环境退化与人口数量的增加有关系，但是过于强调人口数量，会忽视对人类社会自身问题的认识和反省。因为在世界上的许多地区，人口的数量即使是在当前也是不多的，甚至为无人区的不毛之地。在强调人口数量导致环境退化的同时，更应将关注点转向人类行为方式对环境的影响。

6.4.4 人类行为方式与水资源供需矛盾

人类活动总是围绕着两个主体行为方式的运作：生产和消费，并呈递增式往复循环。从历史和实现来看，人类文明与自然生态水文环境衰退相伴生。生态水文环境衰退的路径为自干旱区，半干旱区向湿润区扩展。从而使得干旱区和生态水文环境的退变范围和程度不断增加。

早期人类活动源于江河流域。干旱区~半干旱区的生态环境脆弱，人类便于活动、征服和利用，成为多数古老文明的发源地，也因这些地区生态水文环境的脆弱性导致快速荒漠化，文明被灭失。如哈巴拉文明、古埃及文明、古希腊文明、巴比伦文明、中国的楼兰古国等是历史早期演生出的发达社会体系，都因生态水文环境退变而衰落、消失。

农业，以及近现代工业将多个体有组织地联系在一起，不断地加工自然产出的可以利用的产物。农业和工业大生产则不仅产出生存必需品（水和食物），而且还生产大量产品，用于满足各种心理体验和奢华需求。由此产生的自然资源的需求量远超历史时期。

在汉唐至清朝前期，海河流域人口数量为几百万至1 000万人。元明清时期粮食主要供给方式为种植耐旱作物和提高产量，每年从南方调粮300万~600万石供应北京，以缓解这一地区因水资源短缺造成的粮食不足的问题。也就是在早期，人口数量远低于当前人口数量时，自然水资源量也难满足当时人口生存和发展的需求。近50年改变了过去外调粮食的供给方式，将海河流域作为国家粮食基地，实现了粮食自足。灌溉面积由1750万亩增加到1亿亩，粮食产量从1395万t增加到4576万t。目前华北地区小麦年产量超过

5000万t，占中国小麦总产量的50%以上。流域总人口数量由6 000万人增加到1.26亿人。现代科学技术的发展，为在相同区域内供养更多人口提供了解决方案，然而其代价是更为快速地集中各类自然资源，造成了自然环境的蜕变。人口、资源、环境、经济与水资源和水环境承载能力之间的关系不平衡，为维持规模经济过多地占用环境资源，实现人与自然和谐相处的目标会面临更多挑战。

在一定程度上，恢复外粮调入供给模式，压缩海河流域农灌面积和减少粮食总产量，以降低水资源消耗量限制地下水开采，恢复地下水水位，通过自然过程恢复河道、湿地环境和植被是保护恢复这一地区生存环境的必要措施。

人工植被与自然森林的作用不同，前者需要人工养护，其生态功能弱；后者则是经过自然的优选，具有自生能力，生态功能强。

6.4.5　人类活动加速水排泄

江河洪水的发生是自然过程，或者说是补充、增加地表储集水资源量的重要过程。但是江河洪水一直被认为是灾害，人们总是设法将洪水尽快排入大海。因为人们沿江、河、湖盆而居，洪泛可造成巨大人员和财产损失。人口数量增加，不断修筑堤坝与水争地，缩小了洪水宣泄和调蓄空间，占用了江、河、湖的行、蓄、滞水区域。人的活动范围限定了行洪和滞水范围越来越向主河道退缩。人类活动发挥了加速地表水资源排泄的作用。

中国东部平原区第四纪为洪泛填湖过程，因此湿地、洼地是平原区基本形态。周围山区的地表径流汇集于平原区，流速下降，行洪缓慢，滞留陆地时间增加，为湖泊、洼地补充水源。河北中部的白洋淀—文安洼一带洼淀位于构造凹陷，大陆泽和宁晋泊分布于滹沱河和漳河之间洼地。先秦以前，黄河流经今海河流域，宋代黄河曾再次北流。在1128年，黄河南决夺淮入海，退出海河流域。宋朝以后，砍树量增加，水土流失加速，洼地填平，河流改道，湖泊萎缩。

全新世大暖期的中晚期（距今4500~4000年），气候总体上湿润多雨，平原地区常遭洪水泛滥之灾。大禹治水是中国上古史时期的传说，在现代考古发掘中也获得一些实证资料，发生的时段为龙山文化末期至二里头文化初期（王星光，2014）。从历史时期就开始的治水过程中，防洪除涝一直为这一区域水治理的重点：整治蓄滞洪洼淀，开挖行洪排涝河道，疏浚河道，修筑河堤，形成行洪排涝体系，建设水库调控河水流径，阻止河洪水泛滥。大规模河道治理和人工河系，改变了海河流域河系的自然通道、流速、河-湖调蓄关系，以及与地下水之间的转换关系。与自然洪泛滞水相比，人工防洪是将面状（湖泊-湿地-水系）泄滞洪的自然过程，改变为线状（河道）高效排泄、疏干过程。其结果是，洼地-湖淀（或已成为耕地、居民区、工业区等）无河洪水进入补充，雨洪水在陆地的滞留时间大为缩短。湖泊洼淀水的滞留时间由早期的十几年至几十年下降为几年至十几年，至今不足一年至几年。雨洪过后，河道因无湖淀水补充，流量快速下降或干枯。陆表水失去滞留降水的储蓄空间和滞水条件，大气水-地表水之间的循环速率呈倍数增加，降低了陆表水资源量。

在明清时期，洪涝灾害突出，排水除涝一直是水利工作的重点，许多洼淀排干，同时开垦湿地用作农田。到了清末时期，因洼淀的人工排干，陆地水资源量大为减少。历史时期海河流域有大量湖泊洼淀，储集了大量的水资源。但是在20世纪60年代中后期各海河水系相继断航，70年代以后断流河道增加，至今大部分河流断流，或仅为季节性河流。1956~1964年，海河流域水库滞留洪水容量为80亿~90亿 m³。1970~1985年为120亿~130亿 m³，现在可达140亿~150亿 m³。自1956年和1963年大洪后，海河流域很少发生较大规模的洪水，至今许多水库储水量远小于实际库容量。同时，由于在山区河道上大量修建水库，拦截河水径流，阻断了河水向下游洼淀和河道补给，平原区水系快速消失。湿地面积急剧萎缩，白洋淀等12个主要湿地面积由20世纪50年代的3800 km²减少到2000年的540 km²，减少了86%，至今需借助引黄工程维持约140 km²的水面。平原区地表水系消失的另一个重要因是，在平原区大量抽取地下水灌溉农田，造成地下水位区域性大面积下降。

地表水（湖泊、洼淀、河流、沼泽）是与森林、海洋同样重要，地表水环境在调节径流、蓄洪防旱、野生动物和植物栖息、繁衍、小气候调节、食物供给等方面发挥重要作用。近千年来，海河流域的水资源和水环境变迁，与这一地区人口数量的增加，以及农耕种植方式密切相关，表现为农业种植规模越大，区域生态水文环境越退化。

将洪水作为灾害的认识是片面的，它还具有重要的水资源属性。通过洪水过程，地表水系可获得较充分的补充，储存储集水资源，以应对以后长期干旱。洪水资源是自然生态的主要水源，其赋存形式的多样性和转换在调控流域水量平衡中发挥重要作用。然而，人们采用的各种排洪措施，都是加速洪水的快速排泄，未将其存留于洼地作为水资源，导致地表储集水量越来越少，直至消失。地表水系调蓄能力下降，环境随之变干旱。

快排系统也是城市排水的传统方式，快排理念是将雨洪资源作为灾害因子，加以去除。近几十年来城镇化规模快速增长，城区面积成倍增加，由建筑物和硬化路面、广场构成的阻水、弱透水地面为形成城市地表径流创造了条件，沟渠排水设施，时常难以应对短时间产生的大的地表径流，造成城区内涝，甚至严重的人员和财产损失。以快渗、蓄集方式替代快排是雨洪资源化，避免内涝的合理途径。

6.4.6 暴雨洪水条件下的地下水补给和可更新属性

中国洪涝主要集中在长江、黄河、海河、淮河、辽河、松花江和珠江七大江河的中、下游地区，尤以长江、黄河、淮海、海河最为严重。上、中游流域暴雨引发江河洪水灾害，淹没大面积农田、损毁房屋，损失财产和造成伤亡；沿江河平原、滨湖区，遇暴雨或山洪汇流积水形成内涝，淹没农田和房屋。在洪水期间，溃坝造成的洪涝灾害更为严重。另外，洪水期是地表水最为丰富的时期，是地下水获得补给量最多的时期。洪水期地下水补给是评估地下水可更新属性的重要研究内容。

海河流域面积31.8万 km²，山区面积占54%，平原面积占46%，汛期6~9月，雨量占全年雨量的75%~85%。大洪水多发生在7月下旬至8月上旬。流域性大洪水可分为南系和北系两种类型，南、北系同时发生大洪水的概率较低。例如，北系在 1801 年（清嘉庆六年）发生特大洪水，永定河卢沟桥最大洪峰流量为 9600m³/s，拒马河最大洪峰流量达 18 500m³/s。北系以 1939 年 7 月洪水最大，密云县城近的潮白河洪峰流量达 10 650m³/s，永定河卢沟桥洪峰流量为 4 390m³/s，大清河各支流越京广铁路，白洋淀溃堤，天津市区被淹，持续时间一个多月。南系在 1569 年（明隆庆三年）发生特大洪水，漳河观台站洪峰流量达 16 000m³/s。1963 年 8 月洪水最大，8 月 2~8 日暴雨中心内丘县 7 天降雨量 2050mm，24 小时最大雨量 950mm，7 天超过 400mm 的面积达 58 000km²。大清、子牙两河同时越京广线，最大流量达 43 200m³/s。

大暴雨、大洪水发生频次低，但是单次事件带来的水资源量大，可最大程度地补充地表水和地下水资源。1963 年 8 月，海河南系洪水水量平衡计算结果：径流总量为 270 亿~330 亿 m³，水库、洼淀调蓄量约占 1/4，入海量约占 2/3，其余为蒸发和入渗量，地下水补给量为 18 亿~25 亿 m³，水位上升 1~1.5m（韩家田，1981）。大洪水期间的补给量仅占总径流量的 1/10。

1963 年为全球核爆试验高峰期，向大气中释放了最多的放射性氚同位素。1963 年的降水中氚含量最高，这一年降水进入含水层后，地下水的氚值最大。检测到地下水中最大氚值及分布，可以识别出 1963 年补给水的分布，那么海河平原区地下水最大氚值处应为该次暴雨补给。由平原区已有的氚值分布可以看出，不同含水层中氚值变化呈现由山前补给区向平原区变小的趋势，浅层地下水（第Ⅰ含水层）氚值较高，深层地下水（第Ⅱ含水层及以下）氚值低，未见氚峰，说明 1963 年洪水时补给的地下水已大部分被消耗，或被后期新水大量稀释、替代，当前浅层地下水（第Ⅰ含水层）主要是 1963 年以后补给。由此可见，遇丰水年时，平原区浅层地下水能够得获得补充。虽然浅层地下水可以获得即时补给，这部分新增水资源的滞留时间（循环周期）很短，更新周期小于 30 年，而且因地表蒸发、植被蒸腾、土壤吸附等被快速消耗。深层地下水（第Ⅱ、Ⅲ、Ⅳ含水层）中氚含量低，甚至为无氚水，其循环周期长，难以获得现代降水补给和更新。

深层地下水（如第Ⅲ含水层）过量开采，会引起含水层之间的越流补给，同时会使地下水年龄发生变化，如浅部含水层向深部含水层越流补给时，深层地下水年龄变新。由于是含水层之间的水量平衡过程，这并不能代表深层地下水获得净补给增加，因为这是通过浅部含水层水量减少实现的深层含水层水量增加。

海河流域平原区地下水构成了世界上最大的地下水储蓄库。在靠近山地带的冲洪积扇区，入渗条件好，容易获得降水和出山口河流入渗补给，这是平原区含水层获得补充的重要途径。新补充的水主要集中于补给区附近，由于侧向流速慢，新补给水到达含水层其他部位所需要的时间十分漫长。

6.4.7　跨流域干旱

长江、黄河两大流域是中国经济和社会发展的重心与纽带，现在已通过南水北调工程更为紧密地联系起来。长江、黄河源区水文与生态环境已发生退化，冰川和冻土消融、湿地减少使江河源区的产流量下降，引起流域水资源量减少、湖泊-江河水系失衡、干旱等一系列生态环境问题。黄河、海河流域干旱半干旱气候环境具有明显的脆弱性，加之早期中游过度农垦，植被破坏，水土流失，引起环境干旱化，全流域水资源量下降。长江流域虽然降水量高于黄河、海河流域，但过量开发和不合理利用可导致长江流域水资源量下降。源区环境退化，径流量减少，人工截流使主河道流量减少，湖泊排泄量增加，最终引起气候环境变化，易发生大范围、区域性干旱。例如，1998年长江中游发生了20~25年一遇的大洪水，但是到1999年年初，长江就形成了特枯水位，严重影响长江航运，发生沿长江口咸水入侵。长江流域自身调蓄能力明显下降是流域水资源总量减少、环境退化的重要标志。历史上（1634~1641年）曾发生的跨流域持续数年的严重干旱，在黄淮海流域与长江流域同时出现干旱，造成严重危害。

虽然现代社会应对自然极端事件能力远超以往历史时期，但是大范围严重干旱发生时，会遇到可调用水源不足的困境，其危害不容小视。

6.4.7.1 土地利用与环境改变

流域水文过程的蜕变起始于自然环境变化。由于自然变化过程相对缓慢，在人类历史过程中，人类活动施加的影响更为显现。人类通过改变植被种类和分布、水系通道和湖泊-水系平衡，改变了自然环境。

森林和草地开垦、填湖、规模化造城，以及修建水库、道路等活动引起下垫面变化、流域产汇流、干支流水文情势及气候环境等多方面的变化。海河流域长期开发历史表明，上述人类活动最终造成活动区的地表水体减少、消失，导致区域干旱化。长江流域是中国现存生态环境最为良好的区域。长江流域水资源在中国可利用水资源中所占比例会快速增加。长江流域生态环境变化是关系中国经济和社会稳定的基础。

6.4.7.2 江河源区变暖

长江、黄河是中国最大的两条河流，关系着大部分人口和经济的发展。黄河发源于青藏高原，经黄土高原和华北平原入渤海，长5464km，流域面积75万km²。黄河流域位于干旱、半干旱、半湿润区，年均降水量460mm。黄河径流量和基流量主要来自兰州上游的青海高原，虽然上游流域面积仅占黄河流域总面积的1/3，但其年径流量却占总量的55.6%（朱晓原和张学成，1999），而且花园口断面的248亿m³/a的基流量中有60%以上来自唐乃亥上游河源区（林学钰和王金生，2006）。长江发源于青藏高原，经四川盆地和长江中下游平原入东海，长6397km，流域面积180万km²。长江流域处于湿润区，年降水量400~1500mm。一般将直门达水文站上游为长江源区，龙羊峡水库上游为黄河源区，源区年均气温低于0℃（-5~4℃）。唐古拉山脉西的格拉丹冬和阿尼玛卿山山脉的玛卿岗日分别为长江和黄河源区的冰川中心，为气温最低处。源区降水来自印度洋水汽。西部冰川区和唐古拉山北麓降水为长江源区径流源，冰川融水径流量占年总径流量的比例>9%。达日、久治和玛曲等地是黄河源区主要产流区，径流源为降水。

近50年来长江-黄河源区气候暖干化，冰川减少，多年冻土区消融（时兴和等，

2007)。源区湖泊退缩、咸化乃至消亡,如长江源区的乌兰乌拉湖已分为5个小湖泊,黄河源区的星宿海湖群已大部分疏干成沼泽,龙木错湖面缩小近一半。长江源区冰川、积雪和冻土面积占源区总面积的0.9%,黄河源区冰川面积占总面积的比例不足0.1%(谢昌卫等,2003)。

长江流域气温呈显著上升趋势,寸滩、宜昌、汉口、大通站流域气温上升速率分别为0.11℃/10a、0.13℃/10a、0.13℃/10a、0.14℃/10a。流域降水量显著下降,寸滩、宜昌、汉口、大通站降水量下降速率分别为24.7mm/10a、20.2mm/10a、18.8mm/10a、18.2mm/10a。降水量下降使寸滩和宜昌水文站径流下降,下降速率分别为9.9mm/10a和7.2mm/10a;但是在汉口和大通站径流下降速率低,分别为2.9mm/10a和2.1mm/10a。长江流域降水减少与上游流域(寸滩和宜昌站)径流减少一致,而中下游流域(汉口和大通站)径流下降不明显,减少远低于上游,必有其他机制维持中下游径流量,如城区硬化不透水面积大量增加、径流系数变大、地表径流量增加等。长江流域湖泊面积减少,并向长江主河道快速泄水,维持着中下游江水径流量的相对稳定。

黄河流域气温呈上升趋势,据1951~2007年数据,兰州升温最快(0.32℃/10 a),花园口和利津(0.19℃/10 a)升温较慢。黄河上游(兰州站)流域的降水量变化不明显,而在三门峡站、花园口站、利津站降水量下降速率分别为8.8mm/10a、9.2mm/10a、9.8mm/10a。黄河径流量呈下降趋势,兰州站、三门峡站、花园口站和利津站径流量下降速率分别为7.8mm/10a、7.5mm/10a、7.6mm/10a和10.8mm/10a。黄河上游降水量变化不显著,但径流量显著下降,下游利津站径流量下降最大,1994~2004年的流域年径流量仅为1960~1969年的22%。

6.4.7.3 长江、黄河源区湿地面积和径流系数下降

长江、黄河源区提供河流主要的径流量。江河源区发育状况决定着河流向下径流总量及变化。据航片、遥感数据,近50多年来,长江源区高覆盖草甸、高覆盖草原和湿地面积分别减少了13.5%、3.6%和28.9%,黄河源区高覆盖草甸、高覆盖草原和湿地面积分别减少了23.2%、7.0%和13.6%(王根绪等,2009),所有这些变化发生在近30多年的时间内(表6-3)。据相关观测,降水量变化不大的情况下,长江、黄河源区径流系数分别由20世纪60年代的0.16和0.28分别下降到21世纪的0.12和0.21,表明降水-径流关系减弱,源区径流减少。植被破坏使得源区产流量波动幅度变大,如长江上游支流岷江流域上游植被破坏,失去林地植被环境的缓冲,在雨季易突发洪水,而在枯水季年份径流量过小,甚至断流。

表6-3 1967~2000年期间长江、黄河源区湿地、沙化面积变化　　　　（单位:%）

源区	草甸面积变化	草原面积变化	沼泽面积变化	沙化面积变化
长江源区	-13.5(-11.3)	-3.6(-3.5)	-28.9(-27.3)	+11.3(+9.6)
黄河源区	-23.2(-21.2)	-7(-5.5)	-13.6(-13.1)	+28.5(+25.7)

注:"-"表示下降;"+"表示增加;括号内数字为1986~2000年统计结果
资料来源:王根绪等,2009

阿尼玛卿山位于青海省果洛藏族自治州玛沁县境内，最高峰海拔6282m，为积雪和冰川覆盖，这些冰川占黄河源区冰川总面积的90%以上，是为黄河源头提供水量最多的雪山。遥测资料表明：1990年冰川面积为166km^2，2000年为134km^2，2002年为102km^2，雪线海拔4500m，阿尼玛卿山冰川退化明显加快，边缘厚度变薄。在黄河源区，冰川面积减少更加显著，黄河源阿尼玛卿山地区冰川面积减少是长江源区的10倍（杨建平等，2003）。在黄河源区的冰川数量少、面积小，冰川融水已对流域补给影响不大。最近20年中，黄河源区土地温度上升，多年冻土大规模消退；同时，地下水位下降，植被退化，土地沙漠化和盐碱化。在黄河源头，青海省玛多县早期有4 000多个大小湖泊，如今多数湖泊干涸、萎缩。1979~1982年，玛多湿地发育，草场良好，但是现在则是缺水地区，当地居民面临生存问题。星宿海、扎陵湖和鄂陵湖是黄河三大主水源湖泊。星宿海如今已退化为多个独立的内陆小湖，与黄河联通中断。扎陵湖和鄂陵湖泊面积也在减少。扎陵湖过去曾有600km^2，现在小于500km^2。鄂陵湖面积曾达到800km^2，现在湖面积约600km^{2}多，水位下降了5m。在青海省境内，黄河源区产径流量约占黄河水量的一半，所以，黄河源区产流量直接决定着黄河总水量。1997年，扎陵湖和鄂陵湖水位下降2m，加之黄河源区遇多年枯水期，黄河中下游发生多次断流。

由于干旱，源区产流量下降，近2000多年来，黄河发生过多次干旱和断流。历史上有黄河断流记载（王爱军，2002）：《晋书怀帝纪》，309年3月"大旱，江、汉、河、洛皆竭"；1372年《怀庆府志》、《武涉县志》、《明史五行志》上都记有"河南黄河竭，行人可涉"；1602年《西宁府新志》记"贵德黄河水竭至河州，凡八七日"；1640年《睢宁县志》"天下大旱，黄河水涸，流亡载道"。图6-2为1972年以来在黄河下游山东河段断流次数和持续时间（天数）统计，在1972~1997年的25年间，断流19次。1987年后连续多年断流，断流时间不断提前，断流范围不断扩大，断流频次和历时不断增加。1995年，利津水文站断流历时122天，河南开封市陈桥村以下700 km河道无水。在1997年，扎陵湖和鄂陵湖水位下降2 m，加之黄河源区遇多年枯水期，1997年黄河断流时间最长，达226天。2003年年底黄河源鄂陵湖出水口断流。2005年3月黄河郑州段断流。黄河径流量变化由过去冰川融水-源区湖泊调蓄-降水型河流退化为弱湖泊调蓄-降水型，主要依赖于降水，黄河流抵御干旱气候的能力显著下降。

6.4.7.4 湖泊-江河水系失衡

据资料，1968~1971年，长江源区冰川面积为1284 km^2，1999~2002年为1216 km^2。虽然在长江源区冰川面积变化率不大，但是长江源区的756条冰川绝大部在后退，只有少量冰川前进，有两条小冰川已消失。长江源区最大冰川——色的日冰川面积，在近30年间减少了13%。1969~2000年长江源格拉丹冬地区冰川总面积减少了1.7%。长江源区冰川雪山持续消融减退，冻土层解冻加速，沼泽湿地减少，造成短期河流、湖泊水位上涨。但是，一旦冰雪大量融化消失，将导致源区水源枯竭、荒漠化，则可使整个江河流域因缺水发生干旱。

长江流域径流为冰川融水-湖泊-降水型，除了源区湖泊调蓄长江上游径流量外，长江

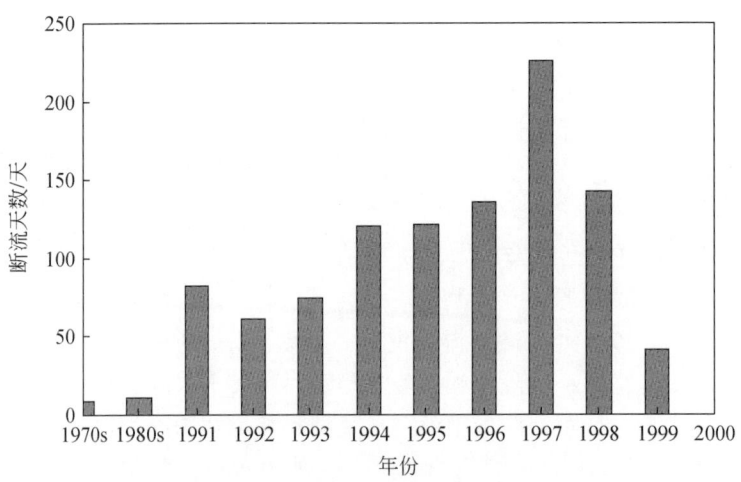

图 6-2 1972 年以来黄河断流天数统计

流域中游湖泊，对长江径流量有重要影响。20 世纪 30 年代，长江中游湖泊面积为 11 711km²，到 2000 年减少到 4910km²。江汉平原湖泊面积减少速率为 208km²/a。1930 年到 20 世纪末，洞庭湖面积从 4955km² 减小到 2518km²，缩减了 49%（Zhao et al., 2005）。与 20 世纪 50 年代相比，2005 年湖北省湖泊面积减少了 64%（张毅等，2010）。20 世纪 60 年代对长江中游荆江段截弯取直，江水流程缩短，比降增大，流速加快，河道水面面积减少，也相当于减少了中游湖泊面积。

洞庭湖、鄱阳湖流域多年平均进、出湖水量是均衡的，如洞庭湖多年平均入湖量为 2879 亿 m³/a，出湖量为 2866 亿 m³/a，鄱阳湖多年平衡入湖量为 1457 亿 m³/a，出湖量为 1457 亿 m³/a（殷鸿福等，2004）。鄱阳湖 2006、2008、2014 年等出现了湖泊水量剧减的情况，湖口水位达到历史最低水位。2006 年 8 月，鄱阳湖遇 50 年来最严重干旱，至 2007 年 1 月湖口水位只有 7.4m，比高水位时期下降了 10m 以上。湖水水面积缩减，大量湖水泄出，除与降雨量减少有关外，还与湖泊相通的主河道水位下降、流速变快有关。另外，围湖造田、填湖造城、湖泊-江河水系失联都是使湖泊面积缩减甚至消失的直接原因。一些"生态工程"，如连通湖泊水网，时常是改善了局部环境，却是加速了水的排泄。

维护湖泊-江河水系之间的自然平衡是一个长期被忽略的问题。在截流河水径流后，不仅改变江河流量、流速，还降低了河水的水位。长江中下游湖泊面积下降，与长江水位和流速的变化有关系。主河道流速快、水位低时，会加速湖泊向河道泄水，湖水滞留时间变短，导致湖泊水量、水面积快速缩减。在海河流域已经历了湖泊-河水由水量下降、湖泊面积减少、湖泊-河水联系中断、湖泊消失、河水干枯等阶段。现今海河域大部分河流只在雨季有暂时雨洪径流。在长江流域，湖泊-江河水系水位失衡问题应引起高度重视。

在北方，黄河、海河流域的湖泊-河系的生态和环境功能已衰退。因地表湖泊-水系大面积消减，北方气温上升速率是南方的 2~3 倍，干旱化更为明显。黄河流域产流主要依靠源区降水，气候变化的影响最为直接。在气候变暖、干旱化趋势下，产流量则进一步下降。

长江流域降水量高于黄河流域，加之源区有冰雪融水径流，长江源区产流量变化不明显，但是长江流域地表水体面积的萎缩，预示着这一流域总水资源量和可调蓄水资源减少，应对干旱的能力下降。长江流域湖泊-江河水关系的变化有沿着或在重复海河流域湖泊-河系退化的路径。气候变暖，湖泊-江河系统退化，会加速南方干旱化。

6.4.7.5 江河下游流量与入海口环境变化

江河流域主导区域水资源分配，使江河径流量下降的主要因素有源区产流减少、沿途截流和调储蓄环境失衡。在多种因素作用下，黄河流域径流量大幅下降，入海流量减少。自 20 世纪 70 年代以来，长江流域入海流量下降，沿长江口海水入侵频次和范围显著增加，严重影响了长江三角洲地区的社会和经济发展。

黄河、海河流域已发生全流域水资源利用和环境变化，其结果是自然径流量被大量占用，生态环境水资源量减少，生态、植被退化，生态储蓄、缓释功能退化、消失，气候变干，使得环境温度、降雨易发生突变，易发生干旱。

黄河、海河流域自然环境功能退化，为长江流域水资源利用和管理提供了可供借鉴的经验和范例。

6.5 本章小结

地下水利用量攀升导致地下水水位下降和水资源量减少，对稳定供水和保障供水安全带来不确定因素。地下水来源和成因决定了含水层可以获得降水、地表水和相邻含水层地下水的补给，原则上，地下水系统是可更新的。降水和地表水可以补给浅层地下水和山前地带高渗透含水层，却不易补给平原区深层地下水。不同含水层单元可更新速率不同，可利用量则有明显差别。海河流域地下水开采导致的水资源量减少证明地下水系统单元可更新能力有限。

获取地下水补给量有多种方法，由此也带来水资源量估算误差，有如下两方面原因：一是现有估算方法在参数选择和边界划分多数依据推测属定性和半定量方法，不确定性较大；二是对地下水系统可更新能力有过高预期，假设在丰水年时地下水可以快速得到补充和水量恢复。地下水补给量单参数评价地下水资源量和可开采量是当前地下水资源评价、可更新能力和可持续利用潜力的流行方法，但是往往高估可利用水资源量。本书通过对过去暴雨条件下地下水补给示踪分析表明，海河流域平原区深层地下水在几十年时间尺度内不易获得补给，只有浅层地下水能获得当年降水补给。浅层地下水年龄新，小于 30 年，水滞留时间短，浅层地下水资源易受外界气候和环境变化影响。

由于补给量参数估算和可更新能力判断依据是定性的，为了增加地下水资源的可开采量，计算参数取值偏大，在这里有认识程度不够深入的客观原因，也有迎合增加开采量的主观因素。以地下水系统补给量建立起的地下水资源评价体系，在地下水资源的可持续利用和管理中的作用有缺陷。

影响地下水资源可持续利用的因素有多种，除了补给量外，含水层系统的外在因素，如气候、地表水资源量、地表环境、总需水量等也直接影响着含水层水资源量和利用量，将含水层系统水量变化的内外因素综合考虑，才可能建立起合理的利用和管理方案。

第 7 章　结　论

在新生纪，末次冰期陆地上以冰雪、湖泊和地下水形式储集了大量水资源。在末次冰期结束，进入末次间冰期以来，以冷干和暖干气候为主导，陆地水资源量由储集增加转为排泄减少，冰川融水滞留形成大面积湖泊，发育江河水系向外排泄。森林、湿地、湖泊等可有效地减缓陆地水排泄速度，增加水在陆地的滞留时间。陆地水资源的缓释过程则维持了特有生态和环境的长期稳定。

人类高强度活动改变了上述滞水条件，流域尺度上的沟渠—河系构成人工—自然水网，即可用于旱时灌溉用水，也可用于涝时泄水，是地表水引水和排泄最便捷途径。近几十年来城市规模迅速扩大，城市排水体系为沟渠-河系，也是典型的快排系统。千百年来的治水活动，以疏为主，促使森林植被、湿地、湖泊大量消失，加速了水的排泄、缩短了水在地表的滞留时间，导致陆地储集水资源量下降，并相继发生水土流失、土壤沙化、沙漠化，气温上升。

用水和治水伴随人类发展历程。人们邻水而居。人与水之间却由于占用土地而形成矛盾。洪旱是常见的自然现象，常给人类带来巨大损失，造成灾害。治水成为应对洪旱的主要手段。当洪水发生时，将其尽快排入海里；当遇干旱时，则引河水、过量抽取地下水应对。洪、旱是两种相反的自然过程，然而人们的应对手段和效果则相对统一。人类活动对水资源的改造体现在"排"，这一过程是加速自然水资源减少的重要原因。

末次冰期以来，陆地水资源演变机理为陆地储集固态水、气候和人类活动三重驱动因子共同作用下的耗散结体系。在固态水融化调控阶段，气候湿润，气候干/湿变化频次较缓慢，以千年计；固态水融化调控后期，气候干/湿变化频次增加，在人类活动早期阶段，以百年计，而进入现代社会阶段后，尤其是近几十年来，气候干/湿变化频次进一步加快，以十年计。

半干旱干旱环境下的季风气候区，降水量小于蒸腾量，海河流域的自然环境是输入量小于排泄量，因冰川融水减少，地表水系呈消退趋势。海河流域水资源演化经历了由植被、河-湖水系发育，至现今的衰退消失阶段。地表水资源量下降导致对地下水资源需求量的增加和过量开采。地下水过量开采使地下水水位下降，地下水转换为河水的过程中断，降水、地表水滞留时间和运移距离缩短，水的重复转换率下降，相对水资源量下降。水资源利用由过去局部或只在下游地区，发展到全流域甚至跨流域的全面利用。完整的自然水循环系统变成多个独立分系统，水量调节能力下降。

在海河流域平原区，含水层具分层性。由于隔水层的弱渗透性，使得相邻含水层保持相对独立。地下水年龄测试结果揭示：新水主要分布于浅部含水层及与浅层地下水有水力联系的含水层中。海河流域地下水年龄在水平方向和垂直方向上有分带；在水平方向上，山前冲洪积扇区地下水年龄新，中部平原区地下水年龄老；在垂向上，从浅部含水层向深部含水层地下水年龄变老。在山前补给区，地下水年龄也具有水平和垂向分布规律，如北京平原区地下水年龄呈远离山前补给区较老；由浅层向深层地下水年龄变老。山前补给区地下水年龄垂向分带表明，现代降水补给主要局限于浅部含水层。

海河流域平原区多含水层结构，弱化、隔离了浅层地下水与深层地下水之间的水力联系。深部含水层形成于平原区第四纪沉积过程，深部含水层一旦为新的沉积层覆盖，则与外界隔离，为封闭系统。新含水层置于老含水层之上，或者前者位于后者上游。只有最后阶段形成的含水层，为浅部含水层，保持与外界的联系，属开放系统。浅层地下水的循环周期短（<1000 年，一般为几年至几十年）或可更新能力强；深部含水层形成时代老（>10 000 年），可更新能力弱。浅层地下水，以及与浅层地下水有水力联系的含水层，或者有通地表的导水构造的深部含水层可有现代水补给。虽然浅部含水层可更新，但是在遇干旱，地表水系消失，下垫面条件的改变，实际补给量明显下降，甚至难获得补给。

太行山、燕山山前地带为中部细土平原区地下水的补给区，本书发现山前冲洪积扇区"单一"含水层地下水年龄有垂向分带，即从浅到深地下水年龄变老；在水平方向上，远离山前地带地下水年龄变老。山前地带地下水具有较强的更新能力，然而由于侧向水流场弱，中部细土平原区地下水获得现代水补给量有限。在细土平原区提取（深层）地下水则消耗含水层储存量。

在海河流域，除孔隙介质含水层外，岩溶水是重要地下水资源，北京、济南等地的岩溶水在城市生活和生态供水方面发挥重要作用。岩溶水系统有地表出露型的和平原覆盖型两类。地表出露的岩溶水年龄新，易获得现代水补给，而平原覆盖型则较为复杂，一般呈新水和老水混合型。按岩溶水系统响应现代补给的快慢，可细分为动态储层和静态储层，两者在空间上相互联系，水动态具有差异性。出露型岩溶水系统响应降水补给快，可更新能力强，而这类地下水系统的可持续利用能力与储集量，以及现代补给量有关。在地表水系统大部分干枯的条件下，虽然补给速率快，但是总补给量却有限，导致岩溶水系统因过量开采而可持续利用能力下降。由此得出，补给系数小，则补给量小；补给系数大，在补给源充足时，补给量大，反之，则小。

海河流域与长江流域，通过南水北调工程密切的联系起来，从而在人工干预下海河、黄河、长江流域成为统一体，相互影响和相互作制约。长江流域自身水资源利用量的增加，极大地改变了长江流域自然水文过程，湖泊面积和江水流量的下降，降低了地表水资源的滞留时间，相应地减少了可利用水资源量。湖泊-江水失衡，水量减少，不仅影响到稳定供水，还影响当地环境以及大气环流，造成干旱化。海河流域人口和资源环境发展过程具有典型代表性，对于理解其他流域水文地质过程具有重要参考价值。海河流域、黄河流域生态环境退化，可作为长江流域水资源与环境演变趋势的现实警示实例。无论是干旱区，还是湿润区，人口和经济发展都有必要借鉴海河流域发展的经验和教训。

地下水是应对极端气候变化，严重干旱危害的后防线，需要建立战略储略：①采取有效措施降低水资源的消耗，降低地下水开采量；②提升全社会的节水意识，高效利用有限的水资源；③开展科学技术研究，提高地下水补给量，建设人工地下水库，利用各种有利条件和地下空间增加地下水储存量；④降低陆地岩石、砂土直接裸露面积，维持地表湿度，形成有利于水汽输入的下垫面条件。

参 考 文 献

安月改,李元华.2005.河北省近50年蒸发量气候变化特征.干旱区资源与环境,19(4):159-162.

北京市地质矿产勘查开发局,北京市水文地质工程地质大队.2008.北京地下水.北京:中国大地出版社.

边多,边巴次仁,拉巴,等.2010.1975~2008年西藏色林错湖面变化对气候变化的响应.地理学报,65:313-319.

陈广泉,2013.莱州湾地区海水入侵的影响机制及预警评价研究.上海:华东师范大学博士学位论文.

陈隆勋.1984.东亚季风环流系统的结构及其中期变动.海洋学报,6:744-758.

陈茂山,2005.海河流域水环境变迁与水资源承载力的历史研究.中国水利水电科学研究院博士学位论文.

陈望和,丁惠生,曾渊深,等.1999.河北地下水.北京:地震出版社.

陈雨孙,马英林.1981,论永定河水通过西山对北京市地下水的补给.水利学报,(3):10-18.

陈宗宇,陈京生,费宇红,等.2006.利用氚估算太行山前地下水更新速率.核技术,29(6):426-431.

陈宗宇,皓洪强,卫文,等.2009.华北平原深层地下水的更新与资源属性.资源科学,31(3):388-393.

陈宗宇,齐继祥,张兆吉,等.2010.北方典型盆地同位素水文地质学方法应用.北京:科学出版社.

程大珍,陈民,史世平.2001.永定河上游人类活动对降雨径流关系的影响.水利水电工程设计,(02):19-21.

戴新刚,丑纪范,吴国雄.2002.印度季风与东亚夏季环流的遥相关关系.气象学报,60(5):544-552.

董斯扬,薛娴,尤全刚,等.2014.近40年青藏高原湖泊面积变化遥感分析.湖泊科学,26(4):535-544.

董咏梅,苏光星,李占华.2004.从济西抽水试验探济南泉域西边界.水资源保护,(3):58-59.

樊宝敏,董源,张钧成,等.2003.中国历史上森林破坏对水旱灾害的影响——试论森林的气候和水文效应.林业科学,39(3),136-142.

樊宝敏,董源.2001.中国历代森林覆盖率的探讨.北京林业大学学报,23(4):60-65.

樊宝敏,李智勇.2010.过去4000年中国降水与森林变化的数量关系.生态学报,30(20):5666-5676.

费宇红,苗晋祥,张兆吉,等.2009a.华北平原地下水降落漏斗演变及主导因素分析.资源科学,31(3):394-399.

费宇红,张兆吉,宋海波,等.2009b.华北平原地下咸水垂向变化及机理探讨.水资源保护,25(6):21-23.

郜洪强,费宇红,雒国忠,等.2010.河北平原地下咸水资源利用的效应分析.南水北调与水利科技,8(2):53-56.

葛全胜,刘浩龙,郑景云,等.2013.中国过去2000年气候变化与社会发展.自然杂志,35(1):9-21.

郭高轩,刘文臣,辛宝东,等.2011.北京岩溶水勘查开发的现状与思考.南水北调与水利科技,9(2):33-45.

郭其蕴,王继琴.1988.中国与印度夏季风降水的比较研究.热带气象,4(1):53-60.

郭其蕴.1992.中国华北旱涝与印度夏季风降水的遥相关分析.地理学报,47(5):394-402.

郭永海,沈照理,钟佐,等.1995.从地面沉降论河北平原深层地下水资源属性及合理评价.地球科学,20(4):415-420.

郭万钦,许君利,刘时银,等.2014.中国第二次冰川编目数据集(V1.0).寒区旱区科学数据中心.

国家林业局.2000.林业白皮书：2000——中国林业发展报告（摘要）.中国绿色时报，2000-12-29.
韩家田.1981.海河流域"63.8"特大洪水简介.水文，(05)：56-59.
郝立生，姚学祥，只德国.2009.气候变化与海河流域地表水资源量的关系.海河水利，(5)：1-10.
胡春宏，王延贵.2004.官厅水库流域水沙优化配置与综合治理措施研究Ⅱ——流域水沙优化配置与水库挖泥疏浚方案.泥沙研究，(2)：19-26.
胡厚宣，1944.气候变迁与殷代气候之检讨.中国文化研究汇刊，4（1）：1-84.
黄荣辉.2005.大气科学概论.北京：气象出版社.
黄守坤，夏甜甜.2012.气候变暖的第一影响因素及我国的应对.生态经济，(3)：153-158.
黄镇国，张伟强.2000.末次冰期盛期中国热带的变迁.地理学报，55（5）：587-595.
籍传茂，王兆馨.1999.地下水资源的可持续利用.北京：地质出版社：117-119.
蒋晓茹，李红军，蔡淑红，等.2009.华北平原井灌区农户灌溉行为调查分析.安徽农学通报，11：152-154.
李常锁，赵玉祥，王少娟，等.2008.山东济南北部地热田富水规律分析.地球与环境，36（2）：155-160.
李红春，顾德隆，赵树森，等.1996.北京石花洞地区水系氢氧同位素及氚含量研究——石花洞研究系列之一.地震地质，18（12）：325-328.
李吉均，苏珍.1996.横断山冰川.北京：科学出版社.
李胜涛，迟宝明，高勇，等.2008.北京平谷盆地雨洪资源利用的现状及对策.北京水务，(5)：14-17.
李想.2005.我国十大江河流域降水和温度长期变化趋势的研究.北京：中国气象科学研究院.
李元华，车少静.2005.河北省温度和降水变化对农业的影响.中国农业气象，26（4）：224-228.
梁平德.1988.印度夏季风与我国华北夏季降水.气象学报，46（2）：75-81.
梁杏，孙连发.1991.运用地下水流动系统理论研究水质问题.地球科学，16（1）：43-50.
林学钰，王金生.黄河流域地下水资源及其可更新能力研究.郑州：黄河水利出版社，2006.
刘昌明，魏忠义.1989.华北平原农业水文及水资源.北京：科学出版社.
刘春蓁.2000.中国水资源响应全球气候变化的对策建议.中国水利，(2)：36-37.
刘洪升.2002.唐宋以来海河流域水灾频繁原因分析.河北大学学报（哲学社会科学版），27（1）：23-27.
刘洪升.2005.明清滥伐森林对海河流域生态环境的影响.河北学刊，25（5）：134-138.
刘晓东，吴锡浩，董光荣，等.1995.末次冰期东亚季风气候的数值模拟研究.气象科学，15（4）：183-196.
刘晓燕.2004.黄河河流生命需水量.治黄科技信息，(1)：9-15.
刘学锋，阮新，李元华.2005.河北省冷暖变化气候特征分析.气象科学，25（6）：638-644.
刘禹，安芷生，Linderholm H W，等.2009.青藏高原中东部过去2485年以来温度变化的树轮记录.中国科学（D辑：地球科学），39：166–176.
刘昭民.1994.中国宋代之前的占候家.中国科技史料，15（2）：13-16.
鹿化煜，马海州，谭红兵，等.2001.西宁黄土堆积记录的最近13万年高原季风气候变化.第四纪研究，21（5）：416-426.
路洪海，陈诗越，张重阳.2009.济南泉域排泄区地下水演变趋势分析.人民黄河，31（6）：81-82.
吕新，杨磊，张凤华，等.2005.荒漠绿洲区农业特征及其可持续发展策略.中国沙漠，25（4）：599-603.
马静，汪党献，Hoekstra A Y，等.2006.虚拟水贸易在我国粮食安全问题中的应用.水科学进展，17（0-

1)：102-107.

毛绪美，梁杏，王凤林，等．2010．华北平原深层地下水 ^{14}C 年龄的 TDIC 校正与对比．地学前缘，17（6）：102-110.

孟庆斌，邢立亭，滕朝霞．2008．济南泉域"三水"转化与泉水恢复关系研究．山东大学学报（工学版），38（5）：82-86.

明木和，沈珍瑶．1992．咸水底界变化规律初探．物探与化探，16（5）：386-391.

南卓铜．2003．青藏高原冻土分布研究及青藏铁路数字路基建设．兰州：中国科学院博士论文：1-121.

牛健南．1995．硝酸盐的去除．中国给水排水，11（4）：51-52.

潘启民，常晓辉，蒋秀华，等．2014．黄河花园口以上地下水利用对河川径流的影响．人民黄河，36（12）：55-57，61.

邱树杭．1957．试论永定河与北京市地下水的补给关系．水文地质工程地质，（2）：16-18.

山东省地矿局 801 水文地质工程地质大队．2004．山东省济南城市多参数立体化综合地质调查报告．

邵爱军，左丽琼，王丽君．2010．气候变化对河北省海河流域径流量的影响．地理研究，29（8）：1502-1509.

邵时雄，王明德．1989．中国黄淮海平原第四纪地质图．北京：地质出版社．

沈怡，赵世遐，郑道隆．1935．黄河年表．南京：262. 军事委员会资料委员会．

施少华，杨怀仁，王邮．1992．中原地区晚全新世以来的环境变化．地理学报，47（2）：119-128.

施雅风，孔昭辰．1992．中国全新世大暖期气候与环境．北京：海洋出版社，1-18.

石超艺．2012．历史时期大清河南系的变迁研究：兼谈与白洋淀湖群的演变关系．中国历史地理论丛，（2）：50-59.

石建省，郭娇，孙彦敏，等．2006．京津冀德平原区深层水开采与地面沉降关系空间分析．地质论评，52（6）：804-809.

时兴和，秦宁生，许维俊，等．2007．1956—2004 年长江源区河川径流量的变化特征．山地学报，(5)：513-523.

宋希利，方庆海．2010．综合物探方法在济南市章丘地区地热资源勘查中的应用．山东国土资源，26（3）：26-30.

宋艳玲，董文杰，张尚印，等．2003．北京市城、郊气候要素对比研究．干旱气象，21（3）：63-68.

孙景云，左犀．1996．地下水饮用水源地的保护．环境科学，17（5）：20-24.

孙彭力，王慧君．1995．氮素化肥的环境污染．环境污染与防治，17（1）：38-41.

汤仲鑫，赖频彦，李敬芬，等．1990．海河流域1000年旱涝阶段划分图．海河流域旱捞冷暖史料分析．北京：气象出版社．

陶诗言，朱文妹，赵卫．1988．论梅雨的年际变异．大气科学，12（特刊）：13-21.

万玮，肖鹏峰，冯学智，等．2010．近 30 年来青藏高原羌塘地区东南部湖泊变化遥感分析．湖泊科学，22：874-881.

王爱军．2002．黄河断流的成因分析及对策．国土资源科技管理，19（3）：32-35.

王邮，王松梅．1987．近五千余年来我国中原地区气候在年降水量方面的变迁．中国科学（B），（1）：104-112.

王根绪，丁永建，王建，等．2004．近 15 年来长江黄河源区的土地覆盖变化．地理学报，59（2）：163-173.

王根绪，李娜，胡宏昌．2009．气候变化对长江黄河源区生态系统的影响及其水文效应．气候变化研究进展，5（4）：202-207.

王家兵, 李平. 2004. 天津平原地面沉降条件下的深层地下水资源组成. 水文地质工程地质, (5): 35-37.
王家澄, 王绍令, 邱国庆. 1979. 青藏公路沿线的多年冻土. 地理学报, 34 (1): 18-32.
王绍武, 罗勇, 赵宗慈, 等. 2013. 2100 年全球平均温度将超过过去 1 万年. 气候变化研究进展, 9 (5): 388-390.
王仕琴, 宋献方, 肖国强, 等. 2009. 基于氢氧同位素的华北平原降水入渗过程. 水科学进展, 20 (4): 495-501.
王苏民, 窦鸿身. 1998. 中国湖泊志. 北京: 科学出版社.
王星光. 2014. 大禹治水与早期农业发展略论. 中原文化研究 (2): 35-40.
王亚斌, 邵景力, 王家兵, 等. 2010. 天津市咸水区深层地下淡水资源可恢复性研究, 水资源科学, 32 (6): 1188-1195.
王永财, 孙艳玲, 王中良. 2014. 1998-2011 年海河流域植被覆盖变化及气候因子驱动分析. 资源科学, 36 (3): 594-602.
王育民. 1995. 中国人口史. 南京: 江苏人民出版社.
王兆远 孙波, 冯英俊, 等. 2004. "帷幕内灰岩双含水层"赋存条件及疏干治理. 山东冶金 (01): 9-11.
郜妍飞, 颜长珍, 宋翔, 等. 2008. 近 30 a 黄河源地区荒漠遥感动态监测. 中国沙漠, 28 (3): 405-409.
夏东兴, 吴桑云, 郁彰. 1993. 末次冰期以来黄河变迁. 海洋地质与第四纪地质, 13 (2): 83-88.
夏汉平. 1999. 试论长江流域洪灾与综合治理对策. 见: 许厚泽. 长江流域洪涝灾害与科技对策. 北京: 科学出版社.
谢昌卫, 丁永建, 刘时银, 等. 2003. 长江-黄河源寒区径流时空变化特征对比. 冰川冻土, 25 (4): 414-421.
辛惠娟, 何元庆, 李宗省, 等. 2012. 玉龙雪山东坡气温和降水梯度年内变化特征. 地球科学, (S1): 188-194.
徐海. 2001. 中国全新世气候变化研究进展. 地质地球化学, 29 (2): 9-16.
徐建国, 朱恒华, 徐华, 等. 2009. 济南泉域岩溶地下水有机污染特征研究. 中国岩溶, 28 (3): 249-254.
薛丽娟, 李巍, 杨威, 等. 2010. 开采条件下海河流域平原区浅层地下水数值模拟研究. 工程勘察, (3): 50-55.
闫峻, 张巽, 陈江峰, 等. 2001. 济南辉长岩的锶、钕同位素特征. 矿物岩石地球化学通报, 20 (4): 302-305.
严登华, 袁喆, 杨志勇, 等. 2013. 1961 年以来海河流域干旱时空变化特征分析. 水科学进展, 24 (1): 34-41.
杨怀仁, 谢志成. 1984. 中国东部近 20000 年来的气候波动与海面升降运动. 海洋与湖沼, 15 (1): 1-13.
杨建平, 丁永建, 刘时银, 等. 2003. 长江黄河源区冰川变化及其对河川径流的影响. 自然资源学报, 18 (5): 595-602.
杨建平, 丁永建, 沈永平, 等. 2004. 近 40a 来江河源区生态环境变化的气候特征分析. 冰川冻土, 26 (1): 7-16.
殷鸿福, 陈国金, 李长安, 等. 2004. 长江中游的泥沙淤积问题. 中国科学 D 辑, 地球科学, 34: 195-209.
尹钧科. 2003. 永定河中、上游森林植被的破坏. 历史地理 (第 19 辑). 上海: 上海人民出版社.
张光辉, 陈宗宇, 费宇红. 2000. 华北平原地下水形成与区域水文循环演化的关系. 水科学进展, 11 (4): 415-420.

张光辉, 费宇红, 陈宗宇, 等. 2002a. 海河流域平原深层地下水补给特征及其可利用性. 地质论评, 48 (6): 651-658.

张光辉, 费宇红, 李惠娣, 等. 2002b. 海河流域平原浅层地下水位持续下降动因与效应. 干旱区资源与环境 (02): 32-36.

张人禾. 1999. El Nino 盛期印度夏季风水汽输送在我国华北地区夏季降水异常中的作用. 高原气象, 18: 567-574.

张人权, 梁杏, 靳孟贵, 等. 2011. 水文地质学基础. 北京: 地质出版社.

张人权, 梁杏, 靳孟贵. 2013. 末次盛冰期以来河北平原第四系地下水流系统的演变. 地学前缘, 20 (3): 217-226.

张蓉珍. 1999. 论水资源的永续利用. 国土与自然资源研究, (2): 1-3.

张省军. 2006. 张马屯铁矿床无废开采综合技术研究. 采矿技术, 6 (3): 161-166.

张毅, 孔祥德, 邓宏兵, 等. 2010. 近百年湖北省湖泊演变特征研究. 湿地科学, 8: 15-20.

张翼. 1993. 气候变化及其影响. 北京: 气象出版社.

张镱锂, 刘林山, 摆万奇, 等. 2006. 黄河源区草地退化空间特征. 地理学报, 61 (1): 3-14.

张园. 2001. 罗布泊与可持续发展. 环境导报, (5): 45-46.

张兆吉. 2009. 华北平原地下水可持续利用调查评价. 北京: 地质出版社.

张之淦, 张洪平, 孙继朝, 等. 1987. 河北平原第四系地下水年龄、水流系统及咸水成因初探: 石家庄至渤海湾同位素水文地质剖面研究. 水文地质工程地质, 14 (4): 1-6.

张宗祜. 2005. 华北大平原地下水的历史和现状. 自然杂志, 27 (6): 311-315.

张宗祜, 施德鸿, 任福弘, 等. 1997. 论华北平原第四系地下水系统之演化. 中国科学 (D), 27 (2): 168-173.

赵鹏, 赵建. 2004. 济南南部山区喀斯特洞穴特征. 山东国土资源 (6): 26-30.

赵占锋, 欧璐, 秦大军, 等. 2012. 济南岩溶水水化学特征及影响因素. 中国农村水利水电, (7): 31-37.

赵忠海. 2001. 北京顺义木林-塔河一带地裂缝成因及防治措施初探. 中国地质灾害与防治学报, 12 (2): 29-32.

周宏伟. 1999. 长江流域森林变迁的历史考察. 中国农史, 18 (4): 3-14.

周敬文, 李新伟, 彭秀苗, 等. 2009. 2008 年济南市泉水水质检测结果分析. 预防医学论坛, 15 (6): 522-524.

朱俊凤, 朱震达等. 1999. 中国沙漠化防治. 北京: 中国林业出版社.

朱士光、王元林、呼林贵. 1998. 历史时期关中地区气候变化的初步研究. 第四纪研究, (2): 1~11。

朱晓原, 张学成. 黄河水资源变化研究. 郑州: 黄河水利出版社, 1999.

竺可桢. 1972. 中国近五千年来气候变迁的初步研究. 考古学报, (1): 15-38.

邹连文, 商广宇, 张明泉, 等, 李淼. 2009. 济南泉水来源区域探讨. 中国水利, (S1): 77-79.

左文喆. 2006. 秦皇岛洋戴河平原海水入侵调查与研究. 中国地质大学 (北京) 博士学位论文.

Abduirahman I, Alabdula Aly. 1997. Nitrate concentrations in Riyadh. Saudi Arabia drinking water supplies. Environmental Monitoring and Assessment, 47: 315-324.

Aeschbach-Hertig W, Gleeson T. 2012. Regional strategies for the accelerating global problem of groundwater depletion. Nat Geosci, 5: 853-861.

Aeschbach-Hertig W, El-Gamal H, Wieser M, et al. 2008. Modeling excess air and degassing in groundwater by equilibrium partitioning partitioning with a gas phase, Water Resource Research, 44 (8): W08449, doi:

10. 1029/2007WR006454.

Aeschbach-Hertig W, Peeters F, Beyerle U, et al. 1999. Interpretation of dissolved atmospheric noble gases in natural waters. Water Resources Research, 35 (9): 2779-2792.

Aishlin P, McNamara J P. 2011. Bedrock infiltration and mountain block recharge accounting using chloridemass balance. Hydrol Process, 25 (12): 1934-1948.

Alley WM. 1993. Regional Ground-Water Quality. New York: Van Nostrand Reinhold.

Allison G B, Holmes J W. 1973. The environmental tritium concentrations of underground water and its hydrological interpretation. Journal of Hydrology, 19: 131-143.

Allison G B, Hughes M W. 1978. The use of environmental chloride and tritium to estimate total recharge of an unconfined aquifer. Aust J Soil Res, 16: 181-195.

Allègre C J, Staudacher, Sarda P, et al. 1983. Constraints on evolution of Earth's mantle from rare gas systematics. Nature, 303: 762~766.

Altenative Fluorocarbons Environmental Acceptability Study (AFEAS). 1997. Production, sales and atmospheric release of fluorocarbons through 1995. Alternative Fluorocarbons Environmental Acceptability Study Program Office, The West Tower - Suite 400, 1333 H Street NW, Washington, DC 20005, U. S. A.

Andrews J N, Kay R L F. 1982b. Natural production of tritium in permeable rocks. Nature, 298: 361-363.

Andrews J N, Kay R L F. 1982a. 234U/238U activity ratios of dissolved uranium in groundwater from a Jurassic limestone aquifer in England. Earth and Planetary Science Letters, 57: 139-151.

Appelo C A J, Postma D. 1996. Geochemistry, Groundwater and Pollution. Rotterdam: Balkema: 536.

Athavale R N, Chand R, Rangarajan R. 1983. Groundwater recharge estimates for two basins in the Deccan Trap basalt formation. Hydrological Sciences Journal-Journal Des Sciences Hydrologiques, 28: 525-538.

Athavale R N, Rangarajan R, Muralidharan D. 1998. Influx and efflux ofmoisture in a desert soil during a 1 year period. Water Resources Research, 34: 2871-2877.

Austermann J, Mitrovica J X, Latychev K, et al. 2013. Barbados-based estimate of ice volume at Last Glacial Maximum affected by subducted plate. Nat, Geosci, 6 (7): 553-557.

Bakalowicz M. 2004. The epikarst, the skin of karst. In: Jones W K, Culver D C, Herman J S., The Epikarst Conference. Karst Water Institute Special Publication 9. The Karst Water Institute, Shepherdstown, WVA, 16 – 22.

Bakalowicz M. 2005. Karst groundwater: a challenge for new resources. Hydrogeology Journal, 13 (1): 148-160.

Bard E, Hamelin B, Fairbanks R G. 1990. U-Th ages obtained by mass spectrometry in corals from Barbados: sea level during the past 130, 000 years. Nature, 346 (6283): 456-458.

Bard E. 1998. Geochemical and geophysical implications of the radiocarbon calibration. Geochimica et Cosmochimica Acta, 62: 2025-2039.

Barletta B, Meinardi S, Rowland F S, et al. 2006. Volatile organic compounds in 43 Chinese cities. Atmospheric Environment, 39: 5979-5990.

Beerling D, Royer D L. 2011. Convergent Cenozoic CO_2 history. Nature Geoscience, 4: 418-420.

Bekryaev R V, Polyakov T V, Alexeev V A. 2010. Role of polar amplification in long-term surface air temperature variations and modem arctic wanning. Journal of Climate, 23: 3888-3906.

Bellwood P. 2005. First Farmers: The Origin of Agricultural Societies. London: Blackwell Publishing.

Benoit S Lecavalier, Glenn A Milne, Matthew J R Simpson, et al. 2014. A model of Greenland ice sheet deglaciation constrained by observations of relative sea level and ice extent. Quaternary Science Reviews, 102 (15): 54-84.

Bentley H W, Phillips F M, Davis S N, et al. 1986. Chlorine-36 dating of very old ground water: I. The Great Artesian Basin, Australia. Water Resource Research, 22: 1991-2002.

Bergmann F, Libby W F. 1957. Continental water balance, groundwater inventory and storage times, surface ocean mixing rates, and worldwide water circulation patterns from cosmic ray and bomb tritium. Geochim Cosmochim Acta, 12: 277-296.

Bethke C M, Zhao X, Torgersen T. 1999. Groundwater flow and the ^{4}He distribution in the Great Artesian Basin of Australia. Journal of Geophysical Research, 104: 12999-13011.

Blanford H F. 1884. On the connection of theHimalaya snowfall with dry winds and seasons of drought in India. Proc Roy Soc London, 37: 3-22.

Bouchard D C, Willams M K, Suranpalli R Y. 1992. Nitrate contamination of groundwater: sources and potential health effects. Water Assoc, 84 (9): 85-90.

Bridge G. 2014. Resource geographies II: the resource–state nexus. Prog Hum Geogr, 38: 118-130.

Bu X, Warner M J. 1995. Solubility of chlorofluorocarbon 113. Water and Seawater, 42 (7): 1151-1161.

Bullister J L, Wisegarver D P, Menzia, F A. 2002. The solubility of sulfur hexafluoride in water and seawater. Deep-Sea Research, Part I, 49: 175-187.

Busenberg E, Plummer L N. 1992. Use of Chlorofluoromethanes (CCl_3F and CCl_2F_2) as hydrologic tracers and age-dating tools: xexample—the alluvium and terrace system of Central Oklahoma. Water Resources Research, 28: 2257-2283.

Böhlke J K, Denver J M. 1995. Combined use of groundwater dating, chemical, and isotopic analyses to resolve the history and fate of nitrate contamination in 2 agricultural watersheds, Atlantic Coastal–Plain, Maryland. Water Resources Research, 31 (9): 2319-2339.

Calder I R, Hall R L, Prasanna K T. 1993. Hydrological impact of Eucalyptus plantation inIndia. Journal of Hydrology, 150 (2–4): 635-648.

Carlston C W, Thatcher L L, Rhodehamel E C. 1960. Trtium as a hydrologic tool, the Wharton tract study. Int Assoc Sci Hydrol Publ, 52: 503-512.

Cerling T E, Manthi F K, Mbua E N, et al. 2013. Stable isotope-based diet reconstructions of Turkana Basin hominins. PNAS, 110: 10501-10506.

Chapman W L, Walsh J E. 1993. Recent variations of sea ice and air-teinperaturc in high-latitudes. Bulletin of the American Meteorological Society, 74 (1): 33-47.

Chen Y, Syvitski J P M, Gao S, J. 2012. Socio-economic Impacts on Flooding: A 4000-Year History of the Yellow River, China. AMBIO: A Journal of the Human Environment, 41: 682-698.

Chen Z, Nie Z, Zhang Z, et al. 2005. Isotopes and sustainability of ground water resources, North China Plain. Ground Water, 43 (4): 485-493.

Chen Z, Qi J, Xu J, et al. 2003. Paleoclimat ic int erp ret at ion of the past 30 ka from isotopic studies of the deep confined aquif er of the North Chin a Plain. Applied Geochemistry, 18: 997-1009.

Chevallier R, Pouyaud B, Suarez W, et al. 2011. Climate change threats to environment in the tropical Andes: glaciers and water resources. Regional Environmental Change 11, (Suppl1): S179-S187.

Choi C. 2013. Early human diets. PNAS, 110: 10466.

Christensen T H, Bjerg P L, Kjeldsen P. 2000. Natural attenuation: a feasible approach to remediation of ground water pollution at landfills?. Ground Water Monitoring and Remediation, 20 (1): 69-77.

Clark I D, Fritz P. 1997. Environmental Isotopes in Hydrology. Boca Raton, FL: Lewis: n328.

Clark P U, Dyke A S, Shakun J D, et al. 2009. The Last Glacial Maximum. Science, 325: 710-714.

Clark P U, Mix A C. 2002. Ice sheets and sea level of the Last Glacial Maximum. Quat Sci Rev, 21 (1-3): 1-7.

Clarke G K C, Jarosch A H, Anslow F S, et al. 2015. Projected deglaciation of western Canada in the twenty-first century. Nature Geoscience, 8 (5): 372-377.

Collon P, Antaya T, Davids B, et al. 1997. Measurement of ^{81}Kr in the atmosphere. Nuclear Instruments and Methods in Physics Research B, 123: 122-127.

Collon P, Kutschera W, Loosli H H, et al. 2000. ^{81}Kr in the Great Artesian Basin, Australia: a new method for dating very old groundwater. Earth and Planetary Science Letters, 182: 103-113.

Comiso J C, Parkinson C L, Gersten R, et al. 2008. Accelerated decline in the Arctic sea ice cover. Geophysical Research Letters, 35: 1703.

Cook P G, Solomon D K. 1995. Transport of atmospheric trace gases to the water table: implications for groundwater dating with chlorofluorocarbons and krypton 85. Water Resour. Res., 31 (2), 263-270.

Coplen T B. 1993. Uses of environmental isotopes. In: Alley W M Regional Ground-Water Quality. New York: Van Nostrand Reinhold: 227-253.

Craig H, Lupton J E. 1981. Helium-3 and mantle volatiles in the ocean and oceanic basalts. In: Emiliani C. The Sea. New York: Wiley: 391-428.

Crawford G W. 2006. East Asian plant domestication. In: Stark M T. Archaeology ofAsia. Malden: Blackwell Publishing: 77-95.

Cuffey K M. 2000. methodology for use of isotopic climate forcings in ice sheet models. Geophys Res Lett., 27 (19):3065-3068.

Cunnold D M, Fraser P J, Weiss R F, et al. 1994. Global trends and annual releases of CCl3F and CCl2F2 estimated from ALE/GAGE and other measurements from July 1978 to June 1991. Journal of Geophysical Research: Atmospheres, 99 (D1): 1107-1126.

Daasgaard W, Johnsen S, Clausen H B, et al. 1971. Climate record revealed by the Camp Century ice core. In: Turekian K KLate Cenozoic Glacial Ages. New Haven and London: Yale Univ Press.

Dansgaard W, Johnsen S J, Clausen H B, et al. 1993. Evidence for general instability of past climate from a 250-Kyr ice-core record. Nature, 364 (6434): 218-220.

Davis J. 2002. Statistics and Data Dnalysis in Geology. New York: John Wiley & Sons.

Davis R J, Schaeffer O A. 1955. Chlorine-36 in nature. Ann NY Acad Sci, 62: 105-122.

Ding Q H, Wang B. 2005. Circumglobal t eleconnection in the Northern Hemisphere summer. J Climat, 18: 3483-3505.

Dong Y A, He M, Jiang S S, et al. 2002. Chlorine-36 age study for deep groundwater of quaternary sediments, Hebei Plain. Earth Science: Journal of China University of Geosciences, 27 (1): 105-109 (in Chinese).

Dong Y A, He M, Jiang S S, et al. 2001. Research on the neutron flux, secular equilibrium of chlorine-36 and groundwater age of the deep quaternary sediments, Hebei Plain. Nuclear Techniques, 24 (8): 636-640 (in Chinese).

Dottridge J, Jaber N A. 1999. Groundwater resources and quality in northeastern Jordan: safe yield and sustainability. Applied Geography, 19: 313-323.

Dregne H E. 1991. Global status of desertification. Annals of Arid Zone, 30: 179-185.

Drimmie R J, Aravena R, Wassenaar L I, et al. 1991. Radiocarbon and stable isotopes in water and dissolved constituents, Milk River aquifer, Alberta, Canada. Appl Geochem, 6: 381-392.

Dunkle S A, Plummer L N, Busenberg E, et al. 1993. Chlorofluorocarbons (CCl3F and CCl2F2) as dating tools and hydrologic tracers in shallow groundwater of the Delmarva Peninsula, Atlantic Coastal Plain, United States. Water Resour. Res. , 29: 3837-3861.

D'Arrigo R D, Jacoby G. C. 1993. Secular trends in high northern latitude temperature reconstructions based on tree rings. Clim, Change, 25 (2): 163-177.

Edelman M, Oya C, Borras Jr S M. 2013. Global land grabs: historical processes, theoretical and methodological implications and current trajectories. Third World Q, 34: 1517-1531.

Edmunds W M, Darling W G, Kinniburgh D G. 1988. Solute profile techniques for recharge estimation in semi-arid and arid terrain. In: Simmers I. Estimation of Natural Groundwater Recharge. The Netherlands: Reidel, Dordrecht: 139-157.

Egboka B C E, Cherry J A, Farvolden R N, et al. 1983. Migration of contaminants in groundwater at a landfill: A case study: 3. Tritium as an indicator of dispersion and recharge. Journal of Hydrology, 63 (1 − 2): 51-80.

Ekwurzel B, Schlosser P, Smethie W M, et al. 1994. Dating of shallow groundwater: Comparison of the transient tracers 3H/3He, chlorofluorocarbons, and 85Kr. Water Resources Research, 30 (6): 1693-1708.

El Hakim M, Bakalowicz M. 2007. Significance and origin of very large regulating power of some karst aquifers in themiddle East. Implication on karst aquifer classification. Journal of Hydrology, 333: 329-339.

Elkins J W, Thompson T M, Swanson T H, et al. 1993. Decrease in the growth rates of atmospheric chlorofluorocarbons 11 and 12. Nature, 364: 780-783.

Elsner J B. 2000. Spatial variations in major U. S. hurricane activity: Statistics and a physical mechanism. J Clim, 13: 2293−2305.

Engel V, Stieglitz M, Jobbgy E G, . 2005. Hydrological consequences of Eucalyptus afforestation in the Argentine Pampas. Water Resources Research, 41: W10409.

Fabryka-Martin J T, Davis S N, Elmore D. 1987. Applications of ^{129}I and ^{36}Cl to hydrology. Nuclear Instruments and Methods in Physics Research B, 29: 361-371.

Fayer M J, Gee G W, Rockhold M L, et al. 1996. Estimating recharge rates for a groundwater model using a GIS. Journal of Environmental Quality, 25: 510-518.

Fei J. 1988. Groundwater resources in the North China Plain. Environ Geol Water Sci, 12 (1): 63-67.

Fischer E M, Knutti R. 2015. Anthropogenic contribution to global occurrence of heavy-precipitation and high-temperature extremes. Nature Climate Change, 5 (6): 560-564.

Fleury P, Ladouche B, Conroux Y, et al. 2009. Modelling the hydrologic functions of a karst aquifer under active water management—the Lez spring. Journal of Hydrology, 365, 235-243.

Florkowski T, Morawska L, Rozanski K. 1988. Natural production of radionuclides in geological formations. Nuclear Geophysics, 2: 1-14.

Fontes J C. 1980. Environmental isotopes in groundwater hydrology. In: Handbook of Environmental Isotope Geochemistry, Vol. 1. Fritz P, Fontes J C, Amsterdam: Elsevier: 75-140.

Fontes J C, Garnier J M. 1979. Determination of the initial ^{14}C activity of the total dissolved carbon—a review of the existing models and a new approach. Water Resource Research, 15: 399-413.

Fontes J C, Stute M, Schlosser P, et al. 1993. Aquifers as archives of paleoclimate. Eos, Transactions American

GeophysicalUnion, 74 (2): 21-22.

Ford D C, Williams P W. 2007. Karst Hydrogeology and Geomorphology. London: Wiley: 576.

Foster S S D. 2000. Assessing and controlling the impacts of agriculture on groundwater—from barley barons to beef bans. Quarterly Journal of Engineering Geology and Hydrogeology, 33: 263.

Foster S, Garduno H, Evans R, et al. 2004. Quaternary aquifer of the North China plain—assessing and achieving groundwater resource sustainability. Hydrogeology Journal, 12: 81-93.

Franco J, Mehta L, Veldwisch G J. 2013. The global politics of water grabbing. Third World Q, 34: 1651-1675.

Fröhlich K, Ivanovich M, Hendry M J, et al. 1991. Application of isotopic methods to dating of very old groundwaters—Milk River Aquifer, Alberta, Canada. Applied Geochemistry, 6 (4): 465-472.

Fuller D Q, Qin L, Zheng Y F, et al. 2009. The domestication process and domestication rate in rice: Spikelet bases from the Lower Yangtze. Science, 323: 1607-1610.

Gat J R. 1980. The isotopes of hydrogen and oxygen in precipitation. In: Fritz P, Fontes J. C. Handbook of Environmental Isotope Geochemistry. Amsterdam: Elsevier: 21-48.

Gau H S, Liu C W. 2002. Estimation of the optimum yield in Yun-Lin area of Taiwan using loss function analysis. Journal of Hydrology, 263: 177-187.

Gee G W, Wierenga P J, Andraski B J, et al. 1994. Variations in water balance and recharge potential at three western desert sites. Soil Science Society of America Journal, 58: 63-71.

Gleeson T, VanderSteen J, Sophocleous M A, et al. 2010. Groundwater sustainability strategies. Nat Geosci, 3: 378-379.

Glynn P D, Plummer L. N. 2005. Geochemistry and the understanding of groundwater systems. Hydrogeol J, 13: 263-287.

Güler C, Thyne G D. 2004. Hydrologic and geologic factors controlling surface and groundwater chemistry in Indian Wells-Owens Valley area, southeastern California, USA. Journal of Hydrology, 285: 177-198.

Hagen J. O, Kohler J, Melvold K, et al. 2003. Glaciers in Svalbard: mass balance, runoff and fresh flux. Polar research, 22 (2): 145-159.

Han D M, Song X F, Currellm J, et al. 2014. Chemical and isotopic constraints on evolution of groundwater salinization in the coastal plain aquifer of Laizhou Bay, China. Journal of Hydrology, 508: 12-27.

Han L, Pang Z, Manfred G. 2001. Study of groundwater mixing using CFC data, Science in China, 44 (Supp): 21-28.

Hansen J, Lacis A, Prather M. 1989. Greenhouse effect of chlorofluorocarbons and other trace gases. J Geophys Res, 94: 16417-16421.

He Y. Q, Zhang D, Gu J. 2003a. What is the major reason for glacier retreat on Yulong mountain, China. Journal of Glaciology, 49 (165): 325-326.

He Y. Q, Zhang Z. L, Theakstone W. H, et al. 2003b. Changing features of the climate and glaciers in China'smonsoonal temperate glacier region. Journal of Geophysical Research, 108 (dl7): ACL1. 1-ACL1. 7.

Heath R C, Spruill R K. 2003. Cretaceous aquifers in North Carolina: analysis of safe yield based on historical data. Hydrogeology Journal, 11: 249-258.

Heaton T H E, Vogel J C. 1981. "Excess air" in groundwater. J. Hydrol., 50: 201-216.

Hem J D. 1970. Study and Interpretation of Chemical Characteristics of Natural Water. Paper No. 1473. US Geological Survey: Washington, DC.

Hendrickx J, Walker G. 1997. Recharge from precipitation. In: Simmers I. Recharge of Phreatic Aquifers in (Semi-) Arid Areas. Rotterdam, The Netherlands: A. A. Balkema: 19-98.

Hinsby K, Edmunds W M, Loosli H H, et al. 2001a. The modern water interface: recognition, protection and development – Advance of modern waters in European coastal aquifer systems. In: Edmunds W M, Milne C J. Palaeowaters in Coastal Europe – Evolution of Groundwater Since the Late Pleistocene. Geol Soc Spec Publ, 189: 271–288.

Hinsby K, Harrrar W G, Nyegaard P, et al. 2001b. The Ribe Formation in western Denmark: Holocene and Pleistocene groundwaters in a coastal Miocene sand aquifer. In: Edmunds W M, Milne C J. Palaeowaters in Coastal Europe – Evolution of Groundwater Since the Late Pleistocene. Geol Soc Spec Publ, 189: 29-48.

Ho D T, Schlosser P, Smethie W M, et al. 1998. Variability in atmospheric Chlorofluorocarbons (CCl3F and CCl2F2) near a large urbanarea: Implications for groundwater dating. Environmental Science & Technology, 32 (16): 2377-2382.

Hurst D F, Bakwin P S, Myers R C, et al. 1997. Behavior of trace gasmixing ratios on a very tall tower in North Carolina. J Geophys, Res, —Atmos, 102 (D7): 8825-8835.

Huybrechts P. 2002. Sea-level changes at the LGM from ice-dynamic reconstructions of the Greenland and Antarctic ice sheets during the glacial cycles. Quat Sci Rev, 21 (1-3): 203-231.

IAEA (International Atomic Energy Agency). 2006. Use of Chlorofluorocarbons in Hydrology: A Guidebook, STI/PUB/1238, 277 p., 111 figures.

Ingerson E, Pearson F J Jr. 1964. Estimation of age and rate of motion of groundwater by the 14C-method. In: Miyake Y, Koyama T. Recent researches on the fields of atmosphere, hydrosphere, and nuclear geochemistry. Sugawara Festival Volume, Maruzen Co, Tokyo: 263-283.

IPCC (Intergovernmental Panel Climate Change). 2007. Climate Change. Synthesis report, an assessment of the Intergovernmental panel on climate change, ed. Allali A, Bojariu R, Diaz S, Elgizouli I, Griggs D, Hawkins D, Hohmeyer O, Jallow BP, Kajfez-Bogataj L, Leary N, Lee H, Wratt D, Pachaiiri RX and Reisinger A. 2007. Cambridge, UK, Cambridge Univ.

Isaksson E, Hermanson M, Hicks S, et al. 2003. Ice cores from Svalbard–useful archives of past climate and pollution history. Physics and Chemistry of the Earth, 28: 1217-1228.

Jackson R E, Lesage S, Priddle M W. 1992. Estimating the fate andmobility of CFC-113 in groundwater: Results from the Gloucester landfill project. In: Lesage S, Jackson R E. Groundwater Contamination and Analysis at Hazardous Waste Sites. New York: Marcel Dekker: 511-526.

Jacobs K, Holway J M. 2004. Managing for sustainability in an arid climate: lessons learned from 20 years of groundwater management in Arizona, USA. Hydrogeology Journal, 12: 52-65.

Jiang L, Liu L. 2006. New evidence for the origins of sedentism and rice domestication in the Lower Yangtze River, China. Antiquity, 80: 355–361.

Jin M, Liang X, Simmers I, et al. 2000. Estimation of Groundwater Recharge Using Artificial Tritium Tracing. Wuhan: China Environmental Science Press: 340-345.

Jobbágy E G, Jackson R B. 2004. Groundwater use and salinization with grassland afforestation. Global Change Biology, 10 (8): 1299-1312.

Jones JA A. 1997. Global Hydrology: Processes, Resources and Environmental Management. Harlow, Essex: Addison Wesley Longman.

Joy K J, Kulkarni S, Roth D, et al. 2014. Repoliticising water governance: exploring water re-allocations in terms of justice. Local Environ, 19: 954-973.

Kagabu M, Shimada J, Delinom R, et al. 2013. Groundwater age rejuvenation caused by excessive urban pumping in Jakarta area, Indonesia. Hydrological Processes, 27 (18): 2591-2604.

Kalin R M. 2000. Radiocarbon dating of groundwater systems. In: Cook P, Herczeg A L. Environmental Tracers in Subsurface Hydrology. Dordrecht: Kluwer Academic: 111-144.

Karhu K, Auffret M D, Dungait J A J, et al. 2014. "Temperature sensitivity of soil respiration rates enhanced by microbial community response. Nature, (513): 81-84.

Kaser G, Juen I, Georgesa C, et al. 2003. The impact of glaciers on the runoff and the reconstruction of mass balance history from hydrological data in the tropical cordillera blanca, Peru. Journal of Hydrology, 282 (1-4): 130-144.

Kaufman D S, Schneider D P, McKay M P, et al. 2009. Recent warming reverses long-term Arctic cooling. Science, 325: 1236-1239.

Kazemi G A, Lehr J H, Perrochet P. 2006. Groundwater Age. Hoboken: JohnWiley and Sons: 325.

Kendall C, Sklash M G, Bullen T D. 1995. Isotope tracers of water and solute sources in catchments. In: Trudgill S T. Solute Modelling in Catchment Systems. Chichester: Wiley: 261-303.

Kendy E, Gerard-Marchant P, Walter M T, et al. 2003. A soil-water-balance approach to quantify groundwater recharge from irrigated cropland in the North China Plain. Hydrological Processes, 17: 2011-2031.

Kendy E, Zhang Y Q, Liu C M, et al. 2004. Groundwater recharge from irrigated cropland in the North China Plain: case study of Luancheng County, Hebei Province, 1949-2000. Hydrol Process, 18: 2289-2302.

Khazendar A, Borstad C P, Scheuchl B, et al. 2015. The evolving instability of the remnant Larsen B Ice Shelf and its tributary glaciers. Earth and Planetary Science Letters, 419: 199-210.

Kinzelbach W, Aeschbach W, Alberich C, et al. 2002. A Survey of Methods for Groundwater Recharge in Arid and Semi-Arid Regions, Early Warning and Assessment Report Series, UNEP/DEWA/RS.02-2. United Nations Environment Programme: Nairobi, ISBN 92-80702131-80702133.

Kiraly L. 1998. Modelling karst aquifers by the combined discrete channel and continuum approach. Bulletin d'Hydrogéologie du CHYN, 16: 77-98.

Kirch P V. 2005. Archaeology and global change: The Holocene record. Annu Rev Env Resour, 30: 409 – 440

Klϕve B, Ala-aho P, Bertrand G, et al. 2011. Groundwater dependent ecosystems. Part I: hydroecological status and trends. Environ Sci Policy, 14: 770-781.

Knott J F, Olimpio J C. 1986. Estimation of recharge rates to the sand and gravel aquifer using environmental tritium, Nantucket Island, massachusetts. U. S. Geological Survey, Water-Supply Paper, 2297: 26.

Kobus H. 2000. Soil and groundwater contamination and remediation technology in Europe. In: Sato K, Iwasa Y. Groundwater Updates. (Tokyo: Springer Japan:) 3-8.

Konikow L F, Kendy E. 2005. Groundwater depletion: a global problem, Hydrogeol J, 13: 317-320.

Kreuzer A M, Rohden C, Friedrich R, et al. 2009. A record of temperature and monsoon intensity over the past 40 kyr from groundwater in the North China Plain. Chemical Geology, 259: 168-180.

Kripalani R H, Kulkarni A, Singh SV. 1997b. Association of the Indian summer monsoon with the Northern Hemisphere mid-latitude circulation. Int J Clim, 17: 1055-1067.

Kripalani R H, Kulkarni A. 1997a. Rainfall variability over south-east Asia-connections with Indian monsoon and ENSO ext remes: new perspectives. Int J Climat, 17: 1155-1168.

Kripalani R H, Kulkarni A. 2001. Monsoon rainfall variations and teleconnections over South and East Asia

. Int J Climat, 21: 603-616.

Kuells C, Adar E. M, Udluft P. 2000. Resolving patterns of groundwater flow by inverse hydrochemical modelling in a semiarid Kalahari basin. Tracers and Modelling in Hydrogeology (Proceedings of the TraM' 2000 Conference held at Liège, Belgium, may 2000), IAHS, 262: 447-451.

Lal D, Nijampurkar V N, Rama S. 1970. Silicon-32 hydrology. In: Isotope Hydrology 1970. Vienna: IAEA: 847-868.

Lal D, Peters B. 1967. Cosmic ray produced radioactivity on the Earth. In: Sitte K. Handbuch der Physik. Berlin: Springer, 46 (2): 551-612.

Lambeck K, Smither C, Johnston P. 1998. Sea-level change, glacial rebound andmantle viscosity for northern Europe. Geophys J Int, 134 (1): 102-144.

Le Maitre D C, Scott D F, Colvin C. 1999. A review of information on interactions between vegetation and groundwater. Water Sa, 25: 137-152.

Lecavalier B S, Milne G A, Simpson M J, R et al. 2014. Amodel of Greenland ice sheet deglaciation constrained by observations of relative sea level and ice extent. Quaternary Science Reviews, 102 (15): 54-84.

Lehmann B E, Purtschert R. 1997. Radioisotope dynamics-the origin and fate of nuclides in groundwater. Applied Geochemistry, 12 (6): 727-738.

Lehmann B E, Davis S N, Fabryka-Martin J T. 1993. Atmospheric and subsurface sources of stable and radioactive nuclides used for groundwater dating. Water Resource Research, 29: 2027-2040.

Lerner D N, Issar A S, Simmers I. 1990. Groundwater recharge, a guide to understanding and estimating natural recharge. International Association of Hydrogeologists, Kenilworth, 8: 345.

Letolle R, Olive P. 1983. Isotopes as pollution tracers. In: Guidebook on Nuclear Techniques in Hydrology. Tech. Rep. No. 91, Vienna: IAEA: 411-422.

Li X Q, Sun N, Dodson J, et al. 2013. Vegetation Characteristics in the Western Loess Plateau between 5200 and 4900 cal a B P based on fossil charcoal records. Veget Hist Archaeobot, 22: 61-70.

Li Z. X, He Y. Q, Pu T, et al. 2010. Changes of climate, glaciers and runoff in Chinamonsoonal temperate glacier region during the last several decades. Quaternary International, 218 (1-2): 13-28.

Libby W F. 1946. Atmospheric helium three and radiocarbon from cosmic radiation. Physical Reviews, 69: 671-673.

Libby W F. 1953. The potential usefulness of natural tritium. Proc Natl Acad Sci, 39: 245-247.

Lin R, Wei K. 2001. Environmental isotope profiles of the soil water in loess unsaturated zone in semi-arid areas of China. In: Yurtsever Y Isotope Based Assessment of Groundwater Renewal in Water Scarce Regions, IAEA Tecdoc-1246. Vienna: IAEA: 101-118.

Lin R, Wei K. 2006. Tritium profiles of pore water in the Chinese loess unsaturated zone: Implications for estimation of groundwater recharge. Journal of Hydrology, 328 (1-2): 192-199.

Liu C M, Xia J. 2004. Water problems and hydrological research in the Yellow River and the Huai and Hai River basins of China. Hydrological Processes 18: 2197-2210.

Loosli H H, Lehmann B, Aeschbach-Hertig W, 1998. Tools used to study paleoclimate help in water management. Eos, Transactions American GeophysicalUnion, 79 (47): 576-582.

Loosli H H, Möll M, Oeschger H, . 1986. Ten years low-level counting in the underground laboratoryin in Bern, Switzerland. Nuclear Instruments and Methods in Physics Research Section B: Beam Interactions with Materials and Atoms, 17 (5–6): 402-405.

Loosli H H, Purtschert R. 2005. Rare gases. In: Aggarwal P, Gat J R, Froehlich K. Isotopes in the Water Cycle: Past, Present and Future of a Developing Science. Vienna: IAEA: 91-95.

Loosli H, Lehmann B E, Smethie W R. 1999. Noble gas radioisotopes (^{37}Ar, ^{85}Kr, ^{39}Ar, ^{81}K). In: Cook P G, Herczeg A L. Environmental Tracers in Subsurface Hydrology. Dordrecht: Kluwer, 379-396.

Lovelock J E. 1971. Atmospheric fluorine compounds as indicators of airmovements. Nature, 230: 379.

Lovley D R, Woodward J C. 1992. Consumption of freon CFC-11 and CFC-12 by Anaerobic sediments and soils. Environ Sci Technol, 26: 925-929.

Lu H Y, Zhang J P, Liu K B, et al. 2009b. Earliest domestication of common millet (Panicummilliaceum) inEast Asia extended to 10 000 years ago. Proc Natl Acad Sci USA, 106: 7367–7372.

Lu H Y, Zhang J P, Wu N Q, et al. 2009a. Phytoliths analysis for the discrimination of foxtail millet (Setariaitalica) and common millet (Panicummiliaceum). PLoS One, 4: 1–15.

Lucas L L, Unterweger M P. 2000. Comprehensive review and critical evaluation of the half-life of tritium. Journal of Research of the National Institute of Standards and Technology, 105 (4): 41-549.

Mann M E, Jones P D. 2003. Global surface temperatures over the past twomillennia. Geophysical Research Letters, 30 (15): 1820.

Manning A H, Solomon D K, Thiros S A. 2005. ^{3}H/^{3}He age data in assessing the susceptibility of wells to contamination. Ground Water, 43 (3): 353-367.

Manning A H, Solomon D K. 2004. Constraining mountain-block recharge to the eastern Salt Lake Valley, Utah with dissolved noble gas and tritium data. In: Hogan J F. Phillips F M, Scanlon B R. Groundwater Recharge in a Desert Environment: The southwestern United states, water science and Applications series. washington D C: American Geophysical union, 9: 139~158

Manning A H, Solomon D K. 2005. An integrated environmental tracer approach to characterizing groundwater circulation in a mountain block. Water Resour Res, 41 (12): W12412.

Marcott S A, Shakun J D, Clark P U, et al. 2013. A reconstruction of regional and global temperature for the past 11, 300 years. Science, 339: 1198–1201.

Margat J, van der Gun J. 2013. Groundwater around the World. Balkema: CRC Press.

Marty B, Torgersen T, meynier V, et al. 1993. Helium isotope fluxes and groundwater ages in the dogger aquifer, Paris Basin. Water Resources Research, 29 (4): 1025-1035.

Mazdiyasni O, AghaKouchak A. 2015. Substantial increase in concurrent droughts and heatwaves in the United States. Proc Natl Acad Sci U S A.

Mazor E, Nativ R. 1992. Hydraulic calculation of groundwater flow velocity and age: examination of the basic premises. J Hydrol, 138: 211-22.

McCarthy R L, Bower F A, Jesson J P. 1977. The fluorocarbon-ozone theory-1. production and release-world production and release of CCl_3F and CCl_2F_2 (Fluorocarbons 11 and 12) through 1975. Atmos Environ, 11: 491-497.

McFarlane D J, George R J. 1992. Factors affecting dryland salinity on two wheatbelt catchments in Western Australia. Australian Journal of Soil Research, 30: 85-100.

Mckay N P, Kaufman D S. 2009. Holocene climate and glacier variability at Hailet andGreyling Lakes, Chugach Mountains, south-central Alaska. Journal of Paleolimnology, 41: 143-159.

McKinzey K M, Olafsdottir R, Dugmore A J. 2005. Perception, history, and science, coherence or disparity in the timing of the Little Ice Agemaximum in southeastIceland?. Polar Record, 41 (219): 319-334.

Mehta L, Veldwisch G J, Franco J. 2012. Introduction to the special issue: water grabbing? Focus on the (re) appropriation of finite water resources. Water Altern, 5: 193-207.

Miller N. 1997. The macrobotanical evidence for vegetation in theNear East, c. 18000/16000 BC to 4000 BC. Paleorient, 23: 197–207.

Milne G A, Davis J L, mitrovica J X, et al. 2001. Space-geodetic constraints on glacial isostatic adjustment in ennoscandia. Science, 291 (5512): 2381-2385.

Molina M, Rowland F S. 1974. Stratospheric sink for chlorofluoromethanes: chlorine atom catalyzed destruction of ozone. Nature, 249: 810-812.

Molle F, Berkoff J. 2009. Cities vs. agriculture: A review of intersectoral water re-allocation. Natural Resources Forum, 33 (1): 6-18.

Mook W G. 1980. Carbon-14 in hydrogeological studies. In: Fritz P, Fontes J C. Handbook of Environmental Isotope Geochemistry. Amsterdam: Elsevier, 1: 49-74.

Morgenstern U, Gellermann R, Hebert D, et al. 1995. ^{32}Si in limestone aquifers. Chemical Geology, 120: 127-134.

Morgenstern U. 2000. Silicon-32. In: Cook P G, Herczeg A L. Environmental Tracers in Subsurface Hydrology. Boston: Kluwer Academic: 499-502.

Münnich K O. 1957. messungen des ^{14}C-gehaltes vom hartem grundwasser. Naturwissenschaften, 44: 32-33

Nolan BT, Ruddy BC, Hitt K J, et al. 1997. Risk of Nitrate in Groundwaters of the United States – A National Perspective. Environmental Science and Technology, 31 (8): 2229-2236.

Norris R D, Turner S K, Hull P M, et al. 2013. Marine ecosystem responses to Cenozoic global change. Science, 341: 492-498.

Ogilvie A E J, Jonsson T. 2001. "Little Ice Age" research: A perspective fromIceland. Climatic Change, 48 (1): 9-52.

Oki T, Kanae S. 2006. Global hydrological cycles and world water resources. Science, 313: 1068-1072.

Overpeck J, Hughen K, Hardy D, et al. 1997. Arctic environmental change of the last four centuries. Science, 278 (5341): 1251-1256.

Palmer A N. 2000. Speleogenesis of themammoth cave system, Kentucky, USA. In: Klimchouk A, Ford D C, Palmer A N, et al. Speleogenesis. Evolution of Karst Aquifers. Huntsville: National Speleological Society: 367-377.

Pearson F J, White D E. 1967. Carbon-14 ages and flow rates of water in Carrizo sand, Atascosa County, Texas. Water Resour Res, 3: 251-261.

Peros M C, Gajewski K. 2009. Pollen-based reconslructions of laic Holocene climate from the central and western Canadian Arctic. Journal of Paleolimnology, 41: 161-175.

Perrin J, Jeannin P Y, Zwahlen F. 2003. Epikarst storage in a karst aquifer: a conceptualmodel based on isotopic data: milandre test site, Switzerland. Journal of Hydrology, 279: 106-124.

Phillips F M. 1994. Environmental tracers for watermovement in desert soils of the American Southwest. Soil Science Society of America Journal, 58: 14-24.

Phillips F M. 2000. Chlorine – 36. In: Cook P G, Herczeg A L. Environmental Tracers in Subsurface Hydrology. Dordrecht: Kluwer: Academic: 299-348.

Pinti D L, Marty B. 1998. The origin of helium in deep sedimentary aquifers and the problem of dating very old groundwaters. In: Parnell J. Dating and Duration of Fluid Flow and Fluid – Rock Interaction, Spec Publ.

London: Geol. Soc. 144: 53-68.

Plummer L N, Dunkle S A, Busenberg E. 1993. Data on chlorofluorocarbons (CCl_3F and CCl_2F_2) as dating tools and hydrologic tracers in shallow groundwater of the Delmarva Peninsula. US Geological Survey, Open File Report 93-484.

Plummer L N, Rupert M G, Busenberg E, et al. 2000. Age of irrigation water in groundwater from the Snake River Plain aquifer, South-Central Idaho. Ground Water, 38: 264-283.

Prinn R G, Simmonds P G, Rasmussen R A, et al. 1983. The atmospheric lifetime experiement: 1. introduction, instrumentation and overview. J Geophys Res, 88 (C13): 8353-8367.

Prinn R G, Weiss R F, Fraser P J, et al. 2000. A history of chemically and radiatively important gases in air deduced from ALE/GAGE/AGAGE. J Geophys Res, 105 (D14): 17751-17792.

Prych E A. 1998. Using chloride and chlorine-36 as soil-water tracers to estimate deep percolation at selected locations on the US Department of Energy Hanford Site. Water Supply Paper 2481. US Geological Survey: Washington, DC: 67.

Purtschert R. 1997. Multitracer-Studien in der Hydrologie: Anwendugen im Glattal, am Wellenberg und in Vals. PhD Dissertation, University of Bern.

Qin D. 2007. Decline in the concentrations of chlorofluorocarbons (CFC-11, CFC-12 and CFC-113) in an urban area of Beijing, China. Atmospheric Environment, 41 (38): 8424-8430.

Qin D, Wang H. 2001. CFCs and $^3H/^3He$ in groundwaters—application in tracing and dating young groundwaters. Science in China, suppl., 44: 29-34.

Qin D, Qian Y, Han L, et al. 2011. Assessing impact of irrigation water on groundwater recharge and quality in arid environment using CFCs, tritium and stable isotopes, in the Zhangye Basin, Northwest China. J Hydrol, 405: 214-228.

Qin D, Wang H. 2001. Chloroflorocarbons and $^3H/^3He$ in groundwaters—application in tracing and dating young groundwaters. Science in China, suppl, 44: 29-34.

Qin D, Zhao Z, Han L, et al. 2012. Determination of groundwater recharge regime and flowpath in the Lower Heihe River basin in an arid area of Northwest China by using environmental tracers: implications for vegetation degradation in the Ejina Oasis. Applied Geochemistry, 27: 1133-1145.

Ramanathan V. 1975. Greenhouse effect due to chlorofluorocarbons: climatic implications. Science, 190: 50-52.

Rangarajan R, Athavale R N. 2000. Annual replenishable ground water potential of India—an estimate based on injected tritium studies. Journal of Hydrology, 234: 35-83.

Rasmussen R A, Khalil M A K. 1986. Atmospheric trace gases: trends and distribution over the last decade. Science, 232: 1623-1624.

Reilly T E, Plummer L N, Phillips P J, et al. 1994. The use of simulation andmultiple environmental tracers to quantify groundwater flow in a shallow aquifer. Water Resour Res, 30: 412-434.

Rollefson G, Kohler-Rollefson I. 1992. Early Neolithic exploitation patterns in the Levant: Cultural impact on the environment. Populn Environment, 13: 243-254

Rorabaughm I. 1960. Use of water levels in estimating aquifer constant in finite aquifer. In: Proc IAHS Assembly in Helsinki, Commission on Subterranean Waters. Wallingford: IAHS Press, IAHS Publ. 52 (available at: www. iahsinfo/redbooks/052. htm): 314-323.

Rundt K. 2008. Global warming – Man made or natural? http://www.factsandarts.com/articles/global-warming-man-made-or-natural

Russell A D, Thompson G M. 1983. Mechanisms Leading to Enrichment of the Atmospheric Fluorocarbons CCl3F and CCl2F2 in Groundwater. Water Resources Research, 19 (1): 57-60.

Sakiyan J, Yazicigil H. 2004. Sustainable development and management of an aquifer system in western Turkey. Hydrogeology Journal, 12: 66-80.

Scanlon B R, Healy R W, Cook P G. 2002. Choosing appropriate techniques for quantifying groundwater recharge. Hydrogeology Journal, 10: 18-39.

Scanlon B R, Keese K E, Flint A L, et al. 2006. Global synthesis of groundwater recharge in semiarid and arid regions. Hydrol Process, 20: 3335-3370.

Scanlon B R, Reedy R C, Stonestrom D A, et al. 2005. Impact of land use and land cover change on groundwater recharge and quality in the southwestern USA. Global Change Biology, 11: 1577-1593.

Scanlon B R. 1991. Evaluation ofmoisture flux from chloride data in desert soils. Journal of Hydrology, 128: 137-156.

Schmalz B L, Polzer W L. 1969. Tritiated water distribution in unsaturated soils. Soil Science, 108: 43-47.

Schultz T R, Randall J H, Wilson L G, et al. 1976. Tracing sewage effluent recharge—Tucson, Arizona. Ground Water, 14: 463-470.

Scott C A, Shah T. 2004. Groundwater overdraft reduction through agricultural energy policy: insights from India and Mexico. Int J WaterResour, Dev. 20: 149-164.

Sharp J M. 1998. Sustainable groundwater supplies—an evolving issue: examples from major carbonate aquifers of Texas, USA. Proceedings of the international groundwater conference (pp. 1-12). February 1998, Melbourne.

Siebert S, Burke J, Faures J M, et al. 2010. Groundwater use for irrigation—a global inventory. Hydrology & Earth System Science, 14: 1863-1880.

Singh P, Bengtsson L. 2004. Hydrological sensitivity of a large Himalayan basin to climate change. Hydrological Processes, 18: 2363-2385.

Smethie Jr W M, Mathieu G. 1986. Measurement of krypton-85 in the ocean. Marine Chemistry, 18 (1): 17-33.

Solomon D K, Cook P G. 2000. ^{3}H and ^{3}He. //Cook P G, Herczeg A L. Environmental tracers in subsurface hydrology, Kluwer Academy, Norwell, 397-424.

Solomon D K, Schiff S L, Poreda R J, et al. 1993. A validation of the 3H/3He method for determining groundwater recharge. Water Resource Research, 29: 2951-2962.

Sophocleousm. 2005. Groundwater recharge and sustainability in the High Plains aquifer in Kansas, USA. Hydrogeol J, 13 (2): 351-365.

Sturchio N C, Du X, Purtschert R, 2004. One million year old groundwater in theSahara revealed by krypton-81 and chlorine-36. Geophysical Research Letters, 31 (5): L05503.

Stute M, Sonntag C, Deak J, et al. 1992. Helium in deep circulating groundwater in the Great Hungarian Plain: Flow dynamics and crustal andmantle helium fluxes. Geochimica et Cosmochimica Acta, 56: 2051-2067.

Sukhija B S, Reddy D V, Nagabhushanam P, et al. 2003. Recharge processes: Piston flow vs preferential flow in semi-arid aquifers of India. Hydrogeology Journal, 11: 387-395.

Sun J P, Zhou J W, Liu C F, et al. 2006. Preliminary study of ^{4}He age for groundwater in Hebei Plain: A case ofmancheng-Renqiu section. Geological Science and Technology Information, 25 (6): 77-81 (in Chinese).

Svensen H, Planke S, Malthe-Sϕrenssen A, Jamtveit B, Myklebust R, Eidem T R, Rey S S. 2004. Release of methane from a volcanic basin as a mechanism for initial Eocene global warming. Nature, 429 (6991): 542-545.

Tallaksen Lm. 1995. A review of baseflow recession analysis. J Hydrol, 165: 349-370.

Tamers M A. 1975. Validity of radiocarbon dates on ground water. Geophysical Survey, 2: 217-239.

Thomas E K, Briner J P. 2009. Climate of the past millemiium inferred from varved proglacial lake sediments, northeast Baffin Island, Arctic Canada. Paleolimnology, 41: 209-224.

Thompson G M, Hayes J M. 1979. Trichlorofluoromethane in groundwater: a possible tracer and indicator of groundwater age. Water Resources Research, 15: 546-554.

Thonnard N, McKay L D, Cumbie D H, et al. 1997. Status of laser-based krypton−85 analysis development for dating of groundwater. Abstr Prog, Geol Soc Am Ann Meet, 29 (6): 78.

Thyne G D, Güler C, Poeter E. 2004. Sequential analysis of hydrochemical data for watershed characterization. Groundwater, 42: 711-713.

Tian L D, Masson-Delmotte V, Stievenard M, et al. 2001. Tibetan Plateau summer monsoon northward extent revealed by measurements of water stable isotopes. J Geophys Res, 106: 28081-28088.

Torgersen T, Clarke W B. 1985. Helium accumulation in groundwater. 1. An evaluation of sources and the continental flux of crustal He-4 in the Great Artesian Basin, Australia. Geochimica et Cosmochimica Acta, 49: 1211-1218.

Tyler S W, Chapman J B, Conrad S H, et al. 1996. Soil-water flux in the southern Great Basin, United States: temporal and spatial variations over the last 120, 000 years. Water Resources Research, 32: 1481-1499.

US Census Bureau. 2004. Global Population Profile: 2002. International Population Reports WP/02. Washington, DC: US Government Printing Office.

Verhagen B T, Mazor E, Sellschop J P F. 1974. Radiocarbon and tritium evidence for direct rain recharge to ground waters in the northern Kalahari. Nature, 249 (5458): 643-644.

Vogel J C, Ehhalt D. 1963. The Use of the Carbon Isotopes in Groundwater Studies. Radioisotopes in Hydrology. Vienna: IAEA: 383-395.

Vogel J C, Thilo L, Van Dijkenm. 1974. Determination of groundwater recharge with tritium. J Hydrol, 23: 131-140.

Vogel J C. 1967. Investigation of groundwater flow with radiocarbon. Isotopes in Hydrology. Vienna: IAEA: 355-369.

Vogel J C. 1970. Carbon-14 dating of groundwater. In: Isotope Hydrology 1970. Vienna: IAEA: 225-239.

von Rohden C, Kreuzer A, Chen Z, et al. 2010. Characterizing the recharge regime of the strongly exploited aquifers of the North China Plain by environmental tracers. Water Resour Res, 46: W05511.

Vrba J, van der Gun J. 2004. The world's groundwater resources. http://www.un-igrac.org/dynamics/modules/SFIL0100/view.php?fil_Id=126.

Walker S J, Weiss R F, Salameh P K. 2000. Reconstructed histories of the annual mean atmospheric mole fractions for the halocarbons CFC-11 CFC-12, CFC-113, and carbon tetrachloride. Journal of Geophysical Research: Oceans, 105 (C6): 14285-14296.

Walker, G T. 1910. On the meteorological evidence for supposed changes of climate in India. Indian Meteorological Memoirs, 21 (Part I): 1-21.

Wang W. 1991. Irrigation, flood control, and drainage. In: Xu G, Peel L J. The Agriculture of China, New York: Oxford University Press: 144-151.

Wang X P, Berndtsson R, Li X R, et al. 2004a. Water balance change for a re-vegetated xerophyte shrub area. Hydrological Sciences Journal-Journal Des Sciences Hydrologiques, 49: 283-295.

Wang X P, Brown-Mitic Cm, Kang E S, et al. 2004b. Evapotranspiration of Caragana korshinskii communities in a revegetated desert area: Tengger Desert, China. Hydrological Processes, 18: 3293-3303.

Warner M J, Weiss R F. 1985. Solubilities of chlorofluorocarbons 11 and 12 in water and seawater. Deep Sea Research. Part A: Oceanographic Research Papers, 32 (12): 1485-1497.

Weiss W H, Sartorius H, Stockburger H. 1992. The global distribution of atmospheric krypton-85: A data base for the verification of transport and mixingmodels. In: Isotopes of Noble Gases as Tracers in Environmental Studies. Vienna: IAEA: 105-126.

Wilson J L, Guan H. 2004. Mountain block hydrology and mountain front recharge. In: Hogan J. F, Phillips F. M, Scanlon B R. Groundwater Recharge in a Desert Environment: The Southwestern United States, Water Science and Applications Series. Vol. 9. Washington, DC: American Geophysical Union: 113-137.

Worthington S R H. 1999. A comprehensive strategy for understanding flow in carbonate aquifers. In: Palmer A N, Palmer M V, Sasowsky I D. Karst Modelling. Symposium Proceedings, Charlottesville, February 24-27, Karst Water Institute, 30-37, Spec. Publ. 5.

Wu Q B, Shi B, Liu Y Z. 2003. Interaction study of permafrost and highway along Qinghai Xizang Highway. Science in China (Series D), 46 (2): 97-105.

Yan Q, Zhang Z, Wang H. 2015. Simulated warm periods of climate overChina during the last two millennia: The Sui-Tang warm period versus the Song-Yuan warm period. Journal of Geophysical Research: Atmospheres, 120 (6): 2229-2241.

Yancheva G, Norbert R, Nowaczyk N, et al. 2007. Influence of the intertropical convergence zone on the East Asian monsoon. Nature, 455: 74-77.

Yang H R. 1991. Palaeomonson and the mid-holocene climatic and sea level fluctuation in China, quaternary geology and environment in China, Beijing: Science Press: 326-336.

Yang S, Ding Z, Li Y, et al. 2015. Warming−induced northwestward migration of the East Asian monsoon rain belt from the Last Glacial Maximum to the mid−Holocene. PNAS.

Yang S. 1991. The ten agricultural regions ofChina. In: Xu G, Peel L J. The Agriculture of China, New York: Oxford University Press: 108-143.

Yao T, Thompson L, Yang W, et al. 2012. Different glacier status with atmospheric circulations in Tibetan Plateau and surroundings. Nature Climate Change, 2 (9): 663-7.

Yim W S S, Ollier C D. 2009. Managing planet earth to make future development more sustainable Climate change and Hong Kong. Quaternary Sciences, 29 (2): 190-199.

Yu Y Y, Guo Z T, et al. 2012. Reconstructing prehistoric land use change from archeological data: Validation and application of a new model in Yiluo valley, northern China. Agric Ecosyst Environ, 156: 99-107.

Zhang L, Walker G R. 1998. The Basics of Recharge and Discharge. Collingwood: CSIRO Publishing.

Zhang L, Yang D, Liu Y, et al. 2014. Impact of impoundment on groundwater seepage in the Three Gorges Dam in China based on CFCs and stable isotopes. Environ Earth Sci, 72: 4491-4500.

Zhang P Z, Cheng H, Edwards R L, et al. 2008. A test of climate, sun, and culture relationships from an 1810-year Chinese cave record. Science, 322: 940-942.

Zhao S, Fang J, Miao S, et al. 2005. The 7-decadedegradation of a large freshwater lake in central Yangtze River, China. Environ Sci Technol, 39: 431-436.

Zhao Z J. 1998. The Middle Yangtze region inChina is one place where rice was domesticated: Phytolith evidence from the Diaotonghuan Cave, Northern Jiangxi. Antiquity, 72: 885-897

Zhou L, Liu C F, Jiang S S, et al. 1999. The determination of ^{36}Cl by accelerator mass spectrometry and its application in dating groundwater. Rock and Mineral Analysis, 18 (2): 92-96.

Zhou X Y, Li X Q, Dodson J, et al. 2012. Land degradation during the Bronze Age in Hexi Corridor (Gansu, China). Quat Int, 254: 42-48.

Zhou X Y, Li X Q. 2011. Variations in spruce (Picea sp.) distribution in the Chinese Loess Plateau and surrounding areas during the Holocene. Holocene, 22: 687-696.

Zhu C, Murphy W M. 2000. On radiocarbon dating of ground water. Ground Water, 38: 802-804.

Zwally H J, Giovinetto M B, Li J, et al. 2005. mass changes of theGreenland and Antarctic ice sheets and shelves and contributions to sea-level rise, 1992—2002. Joumal of Glaciology, 51 (175): 509-527.

索　引

B
坝基渗漏	75
暴雨洪水	257
补给	233
补给速率	235

C
测年方法	55
脆弱性	75

D
单元划分	216
导水性	185
地下水流速	73
地下水年龄	53
地下水年龄	85
调控方式	4
调控机理	51

G
更新能力	248
固态水融化调控	43

H
含水层	80
河水流量	16
河水与地下水关系	75
湖泊湿地	19

环境容量	254
恢复机理	230

J
极地冰冻圈	27
加速水排泄	256
降水产汇流调控	43

K
可持续利用	251
可更新属性	116
可更新属性	96
垦殖水利	46
孔隙水年龄	113
控制因素	242
跨流域干旱	258

L
流场识别	179
流域水文环境	11
流域水资源调控	41
流域水资源量	4
陆地水储集	45

N
能力类型	249
年龄结构	91
农灌水入渗	74

O

耦合调控	48

Q

气候变化	22
气候变化	34
泉流量	202
泉域边界	213

R

人口和环境变化	11
入渗速率	73

S

森林面积变化	13
森林面积变化	15
水层结构	247
水化学	169
水流方向	196
水文地质单元	140
水系失衡	261
水循环条件	211
水岩作用	171

水资源耗散结构	44

T

条件识别	241
土地沙漠化	15

W

物候水文学	11

X

咸化机理	98
行为方式	255

Y

岩溶水年龄	117
岩溶作用	194
源区基流	43
源区水排泄	45
越流	74

Z

制约因素	251
综合评估	219